现代光学工程精品译丛

红外成像系统的测试与评估

（第3版）

Testing and Evaluation of Infrared Imaging Systems

(Third Edition)

[美]杰拉德·C. 霍尔斯特(Gerald C. Holst)　著

付小会　邵新征　译
王惠林　陈方斌　校

国防工业出版社

·北京·

著作权合同登记　图字:01-2023-0738号

图书在版编目(CIP)数据

红外成像系统的测试与评估:第3版/(美)杰拉德·C.霍尔斯特(Gerald C. Holst)著;付小会,邵新征译.—北京:国防工业出版社,2023.6

书名原文:Testing and Evaluation of Infrared Imaging Systems(Third Edition)

ISBN 978-7-118-12902-1

Ⅰ.①红…　Ⅱ.①杰… ②付…③邵…　Ⅲ.①红外成像系统—测试②红外成像系统—评估　Ⅳ.①TN216

中国国家版本馆CIP数据核字(2023)第093558号

※

国防工业出版社出版发行

(北京市海淀区紫竹院南路23号　邮政编码100048)

三河市腾飞印务有限公司印刷

新华书店经售

*

开本 710×1000　1/16　**印张** 18½　**字数** 322千字

2023年6月第1版第1次印刷　**印数** 1—2000册　**定价** 138.00元

(本书如有印装错误,我社负责调换)

国防书店:(010)88540777　　书店传真:(010)88540776

发行业务:(010)88540717　　发行传真:(010)88540762

译者序

红外成像系统的测试和评估技术与红外探测器技术、图像稳定技术、信息处理术并称为红外成像系统的四大关键技术。由于不同实验室采用的测试设备、测试方法和数据分析技术不同,无法比较得到的测试结果,无法准确判断各机构研制的军用光电系统性能的优劣及其成因,因此需要建立一套标准测试程序,从而可利用通用测试原理、专用测试设备、标准测试方法和恰当的数据处理手段,得到稳定的、可重复的、可信赖、可比较的测试结果。

本书就是要建立一套标准测评程序。本书简要介绍红外成像技术的基础知识;主要介绍图像质量的测试原则(包括测试计划、测试设备、数据分析、测试文件管理)和测试方法;重点介绍聚焦和分辨率、系统响应度、系统噪声、调制传递函数、相位传递函数、对比度传递函数、最低可分辨温度(MRT)/最低可探测温度(MDT)等各项指标的测评方法和注意事项,论述了几何传递函数、观察人员对数据的解释、自动测试、外场测试和存在的各种问题。本书内容系统全面,测试原理深入浅出,测试技术具体翔实,对测试结果的分析明晰透彻,便于测试人员学习和应用。虽然书中介绍的是红外成像系统的测评技术,但这些测评方法对所有成像系统(包括电子静态相机、像增强器、夜视镜、固态相机和电视等)都适用。

红外成像系统广泛应用于军事和民用的各个领域。就当前的技术水平来看,美国的军用红外成像技术仍然走在我们前面,他们在红外成像系统的建模、设计和测评方面有很扎实的研究和工程经验。作者 Gerald Holst 博士曾在北约、美国国防部和洛克希德·马丁公司担任红外技术顾问,从 1991 年至今一直担任国际光学和光子学会(SPIE)"红外成像系统:设计、分析、建模和测试"的专题会议主席,曾出版该专题的会议论文集 30 卷,独立出版红外成像专著 15 部,是红外成像技术领域的权威专家。

由于国内目前缺少专门论述红外成像系统测评理论与实践的专著,翻译和出版该书不仅能填补这个领域的学术专著空白,还可为建立类似的红外系统测评体系提供很好的借鉴,为国内从事红外成像系统设计和测评的人员提供一部优质参考书。

本书由西安应用光学研究所付小会研究员(第 1 章~第 8 章)和邵新征高工(第 9 章~第 12 章)共同翻译,中国兵器集团首席科学家、西安应用光学研究所王惠林研究员，以及陈方斌研究员对整书进行了详细审校。

本译著获得装备科技译著出版基金项目资助。在基金申请和翻译出版的整个过程中，承蒙中国工程院邱志明院士和中国兵器科学研究院蔡毅研究员鼎力推荐，西安应用光学研究所栾亚东研究员和吴雄雄、杜言鲁高级工程师的专业技术指导，以及国防工业出版社领导和编辑的热情帮助，在此谨对以上同志表示衷心感谢。

希望通过该书的翻译和出版，能为国内从事红外成像系统设计、制造、测试和应用的科研和工程技术人员提供一部优秀参考书，为研发和应用先进红外成像系统提供切实的帮助，为我国国防科技建设和武器装备的快速发展起到积极的支持作用。

由于译者水平有限，译著中难免有疏漏和不妥之处，敬请读者批评指正。

译者

2023年1月

第 3 版前言

本书的第 1 版于 1993 年 9 月出版。1998 年 6 月出版第 2 版时,纠正了疏漏,更新了引用的资料。第 2 版印刷过两次。那么是什么原因促使要出第 3 版呢？因为在示波器上观察信号线已经成为过去,现在几乎每项测试都用帧抓取器获取数据,用计算机进行数据分析。为了反映当前的测试方法,书中的所有测试程序都有改变。凝视阵列产生的采样相位伪影几乎会影响每个测量结果,测试程序清楚地说明在什么条件下采样相位可能会影响测量结果。有几章内容经过大幅调整。参考文献也得到更新。下面是一些主要变化:

第 3 章说明与背景温度有关的目标-背景温差概念。环境温度漂移会以不同方式影响中波红外(MWIR)和长波红外(LWIR)系统的测试结果。红外界用 ΔT 描述目标-背景温差,但传感器输出却与光子通量差成正比。在 ΔT 不变时,通量差与背景温度有关。因此,与 $\Delta T_{\mathrm{apparent}}$ 成函数关系的所有测量值(如最低可分辨温度(MRT)和噪声等效温差(NEDT))都是背景温度的函数。

第 7 章"系统噪声"已经过修订。在第 2 版中,针对扫描阵列的测量方法和针对凝视阵列的方法是交织在一起的,因而有些混乱,在第 3 版将它们分开讲述。扩展了对三维噪声模型的讲述并说明了它的测量方法。虽然 $1/f$ 噪声经常被忽视,但它很容易影响噪声统计数据。

第 8 章的 MTF 测量是一个重大更新。描述了扫描阵列和凝视阵列的测量方法。测试技术从周期性目标靶发展到倾斜狭缝和倾斜刀口,现在最常用的是倾斜刀口方法。书中给出了每种测试方法的示例测试结果,也说明了每种测试方法的优缺点。虽然多年来 MRT 的测试方法没有太大变化,但现在能更好地记录观察人员的易变性(第 10 章)。

书中的所有插图都经过重新绘制。Doug Marks 提供了所有插图的图注。

Gerald C.Holst

2008 年 5 月

符号和英语缩写词

序号	符号	英文	中文含义	单位
1	a	hole area	孔的面积	m^2
2	A_i	image of source area	辐射源面积的图像	m^2
3	A_o	aperture area	孔径面积	m^2
4	A_S	source area	辐射源面积	m^2
5	A_D	detector area	像元面积	m^2
6	A_{DAS}	projected detector area	像元投影面积	m^2
7	A_{hole}	area of target hole	目标孔的面积	m^2
8	ADC	analog-to-digital converter	模数转换器	
9	ATF	aperiodic transfer function	非周期性传递函数	
10	AMRT	automated MRT	自动最小可分辨温度	
11	c	speed of light	光速	3×10^8 m/s
12	c_1	first radiation constant	第一辐射常数	3.7418×10^8 W · $\mu m^4/m^2$
13	c_2	second radiation constant	第二辐射常数	1.4388×10^4 μm · K
14	c_3	third radiation constant	第三辐射常数	1.88365×10^{27} ph · $\mu m^3/(s \cdot m^2)$
15	CRT	cathode ray tube	阴极射线管	
16	CSO	closely spaced objects	小间距物体	
17	CTF	contrast transfer function	对比度传递函数	
18	d	detector size	像元尺寸	μm
19	d_{blur}	blur diameter	弥散斑直径	mm
20	d_{CC}	detector pitch	像元间距	μm
21	d_{CCH}	horizontal detector pitch	像元的水平间距	μm
22	d_{CCV}	vertical detector pitch	像元的垂直间距	μm
23	d_H	detector horizontal photosensitive extent	像元的水平尺寸	μm
24	d_{max}	maximum target size plus background	最大目标尺寸加背景	m
25	d_{min}	minimum measurable target size	最小可测量目标的尺寸	m
26	d_T	period of one cycle	一个周期的时长(长度)	s 或 m

续表

序号	符号	英文	中文含义	单位
27	d_{target}	target width	目标宽度	
28	d_{V}	detector vertical photosensitive extent	像元的垂直尺寸	μm
29	D	system aperture diameter	系统孔径直径	m
30	D^*	detector D^*	探测器的探测率	$\text{cm}\cdot\sqrt{\text{Hz}}/\text{W}$
31	D_{col}	collimator diameter	准直器直径	m
32	D_{M}	viewing distance	观察距离	m
33	D_X	horizontal display size	水平显示尺寸	m
34	D_Y	vertical display size	垂直显示尺寸	m
35	DAS	detector angular subtense	像元对应的张角	mrad
36	DAS_{H}	horizontal detector angular subtense	像元对应的水平张角	mrad
37	DAS_{V}	vertical detector angular subtense	像元对应的垂直张角	mrad
38	DFT	discrete Fourier transform	离散傅里叶变换	
39	DIRSP	dynamic infrared scene projector	动态红外场景投影仪	
40	DN	digital number	数字量化值	数值
41	ESF	edge spread function	边缘扩散函数	
42	f	frequency	频率	Hz 或 cycle/mrad
43	$f(t)$	time domain function	时域函数	
44	f_0	f-naught(scanning system standard)	f_0(扫描系统标准)	s 或 cycle/mrad
45	f_x	horizontal spatial frequency	水平空间频率	cycle/mrad
46	f_B	beat frequency	拍频	cycle/mrad
47	f_{I}	horizontal spatial frequency	(像的)水平空间频率	cycle/mm
48	$f_{\max}$	maximum frcquency	最人频率	Hz 或 cycle/mrad
49	f_{N}	nyquist frequency	奈奎斯特频率	Hz 或 cycle/mrad
50	f_{oco}	optical cutoff frequency	光学截止频率	Hz 或 cycle/mrad
51	f_{S}	sampling frequency	采样频率	Hz 或 cycle/mrad
52	$f_{\text{S-DFT}}$	DFT sampling frequency	离散傅里叶变换采样频率	
53	fl_{col}	collimator focal length	准直器焦距	m
54	fl_{sys}	system focal length	系统焦距	m
55	f	F-number	F 数	数值
56	$F(\text{j}2\pi f)$	frequency domain function	频域函数	
57	F_{t}	field time or frame time	场时间或帧时间	s
58	FF	fill factor	填充因子	数值

续表

序号	符号	英文	中文含义	单位
59	FOR	field of regard	关注场	mrad 或(°)
60	FOV	field of view	视场	mrad 或(°)
61	FPN	fixed pattern noise	固定模式噪声	
62	FPN_{rel}	relative FPN	相对固定模式噪声	σ_{VH} 或 σ_{TVH}
63	GRD	ground resolved distance	地面分辨距离	m
64	h	planck's constant	普朗克常量	6.626×10^{-34} J·s
65	H_{target}	target height	目标高度	m
66	HFOV	horizontal field of view	水平视场	mrad 或(°)
67	HWIL	hardware in the loop	硬件在环路中	
68	I_e	spectral radiant intensity	光谱辐射强度	W/(sr·μm)
69	$\Im$	imaginary part of complex OTF	复光学传递函数的虚部	
70	k	A constant		常数
71	L	distance from lens to system	透镜到系统的距离	m
72	$L_e(\lambda, T)$	spectral radiant sterance	光谱辐射亮度	W/(m^2·sr·μm)
73	$L_q(\lambda, T)$	spectral photon sterance	光谱光子亮度	ph/(s·m^2·μm·sr)
74	L_B	display background luminance	显示器的背景亮度	ft·lambert
75	$L_{display}$	display luminance	显示器的亮度	ft·lambert
76	L_T	display target luminance	显示器的目标亮度	ft·lambert
77	LSB	least significant bit	最低有效位	数值
78	LSF	line spread function	线扩散函数	
79	LWIR	longwave infrared	长波红外	
80	m	number of elements	元素数	数值
81	m_S	estimate of mean	估算的平均值	取决于数据集
82	M	magnification	放大倍率	数值
83	$M_e(\lambda, T)$	spectral radiant exitance	光谱辐射出射度	W/(m^2·μm)
84	$M_q(\lambda, T)$	spectral radiant photon exitance	光谱辐射光子出射度	ph/(m^2·μm·s)
85	MDT	minimum detectable temperature	最低可探测温度	℃或 K
86	MRT	minimum resolvable temperature	最低可分辨温度	℃或 K
87	MTF	modulation transfer function	调制传递函数	
88	MWIR	midwave infrared	中波红外	
89	n	number of elements	元的数量	数值
90	N	number of elements	元的数量	数值

续表

序号	符号	英文	中文含义	单位
91	N_e	number of data elements	数据元的数量	数值
92	N_B	input cycles per beat period	每拍的输入周期数	数值
93	N_{sector}	number of sectors in a star target	星形靶的扇格数量	数值
94	NEDT	noise equivalent differential temperature	噪声等效温差	℃或 K
95	NEFD	noise equivalent flux density	噪声等效通量密度	W/m^2
96	NSPD	noise spectral power density	噪声功率谱密度	
97	NUC	nonuniformity correction	非均匀性校正	
98	OTF	optical transfer function	光学传递函数	
99	$P(f)$	power spectrum	功率谱	
100	PAS	pixel angular subtense	像素对应的张角	mrad
101	PAS_H	horizontal pixel angular subtense	像素对应的水平张角	mrad
102	PAS_V	vertical pixel angular subtense	像素对应的垂直张角	mrad
103	PTF	phase transfer function	相位传递函数	
104	PVF	point visibility factor	点可见度因子	
105	$R(\lambda)$	detector spectral responsivity	探测器光谱响应率	A/W
106	R_{clock}	clock frequency	时钟频率	Hz 或 cycle/mrad
107	R_{max}	maximum collimator working distance	准直仪的最大工作距离	m
108	R_1	distance from source to lens	辐射源到透镜的距离	m
109	R_2	distance from lens to detector	透镜到探测器的距离	m
110	$\Re$	real part of complex OTF	复光学传递函数的实部	
111	s	estimate of standard deviation	标准偏差的估计值	取决于数据集
112	s^2	estimate of variance	方差估计值	取决于数据集
113	S_R	repeatability	可重复性	
114	S	total cavity area	空腔总面积	m^2
115	SiTF	signal transfer function	信号传递函数	V/C、V/K、DN/C 或 DN/K
116	$SiTF_{ave}$	average signal transfer function	平均信号传递函数	
117	$SiTF_{rel}$	relative signal transfer function	相对信号传递函数	
118	SSR	spot size ratio	光斑尺寸比	数值
119	SRF	slit response function	狭缝响应函数	
120	SWIR	shortwave infrared	短波红外	
121	t_{int}	integration time	积分时间	s

续表

序号	符号	英文	中文含义	单位
122	t_{cool}	time to reach operating temperature	达到工作温度的时间	s
123	T	absolute temperature	绝对温度(即热力学温度)	K
124	$T_{atm}(V)$	atmospheric spectral transmittance	大气光谱透过率	数值
125	T_B	background temperature	背景温度	℃或K
126	$T_{col}(\lambda)$	collimator spectral transmittance	准直器的光谱透过率	数值
127	TDI	time delay and integration	时间延迟积分	
128	T_H	housing temperature	外壳的温度	℃或K
129	T_{offset}	offset temperature	偏移温度	℃或K
130	T_{plate}	target plate temperature	靶板温度	℃或K
131	T_S	distance or time between samples	样本之间的距离或时间	m或s
132	$T_{\#}$	T-number	T数	数值
133	$T_{sys}(V)$	system optical spectral transmittance	系统的光谱透过率	数值
134	T_T	target temperature	目标温度、靶的温度	℃或K
135	$T_{test}(\lambda)$	test configuration spectral transmittance	测试装置的光谱透过率	数值
136	$T_{test-ave}(\lambda)$	spectral average of $T_{COL}(\lambda)T_{ATM}(\lambda)$	$T_{COL}(\lambda)T_{ATM}(\lambda)$ 的光谱平均透过率	数值
137	TTF	target transfer function	目标传递函数	
138	TV	TV line time	TV线时间	s
139	U_{rel}	relative nonuniformity	相对不均匀性	
140	UV	ultraviolet	紫外线	
141	$V_{analog\ video}$	analog system output voltage	模拟系统输出电压	V
142	V_{max}	maximum voltage	最大电压	V
143	V_{min}	minimum voltage	最小电压	V
144	V_{RMS}	noise voltage RMS value	噪声电压的均方根值	V
145	V_{scene}	system voltage before gamma correction	伽马校正前的系统电压	V
146	V_{sys}	output voltage	系统的输出电压	V
147	V_{video}	system voltage after gamma correction	伽马校正后的系统电压	V
148	VFOV	vertical field of view	垂直视场	mrad或(°)
149	W	monitor width	监视器的宽度	m
150	W_{target}	target width	靶的宽度	m
151	$\alpha(\lambda)$	spectral absorption	光谱吸收	数值
152	α_{app}	apparent detector angular subtense	表观像元的对向角	mrad
153	α_D	detector angular subtense	像元的对向角	mrad

续表

序号	符号	英文	中文含义	单位
154	α_R	system resolution	系统分辨率	mrad
155	α_{slit}	slit target subtense	狭缝靶的对向角	mrad
156	β	FOV tolerance	视场公差	mrad 或(°)
157	β_i	eye spatial/temporal integration factor	人眼的时/空积分因子	
158	$\varepsilon(\lambda)$	spectral emissivity	光谱发射率	数值
159	$\varepsilon_{apparent}$	apparent emissivity	表观发射率	数值
160	ε_T	target emissivity	目标发射率	数值
161	ε_B	background emissivity	背景发射率	数值
162	γ	gamma	伽马	数值
163	$\eta(\lambda)$	spectral quantum efficiency	光谱量子效率	数值
164	θ	angle	角度	mrad 或(°)
165	λ	wavelength	波长	μm
166	λ_{ave}	average wavelength	平均波长	μm
167	λ_{peak}	peak wavelength	峰值波长	μm
168	μ	overall population mean	全局平均数	取决于数据集
169	μ_{MRT}	overall population mean MRT	全局平均 MRT	℃或 K
170	$\rho(\lambda)$	spectral reflectivity	光谱反射率	数值
171	σ_{ave}	average standard deviation	平均标准偏差	取决于数据集
172	σ_G	Gaussian standard deviation	高斯标准偏差	取决于数据集
173	σ_H	column noise	列噪声	℃或 K
174	σ_{MRT}	overall population MRT standard deviation	全局 MRT 标准偏差	℃或 K
175	σ_O	overall population standard deviation	全局标准偏差	取决于数据集
176	σ_O^2	overall population variance	全局方差	取决于数据集
177	σ_{SiTF}	SiTF standard deviation	SiTF 标准偏差	取决于数据集
178	σ_{TVH}	spatio-temporal noise	时空噪声	℃或 K
179	σ_{VH}	FPN noise	固定模式噪声	℃或 K
180	σ_V	row noise	行噪声	℃或 K
181	τ_D	detector dwell time	像元驻留时间	s
182	Δf_e	noise equivalent bandwidth	噪声等效带宽	Hz
183	Δx	width of one bar	一个条杆的宽度	m
184	ΔI_e	differential spectral radiant intensity	光谱辐射强度差	W/(sr · μm)
185	ΔL_e	differential spectral radiant sterance	光谱辐射亮度差	W/(m² · sr · μm)

续表

序号	符号	英文	中文含义	单位
186	ΔM_e	differential spectral radiant exitance	光谱辐射出射率差	W/(m² · μm)
187	ΔT	temperature differential	温差	℃或 K
188	$\Delta T_{apparent}$	apparent ΔT	表观温差	℃或 K
189	$\Delta T_{recorded}$	recorded temperature differential	记录的温差	℃或 K
190	ΔV_{sys}	differential output voltage	输出电压差	V
191	$\Phi_{detector}$	flux impinging on detector	探测器的入射通量	W
192	Φ_{image}	flux impinging on image	图像的入射通量	W
193	Φ_{lens}	flux impinging on lens	透镜的入射通量	W

目　录

第1章

绪论

电子成像系统的表征是指在实验室采用主观评估和客观量化两种方法对图像质量进行评估。常用的系统评估方法是测量各种输入/输出的转换结果。每项测试都需要有特定形状和强度的目标靶,传感器把输入转换成可测量的输出量,即图像。图像有多种形式,如显示在监视器上的图像、模拟视频信号,或者是保存在存储器中的数字数据。输出可以量化为电压、监视器亮度、模/数转换器(ADC)的转换结果(用数字量化值(DN)表示),也可以是观察人员对图像质量的印象(图1-1)。

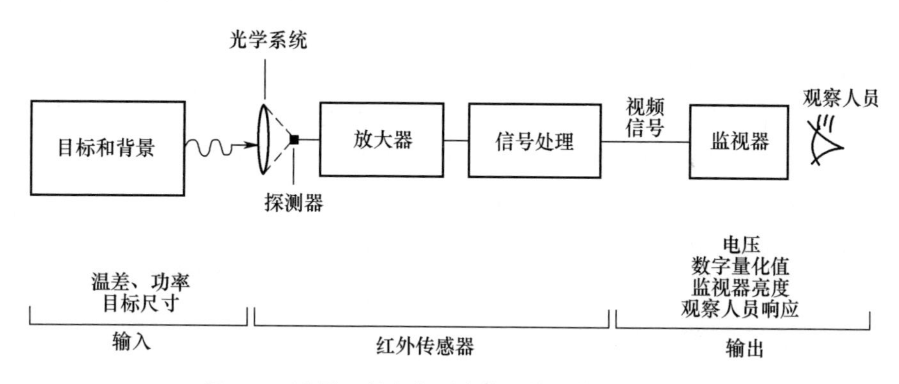

图1-1　适用于所有电子成像系统的传感器原理图

在测量程序开始之前,必须首先定义图像质量。只有明确了图像质量的定义,才能采用更加精确的测量方法。由于图像质量的优劣难以用语言描述,所以要用很多参数来确定成像系统的特性。有了完整明确的像质定义,才能制定出正确的测试步骤,确定合适的测试设备和数据采集方法,并为进行数据分析选择合适的统计方法。一个完整的测试计划应该使成像系统的客观量化和主观评估都能得到可以重复的评估结果。

图像评估,即对像质的物理测量,对预先建模、系统设计、性能评估和质量控制都是一个不可或缺的手段,不仅可以用来检验最终设计的合理性,评估结果还可供分析人员验证他们的各种模型。预先建模有助于后续的系统设计、系统要求和像质保证规范。把这些规范和易于理解的物理参数联系起来,可以使设计人员、制造人员和使用人员更加确信设计目标已经实现。成像评估包括对给定传感器的光谱、时间、空间、强度特性等各方面进行评估，这些评估是通过对分辨率、响应率、噪声、调制传递函数（MTF）、对比度传递函数（CTF）和畸变的测量来完成的。

由于观察人员的许多内在或外在因数不同，使他们对像质的认识也不同。这些因素包括一整套不易量化的生理学方面的内容，对其只能进行主观评测，无法用绝对数值衡量。在依据从最好到最坏的等级对像质排序时，不同观察人员的判断会有很大差异。因此，在任何涉及观察人员主观判断的测试中都存在相当大的易变性。但是，第10章和第12章提供的数据分析方法用统计学技术处理观察人员的易变性，由此得出了可重复的、最低可分辨温度（MRT）和最低可探测温度（MDT）的测量结果。

1.1 红外成像系统

1969年，Hudson[1]列出了热成像系统的100多种应用，他把这个列表分为军事应用、工业应用、医学应用和科研应用四大类。每一类应用又细分为：①搜索、跟踪和测距；②辐射度学；③光谱辐射测量；④热成像；⑤反射通量；⑥合作辐射源。这个列表十分全面，到目前为止，仅增加了很少几项新的应用。目前将红外系统的应用分为军用和商用两大类，表1-1列出了每一类的部分应用。军用和商用系统的基本设计相似，但每个系统都为特定目的而制造，因此军用系统和商用系统要用不同的性能参数来描述。

表1-1　热成像系统的典型应用

领域	应　用	
军用	侦察、目标获取、火控、导航	
商用	民用	司法公安、消防、边界巡逻
	环境	地球资源探测、污染控制、能源保护
	工业	维护、制造、无损检测
	医学	胸部造影、软组织损伤、动脉收缩

表1-2列出了一些设计要求的典型差异。根据测量手段的不同，又把这些系统分为成像系统和机器视觉系统两大功能类。成像系统的图像需要由观察人员来评估，而机器视觉系统的图像需要由硬件和/或软件来评估。机器视觉类的一个重要系统是红外搜索和跟踪系统（IRST），该系统用于点源探测。具体的系统设计因其应用、大气传输特性、光学系统的可获得性和探测器的光谱响应而异。表1-3列出了对军用系统设计的一些要求。视场（FOV）大小由探测器阵列尺寸除以焦距求出，由许多像元对应的张角（DAS，等于像元尺寸除以焦距）组成。通过转动反射

镜,可以移动视场的中心和关注场(FOR)。关注场是所获图像的总区域,是多个单个视场拼接的结果。

表 1-2　设计要求的典型差异

设　计	军　用	商　用
振动稳定	对远距离应用有要求	通常没有要求
图像处理算法	与具体应用有关(如目标探测和自动目标识别)	菜单式多重选项
分辨率	高分辨率(分辨远距离目标)	通常不是问题,因为可以通过靠近目标放大图像
图像处理时间	实时	不总是要求实时处理
目标特征	通常只是可察觉到	适常是高对比度目标
灵敏度	低噪声(高灵敏度)	噪声并不见得是一个主要设计因素(中等灵敏度)

表 1-3　军用系统的典型要求

应　用	关注场	像元对应的张角/mrad	帧速	灵敏度
空间防御	小	$\ll 1$	快	很高
地球监视	大	$\ll 1$	慢	很高
红外搜跟系统	高达 360°	$\ll 1$	0.1~1Hz	很高
机载前视红外系统和导航辅助设备	40°×40°	10	30~60Hz	高
威胁告警	高达 360°	10	很高	高
瞄准	1°~5°(正方形)	$\ll 1$	30~60Hz	高
导弹导引头	2°~10°(正方形)	<1	60~500Hz	中等
步枪瞄准	10°	1	30~60Hz	中等

根据大气的光谱透过率,电子成像系统通常有七个光谱区(图 1-2),其中四个光谱区与红外成像系统有关。紫外光谱区为 0.2~0.4μm。可见光光谱区为 0.4~0.7μm,电视、电子静态照相机和大部分数码相机[①]在这个波段工作。近红外成像光谱区为 0.7~1.1μm,微光电视(LLLTV)、像增强器、星光望远镜和夜视镜在这个波段工作。由于历史原因,紫外、可见光和近红外技术有各自的专用术语。在本书中,第一个红外成像波段是短波红外(SWIR)成像波段,覆盖范围为 1.1~2.5μm。第二个红外波段是中波红外(MWIR)波段,覆盖范围为 2.5~7.0μm。第三个红外

① 早期的数字相机(固态相机)用的是 CCD 探测器阵列,因而称为 CCD 相机。现在的相机用的是 CMOS 阵列。

波段是长波红外(LWIR)波段,覆盖范围为7~15μm。第四个波段是远红外(FIR)波段或甚长波红外(VLWIR)波段,应用于响应波长在15μm以外的所有系统。

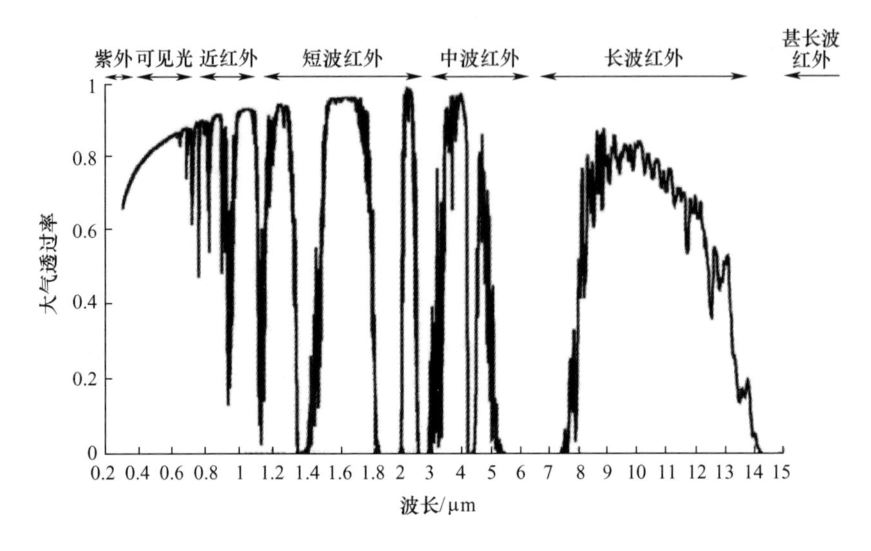

图1-2　在能见度23km的中纬度乡村气溶胶条件下,利用MODTRAN(中光谱分辨率传输)模型计算的1km路径上的大气透过率

表1-4列出了与特定系统有关的波长。在相对短的距离,大气中的CO_2吸收带会彻底削弱目标在4.2μm波长处的所有信息。因此,中波红外系统的响应波长为3.0~4.15μm或4.35~5.5μm。虽然我们感受到的太阳光是可见光(0.4~0.7μm),实际上太阳是一个黑体辐射源,其辐射波长覆盖紫外到甚长波红外区。为了避免阳光闪烁引起杂散光,中波红外系统的光谱响应一般在3.2~4.35μm之间。阳光闪烁对长波红外波段的影响不大。

表1-4　光谱术语(因作者而异)

光谱带	波长范围/μm
真空紫外线	0.05~0.20
短波紫外(UV-C)	0.20~0.29
中波紫外(UV-B)	0.29~0.32
长波紫外(UV-A)	0.32~0.40
可见光	0.40~0.70
近红外(NIR)	0.7~1.1
短波红外(SWIR)	1.1~2.5

续表

光谱带	波长范围/μm
中波红外(MWIR)	2.5~7.0
第一热成像波段①	3.0~5.5
蓝峰段	4.1~4.3
红峰段	4.3~4.6
长波红外	7.0~15.0
第二热成像波段 *	8.0~14.0
甚长波红外	>15.0
极红外	15~100
近毫米波	100~1000
毫米波	1000~10000

注:① 较老的定义。

任何系统的精确光谱响应都与其设计有关。将一个系统称为 LWIR 系统,仅意味着它的响应范围大部分处在长波红外区。例如,一个长波红外系统的光谱响应区可能为 7.7~11μm 或 8~12μm。测试人员必须知道精确的光谱响应范围,才能选择合适的光源、目标靶和准直仪,才能正确评估系统性能。

1.2　图 像 质 量

系统性能、观察人员的经验、场景内容、大气传输、监视器的设置及其他因素都会影响观察人员对像质的印象(图 1-3),仅通过辨别图像很难找出像质不好的原因。实验室测试的目的是找出对像质影响最大的变量并量化它(图 1-4)。同样,最佳像质并不能仅仅通过观察图像来确定。确定是否获得了最佳像质,必须先检验焦距、调整增益和电平、调准监视器、测量对不同尺寸的目标的响应,并测量对不同目标强度的响应(量化图 1-4 中所示的各种输入-输出转换效果)。

关于像质讨论的一个最重要的问题集中在分辨率或灵敏度方面。分辨率使用得太久了,它甚至被认为是衡量像质的唯一基本因素。分辨率表示系统能感知的最小细节,它能通过并不相关的量度来确定,如瑞利判据、调制传递函数(MTF)曲线下降到 2%时的空间频率或探测器像元对应的张角。恰当的量度要根据系统应用而定。分辨率不包含目标对比度或系统噪声的影响。分辨率(观察到细节的能力)与探测能力(发现物体的能力)之间有明确的区别。

灵敏度表示能探测到的最小信号,它是系统输出端信噪比为 1 时的噪声等效温差(NEDT)信号。灵敏度与光学系统的聚焦能力、探测器的响应度和系统噪声有关,与分辨率无关(图 1-5)。

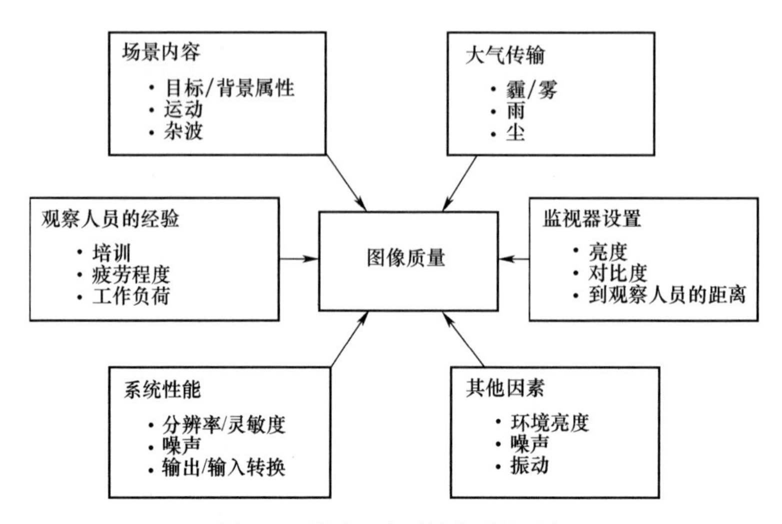

图 1-3　影响观察到的像质的因素

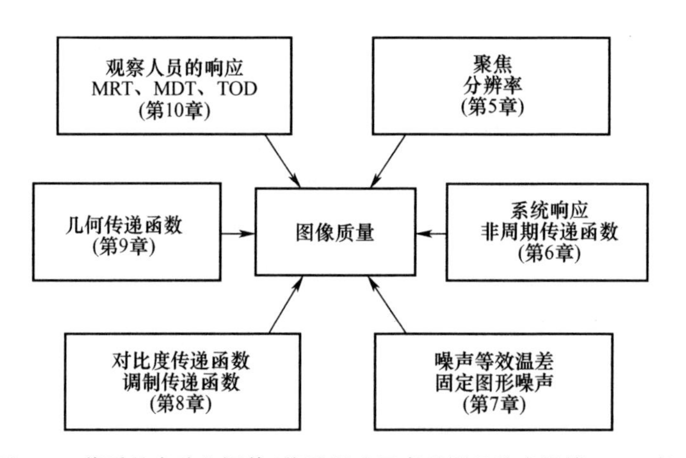

图 1-4　像质的实验室评估(像质影响因素的测量技术见第 5~10 章)

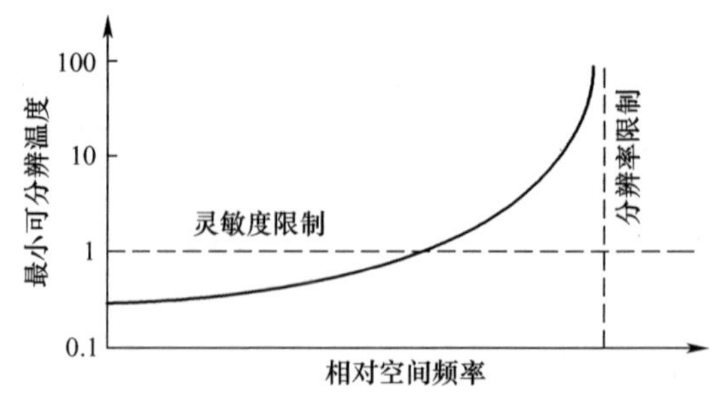

图 1-5　MRT 受系统分辨率和灵敏度限制

注:人眼难以置信的空间和积分特性使人能观察到信噪比低于 1 的物体。

整个系统的响应取决于灵敏度和分辨率,如图1-5所示,MRT受灵敏度和分辨率因素限制。不同系统(图1-6)可以有不同的MRT。之所以系统A有更高的灵敏度,是因为它在低空间频率处有较低的MRT。在中间空间频率处,系统A和系统B几乎等效,也可以说它们具有等效性能。但是,系统B有更高的分辨率,它比系统A显示得更精细。图1-6和图1-7表明,不能用灵敏度、分辨率或其他任何一个单独的参数来比较系统性能。像质量度是相互关联的,见图1-7,图中连线所包围的面积可以视作一个像质量度。提高一个量度通常会对另一个参数造成不良影响。一个“低值”并不意味着一个特定系统不能在其特定应用中工作,同样一个“高值”也不意味着系统十分适合某一特定应用。

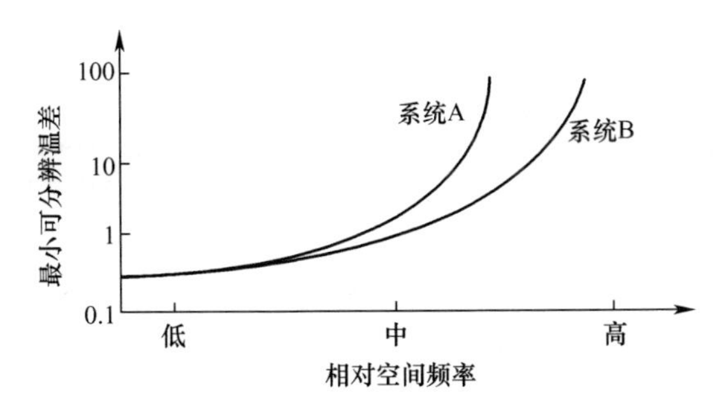

图1-6　有不同MRT的两个系统

注:系统A是否优于系统B要依具体应用而定。

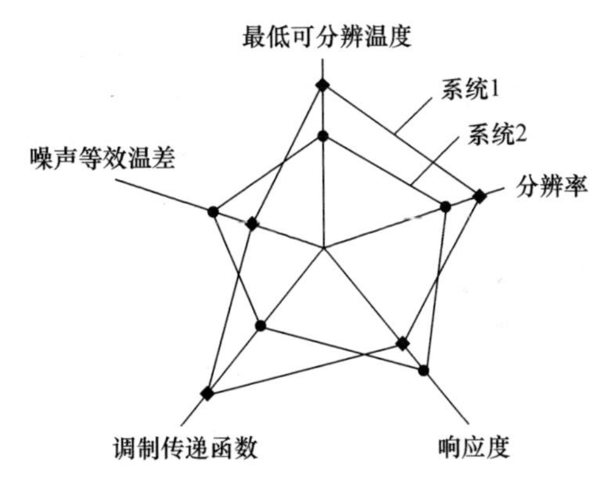

图1-7　像质量度是相互关联的

注:线的长度是一个“方便”的测量值。

目前常用的大多数测试程序最初都是为表征美国的通用模块系统而开发的。这些程序经过修改后,现在用来测试通用模块的发展型以及含有凝视阵列的系统的性能。这些系统趋于采用相似的光学系统设计、探测器和电子系统。随着新技术的出现,测试方法也会发生变化。

1.2.1 物理测量

像质的物理测量定义或描述的是与基准图像或理想图像比较而言的各种图像统计量。实验室的测试环境通常都控制得很好,所以图 1-3 中的大气传输、监视器、场景内容以及各种影响通常都具备良好的特性。表 1-5 给出了在实验室评估像质要进行的测量内容。测试程序、数据采集技术和数据分析方法将在所列章中进行讨论。

表 1-5 图像评估参数

章	测试内容
第 5 章 聚焦和系统分辨率	聚焦 分辨率
第 6 章 系统响应率	信号传递函数 响应率和均匀性 非周期传递函数 狭缝响应函数 动态范围
第 7 章 系统噪声	噪声等效温差 固定模式噪声 非均匀性 噪声等效通量密度 噪声功率谱密度
第 8 章 调制、相位和对比度传递函数	对比度传递函数 调制传递函数 相位传递函数
第 9 章 几何传递函数	视场 几何畸变 机器视觉性能 算法效率

1.2.2 主观评估

最低可分辨温度(MRT)和最低可探测温度(MDT)是实验室常用的像质测量参数,这已经成为红外成像领域的标准。有时,MRT 或 MDT 只能获得一次。但是每当打开系统,观察人员都会按照自己的评估等级习惯性地对像质进行评估。观察人员可以观察到在传统数据采集过程中经常察觉不到的很多细微效果。

系统设计人员和使用人员对“好”像质的定义存在很多争议。如果清晰地确定了测试目标,而且具备了都能接受的评估等级,就可以避免这些争议。在制定主观评估等级之前,必须回答以下问题:这个系统的预期用途是什么?任务是什么?评估系统是否能回答想问的问题?使用人员要求评估的是什么?试验结果怎么使用?

之所以需要一个评估等级,是因为每次系统打开时,所有观察人员都会根据自己内心的等级标准下意识地对像质进行评估,应该使这些等级标准化。Cooper-Harper 提出的测试等级[2]已经成为美国空军的一个标准,广泛应用在飞机操控质量和相关脑力工作量的评估中。这个测试等级经过修改[3]后用于评估感知和通信活动中的工作负荷。相对而言,针对操控效果,这种等级能把实用性与人的感知、显示技术和评估方法结合在一起,提供可信的评估结果。如果制定的评估方法合理,所有观察人员对同一系统都应该给出大致相同的评估等级。

按照 Cooper-Harper 的方法可以制定一个红外成像系统的主观评价等级。观察人员首先确定是否可以得到充分的性能指标;然后选择一个更加详细的目录重新定义评估等级,最后形成一个从 1~10 的评估等级,表示对性能的总体印象。图 1-8 和表 1-6 列出的评级系统只是一个大致的指导性系统。评估等级系统不

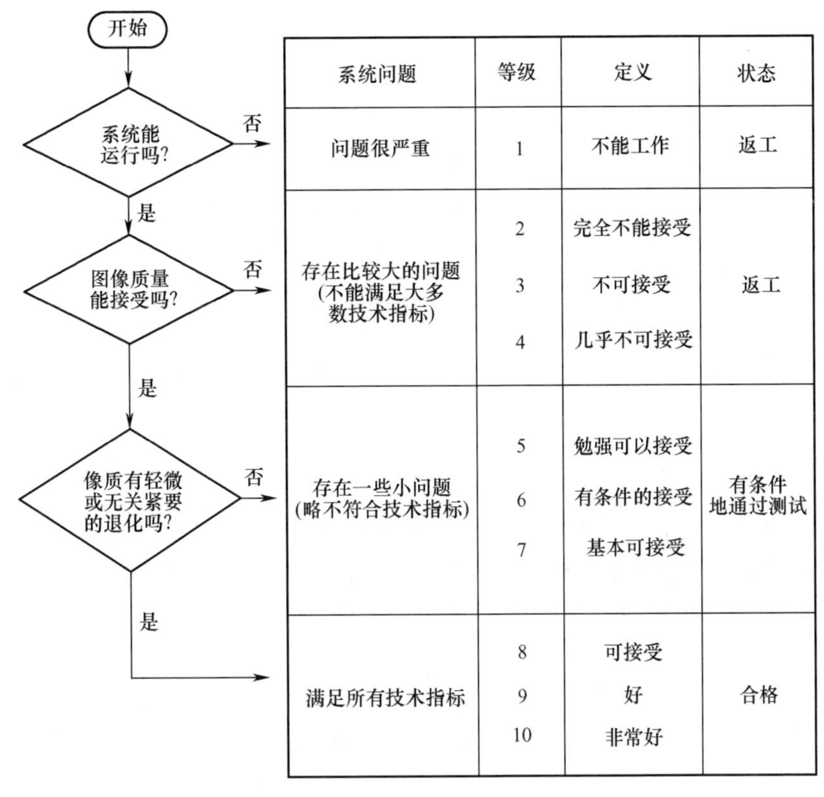

图 1-8　主观评定等级示例(其描述见表 1-6)

注:用标准化的评估等级可以得到一致的像质定义。

能把评估结果定为优秀或理想，因为这意味着没有进一步改进的必要了。制定评估等级时，什么是最好的，什么是可接受的，什么是不可接受的，在制造人员和使用人员之间要达成共识。对每个评估等级的样例必须有明确定义，如果可能，应该把这些样例的实际记录图像附在后面。

表 1-6 修改后的 Cooper-Harper 评估标准

问题	等级	定义	状态	示例	对系统的影响
问题很严重	1	不能工作	返工	没有图像	设计失败
存在比较大的问题（不能满足大多数技术指标）	2	完全不可接受	返工	几乎不能辨认出大的物体； 在视场中心出现像元死区	必须重新设计
	3	不可接受		在视场中心出现闪烁线； 噪声非常严重	建议重新设计
	4	几乎不可接受		不能充分聚焦； 错误的动态范围（没有对比度）； 错误的动态范围（场景饱和）	需要重新设计
存在一些小问题（略不符合技术指标）	5	勉强可以接受	有条件地通过测试	噪声等级是技术指标的2倍	建议进行改进设计
	6	有条件地接受		可观察到颤噪声； 出现条纹或模糊	十分需要改进设计
	7	基本可以接受		在环境极限条件下出现离焦； 有微小的固定模式噪声或阴影	改进设计可以提高系统性能
满足所有技术指标	8	可接受	合格	刚好满足所有技术指标； 能在要求的距离内探测和识别目标	设计合理
	9	好		满足所有技术指标，并有一定裕量	设计良好
	10	十分好		远超所有技术指标； 能在远距离探测和识别目标	设计完美

如果在确定主观评估等级时遇到困难，或者针对特定应用 MRT 或 MDT 并不是合适的测试量度，就有必要制定一个新的性能评估指标。Biberman[4]、Lloyd[5]、Farrell 和 Booh[6]按照能够接受的好像质的标准，列出了许多描述其物理特性的数据。

1.3 测试原则

检查技术规范是任何测试工作的起点。测试人员必须了解红外成像系统的工作原理和用途。测试原则包括一个简明的测试计划、正确的测试程序、明确的数据分析方法和测试结果记录文件。一个完整的测试计划应阐明以下内容:①这个系统的预期用途是什么;②合适的测试参数是什么;③测试规格是否已经写清楚了;④实验结果将如何使用;⑤测试记录文件中要包含的存档数据和最终报告。

分析人员、设计人员、测试人员、技术指标的制定人员、管理人员和使用人员都必须参与红外系统的测试和评估过程,但他们要根据各自的需要做出决定。如果测试计划编写得简洁明了,测试过程进行得正确,那么每个使用人员都能从测试结果中获得所需要的信息(表1-7)。测试组中的每个成员都应该审核测试计划,确保整个计划是全面的,测试能得到所需要的结果[7]。测试计划也可以加入一些在技术规范中没有要求的附加测试。

表1-7 不同使用人员对数据的需求

使用人员	需 求
分析人员	确认性能模型
设计人员	根据子系统的关键参数(如电子带宽、光学MTF等),确认子系统性能的合理性
管理人员	合格/不合格测试标准,以及如果该单元不合格,对成本和交付时间的影响
使用人员	系统按照设计要求工作

根据系统的用途不同,测试要求也有所不同。例如,主观测试(MRT和MDT)对利用软件和硬件评估像质的机器视觉系统并不适用。如果系统已经投入生产,测试项目可以减少。具体测试要求应由使用人员和制造人员共同决定。

标准化的测试方法、测试设备和数据分析方法能提供一致的测试结果。明确的性能要求是全面测试程序的起点。要编写测试计划并严格按计划执行,同样要严格按照标准方法进行数据分析。正确的测试包括对大量数据的获取、分析和存储。如果考虑得再周全一些,还可以采用适当的设备和程序处理数据流。

只有在充分理解了系统的工作原理(见第2章"红外成像系统的工作原理")和测试目标之后,才能制定测试程序。对测试人员来说,深入了解系统的工作原理和预期的测试结果是一个基本要求。在系统组装初期和各阶段都要进行测试。在系统组装初期不做测试是不合算的,在大量组装都完成之后才发现问题会影响生产成本和交货日期[8],所以在系统组装的各个阶段快速找出各种问题很重要。如果发现与预期结果不一致,就要在测试计划中列入下一步的诊断测试方法以备后用,这会为测试人员和设备节省大量时间。因此要求测试人员深入了解系统的设计、性能和测试等各方面知识。

通常总是过分强调交货日期,却没考虑进行适当的测试和完成测试文件也需要时间。正确的测试不能在一夜之间完成,更不能等到交货的前一天晚上才决定要做哪些测试。实际测试通常只用很短的时间,但是编写测试程序和进行数据分析却需要花费很长时间。

在测试开始之前,要估计预期的信号和噪声电压,分析典型数据,核实数据分析技术和绘图打印程序是否合适,找出错误的根源并记录下来。在可能出现异常数据的地方,要采用多种测试方法。在测试过程中分析数据很重要,这能证明数据的可信度,发现的错误也可以及时得到修正。如果在一周之后才发现错误,可能就组织不到同样的待测单元、测试设备或测试人员进行复测。

1.3.1　测试计划

一个完整的测试计划要说明测试的目标、要求、对不确定性范围的数据分析方法和测试成功的标准,同时必须明确说明测试装置和测试条件(见第4章"通用测试技术")。测试计划还应该规定数据呈现方法(绘图或列表)。一个好的测试计划应该满足表1-8所列的各项要素。

表1-8　测试计划的要素

序号	要　素
1	简单
2	易读
3	测试设备明确
4	测试程序明确
5	数据分析方法明确

1.3.2　测试设备

由于现代红外成像系统的复杂性,采用当前最先进的测量设备是必要的,要舍得为好设备投资,为了节省资金而购买指标勉强够用的设备是不划算的。如果测试程序必须修改,那些指标勉强够用的设备很可能就没用了。但是,由于红外成像技术的发展,选择性能充分的测试设备是一个挑战。随着对高灵敏度和高分辨率红外成像系统的需求的出现,测试设备的性能也要受到关注。

1.3.3　数据分析

统计学提供了对估计的总体均值和标准偏差的不确定性等级(见第12章"不确定性分析"),利用采样统计学可以确定满足适当分析所需要的数据点的数量。理解了MRT变化的原因,就能把观察人员的易变性从系统响应(想要的结果)中分离出来。只有采用一个合理的统计方法,才能保证得到的数据是可信的。

如果一个系统没有通过测试,测试人员就要提醒工程制造人员系统存在的问题。尽管很少提到,但还是要依靠测试人员确定产生问题最可能的原因。只有经历过很多类似系统测试的人员,才能根据他的评级经验很快判断出细微的差别。

要依靠测试组找出问题症结,而不仅仅是判定待测系统是否合格。如果系统没有通过测试,测试组又没给出任何说明,就必须重新进行测试以确定问题的根源。记录异常现象的一个方法是,最好用数字录像记录并带有完整的注解,以便随后回放和解读。如果一个系统没有通过测试,应该同时对系统和测试步骤进行评估:是系统不合格(测试的目的),还是人为因素(如测试设备、数据分析方法、测试步骤或是测试人员的原因)导致系统没通过测试。

测试是否合格的标准只表明系统性能是否完善。在大多数测试中,都是先得到测试值,再与技术指标进行比较来判断系统是否通过测试。例如,要判断噪声等效温差是否小于指标要求,就必须测量它。对于设计人员和质量控制人员来说,精确值是很重要的。获得精确的测试值后,要把它记录和保存下来,以便进行趋势分析。表1-9是一个典型数据列表。

表1-9 典型数据

测试项目	技术指标	测试结果	合格/不合格
噪声等效温差	0.10℃	0.08℃	合格
空间频率为1cycle/mrad的最低可分辨温度	0.20℃	0.12℃	合格
固定模式噪声	30%	35%	不合格

1.3.4 文件管理

数据记录、分析、解读、表达、归档的过程必须严格如实地进行。数据格式要统一,可供多位使用人员和分析人员使用。随着个人计算机的广泛应用,最好用一种与通用电子制表软件兼容的格式把所有数据存储起来。选取的图像可存储在一个数字化数据库中。只有形成最后报告以后,测试组才算完成了所有任务。

归档的数据结果对趋势分析和老化分析极为重要。图1-9的噪声水平有渐增的趋势,有理由认为制造过程失去了控制,系统会无法通过测试。有了这组趋势分

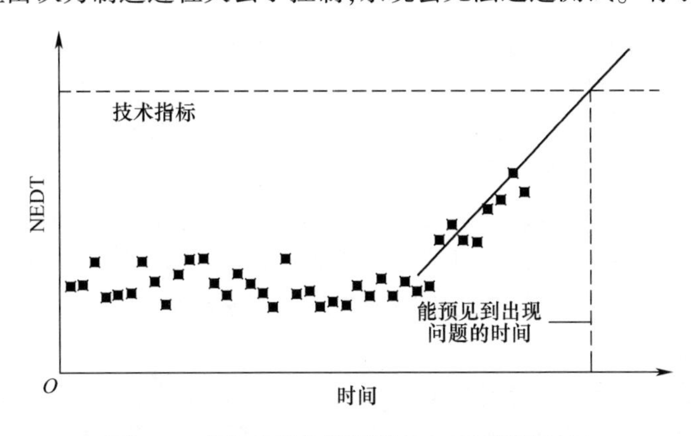

图1-9 趋势分析能够预测到出现问题的时间

析数据，就有足够的时间来改进制造技术，避免无法满足性能指标。图1-10说明更换了一些组件后，反而影响了噪声水平，因为更换组件后，噪声超标只是一个时间问题。利用趋势分析，可以准确判断噪声增加的时间，但根据简单的合格/不合格准则是无法做出这个判断的。

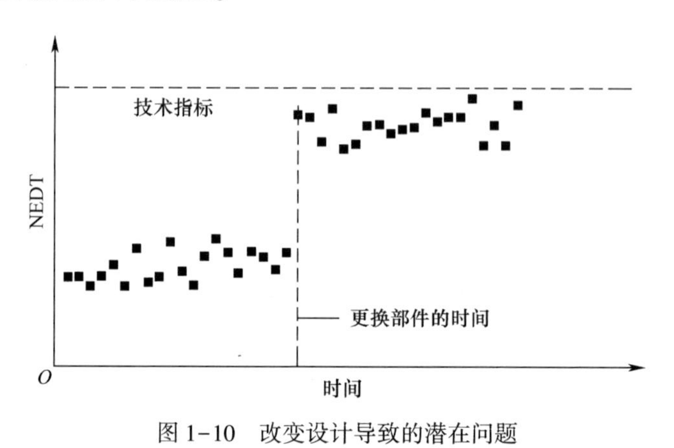

图1-10　改变设计导致的潜在问题

1.4　自动测试

完整的性能测试可能需要花费几百个小时，这对原型样机是可行的，但对制造阶段的系统测试不可行，所以要在交货时间、成本和充分测试之间做综合考虑。在系统生产的每个阶段都要谨慎地选择合适的测试方法和测试细节。这就产生了一个两难问题：减少测试意味着已经明确了关于质量控制的统计特性，并且与所有测试参数相关的统计变量是已知的，但在实际中这些变量是未知的，很可能只有在详细测试了上百个单元后才能确定这些数据的变化。

最常见的问题是需要的测试项目最少是多少？答案在于与所有参数有关的变量和预期的系统用途中。对原型样机要进行全面测试。随着系统研制的深入，可以将测试项目简化到能快速描述系统性能的那些指标，对成像系统至少应包括NETD和MRT。NETD属于系统噪声，而MRT能提供对系统性能的总体评估。

单调繁重的重复性测试可以用自动测试设备完成（见第11章"自动测试"）。自动测试设备可以由经验较少的人操作，这使更多的人可以参与测试，从而降低劳动成本。但测试人员必须确保进行的测试是正确的。没有什么能够代替测试与评估中测试人员的技能和判断能力。复杂的先进成像系统要由经过适当培训的测试人员来完成测试。

需要观察人员判读像质的测试只有MRT和MDT，但这两项测试非常耗时，因此希望它们能够自动完成。能进行自动测试，就解放了观察人员，但待测系统是一个成像系统,其输出还是要由人来观察。如果要自动完成 MRT 和 MDT 测试,至少要依据 Cooper-Harper 方法或类似方法来查看和评估图像。

1.5 外场测试

能提供切实的系统性能证明的是外场测试。外场测试的主要目的是验证系统在各种野外条件下的工作能力。外场测试也要证明技能不高的普通用户也能安全有效地使用成像系统。

外场测试很难控制,因此通常只是通过它们进行系统验证,并不用于测试全部系统特性。外界条件变化常常导致外场测试结果变化很大(图 1-3)。在不良天气条件下,可能受信噪比的限制而探测不到目标,这是环境原因,并非红外成像系统的原因。为了能够合理地分析外场测试数据,测试人员必须充分了解目标特征[9-10]和大气透过率的变化[11]。对外场测试数据进行分析并非易事,因为无法使测试条件标准化。由于天气和场景对比度变化很快,测试结果经常无法达到进行良好的统计分析所需要的重复次数。外场标定[12-13]比实验室标定难得多,需要特别注意。

注意:系统可能在实验室通过了所有测试,但在外场却表现不好。如果实验室环境没有模拟外场的条件,就会发生这种情况。例如,系统在有空调的实验室表现很好,在沙漠热环境中却表现不佳。这可能是系统中的制冷器无法处理增加的热负荷而导致的,随着探测器变热,其噪声和响应率就会变化。外场电源不能很好地稳压,外场辅助设备可能会因为频繁地开关而产生电涌,电路接地也可能不同。这都需要设计人员、实验室测试人员和外场测试人员共同判断系统性能在实验室测试和在外场测试中不同的原因。

参考文献

[1] R.D.Hudson, Jr., *Infrared System Engineering*, Chapters 16 to 19, John Wiley and Sons, New York (1969).

[2] G.E.Cooper and R.P.Harper, "The Use of Pilot Rating in the Evaluation of Aircraft Handling Qualities," NASA Ames Research Center, Moffett Field, NASA Technical Note TN-D-5153 (1969).

[3] W.W.Wierwille and J.G.Casili, "A Validated Rating Scale for Global Mental Workload Measurement Applications," in *Proceedings of the 27th Annual Human Factors Society Meeting*, pp.129-132 (1983).

[4] L.M.Biberman, ed., *Perception of Displayed Information*, Plenum Press, New York (1973).

[5] J.M.Lloyd, *Thermal Imaging Systems*, Plenum Press, New York (1975).

[6] R.J.Farrell and J.M.Booth, *Design Handbook for Imagery Interpretation Equipment*, Reprinted with corrections, Boeing Aerospace Company, Seattle (February 1984).

[7] C.Coles, W.Phillips, and J.D.Vincent, "Reporting Data for Arrays with Many Elements," in *Infrared Imaging Systems: Design, Analysis, Modeling and Testing II*, G.C.Holst, ed., SPIE Proceedings Vol.1488, pp.327-333

(1991).

[8] T.F.Greene, "Infrared Sensor Test Requirements and Critical Issues," in *Infrared Scene Simulation :Systems , Requirements, Calibration, Devices, and Modeling*, R.B.Johnson and M.J.Triplett, eds., SPIE Proceedings Vol. 940, pp.18-25 (1988).

[9] M.V.Mansi and I.A.Walls, "Prediction of Temperature Differences in Background Scenery," in *Passive Infrared Systems and Technology*, H.M.Lamberton, ed., SPIE Proceedings Vol.807, pp.61-68 (1987).

[10] T.M.Lillesand and R.W.Kiefer, *Remote Sensing and Image Interpretation*, pp.402-414, John Wiley and Sons, New York (1979).

[11] R.Richter, "Infrared Simulation Model SENSAT-2," *Applied Optics*, Vol.26(12), pp.2376-2382(1957).

[12] P. Chevrette and D. St. - Germain, "Field Calibration Software for Thermal Imagers and Validation Experiments," in *Characterization, Propagation, and Simulation of Infrared Sources*, W. P. Watkins, F. H. Zegel, and M.J.Triplett, eds., SPIE Proceedings Vol.1311, pp.2-15 (1990).

[13] W.M.Farmer, *The Atmospheric Filter*, Vol.1 Sources and Vol.2 Effects, JCD Publishing Company, Winter Park (2001).

第2章

红外成像系统的工作原理

一个红外成像系统包含多个子系统,每个子系统以不同方式处理信息。在处理图像的过程中会引入一些原始场景中所没有的失真或变化。如果不了解这些问题,就有可能把失真或变化理解为数据异常;在极端情况下,可能会认为系统有故障。失真的原因包括(但不局限于) $\cos^N\theta$ 变化[①]、交流耦合效应、采样相位效应、不完善的增益/电平归一化、行间插值和伽马校正。通过合理的测试设计,测试人员可以把失真的影响降到最小,也能在出现失真时正确地解释测试结果。

图 2-1 所示的光电功能模块包括光学系统和扫描器、探测器和探测器电子线路、数字化、图像处理和图像重建等 5 个主要子系统。这些子系统在图 1-1 中统称为红外传感器。图 2-1 用于扫描和凝视系统。并非所有系统都包含这些子系统。具体的设计取决于探测器像元的数量和所要求的输出格式。

探测器是整个成像系统的核心,它把红外辐射转化为可测量的电信号,把目标的空间信息转化为电学中的时间信息。放大器和信号处理产生电子图像,图像中的电压差代表场景中的光强差。探测器的电子线路要和探测器的特性及所要求的信号输出相匹配。许多系统都把信号数字化,这样可以相对容易地生成图像。此外,还有许多可以利用的数字图像增强算法。机器视觉系统通常在数字域工作。

一般情况下,需要将数据转换为与监视器要求一致的信号和时序。大多数监视器只接收 8 位数据。如果位数多了,就要压缩,通常用伽马校正算法进行压缩。监视器不一定是构成红外成像系统所必需的部件。

本章着重介绍这 5 个主要子系统的工作原理,特别关注这些子系统引入的失真。失真表现为明显的数据异常,它们会影响具体测试结果。从第 5 章到第 10 章,在每个测试步骤之后,都用表列出了产生不良测试结果的原因。

① 在教材中是用图解说明 $\cos^N\theta$ 阴影。根据光学设计的不同,阴影服从 $\cos^N\theta$,其中 $2\leqslant N\leqslant 4$。

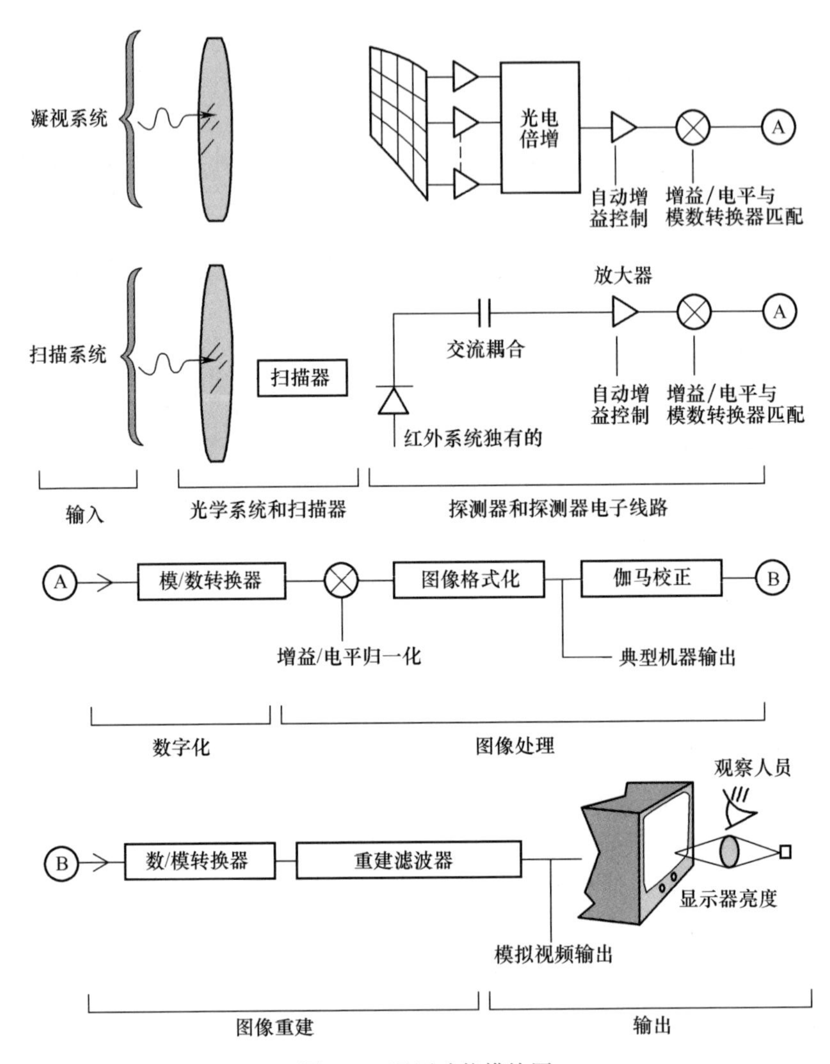

图 2-1 通用功能模块图

注:不是每个成像系统都包括这些子系统。使用 CRT 监视器观察图像时要使用伽马校正电路。

2.1 系统设计

本节简述通用的系统设计,各种红外探测器的详细情况参见文献[1-3]。

2.1.1 军用系统

1. 行扫描器

行扫描器需要平台运动来产生二维图像,它通常在扫描方向有一个很宽的视场。行扫描器用在侦察系统中，依靠飞机或航天器的运动提供与扫描方向垂直的空间覆盖。早期的红外系统是下视行扫描器，用于观察飞机前方目标时称为前视红外（FLIR）系统，现在泛指热成像系统。

2. 通用模块

所有探测器、扫描器和放大器都按照相同的规范制造。按通用标准设计的部件称为模块，现在泛指所有进行双向扫描的长波红外系统。

3. 光电倍增系统

通用模块系统只能由一个人观察。通过对系统输出进行光电倍增（EOMUX），通用的 FLIR 系统就能提供标准视频输出（如 RS-170 格式）。

4. 电子倍增系统

随着数字电子技术的成熟（20 世纪 80 年代），EOMUX 系统被电子倍增（EMUX）系统取代。EMUX 提供标准输出，这是目前使用最普遍的“通用模块”设计。

5. 第二代器件

随着凝视阵列技术的进步，普遍认为通用模块会被凝视阵列取代。但是，长波红外阵列很难制造，因此，第二代器件现在指垂直方向有 480 个像元、扫描方向有 4 个时间延迟和积分（TDI）像元的阵列，宽泛地称为 480×4 阵列。

6. 第三代器件

第三代器件指由两个独立传感器组成的探测器阵列，一个对中波红外波段敏感，另一个对长波红外波段敏感。由于能同时透过两个波段的光学材料很少，这种特殊的探测器阵列只用在反射式望远镜中。

2.1.2　民用系统

多年来，民用系统都是由军用系统派生的。由于民用系统的设计受成本、质量和功耗限制，因此多年来采用中波红外凝视阵列。比较新的系统是非制冷型系统，即探测器不需要低温制冷。非制冷系统能够在中波或长波红外波段工作，长波非制冷系统用得更多。

2.1.3　系统选择

根据黑体辐射曲线，地面上的物体在长波红外波段比在中波红外波段辐射出的能量更多。针对确定的目标-背景温差，长波红外波段的辐射度差（由热偏导确定）比中波红外波段的高约 10 倍，这曾推动过长波红外通用模块的设计。但信噪比才是更重要的，如果噪声很小，或者量子效率很高，则中波红外系统和长波红外系统会有同样的表现，所以，哪个光谱区更好不是固定的。随着系统性能的改进，开始出现新的问题。例如，中波红外系统的光谱响应必须经过修正才能消除阳光闪烁，而光谱响应由选用的探测器、光学系统和大气透过率决定。

每种设计都有其优缺点，在设计不同的系统之间进行比较几乎是不可能的，但可以在中波红外系统和长波红外系统、制冷系统和非制冷系统、凝视系统和扫描系统三个方面进行比较。光子探测器的光谱响应取决于材料的禁带宽度，而热探测器的光谱响应取决于材料表面镀膜的性质。新技术可以使系统对短波红外辐射敏感，如铟镓砷（InGaAs）对0.8～2.2μm的辐射都是敏感的。

1. 中波红外

地面上的物体在这个波长范围的辐射很少。在低温（小于-10℃）背景下，热偏导很小，图像的噪声很大。由于阳光闪烁和二氧化碳在4.2μm吸收带的影响，中波红外系统的光谱响应通常有限。大面阵、价格低的MWIR凝视光子探测器阵列容易制作。

2. 长波红外

由于长波红外波段的信号强，大部分军用系统都选择这个波段。选择这个波段可以避免阳光闪烁的影响。大面阵LWIR凝视光子探测器阵列难以制作。

3. 制冷探测器

长波红外光子探测器必须冷却到100K以下，77K是其典型温度。这样的温度只能通过寿命有限的机械制冷器或是灌注液氮才能达到。许多中波红外探测器可以在200K工作，这个温度用热电制冷器（TEC）容易达到。TEC的寿命很长。制冷器会增加系统成本、体积和功耗。

4. 非制冷探测器

热探测器可以在室温条件下工作，因此称为非制冷设备。因为吸收的热量会产生输出，所以必须将器件温度稳定下来并建立一个参考输出量，通常会用热电制冷器来稳定温度。非制冷探测器质量和体积小，使用方便，由于其功耗很低，可以应用在手提式设备中。

5. 光子探测器

（1）硅化物肖特基势垒探测器：常见的是硅化铂（PtSi）探测器，它对1.0～5.5μm的波长范围敏感，需要用滤光片限制光谱响应范围（如制作一个3～5.5μm的系统）。PtSi的量子效率很低，当背景温度低于0℃时，性能不好。硅技术已经很成熟，可以用很低的成本制作大面阵探测器。为了减少暗电流，这种器件通常要冷却到70K。

（2）锑化铟（InSb）探测器：InSb是一种高量子效率的中波红外探测器，在640×480像元的系统中，它已经取代了PtSi。

（3）碲镉汞（HgCdTe）探测器：碲镉汞又称为MCT，它是一种混合物（$Hg_{1-x}Cd_x Te$）。通过改变各种元素的掺杂比，可以将其光谱响应调整到中波红外或长波红外波段。

（4）在单元内进行信号处理（SPRITE）：SPRITE 探测器是一个拉长的 HgCdTe 细丝，提供固有的时间延迟积分作用。该器件由英国开发，已经成为英国的通用模块探测器。

（5）量子阱红外光子（QWIP）探测器：QWIP 基于成熟的 GaAs 生长技术，量子阱由 GaAs/AlGaAs 的分层产生，响应波长可以在 3～19μm 的范围内调整。长波器件通常对 7.5～10.5μm 的波段敏感。响应率和噪声均对温度敏感，因此 QWIP 要冷却到 40～60K。

6）热探测器

非制冷器件可以在任何光谱范围工作，但通常还是选择长波红外器件，以克服阳光闪烁和 4.2μm 波长处的大气吸收问题。热探测器通常比光子探测器的灵敏度低得多，因此在严格的低信噪比应用中不可能替代光子探测器。测辐射热计和热释电器件都用在红外系统中。测辐射热计的电阻随着温度变化；热释电探测器的热变化会改变电极化，表现为电压差异。热释电探测器是交流器件，需要一个外部斩波器。

2.2　光学系统和扫描器

光学系统把辐射成像到探测器上。扫描器在视场中移动像元对应的张角，产生一个与局部场景光强成比例的输出电压。在扫描系统中，单个像元的输出代表一条扫描线上的场景强度。如果使用凝视阵列，就不需要扫描器。相邻像元的输出能提供场景强度的变化量。

2.2.1　光学系统

宽光谱响应系统可能会有相当大的色差，这些色差是否值得注意取决于辐射源的光谱范围。光学子系统通常是“色彩校正”的，也就是说在某些波长处色差可减小到最小，但在其他波长处仍会存在色差。当测试目标通过视场时，色差会导致所有输入-输出转换的变化，其中的目标细节很重要（如 MTF 和 MRT）。

$\cos^N\theta$ 阴影效应是一个几何现象，它会减弱进入轴外像元的光强。这种现象取决于光学设计以及孔径和像元的物理位置。如果扫描系统使用一个像元（图 2-2(a)），且这个像元一直在轴线上，就不会出现 $\cos^N\theta$ 阴影。正是扫描器使探测器具备了探测离轴辐射的能力。线阵探测器（图 2-2(b)）的 $\cos^N\theta$ 变化会在线阵方向（与扫描方向垂直）显示出来。凝视阵列探测器的 $\cos^N\theta$ 变化是从视场中心向外呈径向对称衰减（图 2-2(c)）。

图 2-3(a)说明图 2-2(b)中线性扫描阵列的 3 条不同输出线的信号。图 2-3(b)说明图 2-2(c)中凝视阵列的输出信号。增益/电平归一化（也称非均匀性校

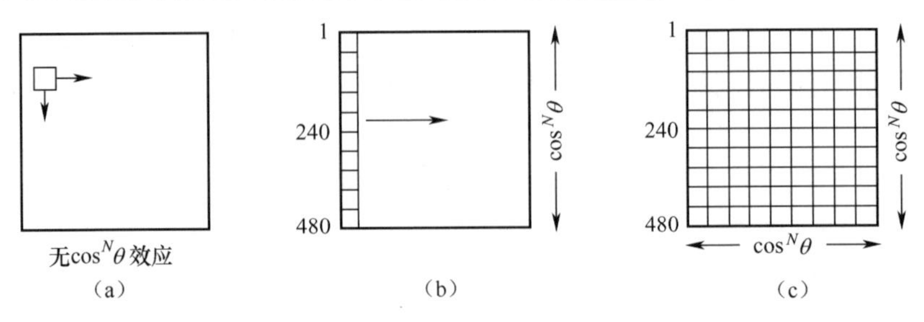

图 2-2 $\cos^N\theta$（其中 θ 是从透镜主平面处测得的光轴与探测器之间的张角）阴影效应
(a)一个像元；(b)480×1 元的扫描线阵；(c)480×480 元的凝视阵列（二维 $\cos^N\theta$ 效应表示只是为了便于说明）。

正）最大限度地减少了 $\cos^N\theta$ 效应，经过这样的人为处理后，图像还是可以接受的。但是，任何放大都会增加噪声，致使信噪比保持不变。图 2-3(c) 显示，对一个遭受严重 $\cos^N\theta$ 影响的线性扫描系统，其归一化输出信号与输出线数之间的函数关系。

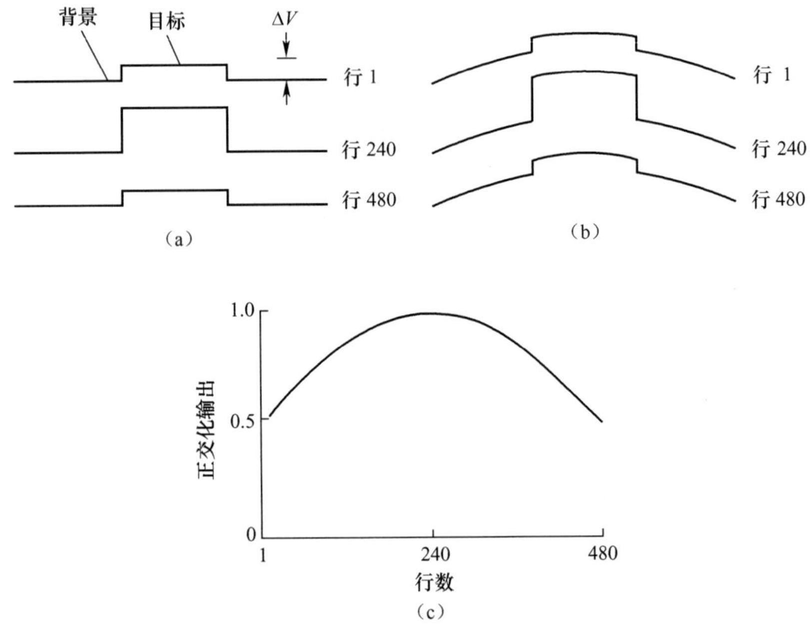

图 2-3 $\cos^N\theta$ 效应（行输出是像元行数的函数）
(a)线性扫描阵列；(b)凝视阵列；(c)线性扫描阵列的归一化输出与像元行数的函数关系。

渐晕以与 $\cos^N\theta$ 十分相似的方式（整个视场的输出减少）出现，但并不服从 $\cos^N\theta$ 分布。渐晕往往是旋转对称的，它与像元数量和扫描方式无关。在以辐射源强度为输入时，渐晕和 $\cos^N\theta$ 阴影效应使所有的输入-输出转换（如响应率、NEDT、均匀性、MRT 和 MDT）都对位置变化很敏感。

当探测器发出的光从透镜或者窗口反射回来时，探测器就能“看”到它自己，这就是“冷反射效应”[4-5]，如图 2-4 所示。反射光成的像聚焦越好，冷反射效应就越明显。冷反射的结果是在显示的像上有一个暗斑（冷峰）。只有一个像元的系统会产生一个暗区；有像元阵列的系统会产生一个长方形暗区，它和像元阵列的尺寸一致。冷反射信号可以是冷屏的像。如果标定源放在光学系统之前，用增益/电平归一化算法可以消除冷反射信号。扫描系统的反射能量可能是扫描角的函数，由此引起的输出变化称为扫描噪声。利用低反射膜设计透镜表面形状，可以使透镜表面和探测器不共焦，再通过使平面窗口倾斜，可以尽可能地降低冷反射效应和扫描噪声。

在实验室评估红外系统期间通常不关心杂散光，当视场附近有高强度光源时，杂散光问题会变得突出。透镜缺陷或多重反射都会产生杂散光（图 2-5），有效地减反射膜和适当的拦光可以减少多重反射。杂散光还会把外部信号叠加到图像上，使数据分析变得更加困难。

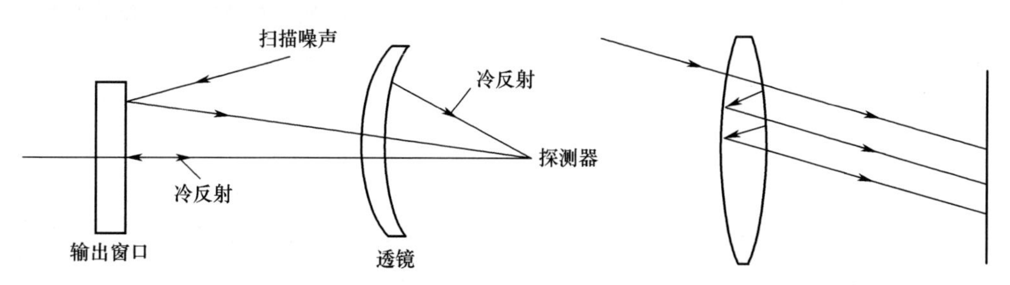

图 2-4　红外成像系统存在冷反射效应
（恰当的光学设计可将其影响减弱至忽略不计）

图 2-5　多重反射会引起杂散光

2.2.2　扫描器

扫描器的功能是按顺序、完整地分解图像。扫描器按照与监视器的要求一致的方式在系统视场中移动像元对应的张角。目前有许多可行的扫描方案，但每一个方案都没有固有的优劣之分，都有自己的优缺点。常用的扫描器是转鼓、透射多边体、折射棱镜和振动反射镜。在用扫描系统工作时，探测器在有效扫描时间的输出会形成图像，在无效扫描时间的输出会被忽略。无效扫描时间为扫描器移动到下一帧或下一条扫描线的适当位置提供了所需的时间。探测器的性能决定扫描的方向。图 2-6 说明一个含单像元探测器并采用单向扫描（光栅）的系统。SPRITE 探测器要求单向扫描。图 2-7 说明一个采用双向扫描（并行扫描或者隔行扫描）的线阵探测器。美国的通用模块系统用的是双向扫描器。图 2-8 说明一串像元的输出相加在一起提供时间延迟和积分（TDI）。有 TDI 的系统通常要求单向扫描，扫描速度必须与积分单元的时间延迟匹配（图 2-9）。当使用有 TDI 的系统时，扫描的线性度很重要，以免发生几何畸变和 MTF 退化。一个完全凝视阵列不需要扫描器。

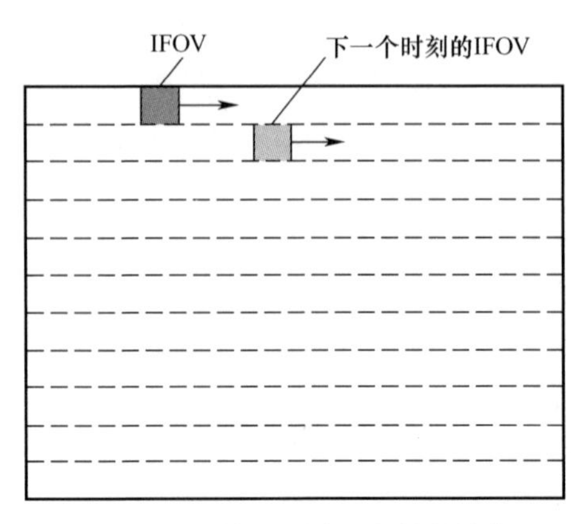

图 2-6 采用单向(光栅)扫描的单像元探测器的扫描方式

所有物体都发出红外辐射。如果探测器感应到场景以外的其他物体的辐射,便会引入失真(扫描噪声)。在无效扫描时间,探测器会感应到外壳或其他物体的辐射。在可见光系统中不存在的冷反射和扫描噪声,在红外系统中却成了特殊的设计问题。这些异常现象会以不同方式出现在图像中,如在整个视场出现一种轻微的亮度梯次或出现一个很亮或很暗的区域。对各种成像缺陷没有一个准确的标准化分类,它们的分类因人而异,其他术语还有阴影和重影。尽管形成的机制不同,但它们都源自探测器对各种红外辐射的感应,通常与扫描角度有关。均匀性(或非均匀性)是一个红外辐射变化指标。因为大多数扫描系统都不是旋转对称的,图像在垂直方向和水平方向受到的影响是不同的。

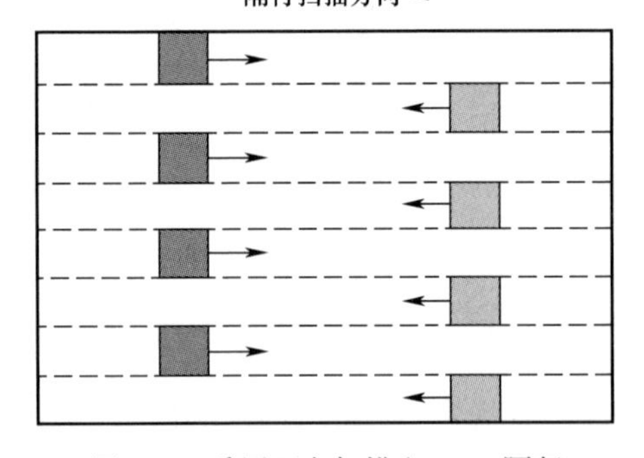

图 2-7 采用双向扫描和 2∶1 隔行扫描的线阵探测器

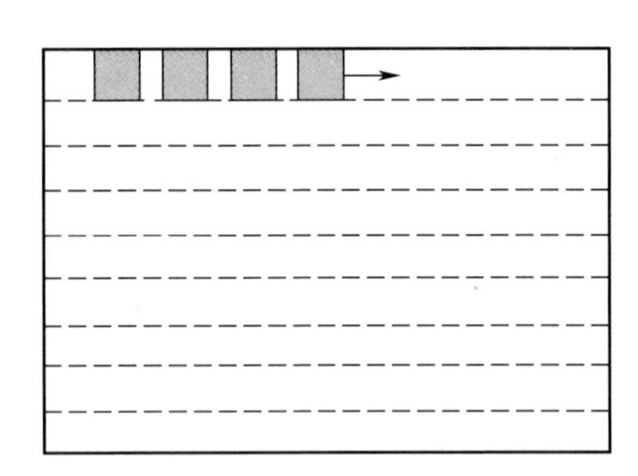
图 2-8 完全以串行扫描模式工作的多像元探测器

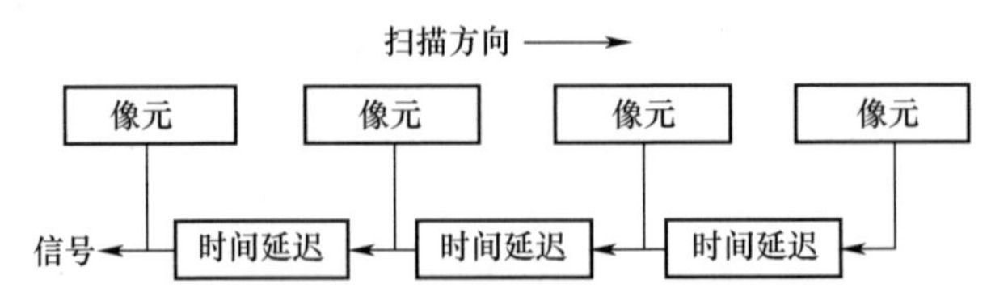

图 2-9 以串行扫描模式工作时,多像元探测器需要 TDI 延迟单元

注:箭头表示扫描方向与图 2.8 相同。右侧的像元是扫过目标的第一个像元。每个像元的输出都必须延迟一个与扫描速度成比例的时间量,使像元的输出能正确相加。

例 2-1　扫描效率

一个长波红外通用模块系统的扫描效率是多少？

美国的通用模块系统包含 180 个像元，通过摆镜进行隔行扫描，产生 360 条红外场景线（图 2-7）。如图 2-10 所示，当扫描镜在 −5°～5°（FOV＝10°）范围时，探测器可以接收到视场内场景的辐射，这是有效扫描时间。扫描镜需要时间来减速、停止、调转方向、再加速到线性速度，如图 2-11 所示。通用模块系统以 30Hz 的帧频工作，扫描 1 帧用时 1/30s，扫描 1 场用时 1/60s。如果扫描一场的有效扫描时间为 12ms，那么扫描效率为 12/16.7＝72%。在无效扫描（$\theta<-5°$或者 $\theta>5°$）期间，探测器会接收到来自部分场景和扫描器外壳（图 2-10（c））的辐射。如果这些辐射在有效扫描时间里进入探测器，就会引入扫描噪声。

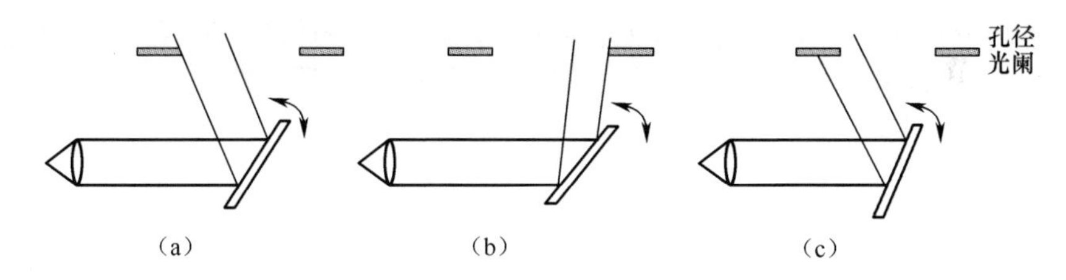

图 2-10　当使用摆镜扫描时，光束位置随着扫描角变化

（a）扫描角为+5°；（b）扫描角为−5°；（c）摆镜角度超出视场。

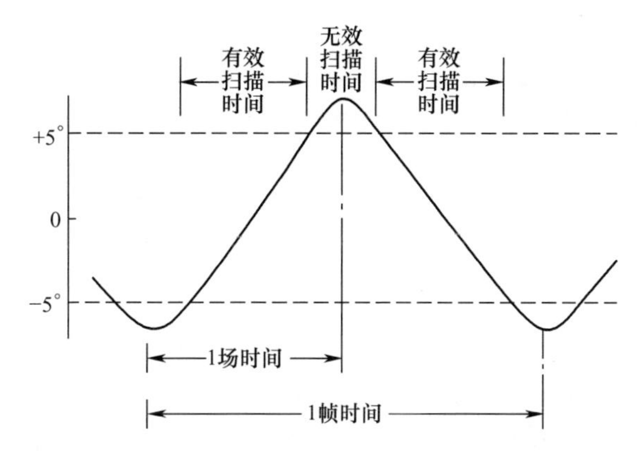

图 2-11　摆镜的扫描角度与时间的函数关系

注：有效扫描时间与一个场时的比率就是扫描效率。

2.2.3　微扫描

采用微扫描[6,10]时，探测器的视线只移动像素对应的张角（PAS，在 2.3.2 节定义）的一部分。微扫描通过缩短有效中心间距能提高采样速率（见 2.4 节“数字化”），这样可以提高图像的保真度。但是微扫也有一些缺点：像元在每个微扫位置的积分时间缩短会增大系统的 NEDT；微扫会增加硬件的复杂程度；最大微扫线数受监视器限制。如果监视器只能显示 480 线，那么微扫也只能产生 480 线。要对一个 640×480 元的阵列进行微扫，只有监视器能显示 1280×960 个像素时才可以。

2.3 探测器和探测器电子线路

对大多数红外探测器，响应率和噪声均为探测器温度的函数。图 2-12 所示为美国通用模块长波红外 HgCdTe 探测器的典型温度特性曲线。探测器的温度取决于制冷器的制冷能力、制冷器设计、环境温度和探测器附近的电子线路诱导的热负荷的影响。对于要求恒温的制冷器，探测器温度要稳定在 1K 以内。对于其他制冷器，温度可以保持在±5K 之间。随着温度的变化，探测器性能会变化，所有的输入-输出转换也会变化，在进行实验的每一天里，这样的变化都会发生。

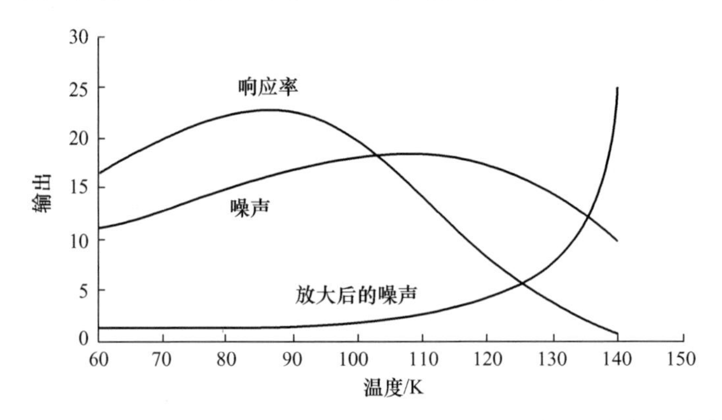

图 2-12　美国通用模块长波红外 HgCdTe 探测器的典型温度特性曲线

注：这些探测器优化后可在 77K 工作。大多数系统都有内部自动增益控制，可在信号减弱时提高增益。放大后的噪声是除以响应率后的噪声。当温度高于 140K 时，放大后的噪声会变得十分讨厌。

在扫描系统中，每个像元通常都有自己的放大器，每个像元/放大器组合都有不同的增益和电压偏置（图 2-13）。非线性主要是像元之间的光谱响应范围不匹配而引起的，这些变化会产生固定模式噪声（FPN）。对于线列探测器（图 2-2(b)），每条线都有不同的增益和电压偏置，这只会在垂直方向产生 FPN，并以水平条纹的形式出现；对于凝视阵列（图 2-2(c)），每个像元都有不同的响应率，因而会产生二维 FPN。电子增益/电平归一化可以消除 FPN，如果消除地不彻底，就会存在残余 FPN。单像元系统（图 2-6）和纯粹的串行系统（图 2-8）都没有 FPN。FPN 会影响所有与噪声有关的输入-输出转换（如 NEDT、MRT 和 MDT）。

当探测器的像元有缺陷时，相邻像元的输出通常会代替有缺陷的像元的输出，这叫做把像元“捆绑”在一起。因此,扫描系统的两条像元输出线会有相同的信号和噪声特性。在凝视阵列中,死像素的输出是用它最邻近像素的输出平均值代替的。

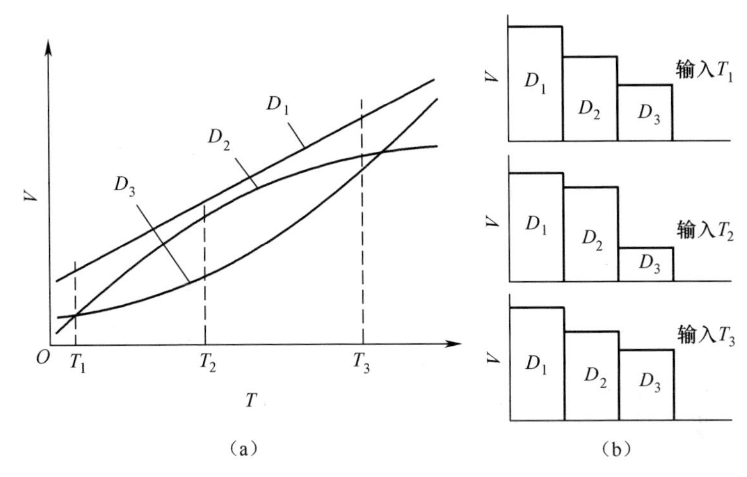

图 2-13　三个不同像元 D_1、D_2、D_3的响应率曲线

(a)典型响应率曲线;(b)对三个不同输入强度的信号,像元的输出。

注:响应率变化会导致固定模式噪声。

2.3.1　扫描系统

在扫描系统中,经常用交流耦合抑制大面积的、不提供信息的背景,这样能放大环境温度的微小变化。人为地保持每个像元输出的平均电压稳定,会使显示的像从辐射度学来说已经不正确。同一物体会因相邻环境的不同而表现为浅灰色或深灰色。图 2-14(a)是一个温度可控的靶板;图 2-14(b)是其实际辐射度水平,但是在交流耦合之后;图 2-14(c)是输出的视频线;图 2-14(d)是最后成的像。对于交流耦合系统来说,冷和热都是相对于局部背景温度来说的,不是热力学温度。例如,一个温度为 300K 的目标,在 299K 的背景中表现为热,在 301K 的背景中表现为冷。大面积均匀区域在监视器上表现为与热力学温度无关的同一个亮度。交流耦合只会影响经过交流耦合的视频线。任何信号差异都必须在同一条交流耦合线(同一个像元的输出)上测量。直流恢复是把信号叠加到经过交流耦合的像上,使该像从辐射测量学来看是正确的。

交流耦合会产生信号下落,下落的程度与目标大小和电路设计有关,小目标的信号下落小,大目标的信号下落大。在进行双向扫描时,隔行扫描是通过在与正向扫描相反的方向移动扫描器实现的。在从正向扫描到反向扫描转换的过程中,交流耦合会出现“反向”,时间也会出现“反向”(图 2-15)。在监视器上,从上一条扫描线到下一条扫描线的信号下落也表现为反向的。为了减少这种交替变化且经常造成混乱的影响,有时会取两条扫描线的平均值,这样会降低垂直方向的分辨率和

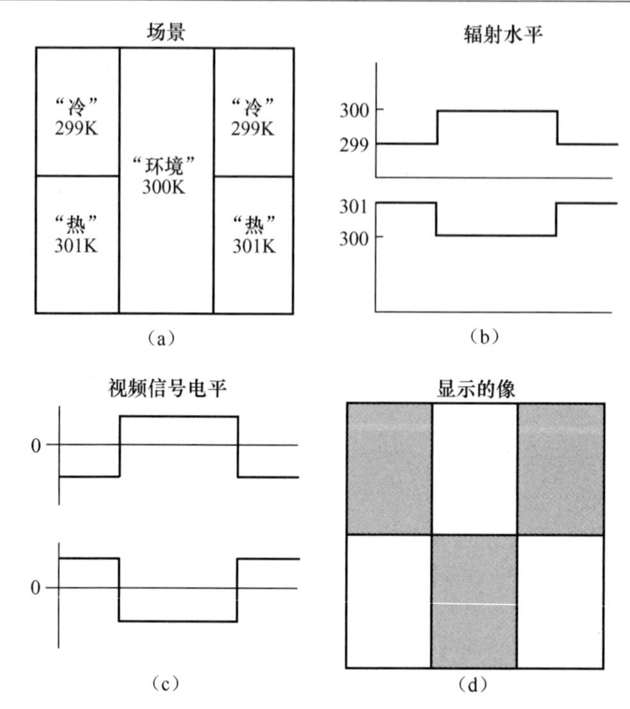

图 2-14 交流耦合问题

(a)经过标定的有三个温度的靶板；(b)辐射度值；(c)交流耦合后的输出；(d)监视器上的像。

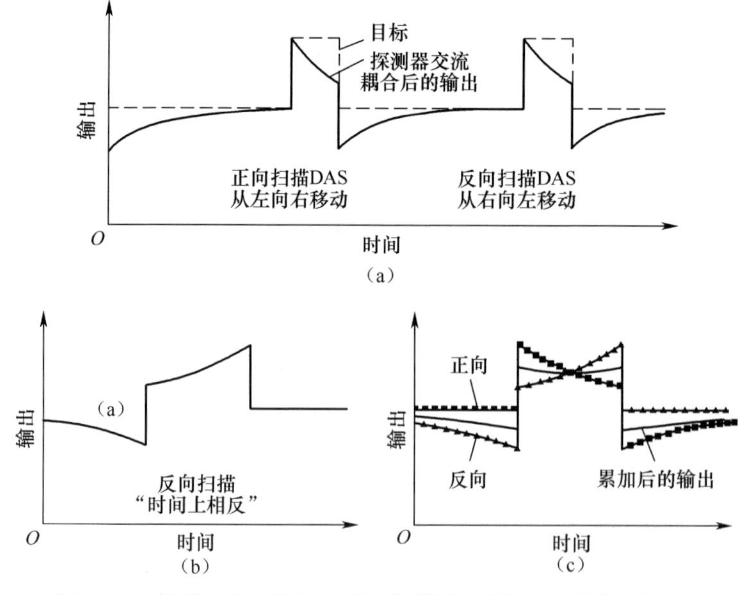

图 2-15 使用双向扫描和有明显信号下落情况下的探测器输出

(a)一个像元经过正向和反向扫描后的输出；(b)在图像更新期间，
反向扫描时“在时间上反向”；(c)将两行输出累加后可以使信号下落最小。

噪声电平。线平均意味着相邻线不再是无关的,因此在统计上要求对独立扫描线进行的任何测试都必须慎重考虑。直流恢复不能消除信号下落。

运用交流耦合时,探测器电路的输出取决于场景内容和在无效扫描时间内探测器所探测的内容。例如,探测器外壳温度(在无效扫描时间内接收到的)与场景温度(在有效扫描时间内接收到的)之间的相对温差影响着每条扫描线的输出电平(图 2-16)。

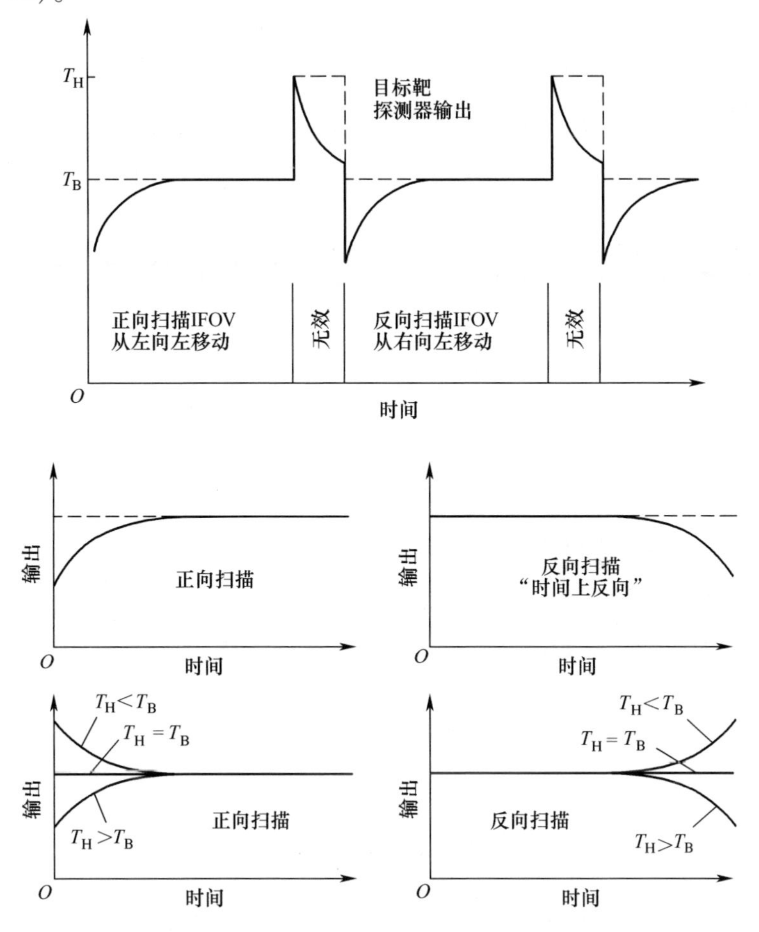

图 2-16　双向扫描时显示的输出结果

注:如果从无效扫描到有效扫描期间探测器感应的场景辐射变化很大,那么显示的图像亮度会不均匀。由于反向场的时间是反向的,所以两行输出的非均匀性是不一样的。探测器外壳和场景背景的温度分别是 T_H 和 T_B 。

有严重信号下落时,每条线的显示亮度会根据该条线扫过的探测器外壳和场景温度之间的相对温差而变化。在非均匀性测试中测到的正是这个变化。通过调整场景温度,可以将非均匀性最小化[11]。但是在一些系统中,由于内部的电机和电子线路发热，外壳温度并不能保持稳定，因此非均匀性的影响也会不断变化。

2.3.2 凝视系统

图2-2(c)所示为一个完整的焦平面阵列，其中的像元紧密相邻。在许多像元阵列中，像元并没有完全充满单元格的面积(图2-17)。像元的感光区面积与单元格面积的比率为填充因子(FF)。如果一个小物体成像到像元之间的死区，就没有信号输出。随着小物体移动，它的像有时移到光敏面积上，有时移出光敏面积，这就导致了目标闪烁。有限的填充因子会影响所有对细节要求严格的输入-输出转换结果(如分辨率、MTF、CTF、ATF、MDT和MRT)。像元对应的水平张角和垂直张角分别为

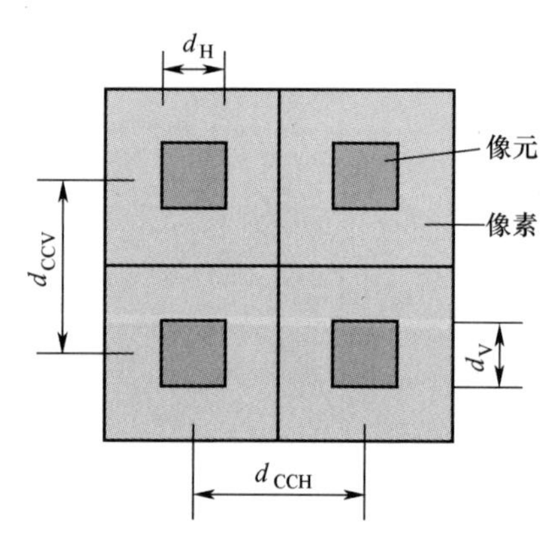

图2-17 填充因子的定义

$$\mathrm{DAS_H}=\frac{d_\mathrm{H}}{\mathrm{fl_{sys}}},\mathrm{DAS_V}=\frac{d_\mathrm{V}}{\mathrm{fl_{sys}}} \tag{2-1}$$

式中：$\mathrm{fl_{sys}}$为系统焦距。

像素对应的水平张角和垂直张角分别为

$$\mathrm{PAS_H}=\frac{d_\mathrm{CCH}}{\mathrm{fl_{sys}}},\mathrm{PAS_V}=\frac{d_\mathrm{CCV}}{\mathrm{fl_{sys}}} \tag{2-2}$$

填充因子为

$$\mathrm{FF}=\frac{d_\mathrm{H}d_\mathrm{V}}{d_\mathrm{CCH}d_\mathrm{CCV}}=\frac{\mathrm{DAS_H\ DAS_V}}{\mathrm{PAS_H\ PAS_V}} \tag{2-3}$$

2.4 数　字　化

由于像元处在离散位置，因此红外系统都是对场景的空间进行采样。凝视系统的像元位置是对称的，所以水平方向和垂直方向的采样速率相同。在扫描系统中，扫描方向的像元输出能数字化为任意速率，而在垂直方向是像元的位置决定着采样速率，因此在扫描系统中水平方向和垂直方向的采样速率可能很不相同。

信号还可能被欠采样或过采样。欠采样表示输入频率大于奈奎斯特频率f_N(奈奎斯特频率为采样频率f_S的一半)。欠采样并不是意味着对具体应用来说采样速率不够。同理，过采样也不意味着采样速度过高，它仅意味着与奈奎斯特标准相比有更多的采样点。任何大于奈奎斯特频率的输入信号都会被混叠到一个较低

频率上,也就是说,欠采样信号在重建后会表现为一个较低的频率,如图 2-18 所示。任何大于 f_N 的输入频率 f 都会以 $2f_N-f$ 的频率出现。频率经过混叠后,原信号再也无法恢复。

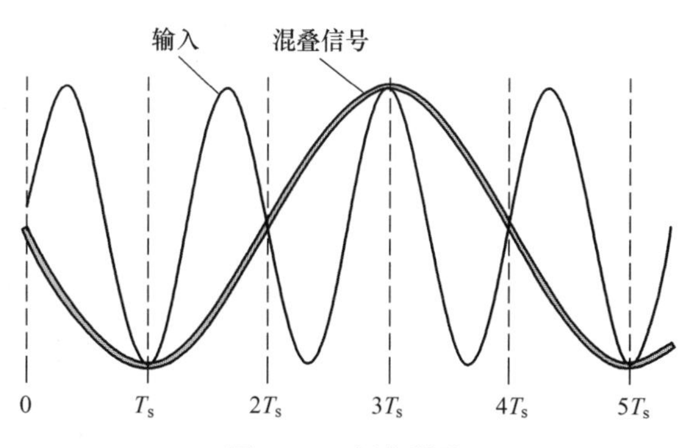

图 2-18　频率混叠

注:T_S 为采样间隔时间,采样频率 $f_S=1/T_S$。欠采样的正弦波在理想重建后将以较低频率显示。

观察周期性目标靶(如用来测定系统性能的目标靶)时,频率混叠很明显。欠采样会产生莫尔干涉条纹(图 2-19)。斜线表现为锯齿状或边缘有锯齿。在观察复杂场景时,频率混叠并不明显。因此在实际应用中虽然频率混叠一直存在,但很少被提起。此外,系统对缓慢移动的物体可能过采样,因此会减小频率混叠。同样,扫描场景时也会产生过采样。

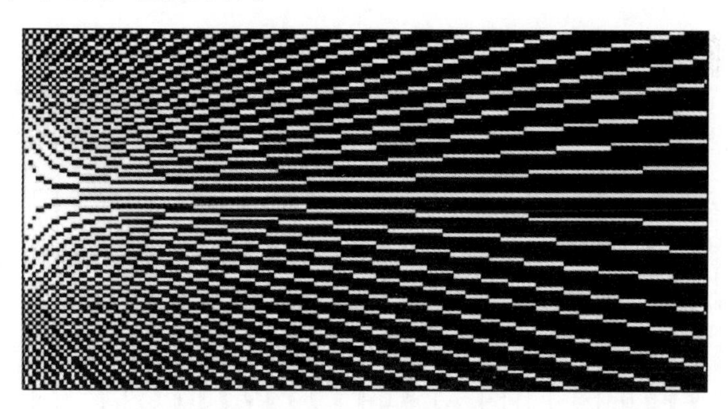

图 2-19　当观察光楔或星状亮光时,光栅扫描系统会产生莫尔干涉条纹

采样定理表明:所有低于奈奎斯特频率的输入都可以被完整地恢复。而且,采样理论针对的是正弦曲线,而红外特性测试一般都用条杆(方波)图形。方波可以分解成傅里叶级数,这清楚地说明方波是由无数个正弦频率组成的。虽然基频可能低于奈奎斯特频率,但是高阶频率不会。在数字化过程中,高阶频率会混叠到较低频率上,因而会改变方波的形状。条杆间的强度会发生变化,条杆的宽度也会发

生变化。

当信号频率为 f，采样频率为 f_S 时，边带会出现在重复频率 $\pm nf_S \pm f$ 处。振幅和脉冲宽度变化由和频率以及差频率（拍频）引起。第一个（$n=1$）拍频是 $f_B=(f_S-f)-f=2(f_N-f)$。Lomheim 等[12]在用 CCD 照相机观察多条杆图形时发现了这些拍频。N_B 个输入频率周期的拍频值为

$$N_B=\frac{f}{2(f_N-f)} \tag{2-4}$$

N_B 值与归一化空间频率（f/f_N）的函数关系如图 2-20 所示，当 f/f_N 接近 1 时，拍频变得明显。

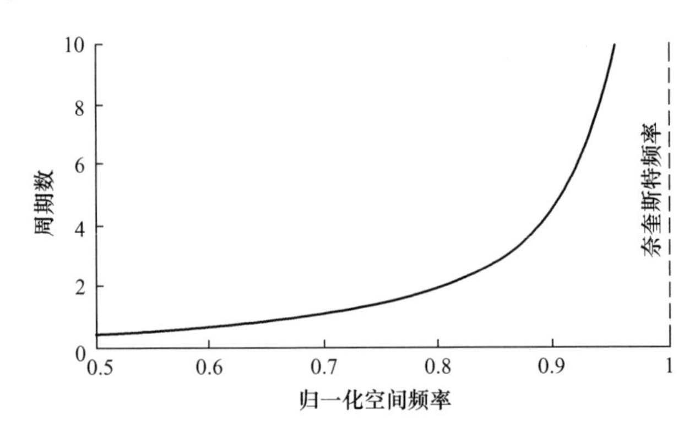

图 2-20　一个完整的拍频周期所要求的输入频率周期数是 f/f_N 的函数

例如，如果 $f/f_N=0.952$，拍频就等于 9.9 个输入频率周期（图 2-21）。这时，条杆靶至少要有 10 个条杆（周期），这样才能保证看到整拍的图样。当 $f/f_N<0.6$ 时（图 2-22），拍频就不明显了，这时输出与输入基本相同，只是脉冲宽度和幅值有些

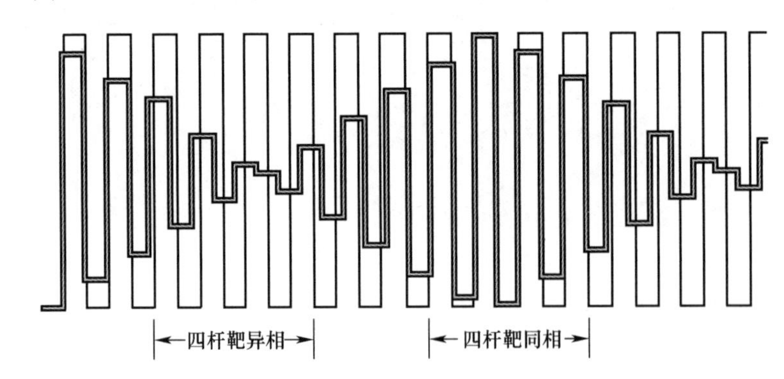

图 2-21　在 $f/f_N=0.952$，$N_B=9.9$ 时，理想凝视系统（填充因子 100%）产生的拍频

注：细线是探测器的输入信号，粗线是输出信号。根据相位的不同，四杆靶的输出可以与输入一致，也可以忽略不计。

微小变化。当 f/f_N 为 0.6~0.9 时,相邻条杆的幅值总是小于输入幅值(图 2-23)。

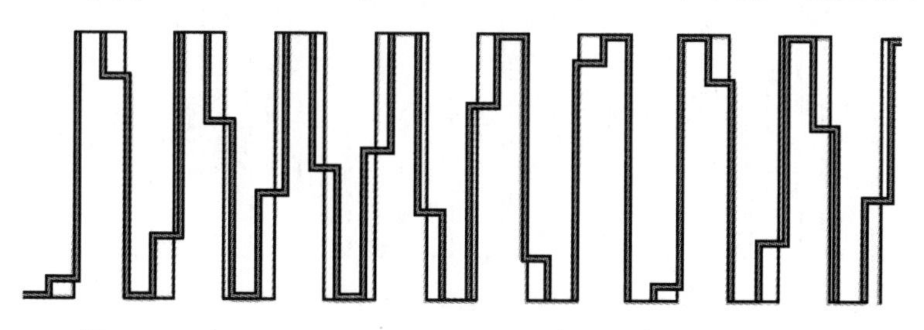

图 2-22　在 $f/f_N = 0.522$, $N_B = 0.546$ 时,理想凝视系统的拍频。当 $f/f_N < 0.6$ 时,输出几乎和输入一样

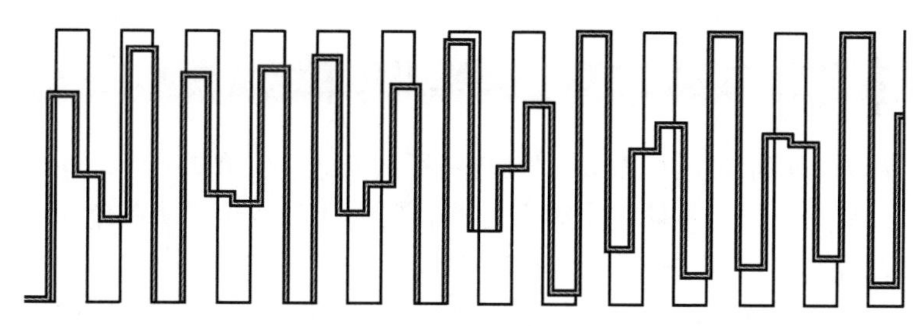

图 2-23　在 $f/f_N = 0.811$, $N_B = 2.14$ 时,理想凝视系统的拍频。当 f/f_N 为 0.6~0.9 时,输出信号怎么看都不正确

图 2-21~图 2-23 说明在观察一个周期无限大的条杆靶时理想凝视系统的输出。但标准特征的条杆靶的条杆数量有限,因此当观察一个 MRT 四杆靶时,可能就看不到拍频的图样。将四杆靶的最大输出值(同相位)变成最小值(异相位),必须将四杆靶移动±DAS/2。选用图 2-21 所示的四杆靶就可以证明这种关系。当 $f/f_N < 0.6$ 时,总能看到四杆靶的图样(选择图 2-22 中的任意四个相邻条杆)。当 $f/f_N < 0.6$ 时,采样相位影响最小,在±DAS/2 范围内调整相位不会影响观察人员分辨四杆靶的能力。当 $f/f_N \approx 0.6 \sim 0.9$ 时,四杆靶怎么看都不正确(图 2-23)。不是一个或两个条杆的宽度比其他的宽,就是比其他的窄。因而在 $(0.6 \sim 0.9) f_N$ 的空间频率范围,MRT 结果变得更糟[13-14]。

输入频率 $f = f_N/k$ (k 是整数)的方波(没有拍频)[15]是可以如实复现的。当 $k=1$ 时,将条杆靶从同相位移到异相位,输出会从最大值变为零。选择 f_N/k 的条杆靶可以避免拍频问题,但大大限制了选择空间频率的数量。

频率高于奈奎斯特频率的信号会混叠到较低频率,观察一个周期无限长的条杆靶会证明这一点。但当 $f < 1.15 f_N$ 时,就可以选择一个相位使四个相邻条杆可以如实复现(图 2-24),即使基频已经混叠到较低频率,这四个条杆仍然是可以分辨的。

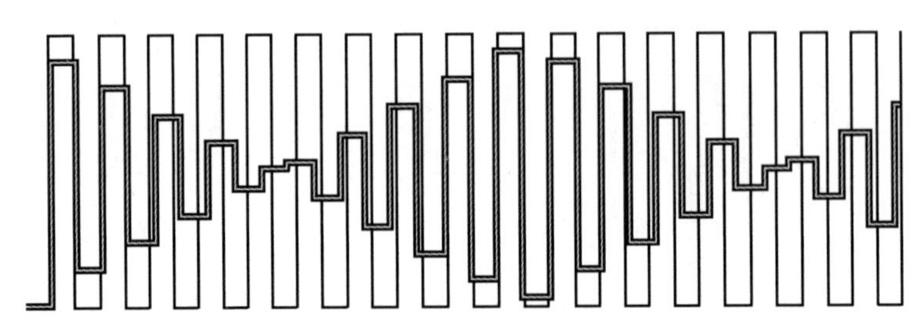

图 2-24　在 $f/f_N=1.06$ 时，理想凝视系统的输出

注：细线是探测器的输入，粗线是输出。

能够精确重建的最高频率叫做系统的截止频率。系统的截止频率是光学截止频率、探测器截止频率或奈奎斯特频率三者之中最小的一个。光学截止频率为

$$f_{\text{optical-cutoff}}=\frac{D}{\lambda}=\frac{\text{孔径直径}}{\text{波长}} \tag{2-5}$$

如果 D 以 mm 为单位，λ 以 μm 为单位，那么 $f_{\text{optical-cutoff}}$ 的单位为 cycle/mrad。这个方程只对单色光有效，并且截止频率随着波长变化而变化。从单色光扩展到多色光要视具体透镜而言。大部分透镜都经过色彩校正（消色差）。作为一个近似值，式(2-5)使用的是平均波长。例如，如果系统对 8~12μm 的光敏感，那么平均波长为 10μm。

探测器的截止频率为

$$f_{\text{detector-cutoff}}=\frac{1}{\text{DAS}}=\frac{1}{\left(\dfrac{d}{\text{fl}_{\text{sys}}}\right)}=\frac{\text{fl}_{\text{sys}}}{d} \tag{2-6}$$

如果 DAS 的单位为 mrad，那么探测器截止频率的单位为 cycle/mrad。像元在阵列中的离散位置就像一个采样点阵，其采样速率为

$$f_S=\frac{\text{fl}_{\text{sys}}}{d_{CC}} \tag{2-7}$$

式中：d_{CC} 为有效像元中心之间的距离（像元间距）。垂直方向和水平方向的像元间距可能不同。

奈奎斯特频率为

$$f_N=f_S/2=\text{fl}_{\text{sys}}/(2d_{CC})$$

例 2-2　奈奎斯特频率

对于一个长波红外通用模块系统，水平方向和垂直方向的奈奎斯特频率是多少？DAS 为 0.2 mrad（水平）×0.2mrad（垂直）。视场是一个边长为 72mrad 的正方

形。在水平行方向(扫描方向),对每个 DAS 采样两次并数字化。

一个长波红外通用模块系统由 180 个像元组成,经过隔行扫描后,产生 360 条红外场景线。在水平方向有 72/0.2=360 个独立 DAS。如果每个 DAS 有两个数字采样,那么在水平方向就有 720 个数字采样。奈奎斯特频率是采样频率的一半。等效地,在水平方向有 360 个周期,奈奎斯特频率为 720/(2×72)= 5cycle/mrad,这和 1/DAS 是一致的。在垂直方向,只有 360 个独立的采样信号(像元的数量),代表 180 个周期。因此,垂直方向的奈奎斯特频率是 360/(2×72)= 2.5cycle/mrad。行间插值会使这个值进一步降低。

早期的热成像系统是为单独一位观察人员设计的,观察的是与场景照度水平直接成比例的发光二极管(LED)的发光强度。对于多位观察人员,要把 LED 输出用像管(称为多路光电复用或光电倍增系统)转换为电视显示格式。这些系统在水平方向是纯模拟系统,因此不会遇到采样相位的影响。在垂直方向上是光栅模式,可以被采样。

例 2-3　系统截止频率

在例 2-2 描述的长波红外系统中,每个 DAS 经受了 4 次数字采样,那么系统水平方向上的截止频率是多少?

因为每个 DAS 有 4 个数字采样点,那么在水平方向共有 1440 个数字采样点。模数转换器的奈奎斯特频率为 10cycle/mrad。但是能够被探测器如实重建的最高空间频率是每个 DAS 两个采样点或 5cycle/mrad。过采样可以降低图 2-21～图2-23说明的采样相位影响。

例 2-4　凝视阵列的截止频率

一个凝视阵列由 40μm×40μm 的像元组成,像元间距为 60μm,有效焦距为 30cm,那么系统的截止频率是多少?

像元的 DAS 为 $40\times10^{-6}/0.3=0.133$(mrad),截止频率为 1/DAS = 7.5cycle/mrad。在有效采样率为 5cycle/mrad 时,像元间距在每 $60\times10^{-6}/0.3=0.2$(mrad)提供一个采样点。因为奈奎斯特频率是采样频率的 1/2,所以系统的截止频率为 2.5cycle/mrad。对于凝视阵列而言,像元的中心距决定着系统的截止频率。

例 2-5　交错阵列的截止频率

如图 2-25 所示,交错排列的像元能提高垂直方向的空间采样频率。如果有效焦距为 40cm,系统的截止频率是多少?

DAS 为 $40\times10^{-6}/0.4=0.1$(mrad),表示 10cycle/mrad 的采样能力。每 $25\times10^{-6}/0.4=0.0625$(mrad)一个采样点,或者说采样速率为 16cycle/mrad。可以如实重建的最高空间频率为 8cycle/mrad,这表示每个 DAS 有 16/10 = 1.6 个采样点。因为奈奎斯特判据要求每个 DAS 需要两个采样点,所以这时系统仍属于欠采样。

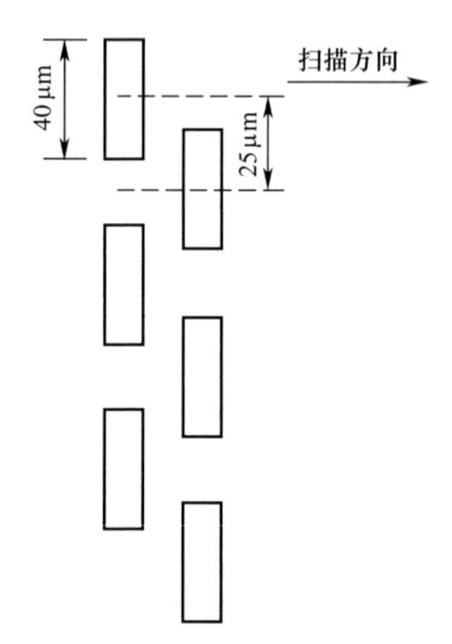

图 2-25 像元交错排列能提高垂直方向的奈奎斯特频率

通过数字化可以量化模拟信号,量化能确定目标探测能力的下限。如果用 8 位数据进行数字化(256 个灰度级),最小的可探测信号大约是一个灰度级,即一个最低有效位(LSB),或者是总输入范围的 1/256。图 2-26 举例说明 8 位、10 位和 12 位系统的 LSB。例如,信号的最大范围是 25°,采用一个 8 位模/数转换器,可以探测到的最小信号大约是 25°/256 = 0.1°,能够测量到的最小噪声大约为一个 LSB[16]。

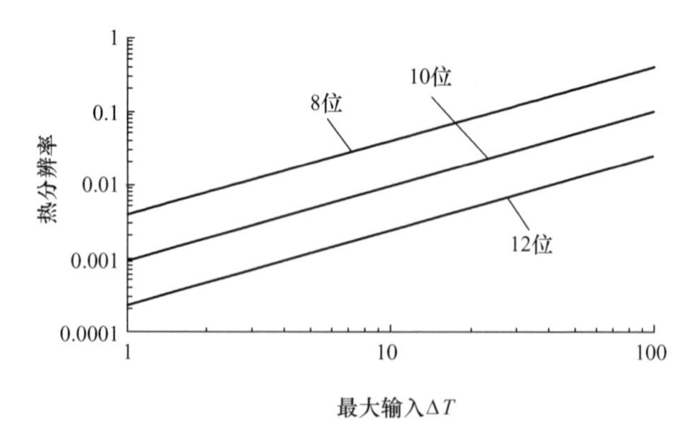

图 2-26 热分辨率(LSB 值)是输入信号范围和模数转换器动态范围的函数

2.5　图 像 处 理

利用图像处理算法可以增强图像,抑制噪声,将图像数据转化为与监视器要求兼容的格式,也可以把前几部分描述的各种影响降到最低。数字算法可以提供升压和插值效果。升压可以提高特定空间频率的信号幅值,但不影响信噪比。对于非噪声限制的系统来说,升压可以改进像质,但对含有噪声的图像来说,升压的优点并不明显。

2.5.1　增益/电平归一化

每个像元/放大器组合都有不同的增益(响应率)和电压偏置,因而导致了固定模式噪声(FPN)或空间噪声。如果像元的响应率偏差很大,图像可能会无法识别。因此,要求使用多像元系统进行增益/电平归一化或者非均匀性校正(NUC),以获得满意的图像。大部分文献讨论的非均匀性校正是用于凝视系统的,但它也用于在垂直于扫描方向有多个像元(图 2-2(b))的扫描系统。为了获得良好的图像,需要对多个离散输入强度的各个像元输出进行归一化处理(使之相等)。这些归一化强度也称为标定点、温度基准点(简称点)。

图 2-13(a)说明在增益/电平归一化前三个不同像元的响应率。对应于输入强度 T_1、T_2、T_3的输出在图 2-13(b)示出。图 2-27 给出了经过两点校正后的归一化输出。如果所有像元的响应率都是线性的,那么所有曲线会重合。但是,因为各个像元的响应都偏离线性,所以响应率的差异变得很明显[17]。正是这种差异导致在增益/电平归一化后产生了 FPN。

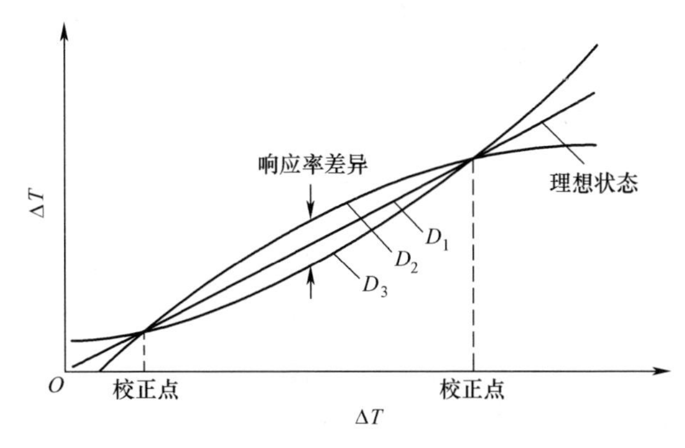

图 2-27　两点校正后的响应率曲线

注:响应率偏离线性导致产生了 FPN。

采用单点校正时,基准强度处的噪声(FPN+随机噪声)是最小的。如果单点校正是完美的,基准强度处就不会有FPN(图2-28)。归一化算法的截断误差和像元不同的光谱响应率[18]都会产生残余FPN。随着背景温度偏离基准校正温度,FPN会增加,增加的量取决于像元响应率曲线偏离线性的程度。采用两点校正时,两个校准强度点的空间噪声是最小的,但其他强度处的空间噪声都会增加。在两个基准点之间的区域[19-20](图2-29),空间噪声比两个点之外的小。图2-30给出了改变基准温度后的效果[21-22]。随着基准温度点靠近,两个基准输入点之间的FPN降低,而两点之外的FPN增加[23-24]。如图2-28~图2-30所示,所有受噪声影响的输入-输出转换都是基准点温度和背景测试温度的函数(如NEDT、非均匀性、MRT和MDT)。

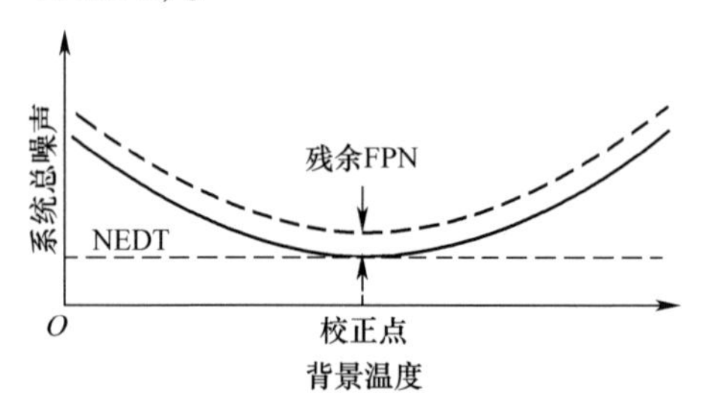

图2-28 单点校正后的系统噪声

注:粗线表示预期的噪声,虚线表示不完全校正产生的系统噪声。

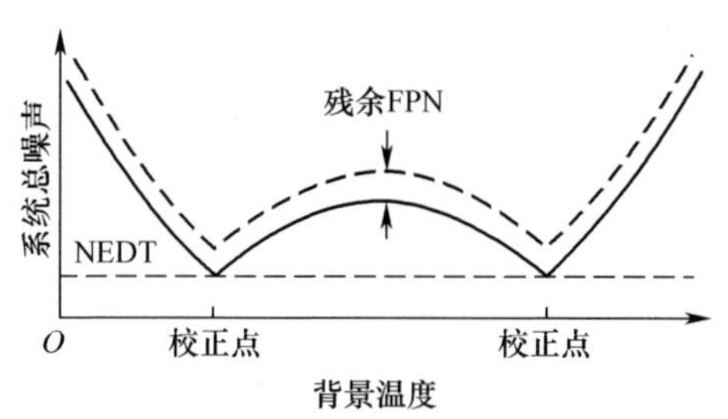

图2-29 两点校正后的系统噪声

热校正应该定期进行。对于扫描系统,基准点可以放在扫描的任意一端(图2-31)。在无效扫描时间里,探测器接收到的是黑体的基准温度。相对基准温度产生的像元输出存储在存储器里,用于对每一帧图像进行非均匀性校正。这种方法的优点是热基准温度可以根据场景的动态范围变化(称为基于场景的校正)。如果场景的总ΔT很小,那么基准温度之间的差异也很小。实际上,非均匀性是根据图2-30变化的。这种动态校正方法能确保对于所有场景的非均匀性都是最佳的。

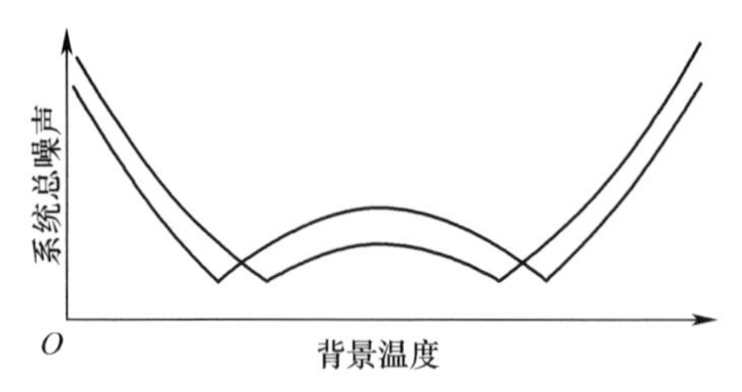

图2-30 校正强度对系统噪声的影响

注:校正点之间的噪声随着校正点靠近而减小。

图2-31 扫描系统中温度基准点的位置

在一些情况下,由于机械或光学原因(特别是在凝视系统中),无法将黑体包括在光路中。对于这些系统,校正是在硬件中进行,校正效果取决于探测器的稳定性,需要假设像元的增益和偏置不随时间改变。系统可能会用一个斩光器,定期放在阵列前面进行非均匀性校正。其他系统可能会使用基于场景的非均匀性校正(SBNUC),这需要图像有一些运动(DAS/frame)。这样的图像运动在实验室可能无法实现,因此可以忽略基于场景的非均匀性校正能力。

已知的空间噪声源有四种:像元响应率的非线性、像元光谱响应的变化、像元的 1/f 噪声和阵列的 1/f 噪声[18]。固定模式噪声是指帧与帧之间没有明显变化的模式;像元响应率和光谱响应通常不随着时间变化,即便有变化,也是一个很少有变化的图形。但是,如果像元温度有变化,响应率就会变化(图 2-12),暗电流也会变化。1/f 噪声是一种随着时间缓慢变化的低频现象。由于每个像元都有不同的 1/f 噪声特性,这些低频分量表现为不同的直流偏移,不同的偏移又表现为固定模式噪声。由于每个像元是独立的,1/f 漂移会不同,固定模式噪声会随着时间变化。完全的随机非均匀空间图形会十分缓慢地随着时间变化,空间噪声方差会随着时间单调地提高(图 2-32)。噪声量取决于 1/f 特性和自上次校正后的时间[21-26]。因此,测量到的噪声会随着测试时间变化。

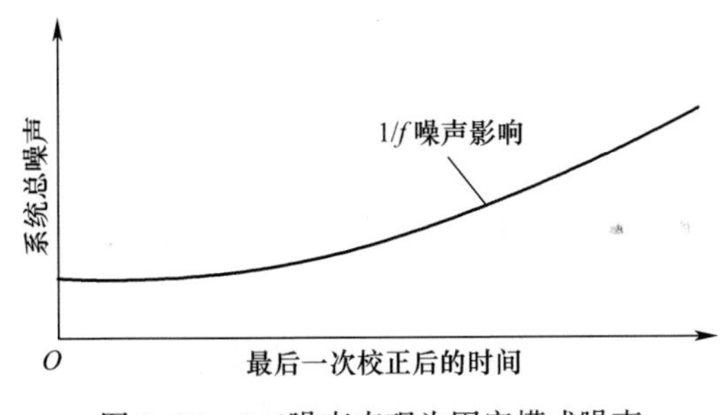

图 2-32　1/f 噪声表现为固定模式噪声

2.5.2　图像格式化

如果系统中有与模拟视频格式不一致的像元阵列,就要进行图像格式化。单色视频格式采用的是美国标准或欧洲标准。美国的 RS-170 标准视频格式[27]显示 485 条电视线,欧洲的 CCIR 标准显示 577 线。通常情况下,红外成像系统输出 480 条有效线和 5 条空白线,以便与 RS-170 标准保持一致。长波红外通用模块系统有 360 条信号线,因此要求进行垂直插值。插值器会提高信号线的数量,可能会改变视频采样速率,使电视线数与监视器要求的线数相同。插值可以是简单地复制视频线或者是一个较复杂的算法。插值器会显著影响垂直分辨率,从而大大影响垂直方向的细节分辨能力。插值后,相邻的线不再是独立的,其结果会影响要求独立输出的统计分析。

2.5.3 伽马校正

成像系统可以提供16位深度的数字信号。但是,大多数监视器的动态范围只有8位左右,因此需要一个压缩算法。一个有效的算法会利用人的视觉系统。

人的视觉系统能感知到对比度大于1%的最小可辨别差异(JND)。如果信号是线性数字信号,那么每个数字阶的对比度为1/DN,其中DN是数字量化值(对一个8位系统,范围是从0~255)。当数字量化值很小但对比度很大时,图像显示为轮廓。当数字量化值大而对比度小于最小可辨别差异时,代表一个无效编码(图2-33)。

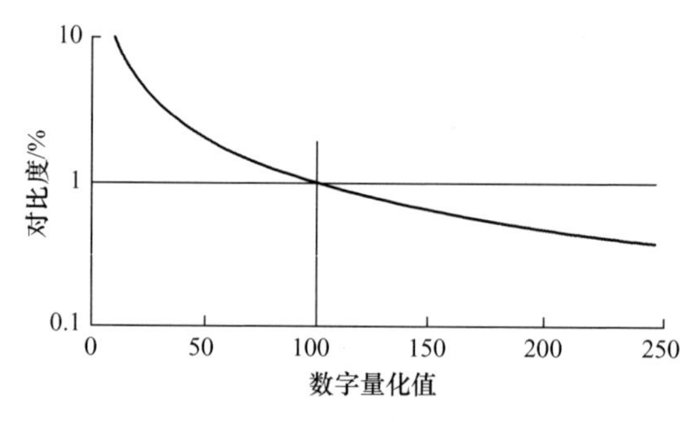

图2-33 对一个8位信号,对比度是把信号线性转换成数字量代值的函数

国际电信联盟(ITU)709建议书建议通过拉伸黑色并压缩白色,产生一个可感知的均匀信号。

$$V_{\text{video}} = \begin{cases} 4.5V_{\text{scene}}, & 0 \leqslant V_{\text{scene}} < 0.018 \\ 1.099V_{\text{scene}}^{0.45} - 0.099, & 0.018 \leqslant V_{\text{scene}} \leqslant 1 \end{cases} \tag{2-8}$$

式中:0.45为伽马校正值;V_{scene}为伽马校正前的归一化模拟电压($0 \leqslant V_{\text{scene}} \leqslant 1$);$V_{\text{video}}$为校正后的电压(图2-34)。虽然是用电压表示,但针对8位数字数据也采用类似算法。如果输入是一个8位数字值,则输出为

$$V_{\text{video}}(\text{DN}) = \text{INT}\left(0.5 + 255\left(\frac{V_{\text{scene}}(\text{DN})}{255}\right)^{0.45}\right) \tag{2-9}$$

有伽马校正时,模拟输出视频电压与输入信号强度之间不再有线性关系。这种非线性关系会影响所有从模拟视频信号采集的数据。这种影响可以精确量化,也可以用数学方法从数据中去除。如果测量的是模拟数据,则应该关闭相机里的伽马校正。最好能直接采集数字数据(可以是16位深度的全数字数据)。注意,数字显示器通常只接收8位数据。如果成像系统提供的是能直接插入监视器的数字输出,说明该数字数据已经用伽马校正算法修改过。

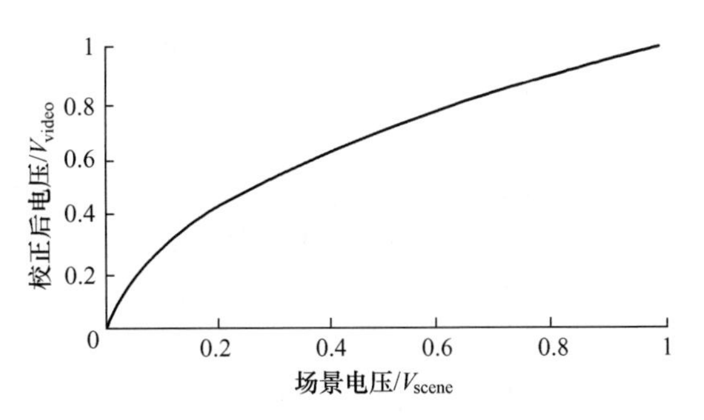

图 2-34　推荐的伽马校正算法

例 2-6　伽马校正和 MTF

伽马校正对测量的 MTF 有何影响?

$$\mathrm{MTF} = \frac{V_{max} - V_{min}}{V_{max} + V_{min}} \tag{2-10}$$

式中:V_{max}、V_{min} 是正弦目标产生的紧在伽马校正电路之前的最大电压和最小电压。

伽马校正后的模拟输出电压为

$$V_{video} \approx (V_{scene})^{1/\gamma} \tag{2-11}$$

经过替换,可得

$$\mathrm{MTF}_{analog\ video} = \frac{A^{(1/\gamma)} - 1}{A^{(1/\gamma)} + 1} \tag{2-12}$$

式中

$$A = \frac{1 + \mathrm{MTF}_{in}}{1 - \mathrm{MTF}_{in}} \tag{2-13}$$

结果如图 2-35 所示,伽马校正会影响所有测量结果。

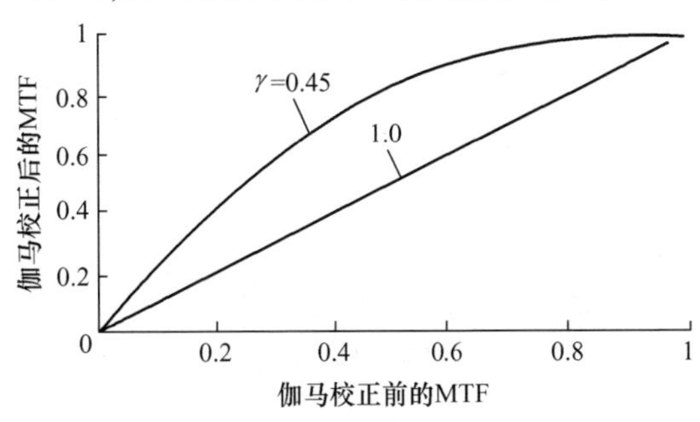

图 2-35　伽马校正对模拟视频输出 MTF 的影响

2.6 图像重建

数/模转换器(DAC)的输出通常有明显的阶梯状,台阶出现在每一个数字采样点。重建滤波器[28]能去掉台阶,使数据连线变得平滑,其输出为模拟视频信号。图像重建子系统(图2-1)通常不引入失真。

2.7 监视器

阴极射线管(CRT)监视器有一个内置伽马校正子系统,内部电子系统可以补偿伽马校正结果(用户通常不知道补偿是怎样进行的,只知道图像挺好),所以监视器的特性很重要。平板显示器也是非线性的,也应该得到充分表征。有趣的是,图像失真通常都归咎于成像系统而不是监视器。很难把监视器分辨率的影响从整体系统分辨率中分离出来。监视器分辨率的单位通常与成像系统分辨率的单位没有关系。大多数校正器都是4∶3格式,与正方形阵列的格式不一样。

2.7.1 伽马校正

阴极射线管的发光输出 $L_{display}$ 与其栅极电压 V_{grid} 以幂律相关:

$$L_{display} = aV_{grid}^{\gamma} + L_B \tag{2-14}$$

如果相机有逆伽马校正(图2-36),则辐射保真度能近似保持。

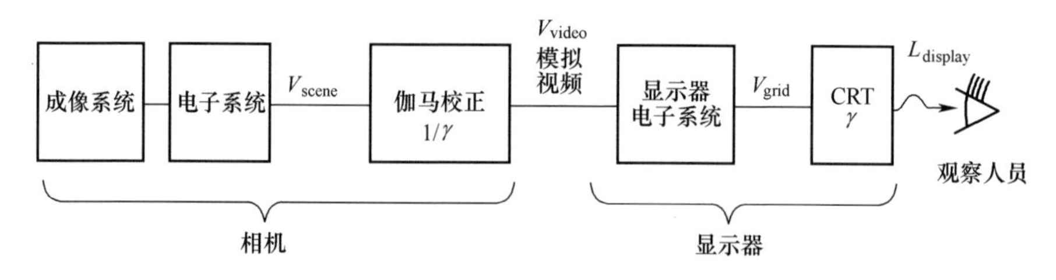

图2-36 相机和显示器

注:V_{scene} 是场景的"电子"信号。

令 $V_{grid} = L_{display}$,则有

$$L_{display} = aV_{video}^{\gamma} + L_B \approx a(V_{scene}^{1/\gamma})^{\gamma} + L_B = aV_{scene} + L_B \tag{2-15}$$

据报道,阴极射线管的伽马校正的范围为1~5[29]。这个变化范围可能是在式(2-14)中错误地假设背景亮度 $L_B = 0$ 引起的。为了便于设计,美国国家电视标准委员会(NTSC)将伽马校正值标准化为2.2,而PAL和SECAM将它标准化为2.8。计算机[30]可以有不同的伽马校正值,其值取决于制造商认为能提供"最佳"图像的

查找表。相机伽马校正和计算机伽马校正相结合通常应用幂律，$L_{display} = (L_{scene})^k$。虽然显示的场景从辐射学上来说不再准确，但幂律提供了边缘增强，这通常被认为是一个理想的特性。

如果有伽马校正算法，查看 CRT 监视器时的线性只是近似的。平板显示器趋于有“S”形电压-亮度响应。如果成像系统中有伽马校正，当输出显示在平板显示器上时，则辐射测量关系不再有效。

例 2-7　阴极射线管的 MTF 响应

阴极射线管的伽马校正会影响 MTF 测量结果吗？

监视器亮度为

$$L = k(V_{\text{analog video}})^{\gamma} \tag{2-16}$$

阴极射线管的 MTF 如图 2-37 所示。对有集成显示器的系统来说，显示器的亮度是可测量的。显示器的特性会影响所有测量结果。

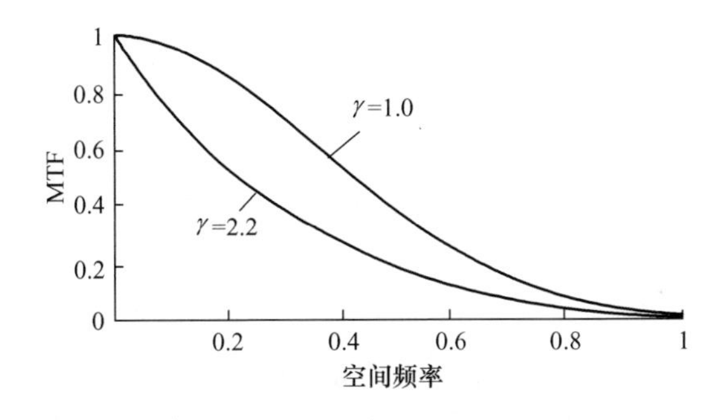

图 2-37　伽马校正对模拟视频 MTF 的影响

2.7.2　分辨率

监视器的技术规格不总是有用。监视器的规格可以用电子带宽、有效线数（RS-170 标准视频显示器的是 480 线）或可分辨线数（这可能包括也可能不包括科尔因子[32]）来确定。分辨率[33-34]也可以通过各种测量方法（包括收缩光栅法、考虑电视分辨率）或通过测量 MTF 来确定。此外，监视器是不稳定的[35]，要测量它们的响应。高质量监视器会最大限度地减少这些问题。

垂直分辨率受光栅线数限制。例如，与 NTSC 标准兼容的监视器能显示 485 线。但是，要准确观察到这个线数，测试图形必须与光栅图形完全对齐。由于测试图形可能是随机放置的，因此如果不同相，奈奎斯特频率的图形会有零输出。用监视器能显示出图 2-21～图 2-24 说明的同样效果。为了计算随机相位，将科尔因子(0.7)[32]用于垂直分辨率以获得平均值：

$$R_{\text{vertical}} = \text{科尔因子} \times \text{主动扫描线} \tag{2-17}$$

0.7用得很广泛，但不是普遍接受的[36]。

由于要考虑计时，迫使垂直分辨率与视频信号的垂直线数成正比。因此，NTSC显示器的平均垂直分辨率为0.7×485=340(线)。PAL和SECAM显示器的平均分辨率为0.7×575=402(线)。

2.7.3 格式

监视器的格式必须与系统的格式一致。当对图像质量进行主观评估时，显示的图像要有正确的宽高比，这一点很重要[37]。例如，宽高比为1∶1的红外系统，其输出等效于RS-170标准视频格式。如果显示在标准监视器(宽高比为4∶3)上，图像的水平方向会被拉长，使圆变成椭圆。帧抓取器可以使4∶3的图像数字化，再把图像显示在宽高比通常为1∶1的计算机监视器上。这时，圆的水平方向被压缩，使圆又显示成了椭圆。

较大的凝视阵列基本都是正方形(如512×512、1024×1024等)的。目前的监视器宽高比一般为4∶3，因此需要特殊软件来正确显示图像。

2.8 产生失真的原因

在做任何测试之前，测试人员必须全面了解红外系统的工作原理。每个子系统都会对图像产生特定的影响，如表2-1所列。这些失真会影响所有的输入-输出变换，最严重的是采样相位的影响。通过将条杆靶移动±DAS/2，输出会从最大值变为最小值。通过选择空间频率等于f_N/k的条杆靶能避免拍频问题。当条杆靶和像元阵列是同相时，会获得最大输出，从而产生同相对比度传递函数(IPCTF)。尽管存在拍频问题，但它在过采样系统中并不明显。

图像处理算法会增强图像的某些特性，或者补偿存在的非线性过程。灰度级的映射关系也称灰度传递曲线，相应的图像处理算法可以是一个灰度传递函数。伽马校正就是一种灰度传递曲线。

为方便起见，目标会参照其紧邻背景被标识为“热”或“冷”。对中波和长波红外系统来说，术语“热”会造成误导。使用光导或光伏探测器的红外成像系统感应的不是“热”和“冷”，而是物体发出的辐射。所有物体发出的辐射都在红外区。“热”说明目标温度比它紧邻背景的温度高，“冷”说明目标温度比它紧邻背景的温度低。选择把热物体表示为“白色”，把冷物体表示为“黑色”是人为规定的。把电路极性反向，就可以产生“白热”或者“黑热”目标。使用“黑热”时，热目标相对于中性背景呈黑色或者深灰色。随着物体变得越来越热，它在监视器上会变得越来越黑。反过来对“白热”也一样,当目标的表观温度相对其背景提高时,目标会变得越来越白。输出也可以映射成伪彩色,按照人的感觉,经常把冷物体显示为蓝色,把热物体显示为红色。

本章讨论了美国通用模块技术衍生系统和一些凝视阵列系统的工作原理。这些系统基本使用相似的光学系统、探测器和电子线路设计,因此会有类似的失真。随着新技术的出现,会产生新的失真[38],这就需要相应地修改测试程序和数据分析技术。

表2-1　红外系统中常见的失真

子系统	失真
光学系统和扫描器	$\cos^N\theta$ 像差 冷反射 感应到非均匀内壁温度时产生的阴影
探测器和探测器电子线路	有限的填充因子(小于1) 温度变化 不同的增益/电平 交流耦合
数字化	采样相位效应 量化
增益/电平归一化	没有完全消除固定模式噪声 选择的校正电平不正确
图像格式化	损失了垂直方向或水平方向的分辨率
伽马校正	以模拟视频测量时,会出现非线性系统响应
图像重建	一般没有
监视器	分辨率损失 失真 对比度有限

参考文献

[1] E.L.Dereniak and G.D.Boreman, *Infrared Detectors and Systems*, John Wiley and Sons, New York (1996).

[2] A.Rogalski, *Infrared Photon Detectors*, SPIE Optical Engineering Press, Bellingham WA (1995).

[3] E.L.Dereniak and D.G.Crowe, *Optical Radiation Detectors*, John Wiley and Sons, New York (1984).

[4] J.W.Howard and I.R.Abel, “Narcissus: Reflections on Retroreflectors in Thermal Imaging Systems,” *Applied Optics*, Vol.21(18), pp.3393-3397 (1982).

[5] D.E.L.Freeman, “Guidelines for Narcissus Reduction and Modeling,” in *Simulation and Modeling of Optical*

Systems, R.E.Fischer and D.C.O'Shea, eds., SPIE Proceedings Vol.892, pp.27-37 (1988).

[6] D.J.Bradley and P.N.J.Dennis, "Sampling Effects in CdHgTe Focal Plane Arrays," in *Infrared Technology and Applications*, A.Baker and P.Masson, eds., SPIE Proceedings Vol.590, pp.53-60 (1985).

[7] R.J.Dann, S.R.Carpenter, C.Seamer, P.N.J.Dennis, and D.J.Bradley, "Sampling Effects in CdHgTe Focal Plane Arrays - Practical Results," in *Infrared Technology XII*, I. J. Spiro and J. Mollicone, eds., SPIE Proceedings Vol.685, pp.123-128 (1986).

[8] E.A.Watson, R.A.Muse, and F.P.Blommel, "Aliasing and Blurring in Microscanned Imagery," in *Infrared Imaging Systems: Design, Analysis, Modeling, and Testing III*, G.C.Holst, ed., SPIE Proceedings Vol.1689, pp. 242-250 (1992).

[9] F.P.Blommel, P.N.J.Dennis, and D.J.Bradley, "The Effects of Microscan Operation on Staring Infrared Sensor Imagery," in *Infrared Technology XVII*, B.F.Andresen, M.S.Scholl, and J.Spiro, eds., SPIE Proceedings Vol. 1540, pp.653-664 (1991).

[10] A.Friedenberg, "Microscan in Infrared Staring Systems," *Optical Engineering*, Vol.36(6), pp.1745-1749 (1997).

[11] L.O.Vroombout and B.J.Yasuda, "Laboratory Characterization of Thermal Imagers, " in *Thermal Imaging*, I. R.Abel, ed., SPIE Proceedings Vol.636, pp.36-39 (1986).

[12] T.S.Lomheim, L.W.Schumann, R.M.Shima, J.S.Thompson, and W.F.Woodward, " Electro-Optical Hardware Considerations in Measuring the Imaging Capability of Scanned Time-delay-and-integrate Charge-coupled Imagers," *Optical Engineering*, Vol.29(8), pp.911-927 (1990).

[13] G.C.Holst, "Effects of Phasing on MRT Target Visibility" in *Infrared Imaging Systems: Design, Analysts, Modeling and Testing II*, G.C.Holst, ed., SPIE Proceedings Vol.1488, pp.90-95.

[14] C.M.Webb, "Results of Laboratory Evaluation of Staring Arrays," in *Infrared Imaging Systems: Design, Analysis, Modeling and Testing*, G.C.Holst, ed., SPIE Proceedings Vol.1309, pp.271-285 (1990).

[15] T.H.Cook, C.S.Hall, F.G.Smith, and T.J.Rogne, "Simulation of Sampling Effects in FPAs," in *Infrared Imaging Systems: Design, Analysis, Modeling and Testing II*, G.C.Holst, ed., SPIE Proceedings Vol.1488, pp. 214-225 (1991).

[16] J.D.Vincent, *Fundamentals of Infrared Detector Operation and Testing*, pp.220-227, John Wiley and Sons, New York (1990).

[17] N.Bluzer, "Sensitivity Limitations ofIRFPAs Imposed by Detector Nonuniformities," in *Infrared Defectors and Arrays*, E.L.Dereniak, ed., SPIE Proceedings Vol.930, pp.64-75 (1955).

[18] J.M.Mooney, F.D.Shepherd, W.S.Ewing, J.Marguia, and J.Silverman, "Responsivity Nonuniformity Limited Performance of Infrared Staring Cameras," *Optical Engineering*, Vol.28(11), pp.1151-1161 (1989).

[19] D.A.Scribner, M.R.Kruer, and C.J.Gridley, "Physical Limitations to Nonuniformity in IR Focal Plane Arrays," in *Focal Plane Arrays. Technology and Applications*, J.Chatard, ed., SPIE Proceedings Vol.565, pp.185-202 (1957).

[20] J.W.Landry and N.B.Stetson, "The InfraCAM™ ": A Versatile System Platform," in *Infrared Imaging Systems: Design, Analysis, Modeling and Testing VIII*, G.C.Holst, ed., SPIE Proceedings Vol.3063, pp.257-268 (1997).

[21] M.Norton and C.Webb, "System Measurement and Performance Review of InSb Medium Format Imaging Systems," in *Proceedings of IRIS Passive Sensors*, pp.129-150 (1995).

[22] M.Broekaert and B.N.du Payrat, "Nonlinearity and Nonuniformity Corrections for the IRIS Family of IRCCD Thermal Imagers," in *Infrared Technology XX*, B.F.Andresen, ed., SPIE Proceedings Vol.2269, pp.507-523

(1994).

[23] D.A.Scribner, M.R.Kruer, K.Sarkady, and J.C.Gridley, "Spatial Noise in Staring IR Focal Plane Arrays," in *Infrared Detector and Arrays*, E.L.Dereniak, ed., SPIE Proceedings Vol.930, pp.56–63 (1955).

[24] P.Fillon, A.Combette, and P.Tribolet, "Cooled IR detectors calibration analysis and optimization," in *Infrared Imaging Systems: Design, Analy.sis, Modeling, and Testing XVI*, G.C.Holst.ed., SPIE Proceedings Vol.5754, pp.343–354 (2005).

[25] D.A.Scribner, K.Sarkady, M.R.Kruer, and J.C.Gridley, "Test and Evaluation of Stability in IR Staring Focal Plane Arrays after Nonuniformity Correction, " in *Test and Evaluation of Infrared Detectors and Arrays*, F.M. Hoke, ed., SPIE Proceedings Vol.1108, pp.255–264 (1984).

[26] C.M.Hanson, "Analysis of the Effects of l/f Noise and Choppers on the Performance of DC–Coupled Thermal Imaging Systems," in *Infrared Technology and Applications XXVII*, B. F. Andresen, G. F. Fulop, and M. Strojnik, eds., SPIE Proceedings Vol.4369, pp.360–371 (2001).

[27] "Electrical Performance Standards – Monochrome TV," EIA Standard RS – 170, Electronic Industry Association, NY.

[28] G. C. Holst, "Are Reconstruction Filters Necessary?" in *Infrared Imaging Systems: Design, Analysis, Modeling, and Testing XVII*, G.C.H olst, ed., SPIE Proceedings Vol.6207, paper 62070K (2006).

[29] T.Olson, "Behind Gamma′s Disguise,"*SMPTE Journal*, Vol.104(7), pp.452–458 (1995).

[30] C.Poynton,*Digital Video and HDTV.Algorithms and Interfaces*, Chapter 23, Morgan Kaufmann (2003).

[31] J.B.Dinaburg, F.Amon, A.Hamins, and P.Boynton, "LCD Display Screen Performance Testing for Handheld Thermal Imaging Cameras," in *Infrared Imaging Systems: Design, Analysis, Modeling, and Testing XVII*, G. C.Holst.ed., SPIE Proceedings Vol.6207, paper 62070T (2006).

[32] S.C.Hsu, "The Kell Factor: Past and Present,"*Society of Motion Picture and Television Engineers Journal*, Vol.95, pp.206–214 (1986).

[33] L.M.Biberman, "Image Quality," in *Perception of Displayed Information*, L.M.Biberman, ed., pp.13–18, Plenum Press, New York (1973).

[34] G.C.Holst, *CCD Arrays, Cameras, and Displays*, pp.169–198, JCD Publishing, Winter Park, FL (1996).

[35] S.J.Briggs, "Photometric Technique for Deriving a 'Best Gamma' for Displays,"*Optical Engineering* Vol.20 (4), pp.651–657 (1981).

[36] C.Poynton, *Digital Video and HDTV: Algorithms and Interfaces*, pp.67–68, Morgan Kaufmann (2003).

[37] N.Sampan, "The RS 170 Video Standard and Scientific Imaging: The Problems," *Advanced Imaging*, pp.40–43, February 1991.

[38] P.A.Bell, C.W.Hoover, Jr., and S.J.Pruchnic, Jr., "Standard NEDT Test Procedure for FLIR Systems with Video Outputs," in *Infrared Imaging Systems: Design, Analysis, Modeling and Testing IV*, G.C.Holst, ed., SPIE Proceedings Vol.1969, pp 194–205 (1993).

第3章

红外技术的基本概念

辐射度学描述的是能量或功率从辐射源到探测器的传递关系。当辐射源尺寸比探测器的投影面积大得多时,辐射源就是可分辨的或者说系统正在观察的是一个扩展源,也可以说,探测器被扩展辐射源照射。系统响应率或信号传递函数(SiTF)应用于观察扩展辐射源的系统。随着辐射源尺寸逐渐变小,必须用非周期传递函数(ATF)修正响应率。实际响应与理想响应的比率为目标传递函数(TTF)。随着辐射源尺寸趋近于一个点,目标传递函数趋近于点可见度因子(PVF),也称为弥散效率或平方功率。

目前有两种基本测试配置:一种是红外成像系统聚焦在目标靶上(图3-1);另一种是红外成像系统观察一个位于准直仪焦平面处的目标靶(图3-2)。如果成像系统在常规实验室距离内不能聚焦,或者测试要求系统必须聚焦在无穷远处,就要用准直仪。

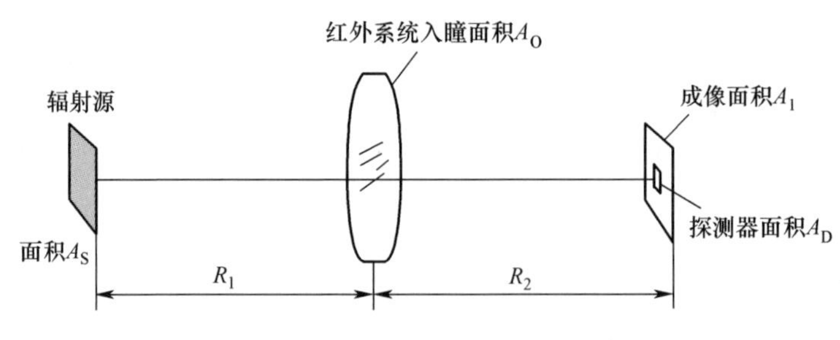

图3-1　红外成像系统直接观察辐射源

虽然大多数热成像系统响应的是辐射通量差异,但是用等效温差ΔT确定目标与其紧邻背景之间的辐射通量差还是更方便些。使用不同透过率的平均值可以简化分析过程。但是对于宽光谱响应系统,平均透过率是辐射源光谱特性、大气透过率、准直仪透过率和系统响应的函数。

测量CTF和MRT时使用的各种条杆靶的图形由它们的空间频率确定。本书仅使用物空间的空间频率(cycle/mrad)。像空间的空间频率、监视器的空间频率和观察人员的空间频率分别由光学系统设计者人员、监视器设计人员和视觉心理生理学人员使用。

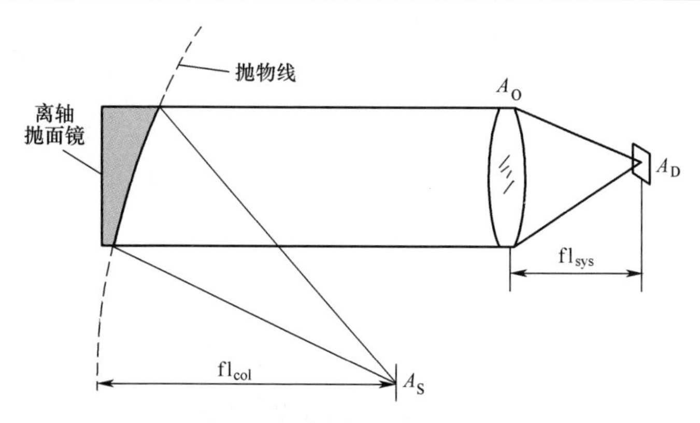

图 3-2　红外成像系统观察位于准直仪焦平面处的辐射源

注：就设备而言，离轴准直仪提供了最高通光能力和最大灵活性。

本章的所有公式都应用于模拟系统（如扫描系统），其中，入射光子通量的单位为 W，探测器的响应率单位为 V/W。这些公式可直接用于到凝视阵列。用于凝视阵列时，入射光子通量的单位用 ph/s（$1ph = 10^4 lx$）代替，响应率用量子效率代替。产生的光电子数取决于积分时间。这些概念见 3.3 节“凝视阵列”。

3.1　辐射度学

光谱辐射亮度 $L_e(\lambda)$ 是辐射度学的基本量，其他所有辐射度学参量都可由它推导出，它包括需要计算入射到一个系统的辐射通量的平面角和立体角[1]概念。光谱辐射亮度是指从辐射源入射到一个立体角锥的单位波长的辐射通量。辐射源面积的单位为 m。辐亮度的计算公式为

$$L_e(\lambda) = \frac{\Phi(\lambda)}{A_S \Omega} \quad (W/(m^2 \cdot \mu m \cdot sr)) \tag{3-1}$$

对一个没有吸收、散射或反射的系统来说，变量 $L_e(\lambda)$ 是不变的，即当辐射沿光轴通过光学系统时，$L_e(\lambda)$ 保持不变。

辐射源发出的辐射通量经过大气衰减后，由光学系统聚焦到探测器上，再由探测器转化为可测量的电信号。对于凝视阵列（3.3 节），使用光谱光子立体角的概念比较方便。辐射亮度 $L_q(\lambda)$ 的单位为 $ph/(m^2 \cdot \mu m \cdot sr \cdot s)$。

3.1.1　直视观察扩展源

如果红外系统与辐射源的距离为 R_1（图 3-1），入射到面积为 A_O 的光学系统的辐射通量为

$$\Phi_{lens} = L_e \frac{A_O}{R_1^2} A_S T_{atm} \tag{3-2}$$

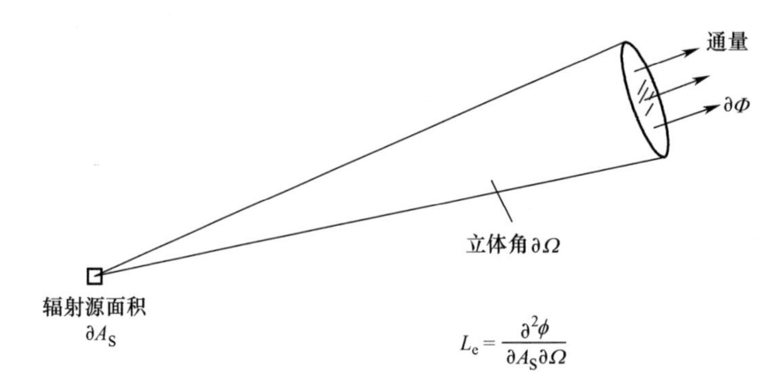

图 3-3　辐射立体角用增量值确定

注:本书全部用近轴近似:$\partial A_S \to A_S$,$\partial\Omega \to \Omega$ 和 $\partial\Phi \to \Phi$。

式中利用了小角近似处理($\Omega \approx A_0/R_1^2$)。为公式简约起见,忽略了波长的相关作用。变量 T_{atm} 是辐射源与红外系统之间的大气透过率。到达像面的轴上辐射通量为

$$\Phi_{image} = L_e \frac{A_0}{R_1^2} A_S T_{sys} T_{atm} \tag{3-3}$$

式中:T_{sys} 为系统的光谱透过率。

如果 A_S 成像的面积是 A_i,且大于探测器面积($A_i \gg A_D$),入射到探测器上的辐射通量就可以简化为两者的面积比,即

$$\Phi_{detector} = \Phi_{image} \frac{A_D}{A_i} \tag{3-4}$$

当 $A_i \gg A_D$ 时,辐射源是一个扩展源或一个可分辨的辐射源,也可以说,探测器被扩展源辐照。根据对称性可得

$$\frac{A_S}{R_1^2} = \frac{A_i}{R_2^2} \tag{3-5}$$

探测到的通量可写为

$$\Phi_{detector} = \frac{L_e A_0 A_D}{(\mathrm{fl}_{sys})^2 (1+M)^2} T_{sys} T_{atm} \tag{3-6}$$

式中:M 为放大率,$M = R_2/R_1$,R_1 和 R_2 都与系统焦距 fl_{sys} 有关,它们之间的关系为

$$\frac{1}{R_1} + \frac{1}{R_2} = \frac{1}{\mathrm{fl}_{sys}} \tag{3-7}$$

对一个圆形孔径($A_0 = \pi D^2/4$),令 f 数为 $F = \mathrm{fl}_{sys}/D$,可得

$$\Phi_{detector} = \frac{\pi}{4} \frac{L_e A_D}{F^2 (1+M)^2} T_{sys} T_{atm} \tag{3-8}$$

由于探测器产生的电压与探测器的响应率成比例,则

$$V_D = R\Phi_{detector} \tag{3-9}$$

系统输出 V_{sys} 等于 V_D 乘以系统增益 G。由于所有变量都是波长的函数,则有

$$V_{sys} = G\int_{\lambda_1}^{\lambda_2} R(\lambda)\ \frac{\pi}{4}\ \frac{L_e(\lambda)A_D}{F^2(1+M)^2} T_{sys}(\lambda)T_{atm}(\lambda)\mathrm{d}\lambda \tag{3-10}$$

式中,系统光谱响应的带宽范围是 $\lambda_1 \sim \lambda_2$。离轴响应按 $\cos^N\theta$ 关系衰减。

我们关心的是辐射源(目标靶)产生的辐射与其相邻背景产生的辐射之间的信号差,即

$$\Delta V_{sys} = G\int_{\lambda_1}^{\lambda_2} R(\lambda)\ \frac{\pi}{4}\ \frac{\Delta L_e(\lambda)A_D}{F^2(1+M)^2} T_{sys}(\lambda)T_{atm}(\lambda)\mathrm{d}\lambda \tag{3-11}$$

式中

$$\Delta L_e(\lambda) = L_{e-target}(\lambda) - L_{e-background}(\lambda)$$

3.1.2　准直仪中的扩展源

当用焦距为 fl_{col} 的准直仪观察扩展源时(图 3-2),入射到光学系统中的辐射通量为

$$\Phi_{lens} = \frac{L_e A_S A_O}{\mathrm{fl}_{col}^{\ 2}} T_{col} T_{atm} \tag{3-12}$$

式(3-12)中增加了准直仪的透过率 T_{col} 。辐射到像面上的辐射通量为

$$\Phi_{image} = \frac{L_e A_S A_O}{\mathrm{fl}_{col}^{\ 2}} T_{col} T_{atm} T_{sys} \tag{3-13}$$

如果 A_S 值较大(扩展源或可分辨的辐射源),且 $A_i \gg A_D$,那么式(3-4)可用于确定入射到探测器上的辐射通量。当通过准直仪观察辐射源时,系统聚焦在无限远处,于是

$$\frac{A_S}{\mathrm{fl}_{col}^2} = \frac{A_i}{\mathrm{fl}_{sys}^2} \tag{3-14}$$

进入探测器的辐射通量为

$$\Phi_{detector} = \frac{L_e A_D A_O}{\mathrm{fl}_{sys}^2} T_{sys} T_{test} \tag{3-15}$$

式中: $T_{test} = T_{col}T_{atm}$ 是测试装置形成的。

对于圆形孔径,有

$$\Phi_{detector} = \frac{\pi}{4}\ \frac{L_e A_D}{F^2} T_{sys} T_{test} \tag{3-16}$$

当 $R_1 \gg R_2$ 或者 $M \to 0$,并考虑到准直仪的有限透过率时,式(3-8)可简化为式(3-16)。T 数($T_\#$)等于 F 数除以 T_{sys} 的平方根。T 数在评估有光学透过率衰

减的红外系统时很有用。

$$\Phi_{\text{detector}} = \frac{\pi}{4} \frac{L_{\text{e}}A_{\text{D}}}{T_{\#}^{2}} T_{\text{test}} \tag{3-17}$$

所有变量都是波长的函数。目标及其相邻背景产生的电压差为

$$\Delta V_{\text{sys}} = G\int_{\lambda_1}^{\lambda_2} R(\lambda) \frac{\pi}{4} \frac{\Delta L_{\text{e}}(\lambda)A_{\text{D}}}{F^{2}} T_{\text{sys}}(\lambda) T_{\text{test}}(\lambda)\text{d}\lambda \tag{3-18}$$

在一个设计良好的测试装置中，极限辐射孔径就是系统孔径。如果准直仪孔径小于系统孔径，那么以上公式必须修改，要乘以两个孔径面积的比值。

3.1.3 点源

随着辐射源面积趋近于零，辐射源逐渐变成一个理想点源。几何光学理论估计点源的像的尺寸也趋近于零。但是，衍射和像差会限制像的最小尺寸。不同的系统输出 ΔV_{sys} 取决于弥散圆直径与像元的相对大小。从本节往后，如果 $A_{\text{S}}/R_{1}^{2} \ll 1$（立体角 $\Omega_{\text{S}} \ll 1$），则称这个辐射源为点源。

如果弥散圆直径比像元尺寸小得多，则

$$\Phi_{\text{detector}} = \Phi_{\text{image}} \tag{3-19}$$

如果将理想点源放在准直仪焦点处，那么像元的辐射通量为

$$\Phi_{\text{detector}} = \frac{L_{\text{e}}A_{\text{S}}A_{\text{O}}}{\text{fl}_{\text{sys}}^{2}} T_{\text{sys}} T_{\text{test}} \tag{3-20}$$

由于所有物体都发出红外辐射，像元接收到的不仅是点源发出的辐射通量，还有相邻背景发出的在像元对应的张角范围内的辐射通量。在图 3-4 中，A_{DAS} 是 DAS 在物空间的投影面积。辐射通量的比例关系为

$$\Phi_{\text{detector}} = k[L_{\text{e-target}}(\lambda)A_{\text{S}} + L_{\text{e-background}}(\lambda)(A_{\text{DAS}} - A_{\text{S}})] \tag{3-21}$$

像元与其相邻像元之间的辐射通量差为

$$\Delta\Phi = k[L_{\text{e-target}}(\lambda)A_{\text{S}} + L_{\text{e-background}}(\lambda)(A_{\text{DAS}} - A_{\text{S}})] - kL_{\text{e-background}}(\lambda)A_{\text{DAS}} \tag{3-22}$$

或者

$$\Delta\Phi = k[L_{\text{e-target}}(\lambda) - L_{\text{e-background}}(\lambda)]A_{\text{S}} = k\Delta L_{\text{e}}(\lambda)A_{\text{S}} \tag{3-23}$$

输出电压差为

$$\Delta V_{\text{sys}} = G\int_{\lambda_1}^{\lambda_2} R(\lambda) \frac{\Delta L_{\text{e}}(\lambda)A_{\text{S}}A_{\text{O}}}{\text{fl}_{\text{col}}^{2}} T_{\text{sys}}(\lambda) T_{\text{test}}(\lambda)\text{d}\lambda \tag{3-24}$$

根据对称性可得

$$\frac{A_{\text{DAS}}}{\text{fl}_{\text{col}}^{2}} = \frac{A_{\text{D}}}{\text{fl}_{\text{sys}}^{2}} \tag{3-25}$$

假设是一圆形孔径，则有

$$\Delta V_{sys} = G\int_{\lambda_1}^{\lambda_2} R(\lambda)\ \frac{\pi}{4}\ \frac{\Delta L_e(\lambda)A_D}{F^2}\ \frac{A_S}{A_{DAS}} T_{sys}(\lambda)T_{test}(\lambda)\mathrm{d}\lambda \tag{3-26}$$

对于扩展源(可分辨的辐射源)来说,式(3-18)应用起来很方便,因为它和辐射源的面积无关:进入像元的辐射通量受 DAS 限制。对于小辐射源(式(3-26))来说,源的面积必须是已知的。图 3-5 说明理想(几何)像的面积是源面积的函数,其中式(3-18)和式(3-26)都适用。当 $A_S = A_{DAS}$ 时,两个公式是相同的。由于点源是圆形的,而像元是方形的,存在一个上述两个公式都无效的转换区。

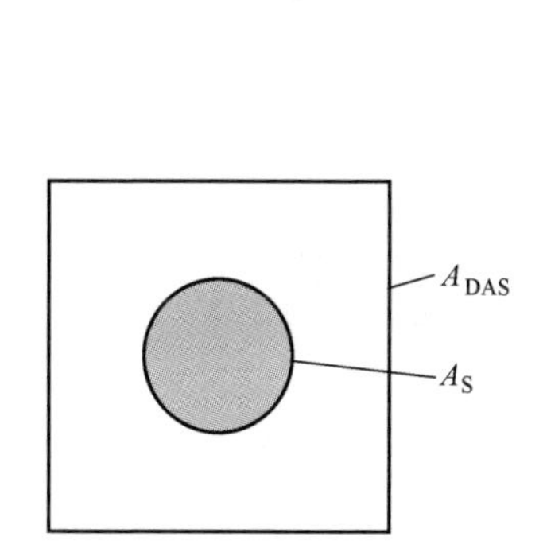

图 3-4　处在 DAS 投影面积内的小目标辐射源

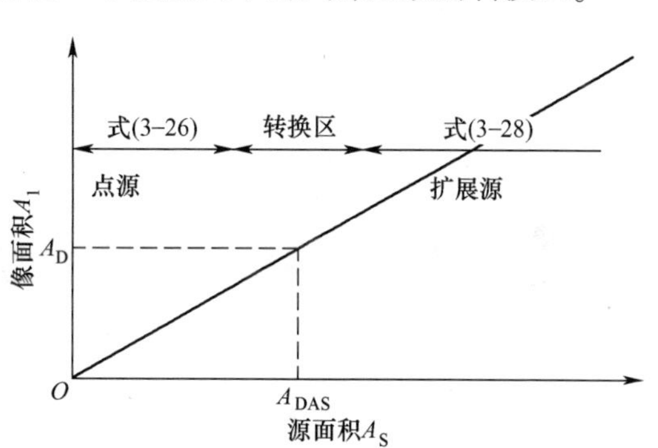

图 3-5　源与其像面积的几何关系

光学系统的衍射和像差制约着像的最小尺寸。图 3-6 说明三种情况:①没有衍射时用几何方法成的像;②弥散圆直径小于像元直径时成的像;③弥散圆直径大于像元直径时成的像。图 3-7 说明图 3-6 所示的关系。曲线 A 是理想情况,与图 3-5 相同。曲线 B 说明一个衍射弥散圆面积小于像元面积的系统。这种情况与图 3-6(b)等效,而且和图 3-5 所示的一样,式(3-18)和式(3-26)都适用。在曲线 C 中,衍射产生的弥散圆直径大于像元,这时只有曲线 C 趋近于理想几何曲线时,式(3-18)才有效。

当衍射很明显时,必须用非周期传递函数(ATF)修正式(3-26),于是有

$$\Delta V_{sys} = \left[G\int_{\lambda_1}^{\lambda_2} R(\lambda)\ \frac{\pi}{4}\ \frac{\Delta L_e(\lambda)A_D}{F^2} T_{sys}(\lambda)T_{test}(\lambda)\mathrm{d}\lambda\right]\mathrm{ATF} \tag{3-27}$$

式(3-27)综合了式(3-18)和式(3-26)。当辐射源是可分辨的时,ATF=1,得到式(3-18)。当 $A_i < A_D$,得到式(3-26)。图 3-8 给出了理想 ATF 和系统 ATF,并说明了公式的应用范围。ATF 是归一化后的 ΔV_{sys}(输入-输出变换)与辐射源面积 A_S 的关系。如何计算系统 ATF 不在本书讨论范围内,但是我们关注其中的极限情况,即当系统观察一个点源时,像尺寸变得与源面积 A_S 无关。

目标传递函数(TTF)可表示为

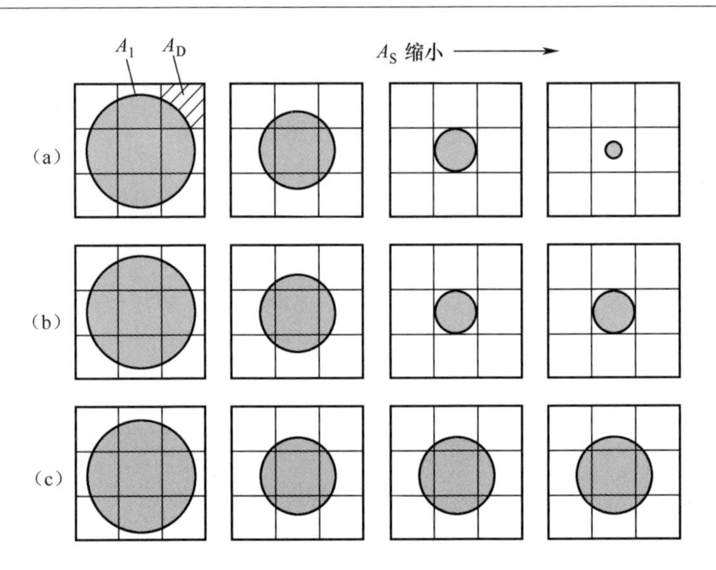

图 3-6　各种像的尺寸

(a)没有衍射，$F\lambda/d \approx 0$；(b)弥散圆直径等于像元尺寸，$F\lambda/d = 0.41$；(c)弥散圆直径大于像元尺寸，$F\lambda/d > 0.41$。

注：艾里斑与像元尺寸的比率为 $2.44F\lambda/d$。

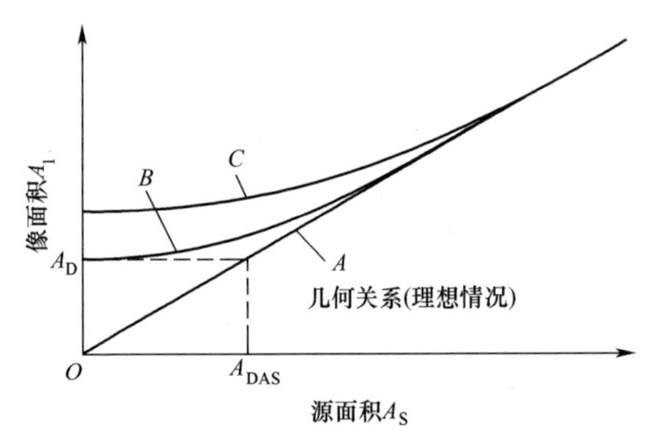

图 3-7　源尺寸与像之间的关系

注：曲线 A、B 和 C 分别对应于图 3-6(a)、(b)和(c)的情况。

$$\mathrm{TTF} = \begin{cases} \dfrac{\mathrm{ATF}_{\mathrm{sys}}}{\mathrm{ATF}_{\mathrm{ideal}}} = \mathrm{ATF}_{\mathrm{sys}} \dfrac{A_{\mathrm{DAS}}}{A_{\mathrm{S}}}, & A_{\mathrm{S}} \leqslant A_{\mathrm{DAS}} \\ \mathrm{ATF}_{\mathrm{sys}}, & A_{\mathrm{S}} > A_{\mathrm{DAS}} \end{cases} \tag{3-28}$$

把式(3-28)代入式(3-27)，得到

$$\Delta V_{\mathrm{sys}} = G\int_{\lambda_1}^{\lambda_2} R(\lambda) \frac{\pi}{4} \frac{\Delta L_{\mathrm{e}}(\lambda) A_{\mathrm{D}}}{F^2} \mathrm{TTF} \frac{A_{\mathrm{S}}}{A_{\mathrm{DAS}}} T_{\mathrm{sys}}(\lambda) T_{\mathrm{test}}(\lambda) \mathrm{d}\lambda \tag{3-29}$$

当 A_S 变小时，TTF 趋近于一个常数，即点可见度因子(PVF)。随着 A_S 接近零，

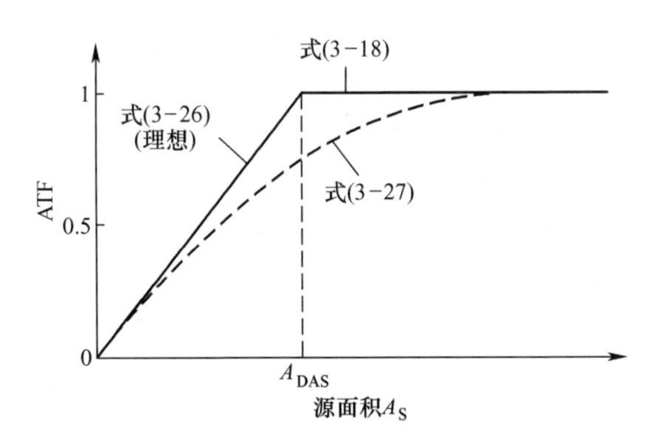

图 3-8　非周期传递函数

注：对于扩展源，式(3-27)趋近于式(3-18)；对于点源，式(3-27)趋近于式(3-26)。

可以用辐射源发光强度 $\Delta I_e(\lambda)=I_{e\text{-target}}(\lambda)-I_{e\text{-background}}(\lambda)$ 表示 $\Delta I_e A_S$，于是得到

$$\Delta V_{sys}=\left[G\int_{\lambda_1}^{\lambda_2}R(\lambda)\frac{\pi}{4}\frac{\Delta L_e(\lambda)A_D}{F^2}\frac{1}{A_{DAS}}T_{sys}(\lambda)T_{test}(\lambda)\mathrm{d}\lambda\right]\mathrm{PVF} \tag{3-30}$$

等效地有

$$\Delta V_{sys}=\left[G\int_{\lambda_1}^{\lambda_2}R(\lambda)\frac{\Delta I_e(\lambda)A_O}{\mathrm{fl}_{col}^2}T_{sys}(\lambda)T_{test}(\lambda)\mathrm{d}\lambda\right]\mathrm{PVF} \tag{3-31}$$

响应度为

$$\frac{\Delta V_{sys}}{\Delta I_e}=\frac{\left[G\int_{\lambda_1}^{\lambda_2}R(\lambda)\Delta I_e(\lambda,T)A_O T_{sys}(\lambda)T_{test}(\lambda)\mathrm{d}\lambda\right]\mathrm{PVF}}{\int_{\lambda_1}^{\lambda_2}\Delta I_e(\lambda,T)T_{test}(\lambda)\mathrm{d}\lambda} \tag{3-32}$$

3.2　辐射亮度与温度的关系

对于朗伯辐射源来说，辐射是射入一个半球。光谱辐射出射度与光谱辐射亮度的关系为

$$M_e(\lambda,T)=\pi I_e(\lambda,T) \tag{3-33}$$

式中：π 是余弦加权半球的有效立体角的值。可以把辐射源视作一个热力学温度为 T 的黑体，这样 $M_e(\lambda)$ 就可以用普朗克黑体辐射定律表示为 $M_e(\lambda,T)$。对于凝视阵列(3.3 节)，使用光谱光子出射度 $M_q(\lambda)$。

3.2.1　普朗克黑体辐射定律

热力学温度为 T(单位为 K)的理想黑体辐射源的光谱辐射出射度可以用普朗克黑体辐射定律来表示：

$$M_e(\lambda,T)=\frac{c_1}{\lambda^5}\left(\frac{1}{e^{(c_2/\lambda T)}-1}\right)(\mathrm{W/(m^2\cdot\mu m)}) \tag{3-34}$$

式中：c_1 为第一辐射常量，$c_1=3.7418\times10^8(\mathrm{W\cdot\mu m^4/m^2})$；$c_2$ 为第二辐射常量，$c_2=1.4388\times10^4(\mathrm{\mu m\cdot K})$；$\lambda$ 为波长（μm）。

图3-9说明在对数坐标系中的普朗克光谱出射度。由于光电探测器对有效能量的响应是线性的，用线性坐标系表示更加容易（图3-10）。每条曲线在 λ_{peak} 处都有最大值。由维恩位移定律可知，$\lambda_{peak}T=2898(\mathrm{\mu m\cdot K})$。

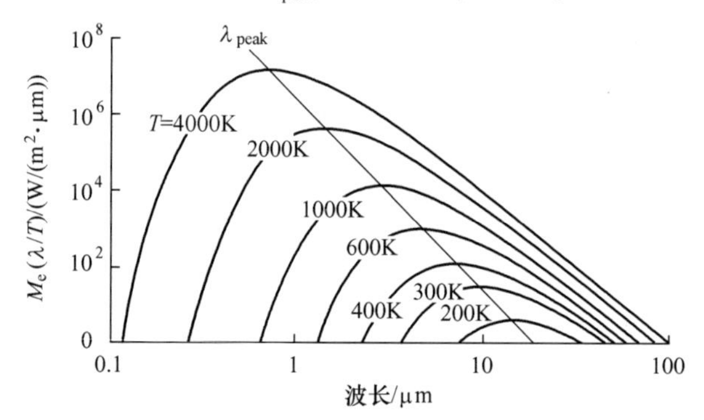

图3-9 用对数坐标系表达的普朗克光谱辐射出射度

注：辐射源的热力学温度必须高于700K，人眼才能觉察到。细线是根据维恩位移定律画出的。

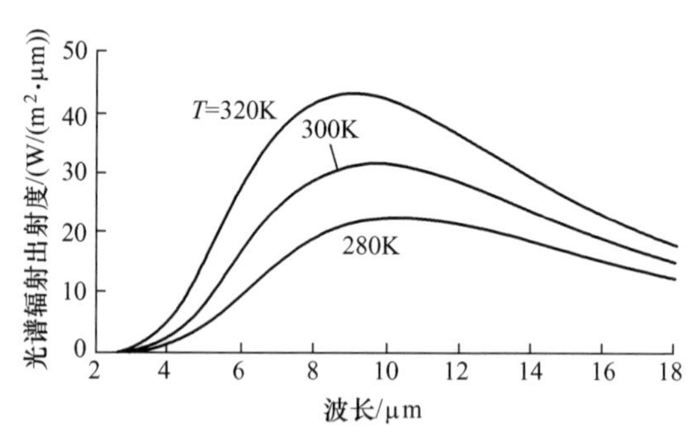

图3-10 用线性坐标系表达的普朗克黑体定律

注：在8~12μm光谱区，地面目标（$T\approx300$K）有一个峰值输出。

3.2.2 发射率

真实物体不会产生式（3-34）表示的所有辐射，只会发出其中的一部分。实际辐射出射度与理论上的最大辐射出射度的比率就是发射率，即

$$\varepsilon(\lambda)=\frac{M_{actual}(\lambda,T)}{M_{BB}(\lambda,T)} \tag{3-35}$$

式中：M_{BB} 为理想（理论）黑体的输出。

对于真实黑体来说，$\varepsilon(\lambda)=1$。对灰体来说，$\varepsilon(\lambda)$ 是一个常数。

目标发出的辐射为

$$M_e(\lambda, T_{T\text{-apparent}}) = \varepsilon_T M_e(\lambda, T_T) + (1-\varepsilon_T) M_e(\lambda, T_{surround}) \tag{3-36}$$

背景发出的辐射为

$$M_e(\lambda, T_{B\text{-apparent}}) = \varepsilon_B M_e(\lambda, T_B) + (1-\varepsilon_B) M_e(\lambda, T_{surround}) \tag{3-37}$$

式中：ε_T、ε_B 分别为目标和背景的发射率，反射率为 $1-\varepsilon$。

随着发射率降低，目标和背景对环境辐射的反射 $M_e(\lambda, T_{surround})$ 增加。当发射率接近于零时，目标和背景都变成理想反射体，表现为相同的温度。

通过合理选择发射率和温度，目标和背景发出的辐射总量可以相等[3]。也就是说，在红外成像系统的监视器上看它们是相同的（目标消失）。

3.2.3　成像公式

如果辐射源和背景是发射率为 1 的真正黑体，则将式（3-33）代入式（3-18），得到

$$\Delta V_{sys} = G\int_{\lambda_1}^{\lambda_2} R(\lambda)\frac{[M_e(\lambda, T_T) - M_e(\lambda, T_B)]A_D}{4F^2(1+M)^2} T_{sys}(\lambda) T_{test}(\lambda) d\lambda \tag{3-38}$$

通过准直仪观察黑体源时

$$\Delta V_{sys} = G\int_{\lambda_1}^{\lambda_2} R(\lambda)\frac{[M_e(\lambda, T_T) - M_e(\lambda, T_B)]A_D}{4F^2} T_{sys}(\lambda) T_{test}(\lambda) d\lambda \tag{3-39}$$

例 3-1　ΔV_{sys} 计算

对美国的通用模块系统来说，期望的输出电压差是多少？假设系统通过准直仪观察 300K 背景中一个 310K 的目标。假设所用 HgCdTe 探测器的峰值响应率为 20000V/W，$T_{atm}(\lambda)=1$，$T_{col}(\lambda)=0.9$，$T_{sys}(\lambda)=0.70$（都与波长无关），$F=3$，$G=10000$。通用模块探测器的工作波长为 8～12μm，在这个区域外的响应为零。像元是正方形的，边长为 0.002in（in＝2.54cm），面积 $A_D=2.58\times10^{-9}\text{cm}^2$。为方便起见，将目标和背景都视作理想黑体。令 $fl_{sys}=18\text{in}$。

许多像元的响应率都接近理想光导的响应，即

$$R(\lambda) = \frac{\lambda}{\lambda_{peak}} R_{peak} \tag{3-40}$$

那么轴上像元的输出电压差为

$$\Delta V_{sys} \approx \frac{G T_{sys} T_{test} A_D R_{peak}}{4F^2}\int_{\lambda_1}^{\lambda_2}\frac{\lambda}{\lambda_{peak}}[M_e(\lambda, 310) - M_e(\lambda, 300)] d\lambda \tag{3-41}$$

式（3-41）可以近似为

$$\Delta V_{sys} \approx 0.00904\sum_{8}^{12}\frac{\lambda}{\lambda_{peak}}\Delta M_e(\lambda, T)\Delta\lambda \tag{3-42}$$

式中

$$\Delta M_e(\lambda,T) = M_e(\lambda,310) - M_e(\lambda,300)$$

利用辛普森(Simpson)求积公式，通过每个步长的中心值估算积分值。例如，当步长 $\Delta\lambda = 1$ 时，积分区间(8μm,9μm)的估算值为8.5μm(表3-1)。

表3-1　ΔV_{sys}的计算结果

波长/μm	λ/λ_{peak}	$M_e(\lambda,310)$	$M_e(\lambda,300)$	$\lambda/\lambda_{peak}\times\Delta M_e(\lambda,T)$
8.5	0.708	36.0	30.0	4.25
9.5	0.792	36.8	31.2	4.44
10.5	0.875	35.7	30.8	4.29
11.5	0.958	33.5	29.2	4.12
合计				17.1

那么 $\Delta V_{sys} = 0.00904\times17.1 = 154$(mV)。SiTF为 $\Delta V_{sys}/\Delta T = 154/10 = 15.4$(mV/K)。选用步长 $\Delta\lambda = 1\mu m$ 只是为了举例说明。对数值积分来说，要选择一个小得多的积分步长。

例3-2　点源

例3-1描述的系统是通过准直仪观察一个小目标。假设 $A_S = 2\times10^{-9}\ m^2$，$fl_{col} = 60in$。点可见度因子为0.65，期望的系统输出是多少？

$$\Delta V_{sys} = G\frac{T_{sys}T_{test}A_D A_S R_{peak}}{4F^2 A_{DAS}}PVF\int_{\lambda_1}^{\lambda_2}\frac{\lambda}{\lambda_{peak}}\Delta M_e(\lambda,T)\,d\lambda \tag{3-43}$$

式(3-43)可以近似为

$$\Delta V_{sys} \approx \left[G\frac{T_{sys}T_{test}A_D R_{peak}}{4F^2}\sum_{8}^{12}\frac{\lambda}{\lambda_{peak}}\Delta M_e(\lambda,T)\Delta\lambda\right]\left[\frac{A_S}{A_{DAS}}PFV\right] \tag{3-44}$$

从例3-1可知，第一个中括号里的值为154mV，第二个中括号里的值为0.045。那么 $\Delta V_{sys} = 154\times0.045 = 7$(mV)。这个输出值明显比用相同温度的扩展源获得的输出小得多。在测试点源响应的时候，经常选择很高的辐射源温度(如500~1000℃)。

3.2.4　ΔT 的概念

把 ΔV_{sys} 表示成 ΔT 的函数，并把比例常数叫做SiTF比较方便，即

$$\Delta V_{sys} = SiTF\ \Delta T \tag{3-45}$$

为式(3-38)和式(3-39)简洁起见,去掉其中的波长项, ΔM_e 值就可以用泰勒级数表示,于是有

$$M_e(T_T) - M_e(T_B) \approx \left[\frac{\partial M_e(T_B)}{\partial T}\right]\Delta T + \frac{1}{2}\left[\frac{\partial^2 M_e(T_B)}{\partial T^2}\right]\Delta T^2 + \cdots \tag{3-46}$$

如果 ΔT 很小,则有

$$M_e(T_T) - M_e(T_B) \approx \left[\frac{\partial M_e(T_B)}{\partial T}\right]\Delta T \tag{3-47}$$

对普朗克定律中的温度参数做偏导数("热导数")得到

$$\left[\frac{\partial M_e(\lambda, T_B)}{\partial T}\right] = M_e(\lambda, T)\ \frac{c_2 e^{c_2/\lambda T}}{\lambda T^2(e^{c_2/\lambda T} - 1)} \tag{3-48}$$

把式(3-48)代入式(3-27),得到

$$\Delta V_{sys} \approx \left[G\int_{\lambda_1}^{\lambda_2} R(\lambda)\ \frac{A_D}{4F^2}\ \frac{\partial M_e(\lambda, T_B)}{\partial T}\mathrm{ATF}\ T_{sys}(\lambda)\,d\lambda\right]T_{test-ave}\Delta T \tag{3-49}$$

中括号项就是 SiTF。$T_{test-ave}$ 的值就是 $T_{test}(\lambda)$ 的加权平均值(在 3.4 节"归一化"中讨论)。当观察一个扩展源(常见的情况)时,ATF = 1。式(3-49)给出的线性近似仅对相对背景温度的小偏移有效。

热导数是波长和背景温度的函数(图 3-11)。当 ΔT 提高时,使用式(3-47)会引入误差(图 3-12),在 LWIR 中 ΔT >10℃和 MWIR 中 ΔT >5℃时,会明显偏离线性。在试验期间要记录真实的 ΔT 。在使用式(3-49)时,系统好像是在观察表观 ΔT 。当使用真实 ΔT 时,每次的输入-输出转换结果都会更低。

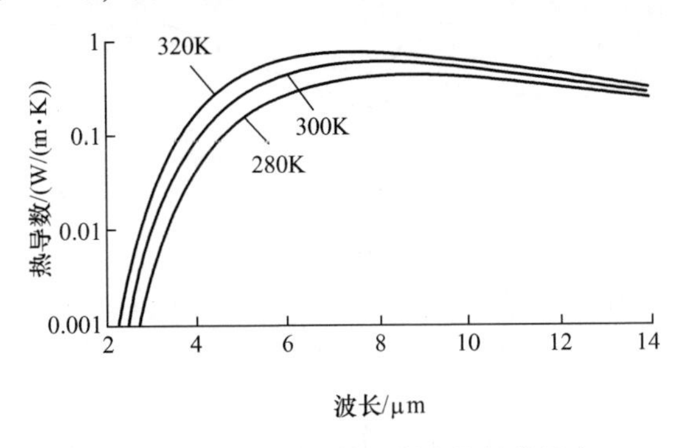

图 3-11　普朗克黑体辐射定律的热导率

因此,所有将 ΔT 用作为输入量的测量结果都会受背景温度和系统光谱响应的影响[4] 。ΔT 概念是为了便于测试而引入的。采用光电探测器的红外成像系统响应的不是温度而是辐射度差。ΔT 概念可能对温度计测量温度有用,但是除非系统的光谱响应和有效背景温度都是确定的,否则单独用 ΔT 是不能确定系统性能的。

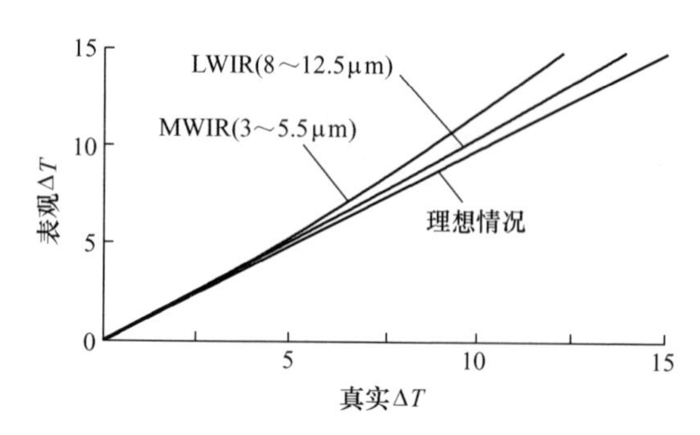

图 3-12 在背景温度为 293K(20℃)时,表观 ΔT(基于热导数)是真实 ΔT 的函数(精确值因光谱带宽而不同)

与 LWIR 区相比,MWIR 区对背景变化更敏感。如图 3-13 所示,300~301K 与 280~281K 的辐射通量差是不同的,即便温度计的差值都是 1K。图 3-13 应被视作一个典型图:实际值都取决于特定系统的光谱响应。与 20℃时 1K 温差产生的辐射通量相比,在-20℃时,1K 温差在 MWIR 区产生的辐射通量是 25%,在 LWIR 区产生的辐射通量是 60%。反过来,在-20℃时,中波红外的 ΔT 必须提高 4℃,长波红外的 ΔT 必须提高 1.64℃,才能产生与 20℃时 1K 温差条件下相同的辐射通量差。以 20℃为基准,环境温度漂移 1K,中波红外区的表观 ΔT 变化为 0.03K,长波红外区的变化为 0.01K。

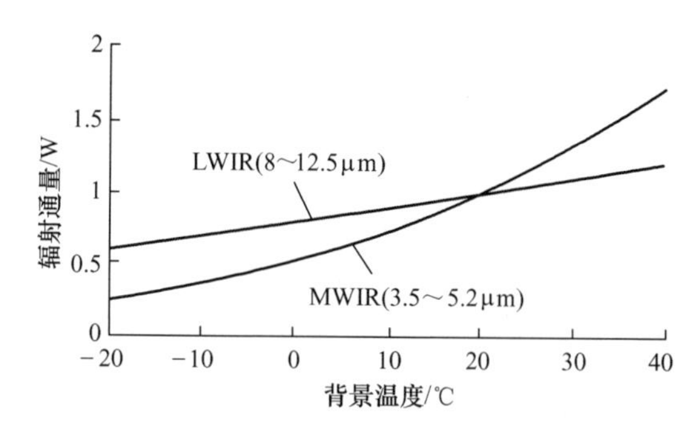

图 3-13 对于固定温差,中波区和长波区的辐射通量差的典型曲线

注:20℃时的曲线被归一化为 1。

NEDT 是产生的信噪比为 1 时的 ΔT。随着背景温度降低,信号降低。背景受限系统的噪声也会降低。如图 3-14 所示,NEDT 随着背景温度的降低而提高,但没有图 3-13 所示的快。

由于 MRT 与 NEDT 成反比,所以 MRT[5-7] 会随着环境温度的降低而提高(图 3-15)。

如果所有的计算值和测量值都以 W 或光子数为单位而不以 ΔT 为单位,就可

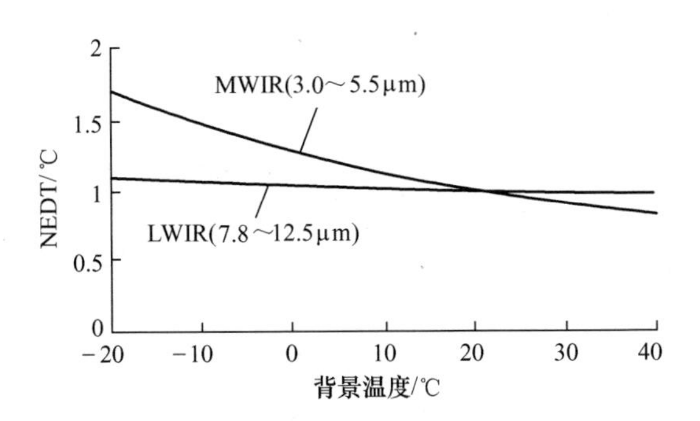

图 3-14　对于中波红外(InSb 探测器)和长波红外(HgCdTe 探测器)系统，随着背景温度变化的典型 NEDT

注：精确值取决于许多参数。

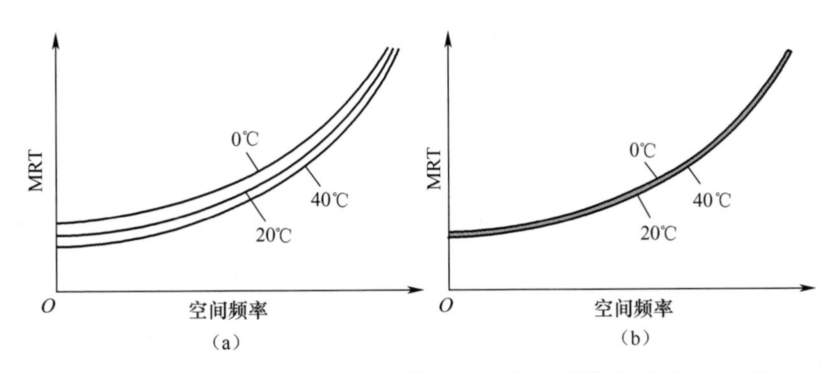

图 3-15　典型 MRT 是背景温度的函数(随着环境温度降低，表观 MRT 提高)

(a) MWIR；(b) LWIR。

以避免非线性问题。如果大气、辐射源、准直仪和系统在感兴趣波长上都没有光谱特征，用测温标定(用 ΔT)就很合适。辐射测量标定(用 ΔM_e)克服了测温标定的困难。但是，仅从论述辐射测量标定的书籍很多就可以看出辐射测量标定的难度[9]。辐射测量标定很费时间，而且测试设备也很昂贵。

例 3-3　SiTF

对例 3-1 描述的系统来说，SiTF(信号传递函数)是多少？如果用小辐射率差来做近似，则 SiTF 与 ΔT 无关，利用数值积分可得

$$\mathrm{SiTF}=\frac{\Delta V_{\mathrm{sys}}}{\Delta T}=0.00904\left[\sum_{8}^{12}\frac{\lambda}{\lambda_{\mathrm{peak}}}\frac{\partial M_e(\lambda,300)}{\partial T}\Delta\lambda\right] \tag{3-50}$$

为了便于说明，令 $\Delta\lambda=1\mu\mathrm{m}$(表 3-2)。

表 3-2 SiTF 数值积分

波长/μm	λ/λ_{peak}	$\frac{\partial M_e(\lambda,310)}{\partial T}$	$\frac{\lambda}{\lambda_{peak}}\frac{\partial M_e(\lambda,300)}{\partial T}$
8.5	0.708	0.564	0.399
9.5	0.792	0.524	0.415
10.5	0.875	0.468	0.409
11.5	0.958	0.405	0.388
合计			1.61

于是,$\Delta V_{sys}=0.00904\times1.61=14.5(\text{mV/K})$。对于 $\Delta T=10\text{K}$ 的辐射源,精确计算(例3-1)的结果是154mV,而对同一辐射源的近似计算结果是145mV。这就是图3-12说明的变化,其中的表观 ΔT 高于真实 ΔT。在测量SiTF时(在第6章"系统响应率"中讨论),ΔV_{sys} 是 ΔT 的函数。图中的非线性很明显,SiTF就是响应率曲线的线性部分。

3.3 凝视阵列

由于凝视阵列将光子转换成电子,所有方程都必须稍加修改,并把光谱辐射出射度 $M_e(\lambda,T)$ 替换为光谱光子出射度。光谱光子出射度是光谱辐射出射度除以一个光子的能量(hc/λ),其中 c 是光速($c=3\times10^8\text{ m/s}$),h 是普朗克常量($h=6.626\times10^{-34}\text{J}\cdot\text{s}$)。

$$M_q(\lambda,T)=\frac{c_3}{\lambda^4}\frac{1}{(e^{c_2/\lambda T}-1)}(\text{ph}/(\text{s}\cdot\text{m}^2\cdot\mu\text{m}))\tag{3-51}$$

式中:c_3 为第三辐射常数,$c_3=1.88365\times10^{27}(\text{ph}\cdot\mu\text{m}^3/(\text{s}\cdot\text{m}^2))$。

将探测器光谱响应率 $R(\lambda)$ 替换为探测器量子效率 $\eta(\lambda)$。对理想探测器,$R(\lambda)=\lambda R_{peak}/\lambda_{peak}$。当 $\lambda<\lambda_{peak}$ 时,$\eta(\lambda)$ 是常数。光子总数取决于积分时间 t_{int},因此公式给出的是光电子数量 n_{sys}。在每个公式中都做如下替换:

$$R(\lambda)M_e(\lambda,T)\rightarrow\eta(\lambda)M_q(\lambda,T)t_{int}$$

$$\begin{cases}V_{sys}\rightarrow n_{sys}\\ \Delta V_{sys}\rightarrow\Delta n_{sys}\end{cases}\tag{3-52}$$

积分时间会随着场景照明度(采用自动增益控制)变化。对于非制冷系统,积分时间趋于和帧时相同。对于高响应率探测器(InSb和HgCdTe),积分时间会大大短于一个帧时。

温度差由光子通量差定义:

$$M_q(T_T) - M_q(T_B) = \left[\frac{\partial M_q(\lambda, T_B)}{\partial T}\right]\Delta T \tag{3-53}$$

注意，ΔT 保持不变，它仍然是温度差。

3.4 归　一　化

归一化是使测量结果尽可能接近一个通用尺度的过程[10]。归一化对确保进行恰当的比较是必不可少的。图 3-16 说明一个 MWIR 系统与两个不同辐射源之间的关系。系统的输出既与系统输入的光谱特征有关，又与红外成像系统的光谱响应有关。根据系统输出只能推知某一温度的等效黑体也可能提供与之相同的输出，此外无法推断辐射源的其他特性。

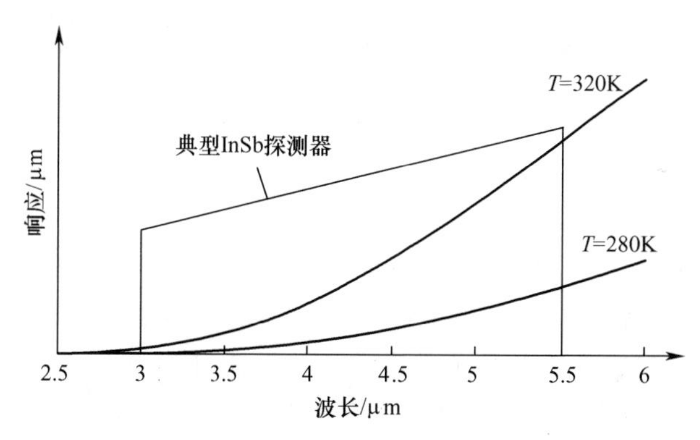

图 3-16　光谱输出不同的辐射源会产生不同的系统输出

注：320K 的黑体能比 280K 的黑体提供的辐射通量更多。在观察 320K 的黑体时，系统的输出会更高。

如果“相同”的系统有不同的光谱响应，那么输出也会有变化（图 3-17）。当每个像元都有不同的光谱响应时，这种光谱不匹配就成为在焦平面阵列上产生固

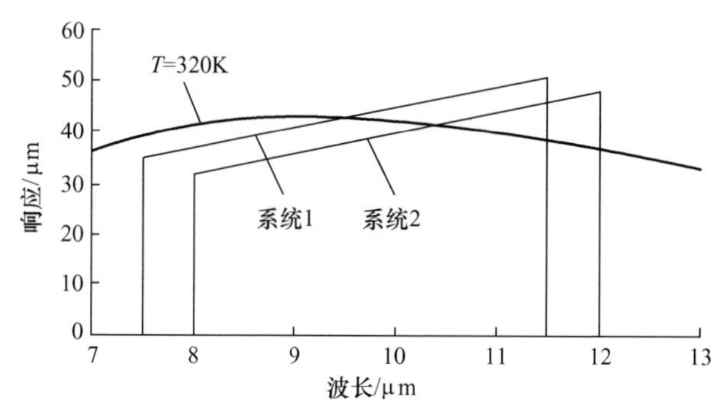

图 3-17　在观察同一个辐射源时，光谱响应不同的系统会产生不同的输出

定模式噪声的主要原因[11]。式(3-49)对系统1是在[λ_1, λ_2]区间积分，对系统2是在[λ_3, λ_4]区间积分。由于光谱不匹配，所以 $\Delta V_{sys-1} \neq \Delta V_{sys-2}$。例如，两个红外成像系统都是长波红外系统，但因为一个的光谱响应范围为8~12μm，另一个的为7.5~11.5μm，所以它们的响应率是不同的。两个系统可以制造得一模一样，只因为其中一个选用了合适的辐射源，就会得到更好的性能。辐射源、准直仪和大气条件之间的光谱不匹配可以解释为什么在不同实验室会得到不同的结果。

有时候讨论平均透过率或者平均响应率是很有用的。"平均"这一术语代表的是一个函数的平均值。如果 $f(x)$ 的权函数是 $g(x)$，那么 $f(x)$ 在区间[a,b]的平均值为

$$f_{ave} = \frac{\int_b^a f(x)g(x)\mathrm{d}x}{\int_b^a g(x)\mathrm{d}x} \tag{3-54}$$

运用这种方法，平均响应率变为

$$R_{ave} = \frac{\int R(\lambda)\Delta M_e(\lambda,T)T_{sys}(\lambda)T_{test}(\lambda)\mathrm{d}\lambda}{\int \Delta M_e(\lambda,T)T_{sys}(\lambda)T_{test}(\lambda)\mathrm{d}\lambda} \tag{3-55}$$

也就是说，平均响应与辐射源的光谱特性（如辐射源温度）有关。对准直仪平均透过率、平均大气透过率以及光学系统的平均透过率也有相似的公式。用平均值表示光学系统透过率和准直仪透过率很方便，因为目标和背景的温度变化不会很大。例3-1~例3-3假设的是系统、准直仪和大气的平均透过率。但是，大气透过率与传输路径长度有很大关系，因此对使用平均值要非常谨慎。

例3-4　光学系统的平均透过率

对于例3-1描述的长波红外系统，其透镜组的平均光学透过率是多少？其光谱透过率 $T_{sys}(\lambda)$ 在表3-3中给出。

平均光学透过率为

$$T_{sys-ave} = \frac{\int T_{sys}(\lambda)R(\lambda)\Delta M_e(\lambda,T)\mathrm{d}\lambda}{\int R(\lambda)\Delta M_e(\lambda,T)\mathrm{d}\lambda} \tag{3-56}$$

它近似为

$$T_{sys-ave} \approx \frac{\sum_{\lambda_1}^{\lambda_2} T_{sys}(\lambda)R(\lambda)\Delta M_e(\lambda,T)\Delta\lambda}{\sum_{\lambda_1}^{\lambda_2} R(\lambda)\Delta M_e(\lambda,T)\Delta\lambda} \tag{3-57}$$

在表3-3中，用辛普森求积公式估算积分，所用的是每个区间的中间值($\Delta\lambda$ =1)。$\Delta M_e(\lambda,T)$ 值是从表3-1中的值获得的。

表3-3　用数值积分计算的 T_{ave}

波长/μm	$R(\lambda)$	ΔM_e	$T_{sys}(\lambda)$	$R(\lambda)\Delta M_e(\lambda,T)T_{sys}(\lambda)$	$R(\lambda)\Delta M_e(\lambda,T)$
8.5	0.708	6.0	0.8	3.398	4.248
9.5	0.792	5.6	0.8	3.548	4.435
10.5	0.875	4.9	0.7	3.001	4.287
11.5	0.958	4.3	0.5	2.059	4.119
				和=12.01	和=17.09

平均透过率是12.01/17.09=0.703(图3-18)。如果黑体源有不同的热力学温度，平均透过率会明显不同。和以前的例子一样，选用 $\Delta\lambda$ = 1μm 只是为了举例说明。在实际计算时，$\Delta\lambda$ 值要小得多。

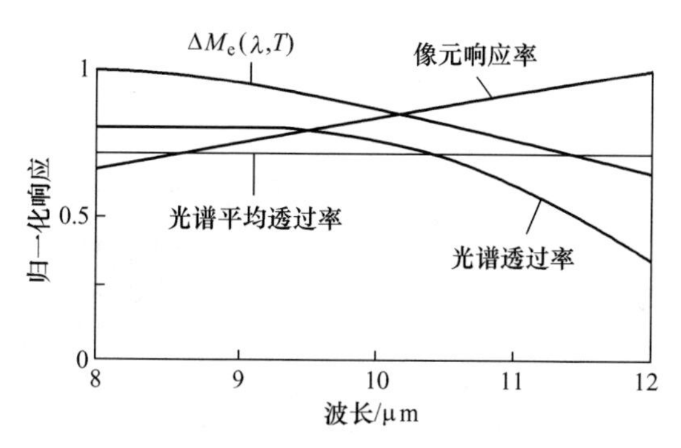

图3-18　表3-3的光谱分量

注：8μm处的 $\Delta M_e(\lambda,T)$ 被归一化为1。

3.5　空间频率

空间频率有四种不同的概念，分别是物空间、像空间、监视器和观察人员的空间频率，测试人员必须熟悉这四个空间频率。利用几个简单公式能把所有空间频率关联起来。

物空间的空间频率(图3-19)用于描述系统的响应特性。光电系统分析人员和系统测试人员会用到这个概念。本书只用到物空间的空间频率。利用小角近似，一个周期(一个条杆+一个间隔)对应的张角为 d_T/R_1，其中 d_T 是一个周期的空间宽度。当使用准直仪时，准直仪的焦距替代 R_1，这样就可以在物空间描述放在准直仪焦面处的目标靶。

物空间水平方向的空间频率 f_x 是目标的水平张角的倒数,经常以 cycle/mrad 为单位。当 d_T、R_1 和 fl_{col} 的单位相同时,张角的单位是弧度(rad)。利用因数 1000 换算成毫弧度(mrad)单位:

$$f_x = \frac{1}{1000}\frac{R_1}{d_T} \quad (\text{cycle/mrad}) \tag{3-58}$$

或

$$f_x = \frac{1}{1000}\frac{fl_{col}}{d_T} \quad (\text{cycle/mrad}) \tag{3-59}$$

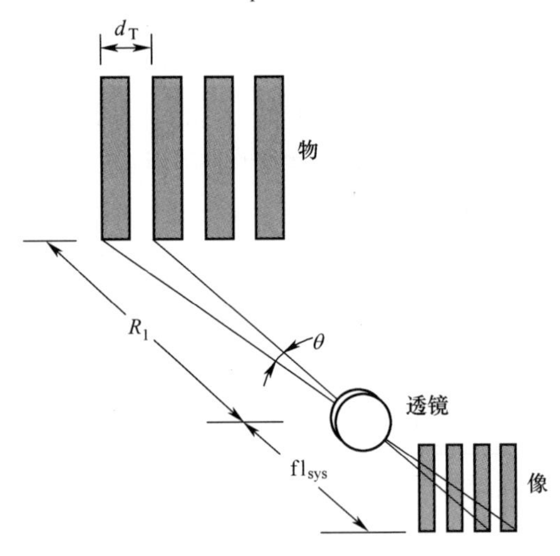

图 3-19 物空间和像空间的空间频率关系

光学系统设计人员通常用像空间的空间频率确定透镜系统的分辨能力,像空间的空间频率等于物空间的空间频率除系统焦距:

$$f_I = \frac{f_x}{fl_{sys}} \quad (\text{line - pairs/mm 或 cycle/mm}) \tag{3-60}$$

虽然可以互换着使用,但是用线对(line-pair)单位意味着用的是方波靶,用周期(cycle)单位意味着用的是正弦曲线靶。为了保持单位一致,如果 f_x 是以 cycle/mrad 为单位测量的,那么必须以米(m)为单位测量焦距,从而得到单位 cycle/mm。f_I 是透镜系统焦平面上的一个周期的倒数。物空间垂直方向的空间频率使用同样的公式。

监视器的分辨能力可以由看的线数确定(图 3-20)。按照习惯,虽然条杆的宽度 Δx 是在水平方向测量的,但线数与画面高度(PH)有关。线数可以用每个画面高度所包含的电视线数来确定,或简单地用线数确定,即

$$N_M = \frac{\text{画面高度}}{\Delta x} \tag{3-61}$$

每个周期有两条电视线,因此监视器的空间频率为

$$f_{\mathrm{M}}=\frac{N_{\mathrm{M}}}{2}=\frac{\text{画面高度}}{2\Delta x}=\frac{\text{画面高度}}{d_{\mathrm{T}}}\quad(\text{周期}/\text{画面高度})\tag{3-62}$$

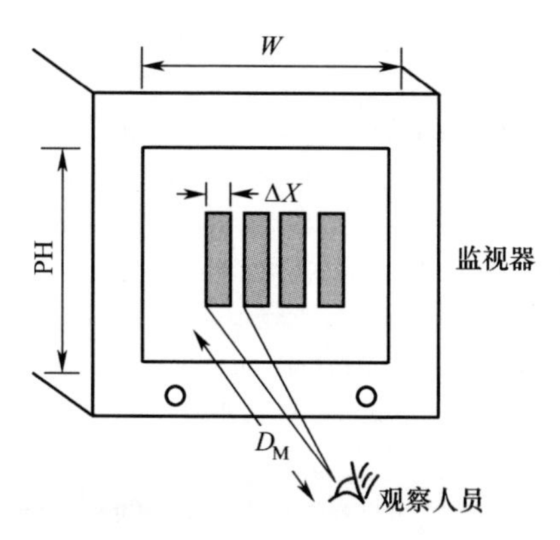

图 3-20　监视器与观察人员的空间频率

观察人员观察到的空间频率与他到监视器的距离和监视器上的图像尺寸有关:

$$f_{\mathrm{eye}}=\frac{1}{2\arctan\left(\dfrac{\Delta x}{D_{\mathrm{M}}}\right)}\quad(\mathrm{cycle}/(°))\tag{3-63}$$

在视觉心理生理学文献中,常用的单位是 cycle/(°)。

可以探测到的总周期数 N_{cycle} 为 $f_x\mathrm{HFOV}$,其中 HFOV 是水平视场(mrad)。如果监视器宽度为 W,则有

$$\Delta x=\frac{W}{2N_{\mathrm{cycle}}}=\frac{W}{2f_x\mathrm{HFOV}}\tag{3-64}$$

对于小目标靶(高空间频率),用小角近似可以得到

$$f_{\mathrm{e}}\approx\frac{\pi}{180°}\frac{D_{\mathrm{M}}\mathrm{HFOV}}{W}f_x\quad(\mathrm{cycle}/(°))\tag{3-65}$$

其中通过 180°/π 将弧度(rad)转换为度(°)。

参 考 文 献

[1] C.L.Wyatt, Radiometric *System Design*, Chapter 3, Macmillan Publishing Co., New York (1987).

[2] L.M.Beyer, S.H.Cobb, and L.C.Clune, "Ensquared Power for Circular Pupils with Off-center Imaging," *Applied Optics*, Vol.30(25), pp.3569-3574 (1991).

[3] E.B.Singleton, "Infrared Thermography: A Graphic Interpretation of Exitance as a Function of Surface Temperature, Emittance, and Background," *Applied Optics*, Vol.21 (5), pp.782-786 (1982).

[4] R.G.Driggers, G.L.Boylston, and G.T.Edwards, "Equivalent Temperature Difference with Respect to Ambient Temperature Difference as a Function of Background Temperature," *Optical Engineering*, Vol.31(6), pp.1357–1361 (1992).

[5] American Society of Heating, Refrigeration and Air–conditioning Engineers, "Applications of Infrared Sensing Devices to the Assessment of Building Heat Loss Characteristics," ANSI/AS HRAE Standard 101 – 1981, ASHRAE, Atlanta, GA (1983).

[6] Y.M.Chang and R.A.Grot, "Performances Measurements of Infrared Imaging Systems Used to Assess Thermal Anomalies," in *Thermal Imaging*, I.R.Abel, ed., SPIE Proceedings Vol.636, pp.17–30 (1986).

[7] G.B.McIntosh and A.F.Filippone, "Minimum Resolvable Temperature Difference (MRTD) Testing: Equipment Specifications for Building Performance Diagnostics," in *Thermosense IV*, R.A.Grot and J.Wood, eds., SPIE Proceedings Vol.313, pp.102–111 (1981).

[8] P.Richardson, "Radiometric vs Thermometric Calibration of IR Test Systems: Which is Best?" in *Infrared Imaging.Design, Analysis, Modeling and Testing II*, G.C.Holst, ed., SPIE Proceedings Vol.1488, pp.80 – 88 (1991).

[9] See, for example C.L.Wyatt, *Radiometric Calibration*, Academic Press, Orlando, FL (1978) and C.L.Wyatt, *Radiometric System Design*, Macmillan Publishing, New York (1987).

[10] F.E.Nicodemus, "Normalization in Radiometry," *Applied Optics*, Vol.12(12), pp.2960–2973 (1973).

[11] N.Bluzer, "Sensitivity Limitations of IRFPAs Imposed by Detector Nonuniformities," in *Infrared Detectors and Arrays*, E.L.Dereniak, ed., SPIE Proceedings Vol.930, pp.64–75 (1988).

第4章

通用测试技术

测试人员必须充分了解红外成像系统在光谱响应、视场、瞬时视场、数据采集速率和模拟视频格式方面的工作原理,才能选择合适的测试设备。在通常条件下,测试点(模拟视频信号、数字视频信号、监视器或者视觉观察量)限定测试设备的类型。测试的特殊性和系统设计决定了对测试设备的要求(表4-1)。由于红外成像系统技术和测试设备的能力在快速发展,要描述具体的测试设备是不可能的,但是可以按通用要求描述通常条件下的测试设备。表4-2列出了多种测试的决定性或限制性参数。虽然讨论的测量设备都用于系统级测试,但其中的测试方法也可用于测试子系统的性能。

表4-1　测试设备

测试点	测试设备
模拟视频信号	帧抓取器
数字视频信号	帧抓取器
监视器	扫描光度计 固态相机 扫描光纤光学系统
视觉观察量	观察人员

表4-2　需要特殊考虑的因素

测试参数或要求	决定性/限制性参数
入瞳处的ΔT	大气透过率 准直仪的光谱透过率 环境温度变化 靶板发射率
可复现的脉冲宽度	系统的采样相位影响 测试设备的采样相位影响
细节的可见性	机械振动 湍流

测试装置自动化(在第11章“自动测试”中讨论)加快了测试进程,减少了出现人为错误的概率,提供了便捷的记录数据和画出测试结果图的方法。测试报告包含实验室名称、时间、日期、测试编号、术语表、系统序列号和系统说明。周围环境条件、引用的参考文献以及任何相关的测量数据都要记录下来。随着个人计算机的广泛应用,要特别注意用与通用电子表格兼容的格式存储所有数据。如果用计算机选择目标靶,观察人员就不用进行拆装,这样也可以避免损坏目标靶。大多数实验室都是供各种测试组使用的,每个测试组都要求使用不同的测试装置,因此在进行测试前要仔细检查整套装置。例如,黑体辐射源和靶轮是否在正确的位置?它们是否移动过?光学元件是否干净?上面是否有灰尘或者手指印?所有的挡板是否放置好了?这套装置是否被其他测试组拆卸、移动或者修改过?要询问以前的使用人员所有设备的功能是否都正常。

将辐射源、目标靶和准直仪组合在一起,便可以把尺寸和亮度已知的标准目标靶投射到红外成像系统中。黑体辐射源提供红外成像系统要探测的辐射通量。靶板的功能是针对已知的背景,为测试工作提供一个辐射特性和几何形状都已知的目标。一般是通过靶板上的小孔观察辐射源。按照习惯,靶板上的小孔称为目标,从靶板上发出的辐射称为背景。

背景的辐射出射度是靶板的自然黑体辐射或由靶板反射其他辐射而产生的。大多数测试关心的是目标与背景之间的辐射出射度差。为方便起见,辐射出射度差常用简单的温差表示。通常制作的目标和背景都是模拟黑体的。

准直仪是通过光学方法将目标置于无穷远处的一组透镜,它包含折射元件或反射元件。有时把组合在一起的辐射源、目标靶和准直仪称为目标模拟器或目标投影仪。准直仪透过率和大气透过率会减弱到达红外成像系统的信号强度。大气湍流会使目标细节发生畸变。因此,必须把湍流的影响降至最低以分辨细节。

所有客观和主观测试都是输入-输出之间的转换。输入由准直仪和黑体提供,输出则可以用很多方法测出。通常用帧抓取器获得模拟视频输出信号以便供计算机进行处理。最好能直接获取数字数据。监视器亮度可以用固态相机或扫描显微光度计来测量。数据的记录、分析、解释、图表表示和归档过程都必须严格如实地进行。

4.1 黑　　体

典型黑体是用不透光材料做成的一个中空球体,球上有一个用于观察辐射的小孔,通过小孔的辐射接近理想黑体的辐射。商用辐射源的性能与理想黑体相近,因此可以称为黑体模拟器。一个真正的黑体近似于理论黑体,因为它的辐射出射度不能用普朗克黑体辐射定律预测。实际辐射出射度与理论辐射出射度的比率就

是发射率(式(3-35))。对不透光材料来说,能量守恒要求

$$\alpha(\lambda)+\rho(\lambda)=1 \tag{4-1}$$

式中:$\alpha(\lambda)$ 为吸收率;$\rho(\lambda)$ 为反射率。

根据基尔霍夫定律,当不透明材料达到热平衡时,在每个波长处吸收的能量必须和辐射的能量相等,即

$$\alpha(\lambda)=\varepsilon(\lambda) \tag{4-2}$$

式中:$\varepsilon(\lambda)$ 为发射率。

因此可以说良好的吸收体就是良好的辐射体。当前黑体[1]的发射率通常大于0.95,或大于0.98。黑体辐射源的外表通常呈黑色。同样,良好的吸收体便是不良的反射体,所以真正的黑体都有一个漫反射很强的表面。如果表面是光亮的,发射率就会小于1,它就不是一个好的辐射源。

黑体辐射源有很多种类[2],常用的有点源、差分辐射源、高温扩展源和超高温黑体,每种辐射源都有不同的测试方法。

点源黑体通常做成一个具有小孔光阑的空腔(图4-1),它相当于一个典型黑体,因为它的热容量非常大,所以加热和冷却都很慢。点源黑体的温度范围也不同,通常为50~1000℃。孔径尺寸通常小于2in,1in是相当标准的尺寸。虽然也能做大尺寸孔径,但是由于加工限制,很少使用。空腔设计能提供很高的发射率,但温度的均匀性却是这种辐射源的一个难题。圆孔转盘、斩光器、滤光片转盘和快门通常与辐射源一起应用。

差分黑体辐射源可以在靶板和黑体辐射源之间提供一个比较低的热对比度(图4-2)。这种系统通常用热电方法加热或冷却,能提供$+\Delta T$或者$-\Delta T$。它们通

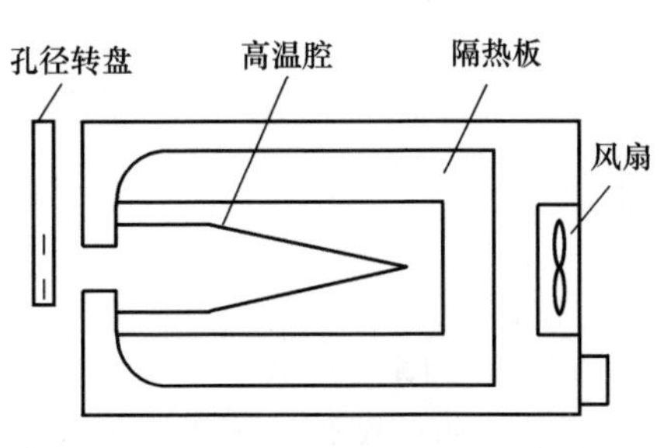

图4-1　具有孔径转盘的点源黑体结构

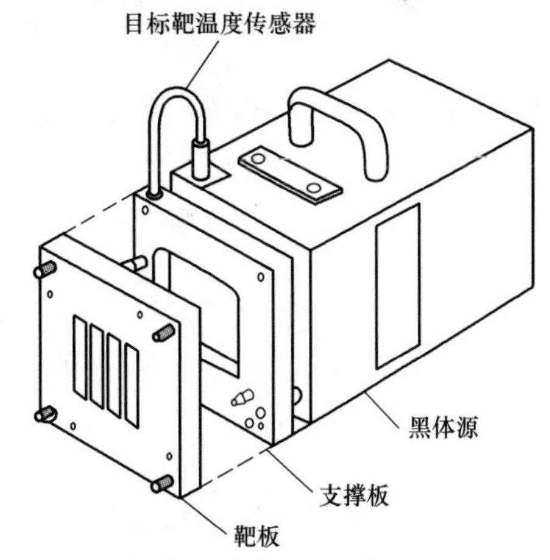

图4-2　差分黑体辐射源的结构

注:电子控制器(未画出)是一个独立设备,可以用支架安装。虽然是一个差分辐射源,但它也可以在辐射模式下工作。辐射源可以设置为任意温度。

常有很大的辐射表面，因此也称为扩展源。商用差分黑体源的温度分辨率为0.001℃（在12.6节“$\Delta T_{apparent}$ 的不确定性”中讨论）。对于MRT测试[3]，快速设置时间（小于1s）是很必要的。

靶板安装在辐射源前面，其温度要监测。在环境温度改变时，黑体源的温度随之改变，从而保持目标-背景温差 ΔT 稳定。假设靶板的温度和周围环境温度相同。虽然辐射是从小孔后边的黑体发出的，但是按照习惯，将靶板称作背景，将小孔称作目标。

热电控制的差分黑体源的典型温度范围为0~100℃，可以提供与环境温度约为-25~75℃的温差 ΔT 。热电散热器周围的温度限制着黑体能达到的最低温度。用液体制冷剂给散热器制冷，或者将黑体放在低温箱里，可以扩展低温极限。但是随着温度降低，黑体温度可能会低于周围环境的露点温度，因而在发射面上会形成水汽，这是不希望看到的情况。

高温扩展面黑体源用在场尺寸大、辐射通量等级高的场合，如焦平面阵列的增益/电平校正。这种辐射源的最高工作温度达600℃。要找到能承受这么高温度的高辐射率涂层是一个挑战。这种辐射源的温度均匀性是一个大问题。因为热容量大，温度转换速度慢，升温时间很长。

超高温黑体用于测试短波红外系统，温度范围为1500~3000℃。这种辐射源从紫外到近红外光谱区的特性通常已经标定过。更高温度的辐射源用于测试可见光系统，但这类辐射源通常是包有一层石英的灯丝。

4.2 目 标 靶

目标靶用于为各种测试提供不同的几何形状。目标靶的尺寸可以用角度或者线性尺寸来表示，两个单位之间的关系为

$$\theta = 2\arctan\left(\frac{d_{target}}{2\mathrm{fl}_{col}}\right) \tag{4-3}$$

式中：d_{target} 为目标靶的实际尺寸；fl_{col} 为准直仪的焦距；θ 为目标靶对应的张角。

由于 fl_{col} 通常比 d_{target} 大得多，因此从这里开始使用小角近似：

$$\theta \approx \frac{d_{target}}{\mathrm{fl}_{col}} \tag{4-4}$$

经常会在目标靶对应的张角与像元对应的张角之间做比较。例如，当测量SiTF时，目标靶的尺寸应该比DAS大10倍。对于周期性图形，空间频率（图3-19）为

$$f_x \approx \frac{1}{1000}\frac{\mathrm{fl}_{col}}{d_T} \quad (\text{cycles/mrad}) \tag{4-5}$$

式中：d_T 为一个周期的宽度。对条杆图形，d_T 为一个条杆加一个间隔的宽度。

多年来，红外界一直使用辐射式目标靶，因此这种靶已成为常用的测试设备。它们可以通过在不透光材料上开一个孔，或者通过蚀刻很薄的材料来制作。随着新技术的出现，各种新式目标靶也在发展，现在这些目标靶可以重现复杂场景。因为差分辐射源依靠的是靶板的温度，即使 ΔT 是固定的，改变环境温度也可以产生辐射差(见 3.2.4 节"ΔT 的概念")。为了使环境温度漂移最小化，可以使用反射式目标靶。各类目标靶都可以安装在靶轮上，从而减少手工操作，提高测试速度。被动式靶虽然不用作定量测量，但它能为检验系统功能是否正常提供一种方法。

4.2.1　标准辐射式靶

图 4-3 是一个辐射式靶板的放大图。因为热传导率与材料的厚度成比例，所以要将靶板做得尽量厚实一些，但精细的目标靶只能用很薄的材料制作。靶板的后表面(对着辐射源的一面)应该有高反射率，以防辐射源使靶板发热。靶板的刀面倾角必须比准直仪的接收角大，这样红外成像系统才不会看到靶板后面的边缘。

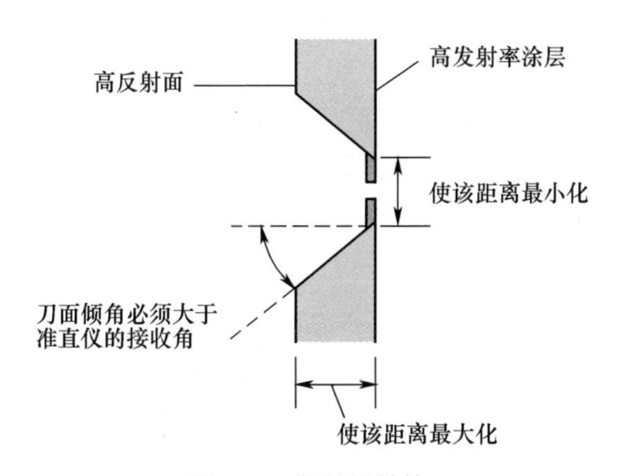

图 4-3　靶板的结构

注：辐射式靶板的表面涂有黑色漫射涂层。黑体放在左侧，从右侧观测靶板。

辐射式靶通常是在铜板或者铝板上加工出一些孔来制作的。靶的表面一般涂有黑色涂层，这样可以形成高辐射率表面。喷涂有微小细节特征的目标靶是很困难的，因为涂层会堵塞细节特征。

复杂的小图案首先通过光刻薄金属板的方法来制作(通常用铜铍(BeCu)合金板)；然后将这个薄金属板黏结在一个支撑环上(图 4-4)。这种方法的缺点是，从发射表面经胶层融合线再到靶支撑环的热传导不好。因为目标靶很薄，热容量很小，这些靶很容易受由黑体或周围环境的热负荷引起的温度变化影响。通过电解沉积工艺在芯棒上生长薄掩膜也能制作蚀刻靶。蚀刻靶和光刻靶一样，但是电解沉积工艺可以获得更高的精度和更小的特征尺寸。

图 4-5 说明一个要插到固定件里的靶板，一些靶板的前表面有安装螺钉。经常拆装靶板，会磨掉表面的辐射涂层。皮肤上的油和手指不干净也会改变发射率，所以保持靶面干净很重要。如果需要手工拆装，手就必须干净。戴手套是一个更安全的拆装办法。

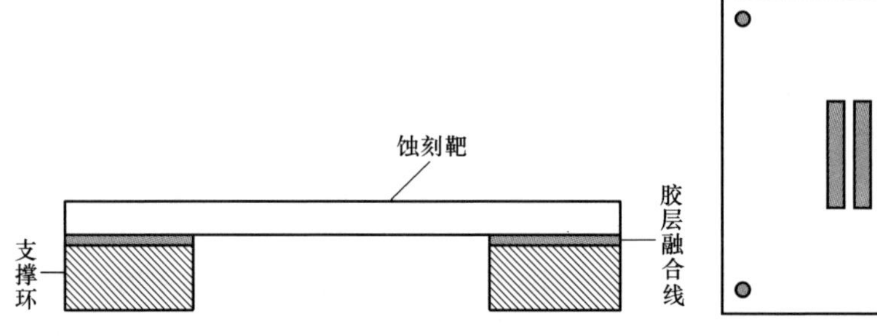

图 4-4 装在支撑环上的蚀刻靶

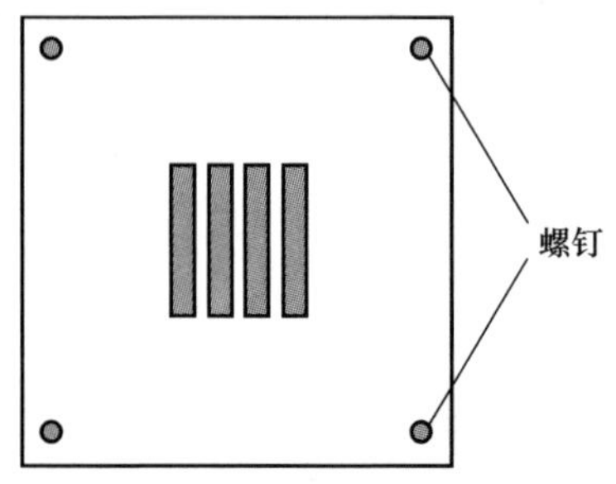

图 4-5 用四个螺钉固定的辐射式靶板

注：经常拆装会损坏辐射涂层。

图 4-6 是一个使用辐射式靶板的测试装置，要监测靶板的温度 T_{plate}。环境温度波动时，T_{plate} 随之波动。要保持 ΔT 稳定，黑体源温度 T_T 得随着靶板温度 T_{plate} 变化。测量 T_{plate} 的温度探头通常放在靶板固定件上。虽然辐射式靶一直放在实验室里，但在安装时还是会轻微地改变它的温度。这个微小的变化用很敏感的红外成像系统可以观察到。现代设备能分辨出小到 0.05℃的变化。在测量前，靶板必须和周围环境达到热平衡，这可能需要几分钟时间。温度梯度会造成测量结果不确定（在 12.6 节"$\Delta T_{apparent}$ 的不确定性"中讨论。

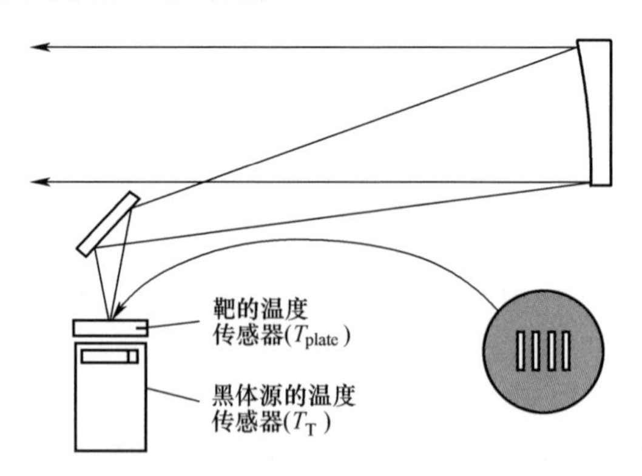

图 4-6 离轴抛物面准直仪用的辐射式靶板

系统输出与目标及其相邻背景之间的温差有关。由于硬件和制造方法限制，无法把温度探头直接放在靶板上开孔的位置，因此温度是在有限距离处测量的。注意，图 4-2 中温度探头的位置。用很厚的靶板时，要确保测量的温度等于紧邻背景的温度。如果在探头位置和开孔位置之间有一个固定温度,那么进行数据分析时要去除这个固定偏差。如果这个偏差因周围条件的变化而变化,那么测试结果会出现波动。

一般将 T_{plate} 称称为背景。但是,成像系统感应的是目标及其相邻背景的辐射。记录的温度差为 $\Delta T_{recorded} = T_T - T_{plate}$ 。因为温度探头并非真正放在靶板的开孔处,可能会有小温度差, $T_B = T_{plate} + T_{offset}$ (图 6-4)。对于小 ΔT 来说,红外成像系统的输出与下式成比例:

$$\Delta T = T_T - T_B = \Delta T_{recorded} - T_{offset} \tag{4-6}$$

如果把系统输出 ΔV_{sys} 描绘成 $\Delta T_{recorded}$ 的函数图形,偏差量就会变得很明显。当 $\Delta T_{recorded}$ 为零时,存在一个有限的 ΔV_{sys} 。也就是说,测量的数据并不经过原点(见 6.1.1 节"系统响应")。由于每种目标靶都有不同的厚度和开孔尺寸,所以不同目标靶的温度偏差可能有变化。

MRT 是两个测试结果的平均值:一个是热 ΔT ($\Delta T_{recorded}$ 为正值),另一个是冷 ΔT ($\Delta T_{recorded}$ 为负值)。MRT 可表达为

$$\text{MRT} = \frac{\Delta T_{hot} - \Delta T_{cold}}{2} \tag{4-7}$$

因为在两个测试结果之间存在偏差,所以有

$$\text{MRT} = \frac{(\Delta T_{recorded-hot} + T_{offset}) - (\Delta T_{recorded-cold} + T_{offset})}{2} \tag{4-8}$$

这样就从公式中消除了温度偏差。

黑体中存在相同的现象,但它的影响很小。温度探头的热容量大,离辐射表面近,能保证记录的温度和探测的温度 T_T 基本相同。

发射率小于 1 的靶板会产生明显的目标-背景强度差,这种强度差与环境有关。随着发射率降低[4],反射率提高。0.98 的发射率也代表 0.02 的反射率。如果有外部热源存在(如实验室里的人和电子设备),它们的热辐射就会被反射,这会在很大程度上影响测量的目标-背景强度。

重复式(3-36)和式(3-37),目标靶的辐射出射度为

$$M_e(\lambda, T_{T-apparent}) = \varepsilon_T M_e(\lambda, T_T) + (1 - \varepsilon_T) M_e(\lambda, T_{surround}) \tag{4-9}$$

背景发出的辐射为

$$M_e(\lambda, T_{B-apparent}) = \varepsilon_B M_e(\lambda, T_B) + (1 - \varepsilon_B) M_e(\lambda, T_{surround}) \tag{4-10}$$

红外成像系统会放大辐射差:

$$\Delta M_e = \varepsilon_T M_e(\lambda, T_T) - \varepsilon_B M_e(\lambda, T_B) - (\varepsilon_T - \varepsilon_B) M_e(\lambda, T_{surround}) \tag{4-11}$$

如果发射率不同,那么当 $T_T = T_B$ 时, ΔM_e 是有限的。也就是说,当记录的温度差为零时,会有一个有限的输出,这在 SiTF 曲线图中表现为一个偏差量。

通过准直仪观察目标靶时,受准直仪透过率的影响,目标和背景的辐射出射度

降低。同时，当透过率小于1时，准直镜也辐射能量。注意，反射率为 $1-\varepsilon$。这又给辐射出射度公式增加了一项 $\varepsilon_{\text{collimator}}M_e(\lambda,T_{\text{collimator}})$。

环境温度是指室内温度，但测试关心的是靶板的温度。在等温环境下，靶板的温度等于室内温度。靶板的温度会受到空调管、换气扇、空调循环机的位置以及靶板附近的电子设备或电机影响。为了减小这些外部环境的影响，可以把测试设备放在一个用挡板隔开的远离热源的地方。发射率变化和背景温度变化会影响所有与测量的 ΔT 有关的输入–输出转换。因此，不同的测试设备和不同的测试条件会产生不同的 SiTF、NEDT、MRT 和 MDT。如果周围温度不确定又没有做好记录，就无法比较测试结果。

环境温度对测量的 ΔM_e 影响很大。在实验室，房间墙壁与靶板的温度可能不同。电子设备、照明灯、电机和测试人员都是热源，会辐射出很多能量。如果靶板的发射率很低，它就会反射这些热源辐射出的能量。

将目标靶和准直仪放在一个密封箱里，可以减少外部热源的影响（在4.3节“准直仪”中进一步讨论）。如果挡板温度和周围环境的温度大致相等，使用挡板就能将反射的影响降到最低（图4–7）。外部能量会通过入瞳进入准直仪。

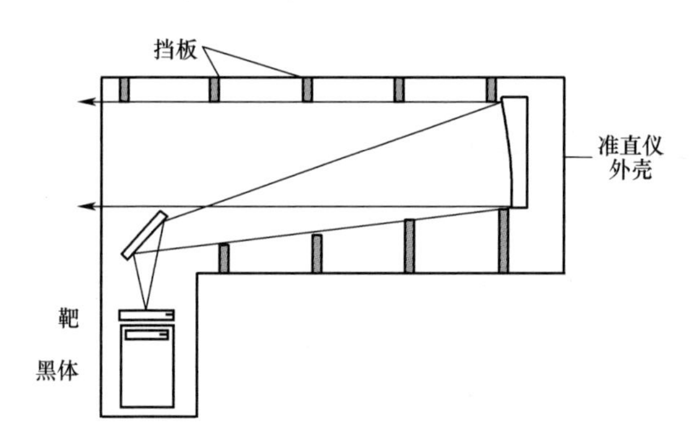

图4–7　用挡板和密封箱减少杂散辐射

Richmond[5]报告过一个腔壁温度稳定的腔体表观发射率的 Gouffé 表达式：

$$\varepsilon_{\text{apparent}}=\frac{\varepsilon\left[1+(1-\varepsilon)\left(\dfrac{a}{S}-\dfrac{a}{S_o}\right)\right]}{\varepsilon\left(1-\dfrac{a}{S}\right)+\dfrac{a}{S}} \tag{4-12}$$

式中：α 为辐射出射孔的面积；S 为腔（包括孔）的总面积；S_o 为球的面积，该球的直径等于腔的长度。

对大多数准直仪来说，$(1-\varepsilon)(\alpha/S-\alpha/S_o)$ 很小，因此

$$\varepsilon_{\text{apparent}} \approx \frac{\varepsilon}{\varepsilon\left(1 - \frac{a}{S}\right) + \frac{a}{S}} \tag{4-13}$$

靶板和黑体表面也起到腔体的作用。对于小靶来说,辐射源的表观发射率也提高。发射率的变化会影响测量精度(在 12.6.2 节"发射率"中讨论)。式(4-13)仅适用于背景温度。

例 4-1　密封准直仪的发射率

一个管状准直仪,长为 1m,直径为 6in(1in=2.54cm)。假设内部是一个朗伯散射体,并涂有和靶板一样的高反射率涂层,它的表观发射率是多少?

解:忽略辐射源,孔径面积为

$$\alpha = \pi D_{\text{col}}^2/4 = 0.0182\ (\text{m}^2)$$

表面面积为

$$S = 2\alpha + \pi D_{\text{col}} L_{\text{col}} = 0.514(\text{m}^2)$$

代入式(4-13),得到

$$\varepsilon_{\text{apparent}} \approx \frac{\varepsilon}{0.9646\varepsilon + 0.0354} \tag{4-14}$$

在 ε 分别为 0.8 和 0.95 时, $\varepsilon_{\text{apparent}}$ 分别为 0.9918 和 0.9987。理论上,黑体腔有一个无限小的孔且发射率接近 1。随着实际准直仪的小孔面积增大,发射率会减小,但只减小一个很少的量。式(4-14)表明,对于腔式准直仪来说,高辐射率(高于 0.95)涂层不是必需的。

4.2.2　反射式靶

反射式靶板[6-7]可以把温度梯度的影响降到最低。与辐射式靶板(图 4-3)唯一不同的是,反射式靶板前表面有很高的反射率,用金可以制造出很好的反射面。在图 4-8 中,背景辐射源是一块厚度相同的、温度可以精确测量的板子。把辐射源放在准直仪焦面之外能进一步降低残余热量的非均匀性影响,此时非均匀性因离焦而减弱,产生了明显均匀的背景。由于所有靶板反射的辐射通量都来自同一背景,所以不再需要等到靶板达到热平衡状态,这样在测试过程中更换靶板就很方便。选定 ΔT 后,辐射通量差取决于 T_{B} 并随着 T_{B} 的变化而变化。通过用第二个黑体源控制 T_{B} 可以避免这种变化(图 4-9)。使用两个辐射源时,可以选择任意背景温度并精确控制它。根据反射式靶的概念, T_{offset} 趋于零。

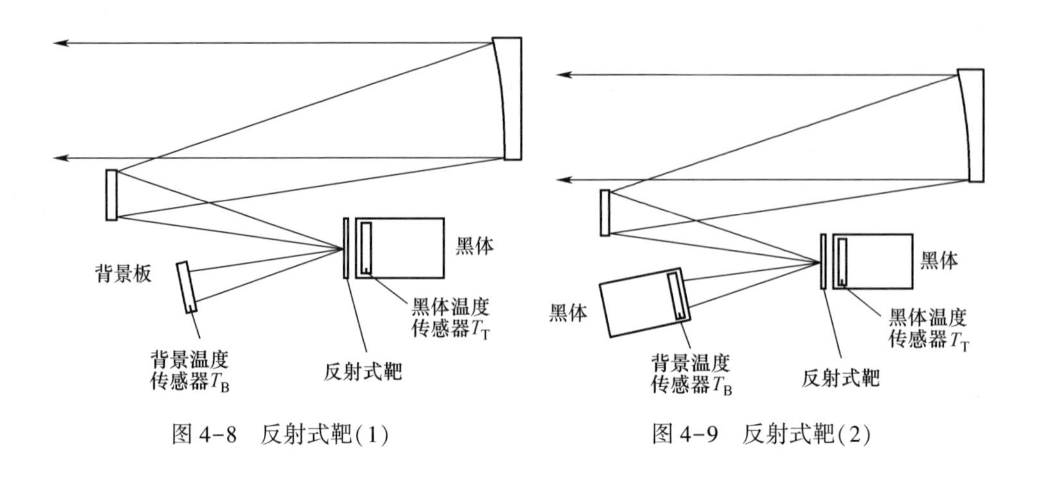

图4-8　反射式靶(1)　　图4-9　反射式靶(2)

4.2.3　靶轮

靶轮可以迅速简便地把多个目标靶定位在准直仪焦面上(图4-10)。这样既缩短了测试时间,也能防止目标靶受到人为操作的影响,如可以避免油污的手指触碰靶面。靶轮通常由计算机控制,有护罩、挡板和很高的热容量,可以实现很高的热稳定性和均匀性。使用靶轮时,温度探头的位置十分关键。

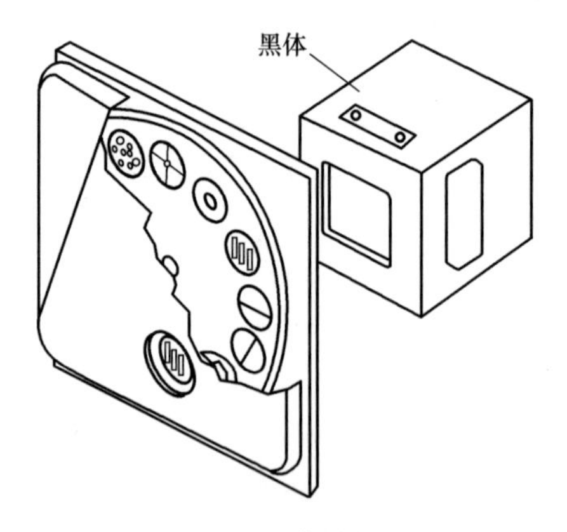

图4-10　典型靶轮

注:背景温度探头不能放在正在使用的目标靶附近。

4.2.4　新型辐射式靶

模拟真实场景的复杂靶可以用铜版照相法或光刻法来制作。铜版照相过程与印刷报刊的过程一样。用印刷报刊的方法能得到低于人眼分辨率的墨点,人眼把这些墨点混合在一起能产生一个灰度级。同样,红外成像系统也把目标边缘混合在一起产生一个灰度级。也就是说,目标的细节必须小于A_{DAS}。用铜版照相法制作目标靶的方法有三种(下面详述),这些目标靶通常很昂贵。场景可以用照相法或者数字法来产生。如果放在一个温度可控环境中,目标靶可以产生已知的 ΔT;否则,只简单地产生一个没有校准的场景,后一种靶称为被动式靶(见 4.2.6 节)。

制作铜版照相靶的第一种方法是在薄金属辐射基片上刻蚀小孔(图 4-11)。但是,如果为了产生高透过率而要打太多小孔,目标靶的那个区域就会很脆弱。灰度级的动态范围是有限的,通常不到 15 个等级。从铜板照相区发出的辐射出射度为

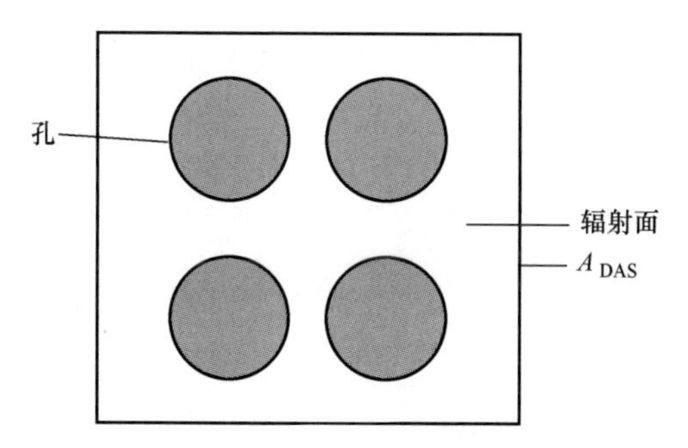

图 4-11　用铜版照相法制作辐射式目标靶

注:为了使采样影响最小,每个 A_{DAS} 上至少要有四个沉积区[8]。通过将沉积区放在 A_{DAS} 中,也能减少采样相位的影响。

$$M_e(T_{apparent}) = \frac{A_{hole}}{A_{DAS}} M_e(T_T) + \frac{1 - A_{hole}}{A_{DAS}} M_e(T_B) \tag{4-15}$$

式中:A_{hole} 是在 DAS 投影面积 A_{DAS} 内的小孔的总面积。

与没有小孔时的面积相比,辐射出射度差为

$$\Delta M_e = \frac{A_{hole}}{A_{DAS}} [M_e(T_T) - M_e(T_B)] \tag{4-16}$$

运用泰勒级数展开(式(3-46))并假设出射度差很小,则有

$$\Delta T_{apparent} \approx \frac{A_{hole}}{A_{DAS}} \Delta T \tag{4-17}$$

这样,$\Delta T_{apparent}$ 可以在零(没有孔)到 ΔT ($A_{hole} = A_{DAS}$)范围内变化。

第二种方法是在红外透射基片上沉积一层不透光的红外辐射材料,如钨或者铬(图 4-12)。在沉积材料阻挡能量传播时会建立一个温度差。当像素尺寸为 $64\mu m \times 64\mu m$ 时,用光刻法可以达到 290 个灰度级[9-10]。

第三种方法是在基片的沉积材料上开许多孔。通过控制开孔面积与没有开孔时的面积的比率,可以使基片(没有沉积材料)到沉积材料区的有效发射率发生变化。这种目标靶必须和基片及沉积材料同时加热。把金属反射材料沉积到玻璃上后[11],玻璃-金属组合体的表观发射率为

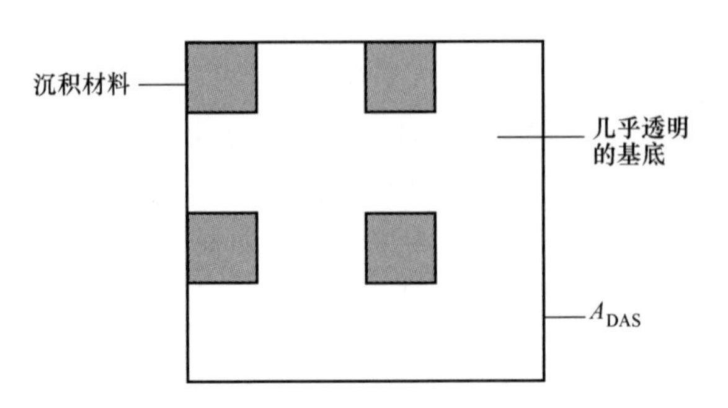

图 4-12　透射式网格照相靶

$$\varepsilon_{apparent} = \frac{A_{hole}}{A_{DAS}}\varepsilon_{glass} + \frac{1 - A_{hole}}{A_{DAS}}\varepsilon_{metal} \tag{4-18}$$

辐射出射度为

$$M_{DAS} = \varepsilon_{apparent}M_e(T_{BB}) + (1 - \varepsilon_{apparent})M_e(T_{surround}) \tag{4-19}$$

在没有金属反射材料的邻近区,辐射出射度为

$$M_e(T_{apparent}) = \varepsilon_{glass}M_e(T_{BB}) + (1 - \varepsilon_{glass})M_e(T_{surround}) \tag{4-20}$$

辐射出射度差为

$$\Delta M_e = (\varepsilon_{eff} - \varepsilon_{glass})[M_e(T_{BB}) - M_e(T_{surround})] \tag{4-21}$$

对小差值运用泰勒级数展开,可得

$$\Delta T_{apparent} \approx (\varepsilon_{apparent} - \varepsilon_{glass})[T_{BB} - T_{surround}] \tag{4-22}$$

通过合理选择孔的面积,可以使 $\varepsilon_{apparent}$ 变化,也可以使 $\Delta T_{apparent}$ 变化。这种方法的成功与否与控制 $T_{surround}$ 有关。式(4-13)表明,如果将这种目标靶放在一个准直仪内,准直仪的外壳就是一个均匀的温度源。由于这些目标靶具有反射性,必须将它们倾斜放置才能避免冷反射(图 2-4)。一个离轴准直仪可以提供这种倾斜(图 3-2)。温度探头必须放在准直仪外壳上来监测它的温度。

原则上,通过控制涂覆层的面积就能产生非常小的 ΔT 。这种方法的主要优点是在同一块包含多个灰度级的基片(靶面)上可以放置多个目标靶。

这些复杂靶并非场景生成器。场景生成器是能够产生实时变化的复杂场景的设备(见 11.3 节"动态红外场景投影系统")。上述各种目标靶只产生一个场景。如果需要一个不同的场景,必须给准直仪里插入一个新靶。通过移动反光镜或者分束器,这些复杂靶就像在红外成像系统的视场中移动一样。由于它们不是场景生成器,新靶只是简单地叠加在另一个复杂背景上。例如,当新靶的透过率是 40%时,60%的背景通量就被反射并和新靶的特征混合在一起。目标可见度与背景温度有关。当这些场景接近于自然场景的时候,就很难对它们进行标定,因而很难准确确定 ΔT 。但是这些场景提供了一种方法,可以测试有关实际目标的图像处理算法。

4.2.5　试验靶

随着目标靶变得越来越复杂,在购买昂贵的目标靶之前,最好先尝试一下新的想法。许多薄塑料片在红外区的透过率很高,商用复印机能把计算机设计的图样印到那些塑料片上。虽然肉眼看测试靶的图样有很好的灰度级,但灵敏的红外成像系统可以发现测试靶的非均匀性。虽然无法准确测量靶的 ΔT ,但可以以评估为目的地观察一个复杂靶。此外,要把柔性材料拉平整比较困难,一部分材料的图像会因离焦而模糊。塑料在相当低的温度下就会熔化,所以只有在黑体温度不太高时这种想法才可行。如果塑料片可以提供期望的图像,就可以通过刻蚀金属基片或者把图像沉积在一块透明基片上,制作出一个更耐用的目标靶。计算机生成的图像可以方便地传送到光刻机上进行沉积处理。

4.2.6　被动靶

被动靶用于对系统性能进行定性评估,但不能用于定量测试。被动靶的事实依据是不同材料有不同的发射率,表现为不同的表观温度。被动靶只在有一定温差时才能探测到,这个温差可以通过空调循环或者其他空气管道产生。为了确保被动靶的可见性,可以在靶的背后放一个辅助加热器。制作被动靶的一个方法是在阳极氧化铝片上刻出图案。图 4-13 是用刻出的线条表示视场要求的被动靶。这个方法对能在常规实验室距离内聚焦的系统是可行的。

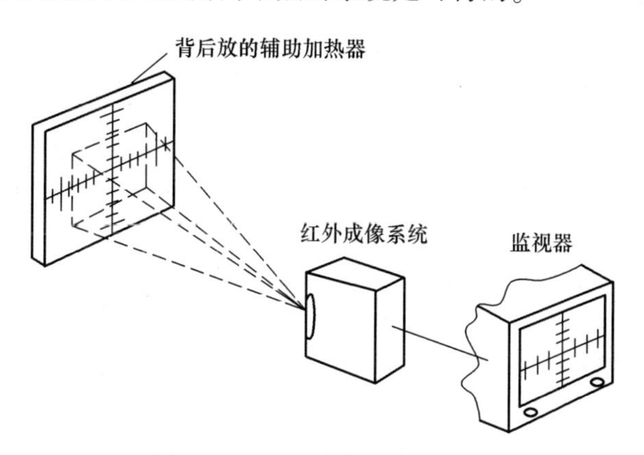

图 4-13　用大被动靶测量视场

注:被动靶必须有相对于环境的温差 ΔT。在被动靶的背面放一个加热器就可以实现。

另一个方法是光刻金属板。通过这种处理,被动靶看上去就像一块银版照相板。这类小靶也需要加热器,它们可以放在准直仪里。和其他被动靶一样,这类小靶的温度通常是未知的,因此不能用于标定系统特性。

4.2.7 将辐射源用作目标靶

由于所有物体都发出红外辐射,所以可以将一个设计合理的辐射源用作目标靶来使用。可以将镍铬合金线或者变压器线摆放成各种形状,电流通过这些金属线就会发热。金属加热时会膨胀,所以需要用弹簧把线拉紧(图 4-14)。

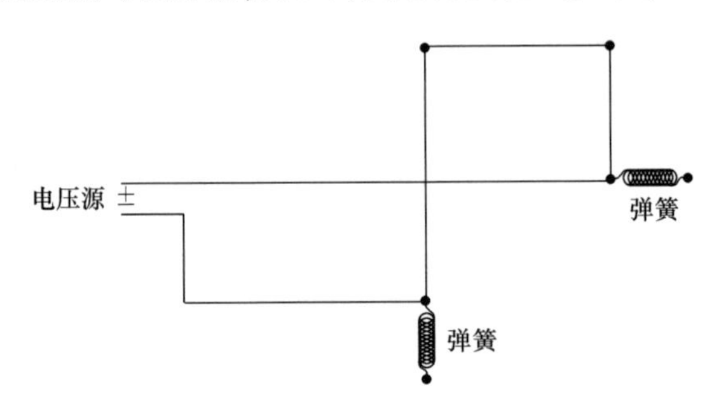

图 4-14 可以将加热的金属线用作目标靶(用弹簧补偿热膨胀)

这些辐射源类目标靶的温度通常是未知的,或者至少是难以控制的。它们对仅要求一个目标靶(形状已知)的测试是有用的。如果金属线的直径比红外成像系统的 DAS 小得多,它就近似于一个理想线源,就可以用来测量 MTF。

4.2.8 其他考虑

可以在一块板子上制作图样各异的多个靶板。对 MRT 和 MDT 测试,建议在每个靶板上只做一个目标靶,将多个目标靶放在一个靶板上会混淆或分散观察人员的注意力。这种混淆会拖延测试时间,也可能会影响测试结果。在观察容易分辨的大靶附近的小靶时,这些影响变得愈加明显。交流耦合引起的条纹和靶与靶之间的角间距不足产生的影响最大。

因为采样相位的影响(见 2.4 节"数字化"),目标靶相对于像元阵列的方向和位置是很重要的。狭缝必须与探测器轴线对准,其相对于探测器的位置也应该是已知的。靶板可以安装在一个 x、y、θ 三自由度平移-旋转台上(图 4-15)。由于在超过±DAS/2 时会看到采样相位效应,所以 x 和 y 方向的相同移动增量要比这个值小得多。另一种办法是将红外成像系统安装在转台上(在 4.5 节"安装固定"中讨论)。在某些情况下,多相位图形可能比较合适。在图 4-16 中,每个后续条杆图都比前一个偏移了不到一个 A_{DAS} 的量。使用这种排列结构,必然有一个图形基本上是同相的,而其余的是异相的。

如果红外成像系统里有自动增益控制(AGC),最好取消增益功能。如果无法取消,就在视场里放一个大靶来控制 AGC。注意,这里是用大靶而不是用小测试图形来控制 AGC。因为它们的尺寸不同,所以要求严格设计光学布局。

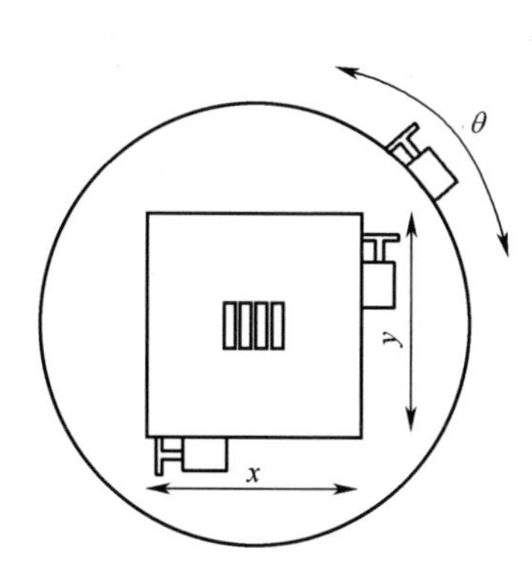

图 4-15 有三个自由度的靶盘支架

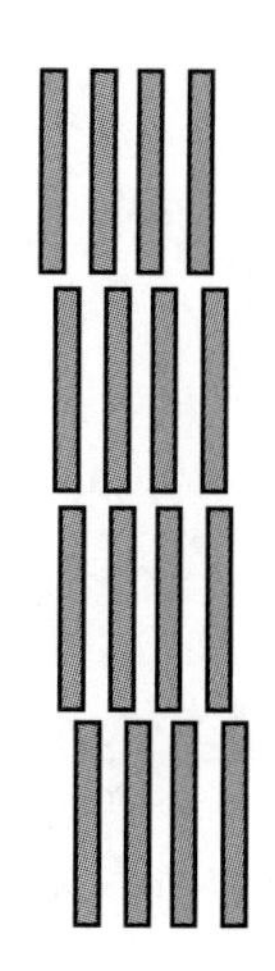

图 4-16 多相位条杆靶的图形
(每个图形都偏移了 $A_{DAS}/4$)

要经常检验选择的目标靶是否正确。购买目标靶时,要仔细测量以保证它的尺寸正确。要查看制造商在靶板上提供的物理尺寸、有效空间频率和适应于靶板的空间频率所对应的准直仪焦距。在有多个准直仪且焦距不同的实验室,有这些标记会避免混淆。

4.3 准 直 仪

准直仪是一个利用光学方法将目标置于无穷远处的透镜组。准直仪可能包含透射元件或者反射元件。有时候把组合在一起的辐射源、目标靶和准直仪称为目标模拟器或者目标投影仪。所有的输入-输出转换都包括测试设备的透过率、像差和衍射影响。可以简单地从输入数据中去除透过率。成像系统入瞳处的表观 ΔT 为

$$\Delta T_{\text{apparent}} = \Delta T_{\text{recorded}} T_{\text{col}} T_{\text{ATM}} \tag{4-23}$$

准直仪的通光孔径应该比系统的通光孔径大得多,否则,系统输出根据按两个通光孔径面积的比率而减小,并且测量的 MTF 会被准直仪 MTF 改变。使用小孔径的准直仪时,红外成像系统无遮挡的孔径能接收到来自别处的辐射,这个辐射会叠加到辐射源的辐射上。另外,当准直仪孔径小于成像系统的孔径时,准直仪会变成起限制作用的孔径。衍射效应是由准直仪决定而不是由成像系统决定的。原则上可以应用校正因子[12],但并不推荐这种方法,因为校正因子因系统而异。

准直仪的像差应该明显小于红外成像系统的像差。因为像差与 F 数或者与 F 数的乘方成反比[13],所以准直仪的 F 数要大于红外成像系统的 F 数。同样,准直

仪的焦距也要比红外成像系统的焦距大得多。作为一条通用的指导原则，准直仪的焦距应该至少是红外成像系统的5倍，而且反射镜要没有色差。因此，在选择准直仪时，希望它用的是反射镜而不是折射镜，最好是用抛面镜(因为它没有球差)。

用折射镜的准直仪的透过率取决于所用的透镜材料和每个镜面上的减反射膜。折射式准直仪的最佳光谱范围为3~5μm或8~12μm，反射式准直仪的光谱范围更宽(0.2~20μm)。另外，折射式准直仪会产生冷反射信号(图2-4)。

图4-17说明使用离轴抛面镜时，目标靶、辐射源和红外成像系统的位置。用离轴抛面镜准直仪可以获得最大通光量(使红外成像系统获得的辐射通量最大)。偏移量必须足够大，以便给靶板支架、其他固定装置和铺设电缆留出足够的空间，从而使它们不会遮挡主光束。红外成像系统离反射镜的最近距离等于焦距，如果缩短二者之间的距离，红外系统就会遮挡辐射源发出的部分辐射通量。

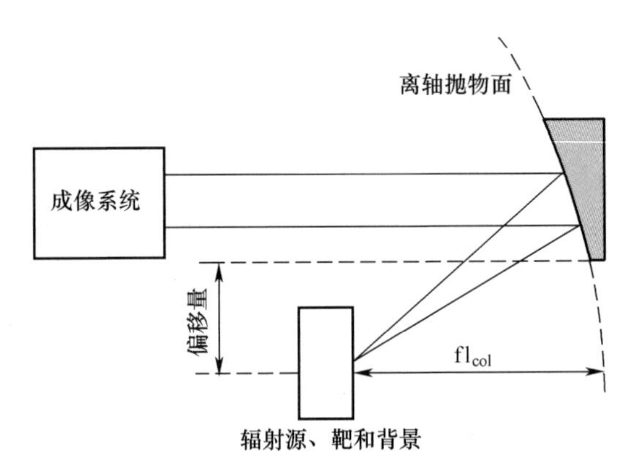

图4-17　离轴抛面准直仪镜面的偏移量和靶板位置

为了避免大辐射源的外壳阻挡主光束，可以使用一个折叠反射镜(图4-18)。反射镜可以用铝、金、银、铜、铑或铂制作，常用的是涂有SiO保护膜的铝质反射镜。利用制造商提供的反射率曲线可以估算准直仪的透过率，这些曲线通常是在垂直入射情况下获得的。在45°时(折反镜的典型角度)，涂有SiO保护膜的铝反射镜在8~9μm区的反射率会降低，降低的幅度取决于保护膜的厚度[14-16]。反射率与偏振状态有关，针对非偏振光(通常的情况)测得的反射率如图4-19所示。对于响应区间在8~9μm的红外成像系统，测试结果可能会受到折反镜光谱反射率的影响。

为了缩小尺寸，准直仪可以包含多个反射镜。准直仪的透过率是每个反射镜的反射率的乘积。如果反射率$\rho=0.96$，那么有四个反射镜的准直仪的透过率$\rho^4=0.849$。如果用一个单独标定过的传感器测量准直仪透过率，这个传感器的光谱响应务必与待测系统的相同。

虽然点源产生的是平行光，但只有在明确定义的光谱区才能看到扩展源

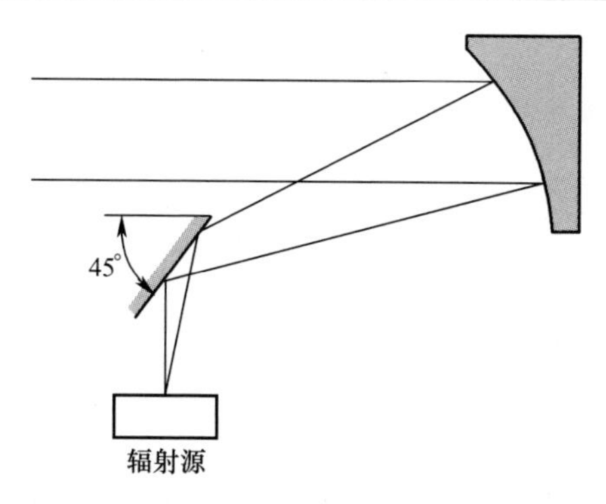

图 4-18 采用折叠反射镜的离轴抛面镜准直仪

注:牛顿固定架将折叠反射镜固定在与平行光成 45°的位置。

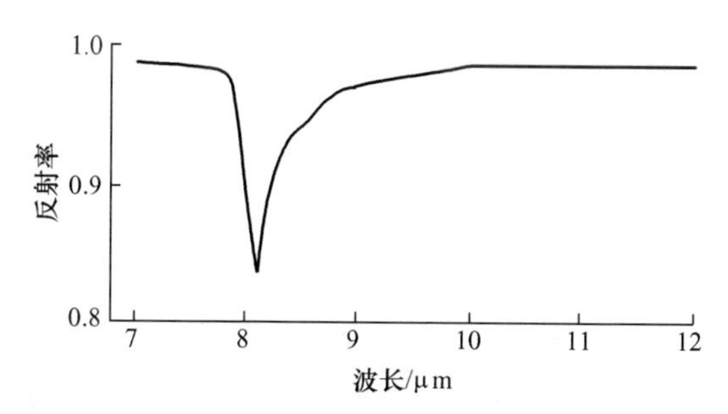

图 4-19 涂有 SiO 保护膜的铝反射镜的反射率(入射角为 45°)

注:反射率降低的幅度取决于 SiO 保护膜的厚度。

(图 4-20)。成像系统和准直仪之间的最大距离(工作距离)为

$$R_{max} = \frac{fl_{col}}{d_{max}}(D_{col} - D) \tag{4-24}$$

和

$$L = \frac{fl_{col}}{d_{max}}D_{col} \tag{4-25}$$

式中:准直仪的视场为 d_{max}/fl_{col};D_{col} 为准直仪的通光孔径;D 为红外成像系统的通光孔径;d_{max} 为靶的最大尺寸(靶孔+背景),对于正方形或矩形靶,最大的直线尺寸是对角线。

如果红外成像系统放在 R_{max} 处或更短的距离内,系统入瞳能接收到准直仪投射的所有光线。如果系统放在 R_{max} 和 L 之间,目标靶边缘的强度会减弱。如果系统放在大于 L 的距离,目标靶外缘的强度会被完全衰减掉,只能看到目标靶的中心部分。要用预计的最大尺寸(目标靶和背景)进行计算。如果靶是周期性的,靶的这个尺寸就代表准直仪能达到的最低空间频率。准直仪的孔径必须足够大,这样便于使红外系统的中心与准直仪对准。图 4-20 说明的是折射式准直仪,但上述公

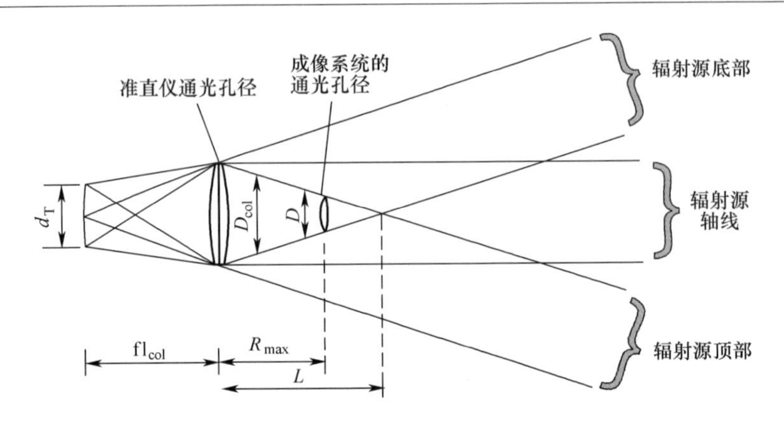

图 4-20 准直仪的工作距离

注：红外成像系统必须放在小于 R_{max} 的距离处。

式也适用于反射式准直仪，其中 R_{max} 和 L 是从主(输出)反射镜开始的距离。对反射式准直仪，最小距离约等于准直仪的焦距。图 4-7 所示为一个典型准直仪的布局，其中 $R_{min} \approx fl_{col}$。

例 4-2 准直仪的工作距离

准直仪的焦距为 40in，通光孔径为 6in。红外成像系统和该准直仪之间的最大距离是多少？红外成像系统的入瞳为 5in。观察到的最大张角(目标加背景)为 20mrad，视场为正方形。目标靶的对角线为 28.2mrad。

目标靶的尺寸为

$$fl_{col} \times \theta = 40 \times 28.2 \times 10^{-3} = 1.13\ (\text{in})$$

最大距离为

$$R_{max} = \frac{fl_{col}}{d_{max}}(D_{col} - D) = \frac{40}{1.14}(6 - 5) = 35.4\ (\text{in}) \tag{4-26}$$

红外成像系统必须在这个距离，和准直仪精确共轴。在实践中，应该把系统放在较近的距离以降低准直难度。

如果采用一个密封的反射式准直仪(图 4-7)，那么到主反射镜的最小距离约等于焦距，即 40in。受这个因素制约，能够完整观察到的最大目标为

$$d_{max} = \frac{fl_{col}}{R_{max}}(D_{col} - D) = \frac{40}{40}(6 - 5) = 1.0\quad (\text{in}) \tag{4-27}$$

或者对应的张角为 1/40=25(mrad)。

到目前为止，我们一直都是假设准直仪的视场大于系统视场。但是，如果红外成像系统的视场很大，它就会接收到来自其他源的辐射，这些辐射不会叠加在目标

上,而是加在目标的周围。这种杂散辐射会影响设备工作,因此建议用挡板挡住它(图 4-21)。挡板的温度应该与背景温度相同。

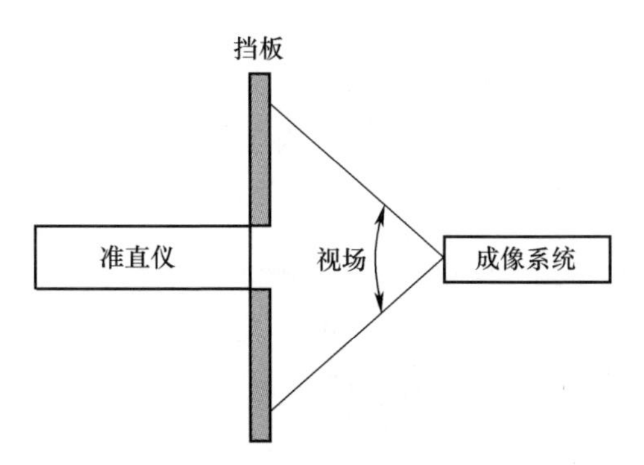

图 4-21　当红外成像系统的视场大于准直仪的视场时,要求用挡板(涂成黑色)减少杂散辐射

许多准直仪反射镜都是用铝材车削成的,这样加工的镜面散射较低。然后再覆上铝膜,既可以提高反射率,又可以覆盖金刚石车床车削时产生的非理想表面。可以再覆上一层 SiO 膜以保护镜面。主反射镜通常有一个用于调节共轴线的参考平面(图 4-22)。调节共轴还可用一个三点固定架(挡板参考面)来帮助与红外成像系统准直。恒温设计(应用热补偿技术)可以保证视线精度,保证在很大温度范围内焦点不变。圆柱形外壳具有刚性管固有的强度优点。

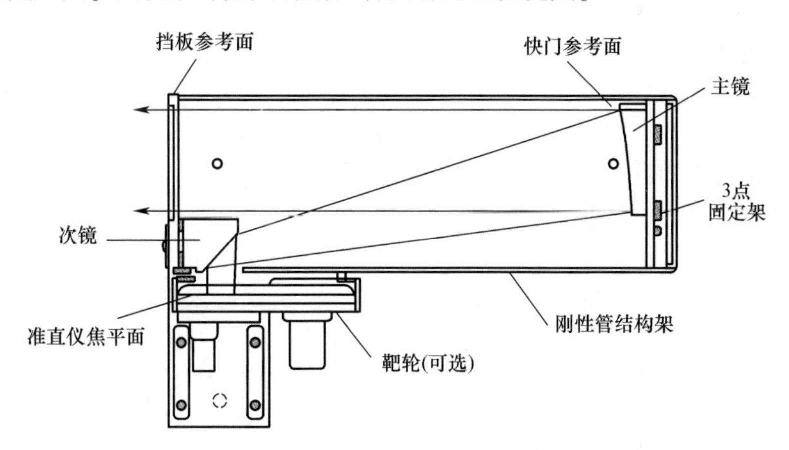

图 4-22　典型的商用准直仪

4.4　大气透过率和大气湍流

大气透过率和准直仪透过率 T_{test} 都会降低到达红外成像系统的辐射通量

(式(3-18))。如图4-23所示,对于典型距离为10ft(1ft=0.3048m)的实验室距离,大气透过率是波长的函数。由于受气溶胶、温度、气压和绝对湿度的影响,实际透过率可能会出现明显偏差。图4-23所示的距离对实验室来说是合理的,因为光路长度是从辐射源到红外成像系统的距离。如图4-7所示,从红外成像系统入瞳到辐射源的最小距离大约为焦距的2倍。因此,对于焦距为1m的离轴准直仪,要把红外成像系统放在距辐射源至少2m的位置。

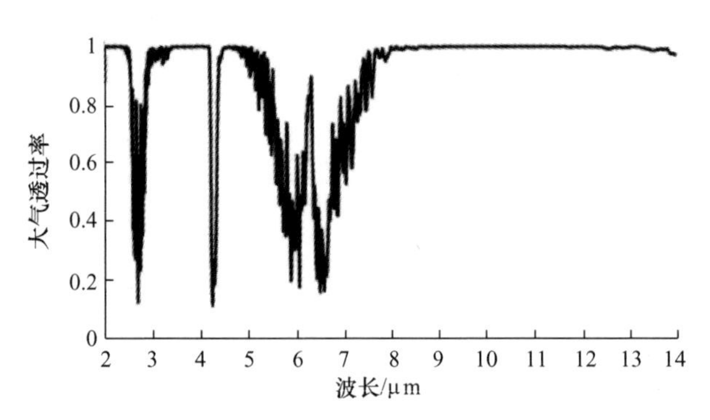

图4-23 在中纬度夏天23km能见度时,用MODTRAN软件计算的10ft光路上的大气透过率

在大气透过率稳定的光谱区(3~4.1μm,4.3~5μm,8~13μm)工作的红外系统,在典型实验室光路长度内,$T_{ATM} \approx 1$,如果红外成像系统的光谱响应超出这些光谱区,就需要进行大气透过率校正。平均光谱透过率(见3.4节"归一化")为

$$T_{ATM} = \frac{\int T_{ATM}(\lambda) T_{sys}(\lambda) R(\lambda) \Delta M_e(\lambda, T) \mathrm{d}\lambda}{\int T_{sys}(\lambda) R(\lambda) \Delta M_e(\lambda, T) \mathrm{d}\lambda} \tag{4-28}$$

将辐射源、目标靶、准直仪和红外成像系统装在一个充有氮气或其他惰性气体的密封箱里,不仅可以降低大气衰减的影响,还可以减少CO_2在4.2μm波段以及水蒸气在各吸收带引起的衰减[17]。

从原理上讲,大气气压、密度和温度的随机变化会引起大气折射率波动,从而导致大气湍流[18]。这些变化虽然很微弱,但会使光线随机折射,使到达接收器的入射光的角度发生变化,使图像变得模糊。为了减少湍流,需要把红外成像系统和准直仪密封在一个箱子里以减少空气流动。空调管、热电子设备和辐射源都会引起空气流动。有些黑体用风扇制冷,要让风扇向密封箱外吹风。湍流会影响那些与分辨细节有关的输入-输出转换结果,如分辨率测量值、MTF、CTF、MRT和MDT等。

4.5 安装固定

对许多测试来说,把红外成像系统的光轴与目标靶的轴线调平行是很重要的,

这可以通过在 x、y 和 θ 方向移动目标靶(图 4-15),或者使红外成像系统沿着方位、俯仰和横滚轴转动的方法来实现。支点必须在光学系统第一节点的平面上,移动的增量和转台的分辨精度必须远小于±DAS/2。

振动会严重影响所有与分辨细节有关的输入-输出转换结果(如分辨率测量值、MTF、CTF、MRT 和 MDT)。附近有重型车辆、铁路、机器或者地板太薄都会引起振动。为了减小振动的影响,要把辐射源、目标靶、准直仪和红外成像系统放在一个隔振光学平台上。实验室位于地下室可以最大限度地减少建筑物内部产生的振动。

4.6 数据获取

数据可通过视觉观察、测量监视器亮度、测量模拟视频信号和其他合适的测量点(图 4-24)来获取。对像质(如 MRT 和 MDT)进行主观评估时,显示的图像要有正确的宽高比(见 2.7.3 节“格式”)。

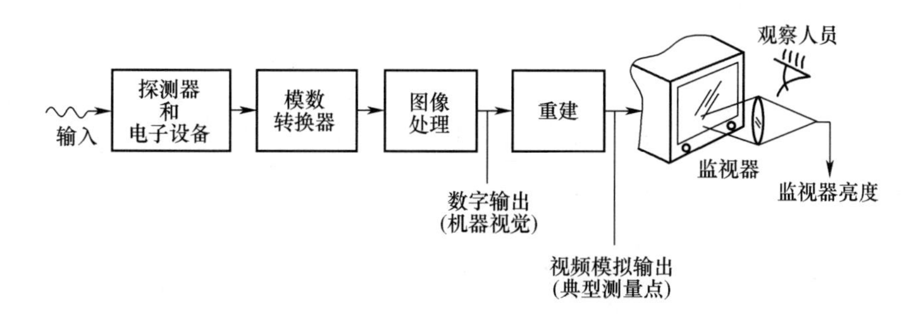

图 4-24 典型测量点

注:系统输出可以是数字、模拟视频电压、监视器亮度或者观察人员对像质的印象。

图 4-25 说明测量模拟视频信号最常用的一种方法。图像采集板和帧抓取器的采样率通常是固定的,采样率过低就不能匹配红外成像系统的像素速率,所以图 4-25 所示的帧抓取器只适合低频信号(如响应率)的测量。帧抓取器有内置捕获时钟(如 640 像素)。如果帧抓取器的时钟与有效行-时间没有精确匹配,就会丢失信息(行-时间太长),或者重复采集一行数据,不如说 636 像素(行-时间太短)。在后一种情况下,余下的 4 个像素会仍然是黑的,虽然视觉看来不明显,但这是一个潜在问题。在垂直方向也存在同样的问题。RS-170 显示 485 行,但大多数帧抓取器只采集 480 行,因而丢失了 5 行。虽然成像系统可以产生 480 行(见 2.5.2 节“图像格式化”),但这可能不是帧抓取器采集的 480 行。例如,成像系统可能漏掉开始的 2.5 行和最后的 2.5 行,只产生中间的 480 个有效行。另外,帧抓取器可能忽略开始的 0.5 行而采集接下来的 480 行。在这种情况下,帧抓取器会

采集到2行黑线和478行有效视频线，而丢失其余的2行有效线。

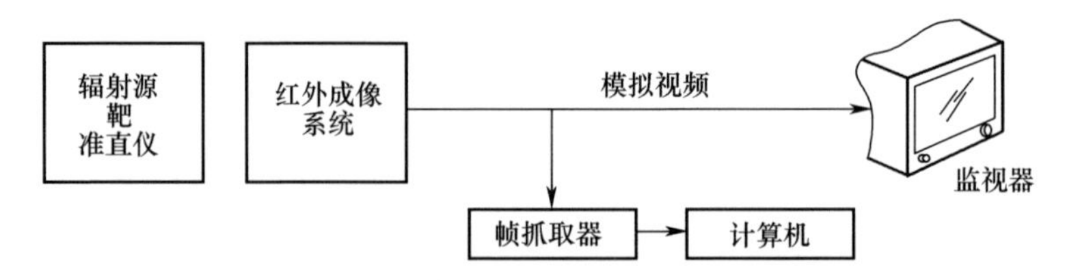

图4-25 用帧抓取器或图像采集板测量1行模拟视频线

注：计算机计算出均值和方差，并给出数据图形。

测量模拟视频信号的缺点是它不包括监视器引入的任何影响。监视器带宽会减少噪声带宽，因而减少视觉观察到的噪声，所以用一个外加滤光片模拟监视器带宽比较合适（图4-26）。

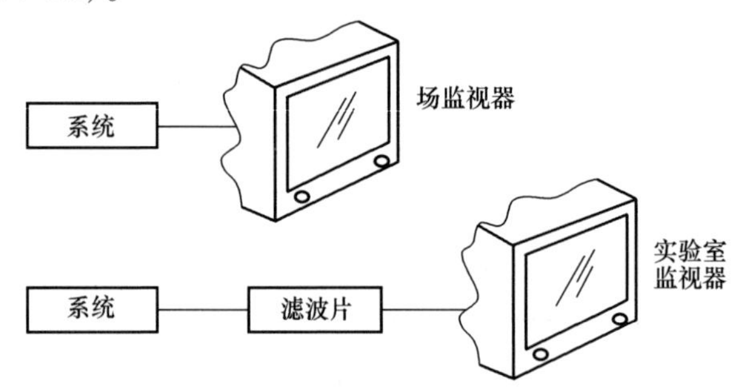

图4-26 用外加滤光片模拟场监视器的带宽

注：实验室监视器的带宽必须等于或大于实际监视器的带宽。

如果可以，最好直接获取数字数据。也就是说，在模数转换器的输出之前获取数字数据。这可以避免在帧抓取器的模数转换器内出现额外的采样相位影响。注意，帧抓取器在获取数字数据时充当缓冲区。

监视器亮度可以用扫描显微光度计、固态相机或者光纤系统测量（图4-27～图4-29）。用这些方法能测量出呈现给观察人员的所有噪声和信号，测量数据中包括监视器的性能参数。这种方法适用于有集成监视器（直视设备）或使用特殊监视器的系统。当测量低频响应（如响应率）时，应该放慢光度计的更新速率，同时延长传送到监视器的时间，以便对多帧取平均值。通过平均处理，可以将每一帧的影响降到最小，因为增加或者减少一帧不会明显影响响应率的测量精度。平均多行的显示信号会提高信噪比。但在测量噪声中，光度计的时间常数必须与监视器的行速一致。由于透镜对透过率和光度计响应的影响，必须对所有数据进行校正。固态相机必须是信号串扰小的高质量相机，要确保其在响应率曲线的线性区工作，并且要利用它的全部动态范围，以免出现量化误差。本节描述的所有方法都可用于测试光度计或固态相机。

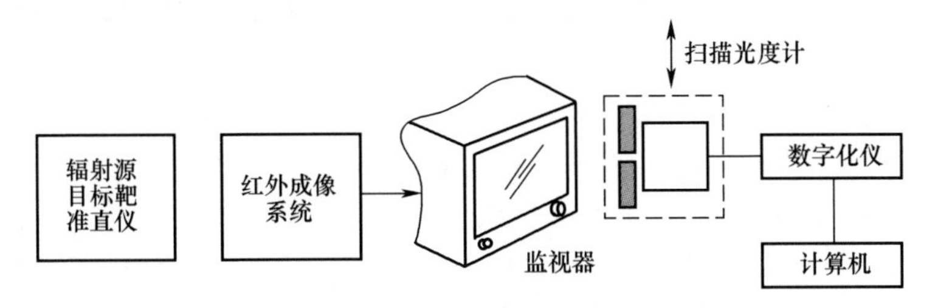

图 4-27　用扫描显微光度计测量监视器的性能

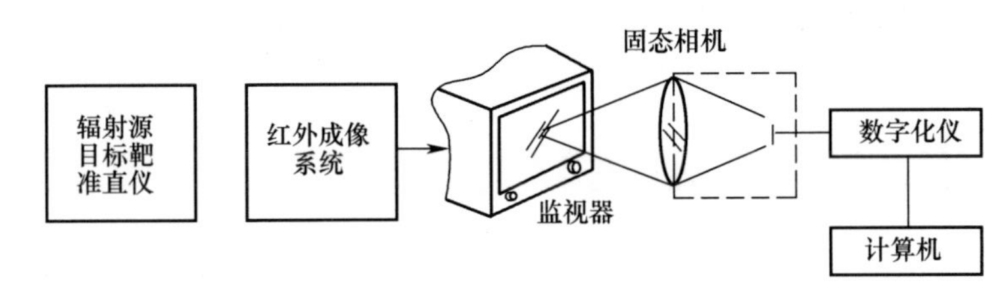

图 4-28　用固态相机测量监视器的性能

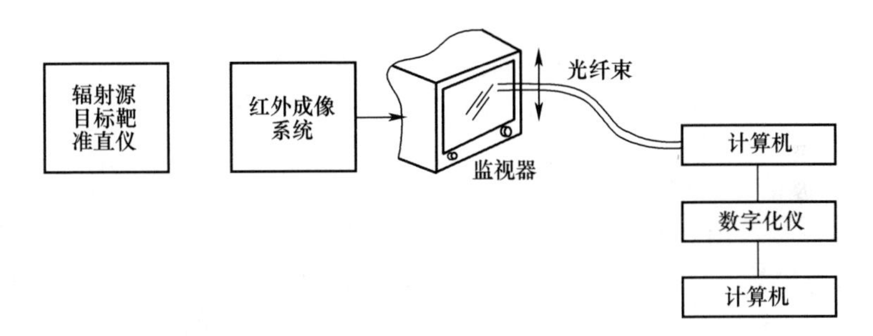

图 4-29　用扫描光纤束测量监视器的性能

测量监视器亮度的优点是它有更好的适应性。由于视频标准很多,使用固态相机测量时,不用改变所用的测试技术或设备,只需要根据不同的视频信号行速率调整模拟视频测试步骤。这种方法的缺点是:由于监视器的性能不一致,在开始测试之前,应该对每个监视器进行校正。

测试设备必须有足够高的分辨率,且不引入量化误差。这在测试设备的增益固定时可能会产生一个问题。如果测试设备有足够带宽来测量系统的整个动态范围,它可能就没有足够的增益来测量噪声[20]。例如,成像系统内部有一个 10 位模数转换器,那么测试设备就应该有更大的动态范围(如 12 位),这样才能保证准确测量噪声。或者,测试设备有一个动态增益调整功能,这样成像系统的输出信号就能覆盖测试设备的动态范围。虽然红外成像系统的输出可以设置成标准格式,但实际电平可能会有些不同。假设系统输出与测试设备的输入完美匹配的想法是错误的。如图4-30所示,黑电平与白电平的电压水平可能没有完全覆盖测试设备的动态范围。在抓取器的输出中,纯黑电平可能不为0,纯白电平也可能不为255。这种不匹配会降低测试精度。针对已知的系统输出来标定测试设备是很重要的。

有两种不同的采样系统,即红外成像系统内部的数字转换器和测试设备内部的采样系统[21]。测试人员不能控制内部的数字转换器,只能控制所用的测试设备。为了进行合理的数据分析,再现信号的幅度和脉冲宽度很重要。这样考虑时,测量设备的带宽必须比红外成像系统的带宽宽得多。当复现图像细节很重要时,采样相位问题就很麻烦。采样相位效应会影响MTF、自动MRT和CTF的测量结果。

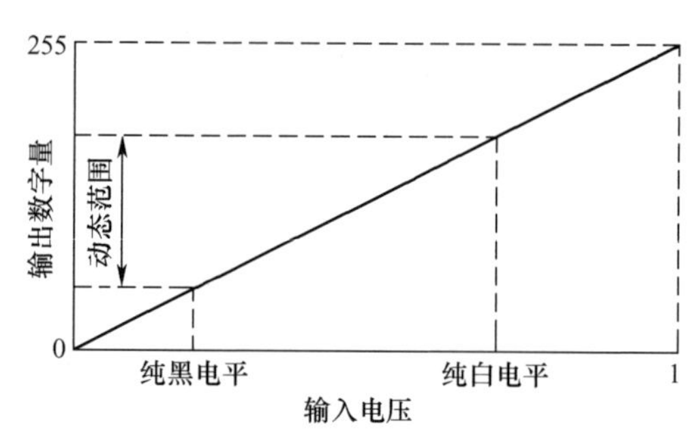

图4-30　用8位模数转换器标定帧抓取器

注:视频电压范围可能没有覆盖模数转换器的动态范围。

模拟方波信号在重建后,幅度和脉冲宽度都会改变。图4-31(a)说明每个周期分别有2,3,…,10个采样点时得到的不同信号形状。即便每个周期的采样点达到9个,所得的数字信号的脉宽仍有微小变化。图4-31(b)说明每个周期有5个采样点时,测试设备的采样器和系统输出信号之间的相位变化。相位变化的增量为0.1个周期。图中采样相位对信号形状有严重影响。

仅通过观察数据就能得到大量信息,把数据画成图形(而不是列成表),这些信息就变得更加直观。例如,单纯的合格/不合格准则既不能说明数据的质量,也不能说明系统是否正常工作。合格/不合格并不针对具体的数据集,很多数据集经过适当的数学处理(如计算均值和标准差)后都可以产生同样的结果,只有原始(未经处理的)数据才提供真实的信息。例如,采用基准数字数据线的红外成像系统可以产生令人满意的成像。将这些数字数据(DN)画成直方图(图4-32),数据线的问题会变得显而易见。

图4-33是红外成像系统的典型非线性响应曲线。得到整条响应曲线后,这种非线性变得更加明显。但是,通过分析噪声等级,从唯一一条扫描信号线可以推断出同样的信息,即在非线性区的输出幅值降低。

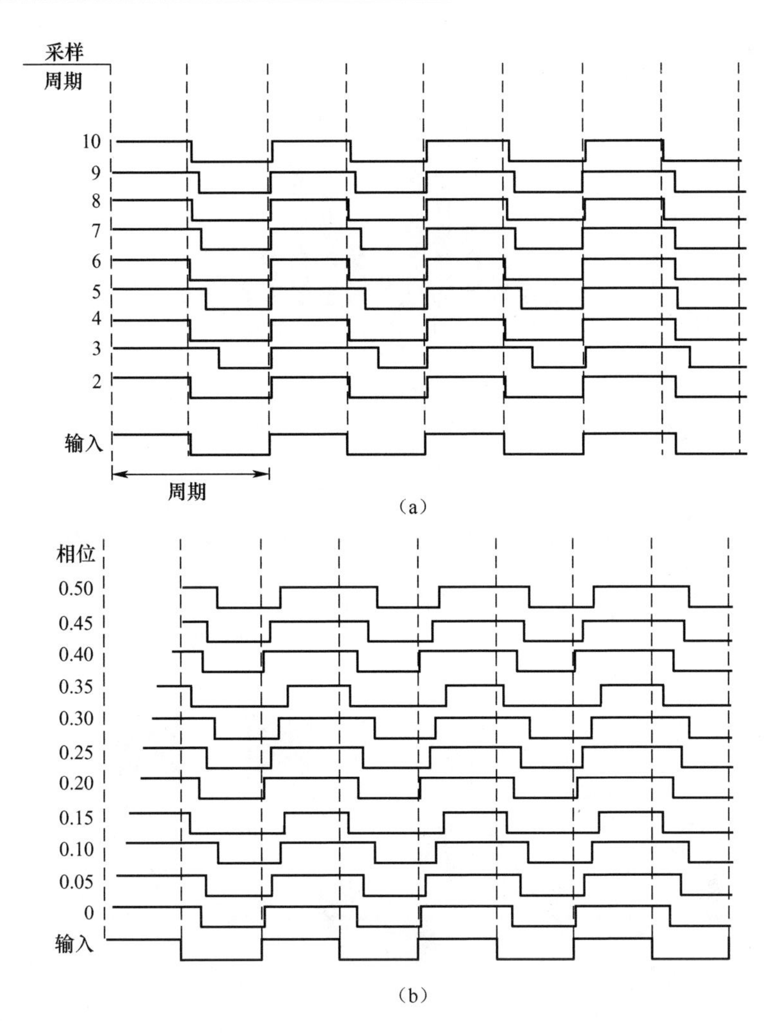

图 4-31　测试设备数字化和采样相位效应

(a)对于固定输入频率,重建后的输出信号取决于每个频率的采样数量;
(b)在每个频率有 5 个采样点时,采样相位会严重影响重建后的输出信号。
注:当用计算机重建时,信号形状取决于帧抓取器的数字化速率。

4.7　测 试 人 员

重复性操作由自动测试装置进行,但是测试人员必须保证进行了正确的测试。在测试和评估过程中,测试人员的技巧和判断是无法取代的。

虽然很少提及测试人员的工作,但还是要依靠他们来判断可能的故障、测试结果的异常和所有瞬时影响。只有观察过上百个相似测试装置的测试人员才能迅速

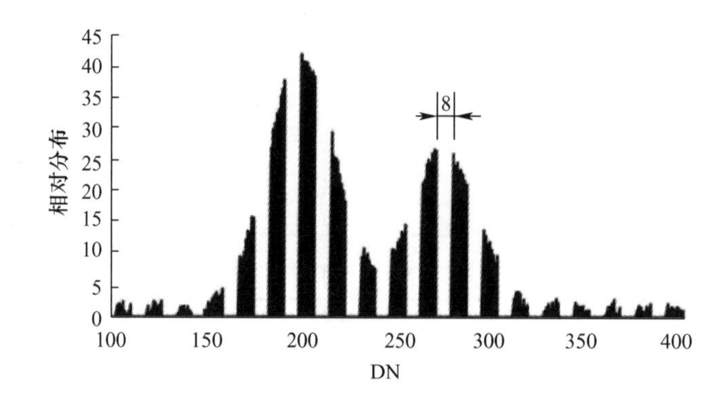

图 4-32　10 位数字数据的直方图(数据以最低有效位的第三位为基准)

注:间隔为 8 个数字量化值($2^3=8$)宽度。图像表面看上去不错。
当使用数字量的全部有效位时,柱状图是连续的,没有间隔。

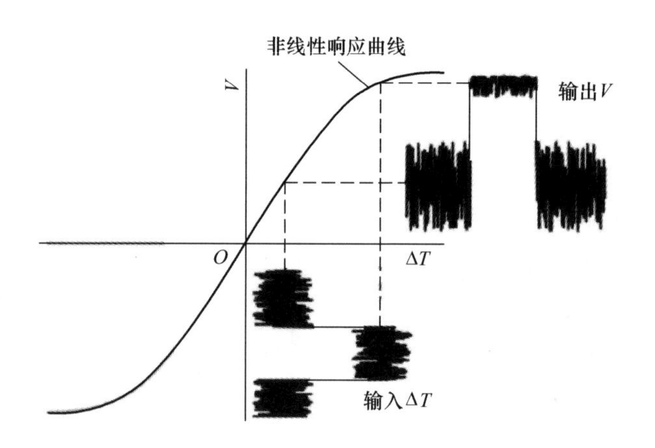

图 4-33　非线性响应对噪声值的影响

注:当信号进入非线性区时噪声减小。

判断出那些微妙的变化。每当看见一个图像,测试人员都会下意识地用自己的等级标准评估图像质量。Cooper-Harper 像质评估等级标准(见 1.2.2 节“主观评估”)经过修改就可以成为客观的评级标准。应该把测试人员看作主要数据获取系统。

随着红外成像系统性能的提高,找到合适的测试设备是测试人员不断面临的挑战。有些设备可以完成以前红外成像系统的测试工作,但未必能满足当前系统的测试要求。测试人员必须充分了解红外成像系统的性能,不能盲目地使用已有的测试设备和测试程序。

参 考 文 献

[1] J.A.Mazzetta and S.D.Scopatz, "Automated Testing of Ultraviolet, Visible, and Infrared Sensors Using Shared Optics," in *Infrared Imaging Systems: Design, Analysis, Modeling, and Testing XVIII*, G.C.Holst, ed., SPIE Proceedings Vol.6543, paper 654313 (2007).

[2] A.J.LaRocca, "Artificial Sources," in *Sources of Radiation*, G.J.Zissis, ed., Volume 1 of *The Infrared & Electro-Optical Systems Handbook*, Environmental Research Institute of Mich.(1993).

[3] P.A.Bell, "Evaluation of Temporal Stability and Spatial Uniformity of Blackbody Thermal Reference Sources," in *Infrared Imaging Systems: Design, Analysis, Modeling and Testing VI*, G.C.Holst, ed., SPIE Proceedings Vol.2470, pp.300-311 (1995).

[4] W.L.Wolfe, "Errors in Minimum Resolvable Temperature Difference Charts," *Infrared Physics*, Vol.17(5), pp. 375-379 (1977).

[5] J.C.Richmond, "Errors in Passive Infrared Imagery Systems Due to Reflected Ambient Flux," in *Infrared Imaging Systems Technology*, SPIE Proceedings Vol.226, pp.110-114 (1980).

[6] S.W.McHugh, "High Performance FLIR Testing Using Reflective Target Technologies," *Photonics Spectra*, Vol. 25(7), pp.112-114 (1991).

[7] *P.T.*Bryant, J.Grigor, S.W.McHugh, and S.White, "Performance Comparison of Reflective and Emissive Target Projector Systems for High - Performance IR Sensors," in *Infrared Imaging Systems: Design, Analysis, Modeling, and Testing XIV*, G.C.Holst, ed., SPIE Proceedings Vol.5076, pp.242-249 (2003).

[8] G.C.Holst, *Sampling, Aliasing, and Data Fidelity*, page 268, JCD Publishing (1998).

[9] D.Cabib, J.Eliason, B.Hermes, E.Ben-David, S.Ghilai, and R.Bracha, "Accurate Infrared Scene Simulation by Means of Microlithography Deposited Substrate," in *Infrared Technology XVIII*, B.F.Andresen and F.D.Shepherd, eds., SPIE Proceedings Vol.1762, pp.376-384 (1992).

[10] A.Daniels, G.D.Boreman, and E.Sapir, "Diffraction Effects in IR Halftone Transparencies," *Infrared Physics and Technology*, Vol.36(2), pp.623-637 (1995).

[11] I.F.Shih and D.B.Chang, "Analysis of Miniature FLIR Test Targets," *Applied Optics*, Vol.30(25), pp.3650-3655 (1991).

[12] T.L.Williams, "A Portable MRTD Collimator System for Fast In-situ Testing of FLIRS and Other Thermal Imaging Systems," in *Infrared Imaging Systems: Design, Analysis, Modeling and Testing*, G.C.Holst, ed., SPIE Proceedings Vol.1309, pp.296-304 (1990).

[13] W.J.Smith, *Modern Optical Engineering*, 2nd edition, Chapter 3, McGraw Hill (1990).

[14] J.T.Cox and W.R.Hunter, "Infrared Reflectance of Silicon Oxide and Magnesium Fluoride Protected Aluminum Mirrors at Various Angles of Incidence from 8μm to 12μm," *Applied Optics*, Vol.14(6), pp.1247-1250 (1975).

[15] J.T.Cox and G.Hass, "Protected Al Mirrors with High Reflectance in the 8-12μm Region from Normal to High Angles of Incidence," *Applied Optics*, Vol.17(14), pp.2125-2126 (1978).

[16] S.F.Pellicori, "Infrared Reflectance of a Variety of Mirrors at 45° Incidence," *Applied Optics*, Vol.17(21), pp.3335-3336 (1978).

[17] M.E.Thomas and D.D.Duncan, "Atmospheric Transmission," in *Atmospheric Propagation of Radiation*, F.G. Smith, ed., Volume 2 of *The Infrared & Electro-Optical Systems Handbook*, Environmental Research Institute of Michigan, Ann Arbor (1993).

[18] N.S.Kopeika, "Imaging through the Atmosphere for Airborne Reconnaissance," *Optical Engineering*, Vol.26 (11), pp.1146-1154 (1987).

[19] S.J.Briggs, "Photometric Technique for Deriving a "Best Gamma" for Displays," *Optical Engineering*, Vol.20 (4), pp.651-657 (1981).

[20] J.D.Vincent, *Fundamentals of Infrared Detector Operation and Testing*, pp.230-234, John Wiley and Sons, New York (1990).

[21] For a complete discussion of sampling effects, see G.C.Holst, *Sampling, Aliasing, and Data Fidelity*, JCD Publishing, Winter Park, FL (1998).

第5章

聚焦和系统分辨率

把分辨率和聚焦放在同一章介绍,是因为这两项测试通常使用相同的目标靶和测试技术。唯一不同的是,在测量分辨率时目标靶是标定过的。从表面上看,对传感器进行调焦会出现清晰和直观的效果。但是“在聚焦状态”究竟意味着什么?它和好像质有直接关系吗?“在聚焦状态”可以定义为看到锐利边缘的能力;观察辐射源时获得最大系统输出的能力;获得最高 MTF 的能力;经过边缘探测和图像处理后获得最大输出的能力或者是分辨特定空间频率的能力。对于良好的线性系统,这些量是等同的。但是,红外成像系统是非线性的:像元的位置是离散的,图像是数字化的,图像可能是有噪声的。当存在这些因素时,“在聚焦状态”的定义就不够确切了。

好像质可以通过简单的视觉检查来判断,但最佳聚焦状态却不能这样判断。可以将聚焦测试看作一种动态测试,因为在找到最佳聚焦状态之前会在一定范围内调整透镜组。通常不记录聚焦数据,也不以特定的格式列出,只是简单地把系统标记为“在聚焦状态”。

最佳焦点可能是视场角的函数。轴上像的最佳焦点可能与离轴像的最佳焦点不同。这可以通过测量来确定,比如在特定的空间频率测量轴上和离轴 MTF 并记录变化量。由于透镜曲率的原因,大面阵探测器可能聚焦。系统装配之后,由于透镜组不共轴或者透镜倾斜,可能很难得到好像质。也就是说,对一个非最优化系统,即便处在最佳聚焦状态,它的成像质量还是很差,这种聚焦状态是不能接受的。

由于分辨率的定义很多,可能会把分辨率与其他像质量度混淆。根据系统的工作原理和应用场合可以决定哪种定义是恰当的。目前有很多测量分辨率的方法,由于它们是为不同测试目的建立的,所以不能将不同定义关联在一起。随着红外成像系统逐渐成为一个新学科,必须明确定义分辨率以供相关行业使用。例如,当评估用胶片拍摄的侦察图像时,照片判读器用地面分辨距离(GRD)表示分辨率,当湿胶片处理被红外成像系统代替后,GRD 便成了红外成像系统的分辨率量度。

一旦定义明确后,分辨率就能提供关于分辨出的最小细节的信息。但是,不能只用空间分辨率一个指标比较所有传感器系统,因为分辨率不能提供关于所有成像能力的信息,也不能反映对比度受影响的程度。对比度信息由对比度传递函数

(CTF)和调制度传递函数(MTF)提供。分辨率不受噪声影响,也与灵敏度无关(图1-5和图1-7)。

有四个不同的分辨率,分别为时间分辨率、灰度等级分辨率、光谱分辨率和空间分辨率。时间分辨率是在时间上区分事件的能力的量度。如果一个成像系统工作的帧频为30Hz,它的时间分辨率就为1/30s。灰度等级分辨率是一个动态范围指标,将在6.3节“动态范围和线性度”中讨论。灰度等级分辨率由模数转换器的设计、基底噪声或监视器性能决定。光谱分辨率就是系统的光谱通带(如SWIR、MWIR或LWIR)。本章讨论空间分辨率。

根据学科和测量目的不同,分辨率有很多种定义。表5-1列出了一组模拟分辨率度量单位。这是多年前当探测器还是观察人员或湿胶片时提出的。这里的“探测器”比光学系统的分辨率更好,因此早期的模拟量度实际上已经规定了光学系统的分辨能力。随着探测器阵列的发展,又出现了数字量度(表5-2)。每个学科都将它们的可分辨单元称为一个“像素”。为了区分不同子系统的分辨能力,分别将它们称为图像单元(pixel)、数据单元(date)、显示单元(disel)和模拟系统中的最小分辨单元(resel)(见5.3.2节)。

表5-1 模拟分辨率量度

学科	分辨率量度
光学设计人员	瑞利判据 艾里斑直径 弥散圆直径
系统分析人员(MTF法)	极限分辨率
系统标定(SRF法)	成像分辨率 测量分辨率
监视器设计人员	TV极限分辨率
光电侦察和遥感	地面分辨距离

表5-2 数字分辨率量度

学科	分辨率量度
系统分析人员	像元对应的张角 像素对应的张角
系统分析人员(MTF法)	奈奎斯特频率 有效瞬时视场
系统分析人员(SNR法)	平方功率 点可见因子

分辨率表示分辨细节的能力,它通过观察高对比度目标来确定,而 MRT 和 MDT 测试却是探测和分辨混合在噪声中的低对比度目标。最常用的分辨率量度标准是 DAS。DAS 常与 PAS 混淆。在填充因子为 100%时,DAS 和 PAS 相等($d_H = d_{CCH}$ 和 $d_V = d_{CCV}$),否则它们就不相等(图 2-17)。如果弥散圆直径比像元尺寸小,用 DAS 作为分辨率量度是合适的,这等于 $F\lambda/d$ 很小[1]。随着 $F\lambda/d$ 增大,DAS 不再是典型分辨率(图 3-6)。

不同的分辨率量度并非都是相互关联或可以互换着使用的。每个量度提供的是关于系统的不同信息。例如,两个不同的系统会有不同的 MTF 曲线,却有相同的分辨率(图 5-1)。怎样比较这两个系统呢?答案会因系统的使用目的而异,如果不知道系统的使用目的,就无法评估这两个系统。

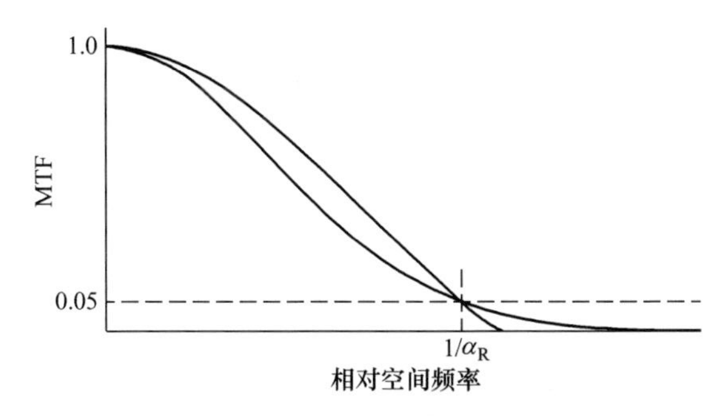

图 5-1 当 MTF=0.05 时,两个不同系统有相同的极限分辨率

注:MTF 为空间频率的函数。分辨率为 α_R。

5.1 测试方法

对于模拟系统,确定分辨率和聚焦状态的方法是直接的。可见光区的目标靶容易制作,目标特征远小于系统分辨率。光学辅助设备(望远镜)是旋转对称的,因此对目标靶的设计或定向没有任何限制。在 1985 年以前(即在数字相机出现以前),水平方向的电视信号是模拟信号。

本节的其余内容以测试模拟系统为基础,这些测试技术也适用于采样数据系统。采样相位效应(见 5.2 节)会明显影响测试结果,导致结果不确定。

分辨率和聚焦状态可能比预想的难以确定。测试精度与测试装置和选择的目标靶密切相关。振动在影响低空间频率目标靶之前,先影响高空间频率目标靶(微小细节),因此任何分辨率测量方法都与振动等级有关。对于严格的聚焦和分辨率测试来说,要把辐射源、目标靶、准直仪和红外成像系统放在一个光学隔振台上。

如果没有噪声,便可以用很多技术确定聚焦状态和分辨率。噪声会使测量值不确定,在测量参数时变化范围可能会超出预期。在可能的条件下,可以通过提高系统增益来降低噪声电压，然后通过提高辐射源强度来增强信号。对于有动态自动增益控制和图像处理能力的系统，图像清晰度可能是图像尺寸或图像强度的函数。如果可能，应该关闭所有的非线性图像处理子系统。饱和与良好的聚焦状态很相似，这时饱和目标的边缘看上去很清晰。简单地讲，只有系统工作在线性区时才能进行聚焦和分辨率测试。

测量结果取决于被测系统和测试标准，因此必须了解具体系统的工作原理和测量技术的局限性。在4.6节“数据获取”中描述的任何合适的测试配置都可以采用。用于调焦和确定系统分辨率的测试步骤是通用的（表5-3）。由于大多数测试都是主观测试，所以测试人员要有20/20或更好的矫正视力。但是随着疲劳程度加重，注意力和视敏度会降低；在10.1节“观察人员”中讨论了人的很多意识问题，它们都会影响测试人员的能力。

表5-3　聚焦状态的测试技术

聚焦状态测试技术	典型目标靶
视觉方法	星形靶、楔形靶、线性扫频靶、高空间频率条杆靶、美国空军的三杆靶
模拟视频信号幅值	狭缝、高空间频率条杆靶、点源
MTF最大化	狭缝或刀口
边缘探测算法	具有清晰细节的复杂靶

用于视觉判断最佳聚焦状态的测试靶有多种，其中包括各种尺寸的黑白条杆、狭缝、针孔、扫频靶（线性的或对数的）、辐射形靶和楔形靶。用于测试聚焦状态的目标靶在准确标定后都能提供分辨率信息。选择测试方法时，要考虑测试的方便性、系统的应用和目标靶的可获得性等方面因素（表5-4）。测试可见光系统的靶容易制造，但测试红外系统的靶难以制造。

表5-4　聚焦状态/分辨率的测试步骤

· 透彻理解红外成像系统的工作原理（第2章）； · 为保证测试成功，建立测试原则和标准，编写完整的测试计划（1.3节）； · 确保测试设备状态良好，测试装置选择恰当。咨询以前的设备使用人员是否有应该注意的问题； · 确定系统的光谱响应范围以及它与辐射源特性、准直仪光谱透过率和大气光谱透过率之间的关系； · 确保系统工作在线性区； · 调整系统增益和辐射源强度，使信噪比最大； · 确保成像系统在测试开始前已经达到工作稳定状态； · 调整目标靶的位置，把采样相位的影响降到最小，使信号强度达到最大（2.4节）； · 调整聚焦状态或测试分辨率； · 完整记录测试中出现的所有异常现象和全部测试结果

5.2　聚焦状态测试

聚焦状态通常是通过视觉确定的,也可以通过把小靶的视频信号放到最大来确定。

5.2.1　视觉法

在观察低空间频率靶时,人眼会下意识地聚焦在目标靶的边缘,但人眼对边缘清晰度的微小偏差并不敏感[2]。系统聚焦的调节方法是:首先在一个方向调整聚焦透镜组,再在另一个方向调整,然后在两个离焦位置的中间选择一个近似点,这个点就是系统的聚焦位置。透镜组移动的距离可视作焦深。焦深取决于目标靶的尺寸和观察人员到监视器的距离。大靶(低空间频率)的焦深大,小靶(高空间频率)的焦深小。到监视器的距离与传统教材里的焦深定义没有关系,它只是人眼对边缘清晰度的敏感度的一个度量。通常,当波前误差超过 $\lambda/4$ 时,系统会出现离焦。初看起来,人眼好像不具备设备能提供的聚焦精度,其实不是这样。一般来说,感受到的离焦条件与透镜组的移动是对称的。把透镜组移到中间点就会和其他设备提供同样的聚焦精度。

在设计星形靶、楔形靶和扫频条靶阵列时,应该使靶的最高空间频率高于系统的截止频率。高空间频率靶是必需的,因为轻微的离焦就会明显影响这些空间频率的可见度。透镜组提供的最高可见光空间频率的聚焦位置就是最佳聚焦位置。星形靶的最高空间频率在靶的中心(图 5-2)。假设没有像散,最佳聚焦点位置就是使弥散圆最小的透镜组的位置。楔形靶是星形靶的一部分,它能提供和星形靶相同的测试效果。从原理上讲,星形靶能在中心缩成一个点,但由于制造能力的限制,在中心不是一个点而是一个实心,这就限制了测试能得到的最高空间频率。

图 5-2　星形靶的聚焦图

注:随着系统逐渐离焦,中间的弥散圆直径增大,同时边缘变得模糊。

采样数据系统会产生莫尔干涉条纹。图 5-3 所示的光栅扫描图是在 CRT 监视器上观察到的。图 5-4 说明在平板显示器上观察到的 64×64 凝视阵列(子阵列)的输出。图像在不同的显示器上看起来不一样。莫尔条纹可以通过行间插值和图像处理算法进行修改。采样伪像使“聚焦”难以确定。混叠对系统设计人员来说是很熟悉的,测试人员也必须考虑到它[3]。采样伪像会影响对最佳聚焦状态的判读。

聚焦和分辨率的一个重要方面是图像尺寸相比于像元尺寸的关系。当弥散圆直径比像元小得多($F\lambda/d \ll 1$)时,聚焦的微小变化不会影响像元输出,或者说不会改变最后显示的图像尺寸。

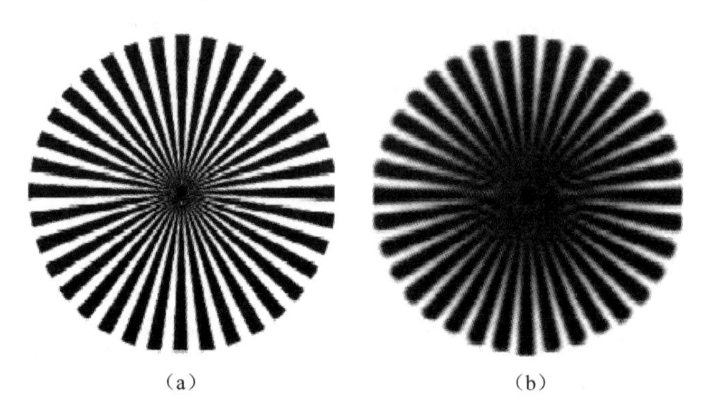

(a)　　　　(b)

图 5-3　光栅扫描图

注:由于(a)是数字式星形靶,靠近中心的空间频率出现混叠,产生了莫尔干涉条纹。(b)模拟的是在光栅扫描 CRT 监视器上看到的图像。扫描方向的输出是模拟输出。在垂直方向有 64 个像元, $F\lambda/d = 0.2$。中心的细节小于 A_{DAS},因此也被混叠(显示为一个低频斑点)。CRT 监视器使锐利的边缘变得平滑(图像由 MAVIISS 软件生成[4])。

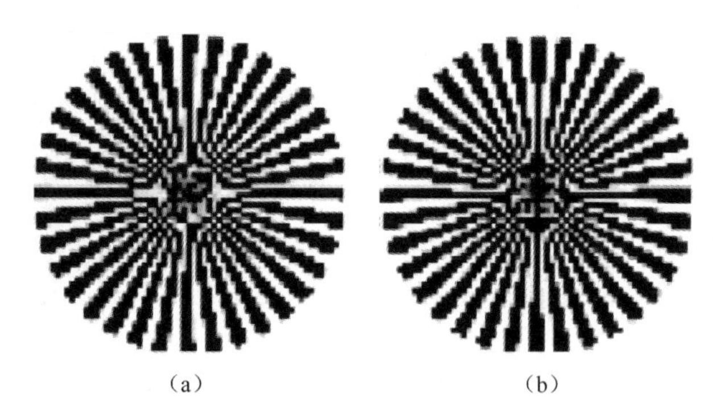

(a)　　　　(b)

图 5-4　在平板显示器上观察到的星形靶,用一个弥散圆直径($F\lambda/d = 0.2$)小的 64×64 探测器阵列生成

注:(b)向左上方移动了 DAS/4,以说明改变采样相位的影响。中心的细节小于 A_{DAS},因此是混叠的(显示为一个低频斑点)(图像由 MAVIISS 软件生成[4])。

图 5-5 说明各种条杆图。顶上的和左侧的条杆是线性扫频靶(Sayce 条杆靶)。凝视阵列会使信号混叠,改变条杆的可见度(图 2-21~图 2-24)。高频条杆的采样相位影响更明显。

有时假设 MRT 测试结果对探测聚焦误差很敏感。当 MRT 值随着离焦量增加而增加时,由于观察人员的易变性大(见 10.1 节"观察人员"),轻微的聚焦误差探

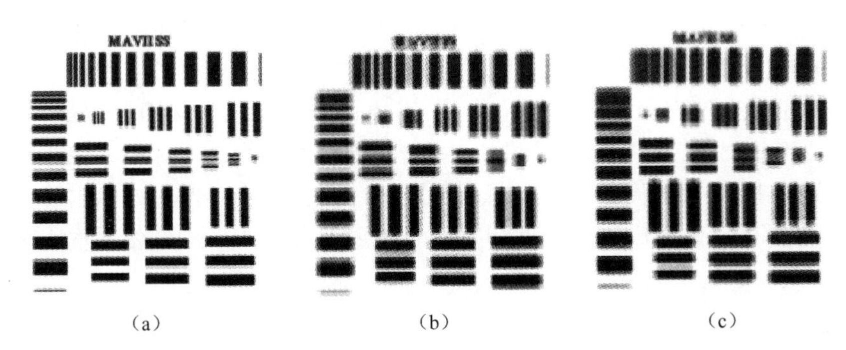

图 5-5　(a)条杆图、(b)和(c)是从平板显示器上观察到的两个不同相位的条杆图

注：64×64 的探测器阵列，$F\lambda/d = 0.2$。小于 A_{DAS} 的条杆显示为一个低频斑点（图像由 MAVIISS 生成[4]）

测不出来。在图 5-6 中，理论 MRT 值随着 $\lambda/4$ 离焦而提高。实线表示三位观察人员在置信度为 95%时的平均探测阈值。图中观察人员的变化超出了预期的差异。因此，由轻微离焦导致的 MRT 提高会不明显。如果不进行详尽的测试，就很难确定 MRT 的微小提高是不是由离焦或者观察人员的变化引起的。注意，对于大多数观察人员，$\lambda/4$ 的离焦量通常是可以观察到的。离焦量大时（波前误差 $\lambda/2$ 或更大）在 MRT 测试结果中会表现得很明显。这时，系统明确表现为离焦，在系统重新聚焦之前可能无法进行 MRT 测试。

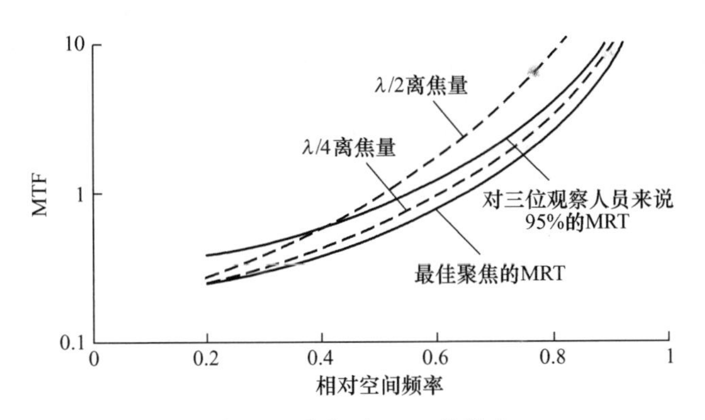

用 5-6　离焦对 MRT 的影响

注：由于观察人员的多变性，微小的离焦对总体平均 MRT 的影响不明显。训练有素的、稳定的观察人员应该能够注意到 $\lambda/4$ 的离焦。

5.2.2　视频信号幅值法

选择一条通过目标靶的视频线并把它显示在示波器上，可以测量到视频信号的幅值。用一台帧抓取器和一台计算机也可以观察到视频信号幅值。调整聚焦透镜组，使输出达到峰值。这是一种动态测试，因为必须在不同的聚焦位置测试系统直到找到最佳聚焦位置(最大幅值处)。可用的目标靶有狭缝和高空间频率周期性靶。通过测量狭缝像的幅值,使线扩散函数的幅值达到最大,这时,MTF也达到最大。对于凝视阵列和欠采样扫描系统,需要调节靶的相位从而获得最大幅值。有时候要确认靶是否处在探测器中心并不容易,但可以通过观测相邻像元输出的方法找到到中心位置(图5-7)。一旦靶处在中心位置,中心像元的输出峰值就达到最大,相邻像元的输出达到最小,也就找到了最佳聚焦点。中心像元输出为最大值时,点可见度因子也达到最大值。

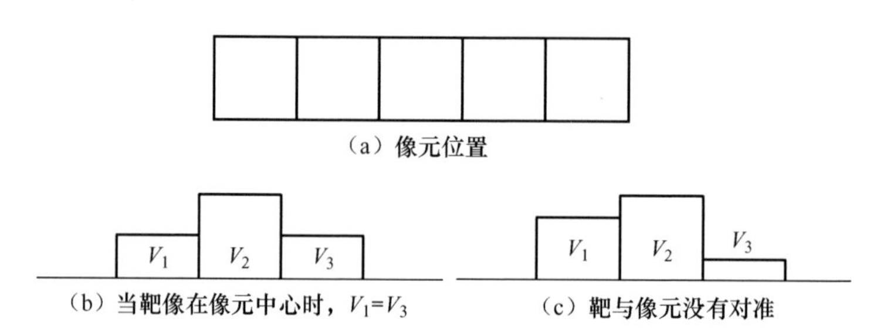

图5-7 恰当的图像对准

注:当一个小靶成像在像元中心时,相邻像元会有相同的输出。

如果目标靶是方波靶,在那个空间频率处,它的对比度传递函数就是最大值。对于扫描系统,所选方波靶的空间频率应该比系统截止空间频率高1/3(在8.8节“对比度传递函数”中讨论)。对于大靶(低空间频率),目标靶产生的输出信号的幅值接近最大值。轻微的离焦不会影响幅值,只会使边缘模糊。对于凝视阵列,方波靶的空间频率应该等于阵列的奈奎斯特频率。

信号幅值可以凭目测确定,也可以通过曲线确定。当以聚焦透镜组位置的函数画图时,通过拟合曲线可以确定最佳聚焦位置(图5-8)。噪声严重时会使模拟方法难于实现。对信号取平均可以把噪声减小到可接受的水平。

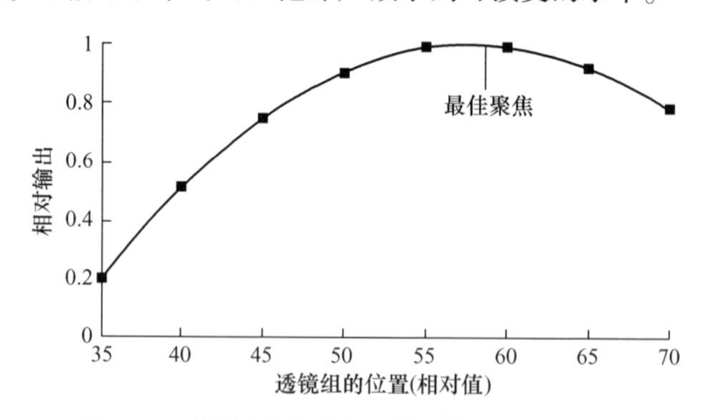

图5-8 系统输出与聚焦透镜组位置的函数关系

注:数据是在35,40,…,70的位置采集的。对数据进行曲线拟和后在位置58处得到最佳聚焦点。

5.2.3　MTF 法

良好的像质与最佳聚焦点之间的关系取决于系统 MTF[5]、噪声功率谱密度、呈现给人眼的空间频率和场景内容。对于一个性能良好的系统，最佳聚焦点和最高 MTF 的位置是重合的。

MTF 可以根据与聚焦透镜组位置的函数关系画成图，能得到最高 MTF 的位置就是最佳聚焦点的位置。并不需要画出整条 MTF 曲线，只画出特定空间频率下的曲线就可以了。最理想的是在所选择的空间频率处，MTF 绝对值的变化对聚焦状态的细微变化十分敏感。这种情况通常出现在当空间频率在系统截止频率的 0.35～0.55 之间时，即 MTF 在 0.4～0.7 之间时。在图 5-9(a)中，为了举例说明，系统 MTF 仅包含光学 MTF 和探测器 MTF($F\lambda/d=0.2$)。图 5-9(b)举例说明理想系统和离焦系统之间的差别。在这个例子中，MTF 的最大绝对值变化出现在空间频率是探测器截止频率的 0.45 的地方。这个图只用作指导图。对于特定系统，应该先画出预期的 MTF 退化曲线，再选择合适的空间频率。8.2 节“调制传递函数”给出了这种测量方法。注意，采样 MTF 法时测量值容易变化。随着噪声提高，要测量 MTF 的变化变得更加困难。

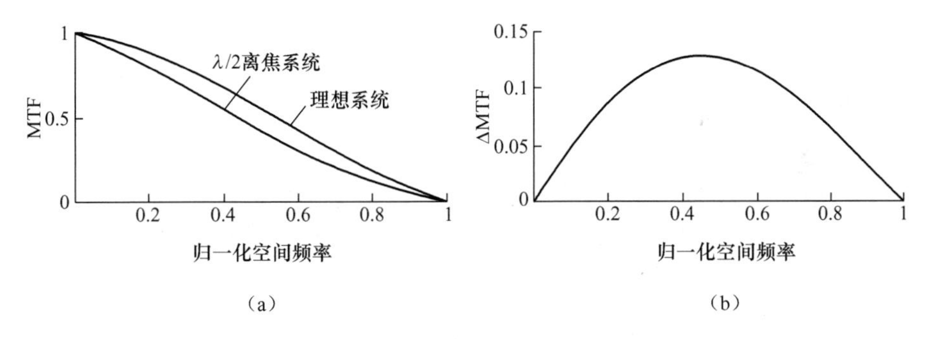

图 5-9　离焦情况下的简化系统 MTF 曲线

(a)理论(理想)MTF 和有 $\lambda/2$ 波前误差时的离焦 MTF；(b)理论最大值与离焦 MTF 之间的差别。

5.2.4　边缘探测算法

图像处理算法提供了另一种调焦方法。算法(如 Sobel 算子)提供的输出与边缘锐度成比例。Lourens 等[6]证明，对电视图像来说，Sobe 算子的输出幅值与主观估计的最佳聚焦状态基本成比例。

边缘探测算法除了要求目标靶有许多边缘或高频细节外，再没有特殊要求。这种目标靶通常称为复杂靶。Sobel 算子的输出对噪声很敏感，当明显存在噪声时，这种方法不能提供想要的输出。

5.3 系统分辨率

系统分辨率取决于衍射、像差、DAS、数字化过程、电子带宽和监视器的分辨率[7]。系统的垂直分辨率和水平分辨率可以明显不同。要用标定过的测试靶确定系统分辨率,其中包括 Sayce 条杆靶(线性扫频条杆靶)、星形靶、带有基准标的楔形靶和条杆靶。采样相位影响会明显改变周期性靶的像。靶的相位要调整到有最大可见度,以便提供最高分辨率值。

5.3.1 分辨率的定义

分辨率提供关于可辨别的最小细节的有价值信息。每个学科都能从数据中获取自己需要的信息,都对像质有特定要求,因此分辨率有多种定义(表 5-5),每一种定义都有优点。遗憾的是,分辨率的各种量度并不容易关联起来。

表 5-5　分辨率的定义

分辨率	定　义	测试方法(单位)
瑞利判据	分辨两个点源的能力	$\theta = 1.22\lambda/D$ (mrad)(计算值)
艾里斑	点源产生的衍射限直径	$\theta = 2.44\lambda/D$ (mrad)(计算值)
弥散圆直径	点源产生的实际最小直径	光线追迹计算值(mrad)
平方功率点可见度因子	点源产生的峰值输出	计算值或测量值(%)
DAS	像元对应的张角	$\alpha = d/fl_{sys}$ (mrad) (计算值)
极限分辨率	MTF=0.02~0.05 时的空间频率	测量值或计算值(cycle/mrad)
有效瞬时视场	MTF=0.5 时空间频率的倒数的一半	计算值或测量值(mrad)
光斑尺寸比	可以准确测出的角度最小的目标靶	测量值(mrad)
TV 极限分辨率	分辨方波的能力	测量值(每个图像高度所包含的 TV 线数)
图像分辨率	SRF=0.5 时对应的张角	测量值(mrad)
测量信号的分辨率	SRF=0.99 时对应的张角	测量值(mrad)
地面可分辨距离	图片判读器可分辨的最小测试靶(1个周期)	计算值(ft 或 m)

分辨率可以从光学角度来定义。衍射能产生最小的点尺寸。衍射测量法包括瑞利判据和艾里斑直径。瑞利判据是分辨两个小间距目标(点源)的能力的量度。光学像差和聚焦限制会把衍射直径增大成弥散圆直径。光学设计人员通常会计算弥散圆直径。如果弥散圆直径比一个像元大,像元输出就小。如果弥散圆直径比一个像元小,像元输出就大。中心像元的输出与所有像元的总输出的比值就是平方功率[8]。当像处在像元中心时,平方率值最大。平方功率对用于探测点源的系

统(如 IRST 系统)很重要。平方功率可以测量出来,也可以由非周期性传递函数获得(见 6.2 节"非周期性传递函数和狭缝响应函数")。平方功率也称为点可见度因子(PVF)和弥散圆效率。

很少用光学系统的分辨率描述系统性能。即便大量使用 DAS,但还是光学系统和探测器共同决定着系统分辨率。基于 $F\lambda/d$ 的复合指标[1]无法测量,但用在系统分析中。

电视极限分辨率是由观察星形靶、楔形靶或者分辨率条杆图时能分辨的最小细节决定的。星形靶包含一组同心方波,其空间频率越向中心越高。如果系统是离焦的,伪分辨率会颠倒周期性图像,使白色条杆变成黑色,黑色条杆变成白色。当伪分辨率出现时,在低空间频率可见的条杆,在中空间频率变得不可见(中性的灰色),在高空间频率又变得可见,但是条杆对比度的变化恰好相反。分辨率就是条杆第一次变得不可见时的区域。对保证图像重建精度有用的区域,是所有条杆都清晰可见的区域。

电视极限分辨率是一个主观测量方法。图形消失时的空间频率和测得极限分辨率时的频率大致相同。对监视器来说还有许多别的分辨率量度[9]和测量方法[10]。和其他分辨率量度一样,由于与凝视阵列有关的采样相位影响,电视极限分辨率也难以确定。

DAS 是一个像元对应的张角。但是因为衍射和像差的影响,像元会感应到更大角度内的辐射。这个角度是瞬时视场(IFOV)。在半峰全宽(FWHM)信号水平,IFOV 和 DAS 是相等的。许多作者互换着使用这两个术语,即便它们的定义不一样。

例 5-1　平方功率

一个针孔对应的张角是像元 DAS 的 1/10,用这个针孔模拟一个点源。当针孔的像在像元的中心时,凝视阵列产生的输出如图 5-10(a)所示。这时平方功率是多少?

背景会产生外围信号。从图 5-10(a)中减去背景值(=5)就得到图 5-10(b)的值。平方功率(即 PVF)为

$$\mathrm{PVF}=\frac{\text{中心像素的输出}}{\text{所有像素的总输出}}=\frac{220}{384}=0.573 \tag{5-1}$$

如果针孔移动,采样相位影响会使平方功率降低。当针孔像处在四个相邻像元的中间时,平方功率最小。通常在入瞳处蒙上一层黑色遮光布来模拟一个环境温度的大黑体。

对于空中侦察和相关的图像判读,分辨率是用地面分辨距离(GRD)度量的[11-12]。GRD 是经验丰富的照片判读人员能分辨出的地面测试目标的最小尺寸

5	5	5	5	5	5	5
5	5	5	6	5	5	5
5	5	20	30	20	5	5
5	6	30	225	30	6	5
5	5	20	30	30	5	5
5	5	5	6	5	5	5
5	5	5	5	5	5	5

（a）

0	0	0	0	0	0	0
0	0	0	1	0	0	0
0	0	15	25	15	0	0
0	1	25	220	25	1	0
0	0	15	25	15	0	0
0	0	0	1	0	0	0
0	0	0	0	0	0	0

（b）

图 5-10　平方功率

(a)点源像位于像元中心时的系统输出；(b)仅对针孔计算的输出。

（1个周期）。能辨别的最小细节的物理宽度为 GRD/2。对于一个理想系统，GRD 可表示为

$$\text{GRD} \approx \text{分辨率} \times R_1 (\text{ft 或 m}) \tag{5-2}$$

式中：R_1为到目标的斜程。

DAS 常用作分辨率量度。GRD 在实验室无法测量，因为它与到目标的距离有关，但可以用合适的分辨率量度计算出来。

当探测器是限制性子系统时，经常用 DAS 描述系统分辨率。由于像元的水平尺寸和垂直尺寸可能不同，两个方向的 DAS 也可能不同。探测器 MTF 可表示为

$$\text{MTF}(f_x) = \frac{\sin(\pi\alpha_D f_x)}{\pi\alpha_D f_x} \tag{5-3}$$

当空间频率$f_x = 1/\alpha_D = \text{fl}_{sys}/d$时，MTF=0。当 MTF=0 时可以确定分辨率。但是，对一些系统（特别是采用 SPRITE 探测器的系统），MTF 不会突然达到零，而是逐渐接近零。通过将$\sin(\pi\alpha_{app}f_x)/(\pi\alpha_{app}f_x)$拟合到 MTF，能估计表观 DAS、$\alpha_{app}$（图 5-11）。

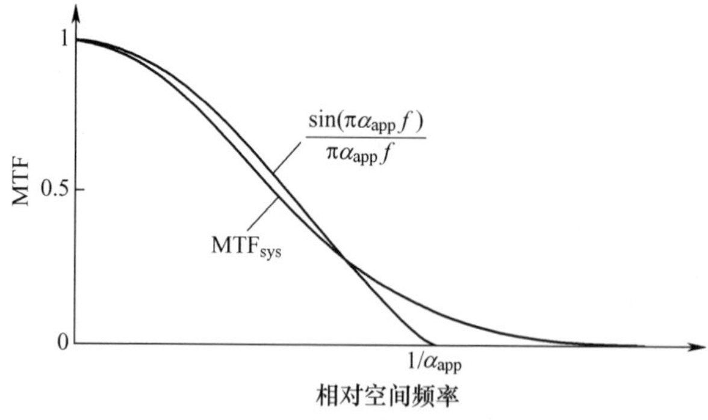

图 5-11　将探测器 MTF 拟合到系统 MTF 来获得系统的有效截止频率（“最佳拟合”是主观的）

如果 $\sin(\pi\alpha_{app} f_x)/(\pi\alpha_{app} f_x)$ 曲线与 MTF 拟合不佳,可以将极限分辨率定义为 MTF 下降到其最大值的 2%或 5%时的空间频率(图 5-1)。对于欠采样系统,系统 MTF 只定义到奈奎斯特频率。有效瞬时视场(EIFOV)提供了另一个分辨率量度(图 5-12)。

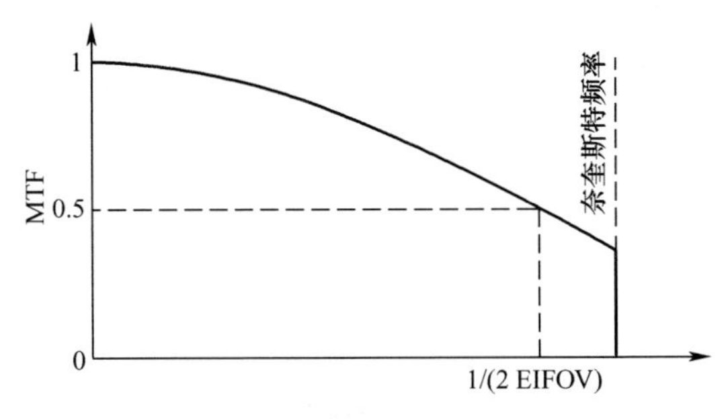

图 5-12　欠采样系统的 EIFOV 定义

现在,温度记录人员使用一个系统方法,通过光斑尺寸比(SSR)定义分辨率,其中包括光学系统的弥散圆直径、探测器和图像处理。SSR 是为了精确测量目标温度,要求目标所占的像素量的量度(图 5-13)。

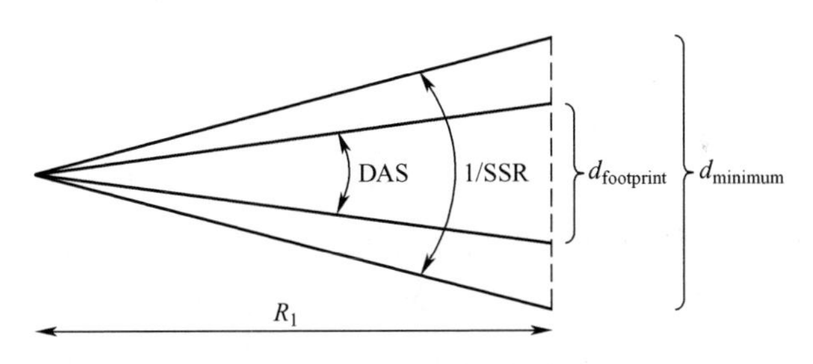

图 5-13　光斑尺寸比的定义

探测器在距离 R_1 处的投影面积为

$$d_{footprint} \approx R_1 \text{DAS} \tag{5-4}$$

当考虑到弥散圆直径和图像处理时,投影面积变大,一般用下式表示:

$$d_{min} \approx \frac{R_1}{\text{SSR}} \tag{5-5}$$

一般来说, $d_{min} > d_{footprint}$,$1/\text{SSR} > \text{DAS}$ 。

成像分辨率是狭缝响应函数(SRF)产生 50% 响应时目标对应的张角(图 5-14)。成像分辨率包括光学系统的响应和电子系统的响应,可以认为实际系统的响应比计算的 DAS 更具代表性。对一个理想系统,DAS 是成像分辨率的2 倍。针对 SRF=0. 99 选择的信号分辨率大约是可以如实再现目标强度的最小目标尺寸。它是可以用来测量响应率和进行辐射度标定的绝对最小尺寸。测量 SRF 的方法在6.2节介绍。成像分辨率和测量分辨率都应用于扫描系统。成像分辨率现在很少使用。测量分辨率约是光斑尺寸比的倒数。这两个分辨率都是一维指标。根据像元尺寸、间距和图像处理算法的不同，两个指标的垂直值和水平值可能不同。

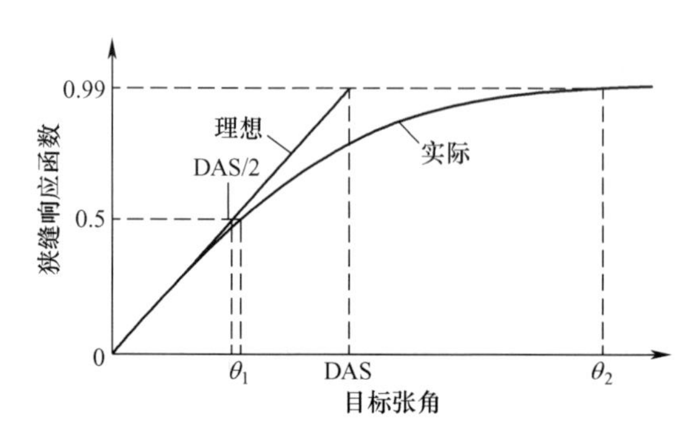

图5-14 狭缝响应函数

注：θ_1是图像分辨率；θ_2是测试分辨率。

5.3.2 场景单元、图像单元、数据单元、显示单元和分辨单元之间的区别

每个设备都有自己的最小采样尺寸或者基本单元，一般将一个采样称为一个像素或者一个图像单元。遗憾的是，在各种器件的像素之间没有一个先验关系。图像处理过程中的各种数字采样分别称为场景单元（scenel）、图像单元（pixel）、数据单元（datel）和显示单元（disel，（也称为图像单元，即像素（pixel））。场景生成器生成的是场景单元（scenel）（在11.3节“动态红外场景投影系统”中讨论）。为了降低采样相位的影响，每个像素应该包含许多个场景单元。对模拟系统来说，最小尺寸是分辨单元（表5-6）。数字化的各种单元都有清晰的定义，且每个阵列都会映射到下一个阵列上（图5-15）。但是分辨单元没有一个标准定义，对光学系统，它可能是艾里斑或者瑞利判据；对电子电路，它与带宽有关，但是也没有标准定义；当在模拟信号和数字信号之间转换时，它可能与数字采样的尺寸不同，因为这时系统分辨率的限制主要来自模拟信号而不是数字采样。在过采样系统中，一个分辨单元包含有许多采样信号。

对凝视阵列来说，图像单元的总数量等于像元的总数量。对扫描阵列来说，图像单元的总数量由模数转换器的采样速率和垂直于扫描方向的像元数量决定。如果艾里斑（一个分辨单元）比PAS大得多，那么光学系统的分辨单元数量决定着系统分辨率。综合分辨率[1]取决于$F\lambda/d$。如果电子成像系统的输出是数字格式，那么数据单元的数量（样本数）等于图像单元的数量。

表 5-6　各种“单元”的定义

单　元	描　述
场景单元	由场景模拟器产生的一个采样点。因为数据存储在计算机内存中，所以阵列尺寸等于场景单元的数量
图像单元	由一个像元产生的采样点
数据单元	每个数据都是一个数据单元。数据单元存储在计算机内存里
显示单元	显示介质可以存取的最小单元
分辨单元	模拟系统支持的最小信号

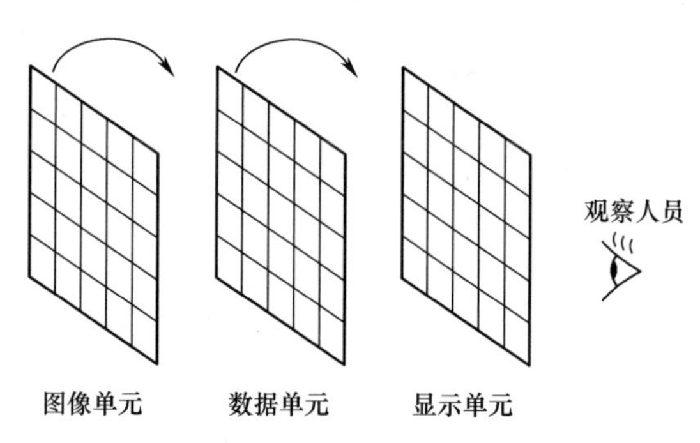

图 5-15　每个阵列都映射到下一个阵列上
注：每个阵列的单元数量可能不同。

如果相机的模拟输出经过数字化，那么数据单元的数量与帧抓取器的数字化速率有关，这个数量会比图像单元的数量大得多，但更大的数据单元数量并不能产生更高的分辨率。图像处理算法以数据单元工作。一个数据单元可能并不代表一个显示单元或一个分辨单元。

经过图像处理后，数据单元被输出到显示介质。对监视器来说，每个数据单元都点对点映射到一个显示单元。监视器通常用可寻址的图像单元数量确定。对 CRT 监视器来说，虽然可寻址图像单元（显示单元）的数量可能很大，但监视器的分辨单元数量受电子束直径限制。

例 5-2　分辨单元和图像单元

一个红外成像系统的 DAS 为 0.1mrad，视场为 51.2mrad，如果系统是用凝视阵列和扫描阵列设计的，那么数据单元的数量和图像单元的数量分别是多少？假设扫描阵列是过采样的，每行 1024 个采样点，或者每行 2048 个采样点，假设凝视阵列包含 512×512 个单元。

对于凝视阵列，每行有 512 个图像单元和 512 个数据单元。对于扫描阵列，每行有 1024 个数据单元，每个数据单元代表一个瞬时视场，但瞬时视场在物空间叠加，使得每个图像单元有两个数据单元。如果采样速率增加到每行2048个采样点，数据单元的数量会增加到2048个，但图像单元的数量保持不变。对扫描系统，提高采样速率并不能改变系统分辨率，但可通过减少采样相位影响来提高所有测量结果的精度。

例5-3 监视器的显示单元和图像单元

将红外成像系统的输出显示在一个有1024×1024个显示单元的数字监视器上。焦平面阵列包含512×512个像元。系统的分辨率是多少？

每个图像单元都映射在4个显示单元上。系统的分辨率由成像系统决定，而不是由监视器决定。高质量的监视器只能确保像质不会因监视器而退化。

5.3.3 分辨率靶

本节讨论的分辨率靶用于模拟系统。在考虑到采样伪像的条件下，可用它们测试红外系统。分辨率靶的制作方法是：在感兴趣的各种空间频率画上线或标上基准标。这种基准标在用于确定监视器极限分辨率的大多数图表中都能找到。这些图表通常由水平和垂直楔形靶组成，在水平方向和垂直方向都能测量分辨率。水平分辨率由垂直楔形靶获得，垂直分辨率由水平楔形靶获得。楔形靶要求相对基准标位置对极限分辨率做插值运算。电视极限分辨率出现在星形靶或楔形靶混合成中性灰色的时候。如果分辨率是旋转对称的，那么模糊区是圆形的（图5-2）。可以认为星形靶或者楔形靶是同心的周期性条杆靶。如果模糊的弧度或圆可以用弦长来近似，则有

$$\text{分辨率} = \frac{N_{\text{sector}}}{\pi d_{\text{blur}}} \quad (\text{cycle/mm}) \tag{5-6}$$

式中：d_{blur}为弥散圆直径（mm）。

一个扇面是一个周期或者一个条杆加一个间隔，星形靶包含N_{sector}个这样的扇面。当放在焦距为fl_{col}的准直仪中时，有

$$\text{分辨率} = \frac{N_{\text{sector}}}{\pi d_{\text{blur}}}\text{fl}_{\text{col}} \quad (\text{cycle/mrad}) \tag{5-7}$$

在监视器上观察星形靶时，弥散圆直径的角尺寸为

$$\theta_{\text{blur}} = \frac{\text{监视器上的弥散斑直径}}{W}\text{HFOV} \quad (\text{mrad}) \tag{5-8}$$

当与物空间关联时，弥散圆的角尺寸提供

$$分辨率 = \frac{N_{\text{sectors}}}{\pi\theta_{\text{blur}}} \quad (\text{cycle/mrad}) \tag{5-9}$$

扫频靶也可以用基准标标定。因为靶的条杆是离散的,所以很容易确定系统的极限分辨率。如果是为生产目的进行测试,其中的要求是探测到某一特定频率,那么可以在特定频率处标一个基准标(图 5-16)。如果能看清基准标右侧的条杆,说明系统通过测试;如果只能看清左侧的条杆,说明系统没通过测试。注意,采用这种方法时,系统分辨率可能会比要求的分辨率高得多(可以看到比要求小的许多条杆)。当然,合格/不合格测试不能提供关于趋势分析的任何信息(见 1.3.4 节“文件管理”)。

美国空军 1951 三杆靶由长宽比为 5∶1 的条杆组成(图 5-17)。每个靶(三个条杆加两个间隔)的边界形成一个正方形。图样尺寸按 1.1255 的几何级数(2 的 6 次方根)递进。用这个递进级数,每到第 6 个靶,单位距离内的线数增加 1 倍。每 6 个单元为一组。每组内其他后续单元相对该组第一个单元的分辨率变化是 2 的幂次方。

$$\frac{\text{line-pairs}}{\text{mm}} = 2^{\left(\text{group}+\frac{\text{element}-1}{6}\right)} \tag{5-10}$$

例如,第 2 组第一个单元的尺寸为 2^{-2} 或 0.25line/mm。条杆的尺寸见表5-7。

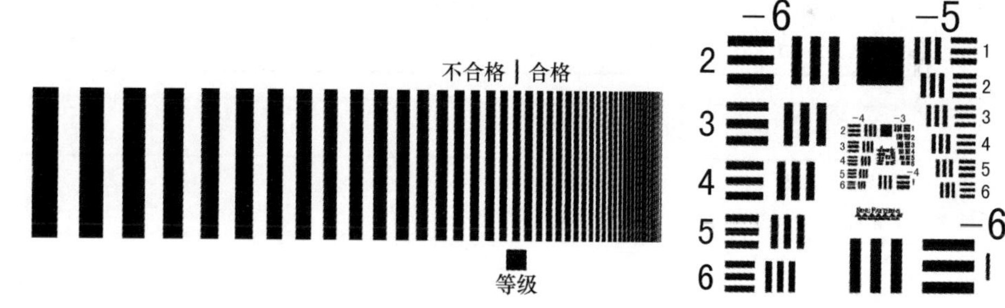

图 5-16　经过标定的线性扫频靶,用于确定在生产期间能接受的聚焦状态(经过复现处理,右侧的高频叠加在一起)

图 5-17　美国空军的三杆靶

注:Sine Patterns 公司是许多提供三杆靶的公司之一。

表 5-7　美国空军 1951 三杆靶分辨率　　单位:line/mm

单元	组					
	−2	−1	0	1	2	3
1	0.250	0.500	2.00	4.00	8.00	16.0
2	0.280	0.561	1.12	2.24	4.49	8.98
3	0.315	0.630	1.26	2.52	5.04	10.1

续表

单元	组					
	-2	-1	0	1	2	3
4	0.353	0.707	1.41	2.83	5.66	11.3
5	0.397	0.793	1.59	3.17	6.35	12.7
6	0.445	0.819	1.78	3.56	7.13	14.3

5.4 典型技术指标

技术指标必须便于理解和便于量化。因为"在聚焦状态"是主观感受,技术指标只能是可接受的下限(表5-8)。把"认为在聚焦状态"改成"能够分辨"后,表5-8里要求的指标变成分辨率量度,这样系统可能有更好的性能。同样,分辨率指标(表5-9)不应该是理论值,要为制造公差留有一定余地。通常,聚焦和分辨率并不用表5-8和表5-9所列的指标描述,而说系统是"在聚焦状态"。如果规定了MTF,就间接规定了分辨率。

表5-8 "在聚焦状态"的典型指标(针对待测系统填入合适的值)

· 在系统能分辨4cycles/mrad靶时,认为系统"在聚焦状态";
· 美国空军1951三杆靶中第3组第4个单元可分辨时,认为系统"在聚焦状态";
· 当5cycles/mrad的MTF>0.3时,认为系统"在聚焦状态"

表5-9 典型分辨率指标(针对待测系统填入合适的值)

· 弥散圆直径不超过2mrad;
· 在视场中心测量时,点可见度因子大于扩展源亮度值的75%;
· TV极限分辨率不低于400线/(像高);
· 有效瞬时视场不大于2mrad;
· 视场中心的分辨率测量值不大于2mrad

参考文献

[1] G.C.Holst, "Imaging System Performance Based upon $F\lambda/d$," *Optical Engineering*, Vol.46, paper 103204 (2007).

[2] R.F.Hess, J.S.Pointer, and R.J.Watt, "How are Spatial Filters Used in Fovea and Parafovea?" *JOSA-A*, Vol.6 (2), pp.329-339 (1989).

[3] W.Y.Schreiber, *Fundamentals of Electronic Imaging Systems*, Section 2.5., Springer-Verlag, New York (1986).

[4] MAVIISS (MTF based Visual and Infrared System Simulator) is an interactive software program available from JCD Publishing at www.JCDPublishing.com.

[5] C.S.Williams and O.A.Beckluand, *Introduction to the Optical Transfer Function*, Chap.9, John Wiley and Sons, New York (1989).

[6] J.G.Lourens, T.C.Du Tuit, and J.B.Du Tuit, "Addressing the Focus Quality of Television Pictures," in *Human Vision, Visual Processing and Digital Display*, B.E.Rogowitz, ed., SPIE Proceedings Vol.1077, pp.35–41 (1989).

[7] G.C.Holst, *Sampling, Aliasing, and Data Fidelity*, pp.274–293, JCD Publishing (1998).

[8] L.M.Beyer, S.H.Cobb, and L.C.Clune, "Ensquared Power for Obscured Circular Pupils With Off-Center Imaging," *Applied Optics*, Vol.30(25), pp.3569–3574 (1991).

[9] L.M.Biberman, "Image Quality," in *Perception of Displayed Information*, L.M.Biberman, ed., Plenum Press, New York (1973).

[10] P.A.Keller, "Resolution Measurement Techniques for Data Display Cathode Ray Tubes," *Displays*, Vol.7, pp.17–29 (1986).

[11] Air Standardization Agreement, "Minimum Ground Object Sizes for Imaging Interpretation," Air Standardization Coordinating Committee report AIR STD 101/ 11, 31 Dec.1976.

[12] Air Standardization Agreement, "Imagery Interpretability Rating Scale," Air Standardization Coordinating Committee report AIR STD 101/11, 10 July 1978.

第6章

系统响应率

响应率函数表示的是在目标尺寸固定、目标强度变化情况下的输入-输出转换关系。它提供有关系统增益、线性度、动态范围和饱和度等方面的信息。信号传递函数(SiTF)或响应率是响应率函数的线性部分,它是评估成像系统性能的一个常用参数。由于用的是大靶(相对 DAS 来说),响应率也称为低频响应。

输出也可以通过目标强度固定时的目标面积的函数得到。这个二维响应率就是非周期传递函数(ATF)。系统 ATF 和理想 ATF 的比值是目标传递函数(TTF),对于点源来说,是点可见度因子或者是平方功率值。如果目标高度比垂直 DAS 大得多,并且目标宽度可变,就可以得到一维狭缝响应函数(SRF)。SRF 会给出成像分辨率和测量分辨率。测量分辨率是最小靶的尺寸,可用于测量响应率和标定辐射度。系统响应率测试见表 6-1。

表 6-1　系统响应率测试

测试	变量	测试结果
响应率函数	目标强度	SiTE 动态范围 饱和度
ATF	目标面积	目标传递函数 点可见度因子
SRF	目标宽度	成像分辨率 测量分辨率

动态范围是最大可测量信号与最小可测量信号之比。对于红外成像系统来说,将噪声等级、噪声等效温差(NEDT)作为最小可测量信号。如果输入变化超过50℃,NEDT 为 0.2℃,那么动态范围为 250 : 1 或 48dB。对于无噪声系统来说,最小信号与系统设计有关。例如,对数字电路来说,最小值就是最低有效位(LSB),所以一个 8 位模数转换器的动态范围是 256 : 1。

成像系统可以有一个自动增益控制电路(AGC)。AGC 能够确保所有信号都在后续电路的动态范围内。背景强度、目标强度、目标尺寸或者目标位置都会影响

AGC。许多系统都有一个AGC窗口,只有在这个窗口内的目标才会影响AGC。在理想情况下,对于所有测量,增益都应该是固定的;否则,目标强度或者尺寸会影响增益,进而影响测量结果。

在进行系统响应率测量之前,测试人员必须透彻理解红外成像系统的工作原理。交流耦合、带有直流恢复的交流耦合以及直流耦合系统要求采用不同的数据分析方法。随着新探测器技术的出现,可能需要修改现有的测试程序。

所有光子探测器只有制冷后才能得到理想的信噪比。非制冷探测器的温度通常是稳定的。虽然制冷到稳定温度的时间与响应率没有关系,但是在制冷到稳定温度之前系统不能工作,因此本章也讨论制冷时间。

6.1 信号传递函数

当目标尺寸固定、目标强度变化时,可以得到响应率函数。其线性部分的斜率就是信号传递函数,为了提高测量精度,可以用学生T-检验来确定所需数据点的数量(见12.4节"学生T检验")。对数据进行最小二乘拟合就得到SiTF的最佳估计值。

6.1.1 系统响应

不提供信息的大背景信号(由于环境温度)通常要去掉。成像系统的输出取平均值,因此可以把随着不同输入变化的输出描绘成图。围绕这个平均值的正、负输入差值的饱和度通常会受放大器或模数转换器动态范围限制(图6-1)。响应率曲线线性部分的斜率为信号传递函数。

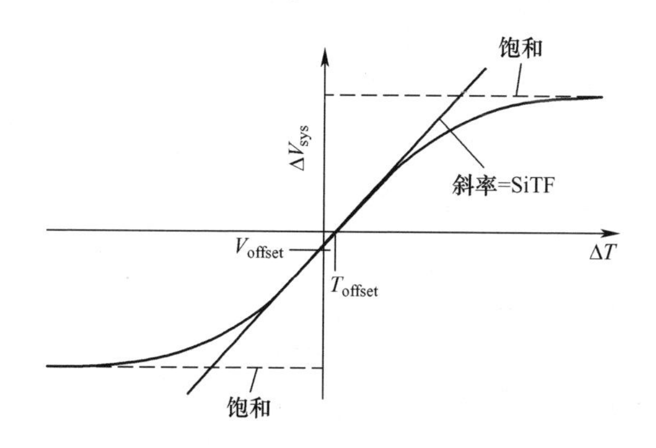

图6-1 典型响应率函数

注:温度偏移是测试装置造成的。SiTF为$\Delta V_{sys}/\Delta T$。

采用交流耦合时,信号是在扫描方向耦合,而不是在垂直方向耦合,因此在扫描方向产生一个电压漂移(目标和背景),但在垂直方向没有(图6-2)。这个影响如图 2-14 所示。必须测量扫描方向的电压差(图 6-3)。

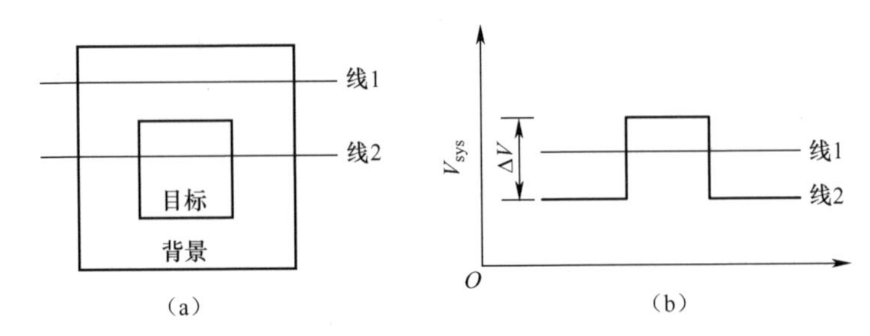

图 6-2 交流耦合对模拟视频输出的影响

(a)线 1 只扫描了背景,线 2 扫描了背景和目标。(b)线 1 和线 2 的模拟输出电压。

注: ΔV 是由 ΔT 产生的信号。

如图 6-4 所示,在测得的背景温度 T_{plate} 和成像系统感应的温度 T_B 之间存在一个有限的温度漂移。这种现象在 4.2.1 节“标准辐射式靶”中描述。这里重复列出几个公式:

$$\Delta T_{recorded} = T_T - T_{plate} \tag{6-1}$$

$$T_B = T_{plate} + T_{offset} \tag{6-2}$$

$$\Delta T = T_T - T_B = \Delta T_{recorded} - T_{offset} \tag{6-3}$$

进行实验时,测量值会有微小的变化。对一组数据进行最小二乘多项式拟合,就得到对 SiTF 的最佳估计值:

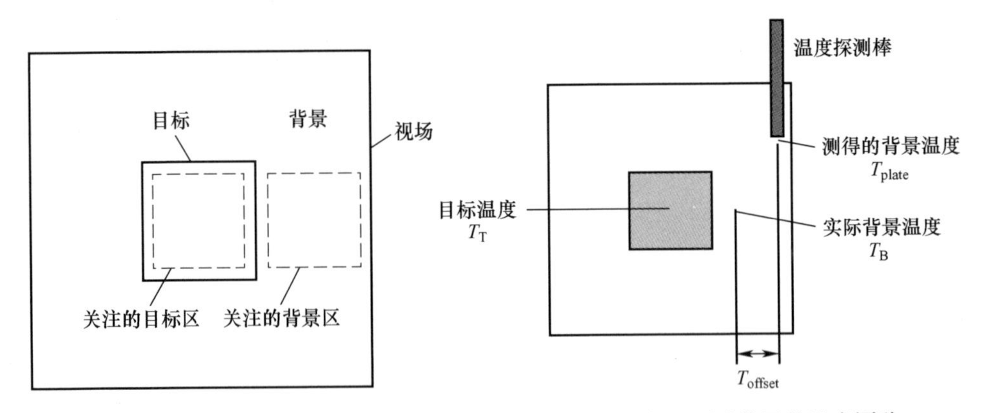

图 6-3 数据位置(关注区)用于计算平均目标信号和平均背景信号以获得 ΔV_{sys}

图 6-4 SiTF 靶和测试装置的温度漂移

$$\Delta V_{sys} = \mathrm{SiTF}\ \Delta T + V_{offset} \tag{6-4}$$

如果采集了 N 个数据点,则有

$$\Delta T_{ave} = \frac{1}{N}\sum_{i=1}^{N}\Delta T_i, \quad \Delta V_{ave} = \frac{1}{N}\sum_{i=1}^{N}\Delta V_i \tag{6-5}$$

式中：ΔV_i 为关注区的平均电压差。

最小二乘曲线的斜率(即 SiTF)为

$$\mathrm{SiTF} = \frac{N\sum_{i=1}^{N}\Delta V_i \Delta T_i - \sum_{i=1}^{N}\Delta V_i \sum_{i=1}^{N}\Delta T_i}{N\sum_{i=1}^{N}\Delta T_i^2 - \left(\sum_{i=1}^{N}\Delta T_i\right)^2} \tag{6-6}$$

漂移电压为

$$V_{\text{offset}} = \Delta V_{\text{ave}} - \mathrm{SiTF}\ \Delta T_{\text{ave}} \tag{6-7}$$

虽然图 6-3 说明的是单个帧,但也可以对多帧的电压进行平均,以减少随机噪声并提高信噪比。如果系统输出是数字式的,则可以用数字量化值进行所有计算。

例 6-1　SiTF 计算

针对 12 个不同的 ΔT 测量红外成像系统的输出。准直仪的透过率为 0.90,假设大气透过率为 1,那么 SiTF 是多少?

表 6-2 给出了 SiTF 数据。系统入瞳处的表观 ΔT 是记录的 ΔT 与准直仪透过率和大气透过率的乘积,如图 6-5 所示,当 ΔT 为-5、-4、4 和 5 时,非线性响应通常是由 AGC 造成的。因此,在最小二乘分析中忽略这四个值。

表 6-2　SiTF 数据表

ΔT(记录值)	ΔV(测量值)/mV	$\Delta T_{\text{apparent}}$	ΔV	$\Delta T\Delta V$	ΔT^2
-5	-330	-4.5			
-4	-320	-3.6			
-3	-300	-2.7	-300	810	7.29
-2	-185	-1.8	-185	333	3.24
-1	-80	-0.9	-80	72	0.81
-0.25	-45	-0.225	-45	1 0.13	0.051
0.25	20	0.225	20	4.5	0.051
1	140	0.9	140	126	0.81
2	220	1.8	220	396	3.24
3	310	2.7	310	837	7.29
4	350	3.6			
5	355	54.5			
		和=0	和=80	和=2588.63	和=22.78

SiTF 为

$$\mathrm{SiTF} = \frac{8 \times 2588.63 - 0}{8 \times 22.78 - 0} = 113.6\ (\mathrm{mV/℃}) \tag{6-8}$$

平均电压 $\Delta V_{ave} = 80/8 = 10$，$\Delta T_{ave} = 0$。于是有 $V_{offset} = 10 - 0 = 10$。系统输出为

$$\Delta V_{sys} = 113.6\ \Delta T + 10(\mathrm{mV}) \tag{6-9}$$

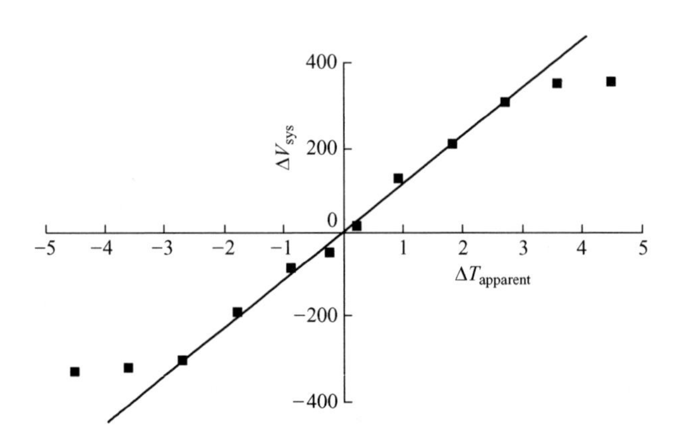

图 6-5　SiTF 和数据点

注：随着 ΔT 降低，信噪比也降低。这导致 ΔV 不确定，似乎偏离了最小二乘曲线的斜率。随着关注区的数据点数量增加，偏离量逐渐缩小（在 6.1.2 节讨论）。

就对比不同系统而言，SiTF 本身并不是一个很好的量度，因为它取决于每个系统的增益和光谱响应。如果系统的 SiTF 是规定的，通常意味着系统是在最大增益上运行。增益变化对输出电压的影响如图 6-6 所示。

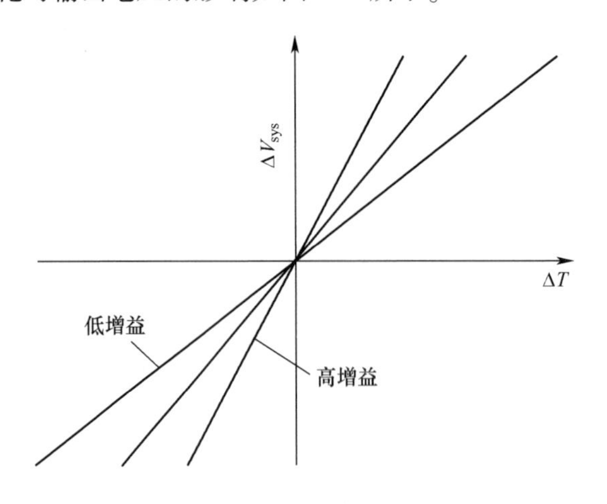

图 6-6　增益影响着 SiTF

6.1.2 SiTF 的测试步骤

测量响应率函数的装置如图 6-7 所示。ΔT 随黑体温度的提高或降低而变化。虽然图中画的是辐射式靶，但也可以用反射式靶（图 4-8）。靶的面积必须足够大，才能保证输出电压能达到峰值，即靶的尺寸必须大于测试分辨率。美国军用标准 MIL-STD-1859 建议[1]靶的尺寸占视场的 10%，但不得小于 DAS 的 1/10。在理想情况下，靶板或背景应该充满整个视场，这样就不会让测试受周围环境影响。数据获取可以采用 4.6 节“数据获取”中介绍的任何一种方法。

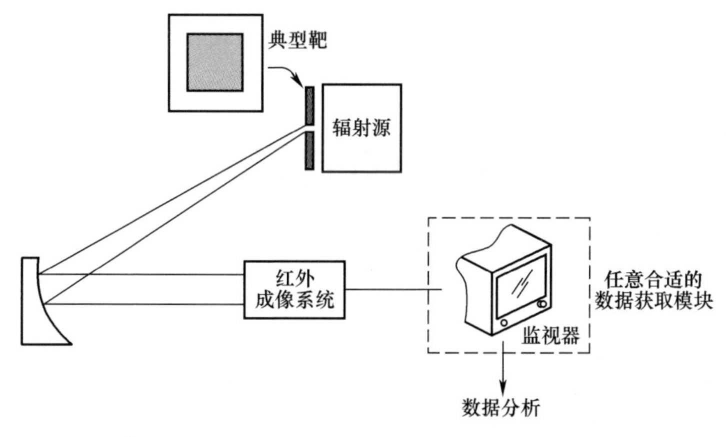

图 6-7　响应率测试装置

当按照与 ΔT 的函数关系绘图时，SiTF 不是严格线性的，因为大多数红外成像系统响应的是辐射而不是温度差（图 3-12 和图 3-13）。因为输出是波长的函数，所以确认准直仪和大气的光谱透过率很重要。由于大气的光谱透过率取决于路径长度，所以辐射源到系统孔径的距离很重要。原则上，可以通过了解系统的光谱响应来计算 SiTF 的温度关系。应该针对一个背景温度（如 293K）来确定 SiTF，如果是在不同温度进行测量，则必须记录测量时的温度。

图 6-8 说明当存在严重信号下落、振荡或者趋势噪声时，校正 ΔV_{sys} 的取值范围。Bell 和 Hoover[2]说明，输出信号差与系统的工作原理有关。信号是目标尺寸的函数（图 6-9）。对于这些系统来说，选择能得到最大输出的目标靶宽度是合适的。如果这样不行，就要从数据中减去有效矩形脉冲而留下想要的信号（图 6-10）。当选择了正确的脉冲高度，目标边缘就不会有间断。

由于采用的设备和装置不同，在不同实验室进行测量得到的 SiTF 可能不同。偏移电压 V_{offset} 可能是由于无法准确测量背景温度、目标与其背景之间的发射率不同（4.2.1 节“标准辐射式靶”），或者试验过程中环境温度的变化造成的（图 3-13）。背景温度会受空调循环、空气管的位置和热电子设备影响。在比较系统测试技术

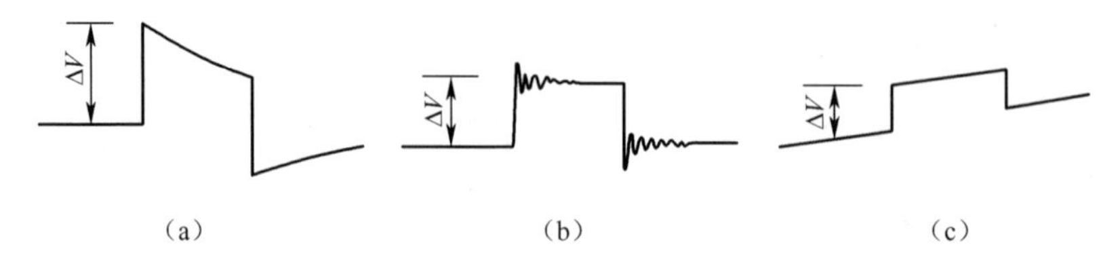

图 6-8 扫描系统中可能出现的模拟视频信号和校正的 ΔV_{sys}

(a)交流耦合表现出的严重信号下落；(b)振荡；(c)趋势噪声或基准线漂移。

注：在凝视阵列中很少看到这些现象。

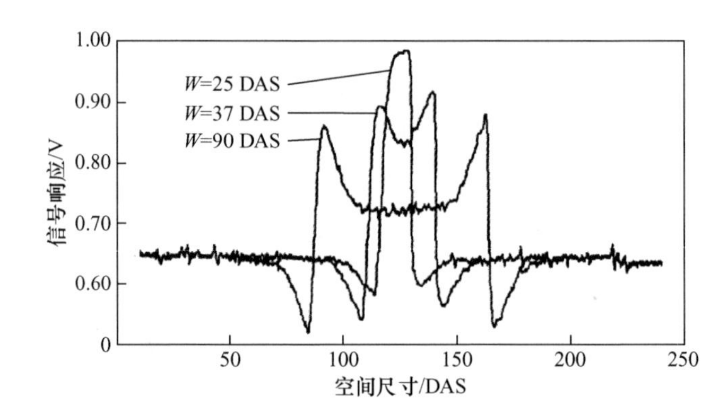

图 6-9 非制冷系统的输出信号电压是靶宽的函数

注：靶宽是用相等的 DAS 数量测得的。这种影响对被测系统是独有的[2]。

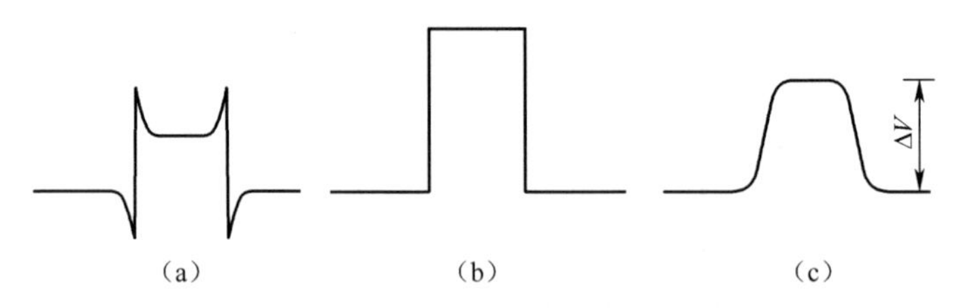

图 6-10 非制冷钛酸锶钡(BST)探测器是一种交流耦合器件

(a)典型信号；(b)拟合的矩形信号；(c)所需的数据，(c)是从(b)减去(a)的结果。

时应注意偏移电压，因为它是一个重要的却很少记录的对比参数。许多测试装置的偏移电压只能通过跟踪整个响应率函数来确定。除非知道不存在偏移，否则仅用一个输入值进行测量是不能准确确定 SiTF 的。当只用一个输入值时，所做的假设是响应率函数通过原点。此外，如果从未确定整个响应函数，则选择的点可能不在线性区。响应率也可以是视场内目标位置的函数。例如，离轴 SiTF 可以用 $\cos^N\theta$ 来修正（图 2-3）。

在测量 ΔV_{sys} 时，噪声会引入误差（图 6-11）。对多个像素取平均值可以减少噪声,但是目标靶的尺寸限制着可以取均值的像素数量。最好能用计算机对信号取均值,因为用示波器显示信号时,很难估计嵌入在噪声中的信号值。为了达到理想的置信度,用学生 T 检验可以得到必须要平均的像素数量(将在 12.4 节“学生 T 检验”中讨论)。为了确保信号到达了峰值,最好为信号平均留有一定的缓冲区(图 6-12)。噪声和 ΔT 的不确定性都会引起 SiTF 测量结果的不确定性(见 12.8 节“SiTF 不确定性”)。

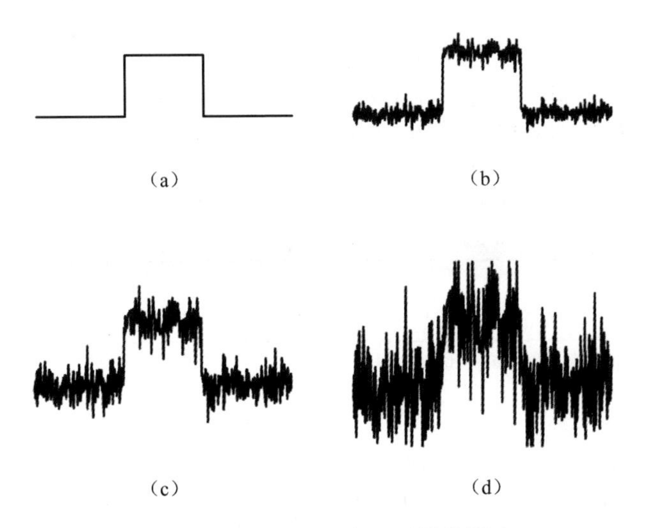

图 6-11　信噪比对目标可见性的影响
(a)没有噪声;(b)SNR=10;(C)SNR=5;(d)SNR=2。

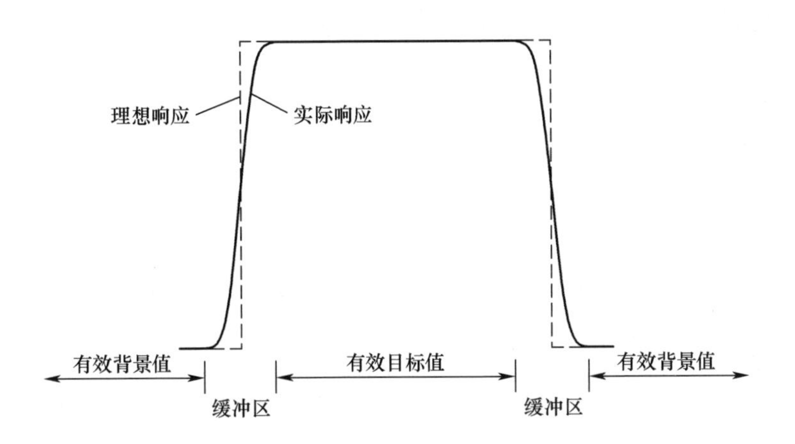

图 6-12　为进行信号平均选择的缓冲区(图 6-3 确定了有效数据的关注区)

表 6-3 列出了 SiTF 的测试步骤;表 6-4 列出了导致 SiTF 变化的原因。

表 6-3 SiTF 的测试步骤

· 为保证测试成功，建立测试准则和标准，编写完整的测试计划（1.3 节）；
· 确保测试设备状态完好，测试配置选择恰当（图 6-7）。咨询以前的设备使用人员是否有应该注意的问题；
· 确定系统的光谱响应以及它与辐射源特性、准直仪光谱透过率和大气光谱透过率的关系（4.3 节和 4.4 节）；
· 关闭 AGC，将增益固定在预设值；
· 确保红外成像系统在测试开始前已经达到工作稳定状态；
· 选择数据获取方法（4.6 节），针对不同的辐射源强度采集数据；
· 对所有 ΔT 乘以光谱加权的准直仪透过率和大气透过率，以获得红外成像系统接收窗口处的表观 ΔT；
· 使用最小二乘拟合法计算 SiTF；
· 记录测试中成像的所有异常现象和所有结果。记录背景温度和温度漂移。利用计算出的最小二乘回归线覆盖数据点，用图形方式表示响应率函数。用表格形式列出数据点。记录所用目标靶的尺寸；
· 针对视场中的不同位置，适当重复上述步骤。

表 6-4 导致 SiTF 变化的原因

· 光学系统的透过率低或光学系统被污染；
· $\cos^N\theta$ 效应（图 2-3）；
· 渐晕或其他遮挡；
· 探测器响应率低（探测器或制冷器损坏）（图 2-12）；
· 目标靶的发射率低（4.2 节）；
· 探测器温度变化（图 2-12）；
· 测试期间环境温度有变化（3.2.4 节）；
· AGC 在工作；
· 存在伽马校正（2.5.3 节）；
· ΔT 非线性导致非线性响应（3.2.4 节）；
· 不规则或不可靠的增益控制；
· 电路电压漂移

6.1.3 响应率和增益均匀性

对于凝视阵列，每个像元的响应率都可用如下方法测量：用温度为 T_k 的扩展源辐照阵列，再对 N 帧的每个像元 ij 的输出 V_{ij} 进行平均，以降低噪声（图 6-13）：

$$\overline{V}_{ij}(T_k) = \frac{1}{N}\sum_{n=1}^{N}{}_{i} V_{ij}(n, T_k) \tag{6-10}$$

对不同的辐射强度重复以上做法，然后画出每个像元的响应率函数曲线。可以用每个像元的增益和电平确定增益/电平归一化常数，或者测量增益/电平归一化之后偏离线性的程度。对于扫描阵列，每行的输出都是 ΔT 的函数。也就是说，在图 6-13 中，关注区只是一行高。

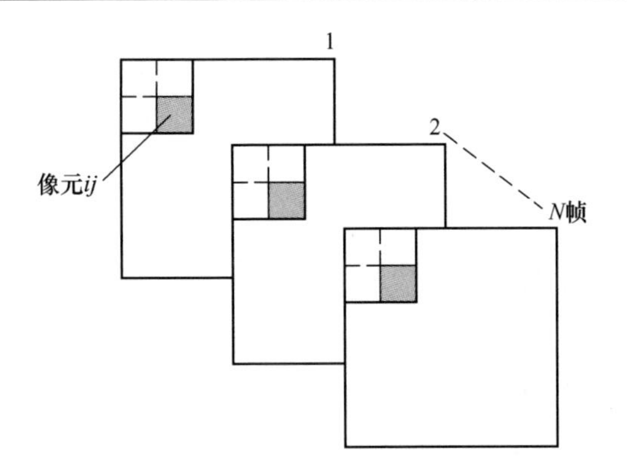

图 6-13　测量阵列中单个像元的响应率的方法

如果对 SiTF 测量 N 次，那么平均值为

$$\mathrm{SiTF}_{\mathrm{ave}} = \frac{1}{N}\sum_{i=1}^{N} \mathrm{SiTF}_i \tag{6-11}$$

方差为

$$\sigma_{\mathrm{SiTF}}^2 = \frac{N\sum_{i=1}^{N} \mathrm{SiTF}_i^2 - \left(\sum_{i=1}^{N} \mathrm{SiTF}_i\right)^2}{N(N-1)} \tag{6-12}$$

图 6-14 说明，在进行增益/电平归一化前各种单个像元产生的 SiTF 的范围。把 SiTF 的范围画成图 6-15 所示的分布图，其中假设 SiTF 呈高斯分布，有时也画出最小值和最大值。这些值取决于数据集的大小（见 12.2.3 节“最大值和最小值”）。偶尔会得到很高或很低的值。12.2.2 节“删除异常值”讨论是否将该值包含在计算的平均值和标准差中。

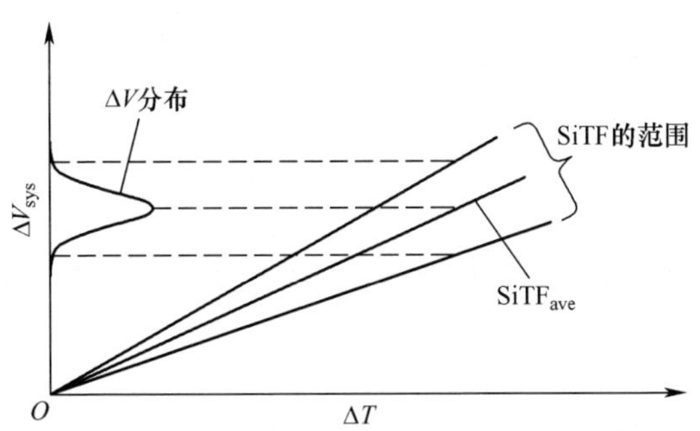

图 6-14　不同的像元/放大器组合会有不同的 SiTF

响应率均匀性是平均值的百分比，即

$$\mathrm{SiTF}_{\mathrm{rel}} = \frac{\sigma_{\mathrm{SiTF}}}{\mathrm{SiTF}_{\mathrm{ave}}} \tag{6-13}$$

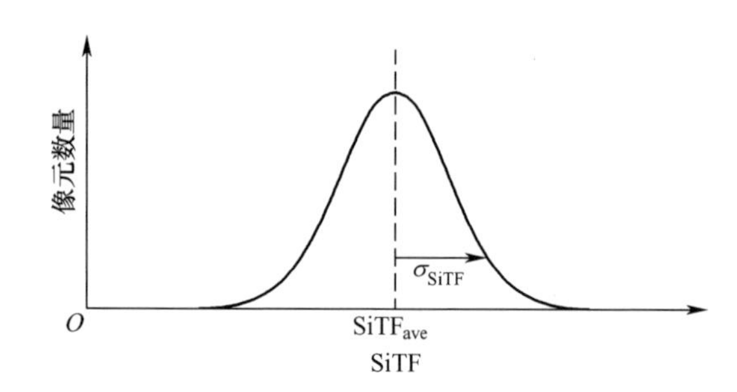

图 6-15 像元/放大器组合的增益不同导致的 SiTF 分布

注:σ_{SiTF} 是所有 SiTF 值的标准差。

这种响应率变化实际上就是固定模式噪声的量度,在工程上称为均匀性(见7.7节“固定模式噪声”)。进行完美的非均匀性校正后,$\sigma_{SiTF}=0$, $SiTF_{rel}=0$。

SiTF 的变化和增益均匀性有关。用同样方法,可以测出输出电压是系统增益的函数。ΔT 通常是固定的,且接近于饱和。应用式(6-14),相对增益均匀性 $GAIN_{rel}=\sigma_{gain}/GAIN_{ave}$。

6.2 非周期性传递函数和狭缝响应函数

系统可以感应张角比 DAS 小的目标发出的辐射。非周期性传递函数(ATF)是当目标靶的强度固定时,输入的目标面积向输出电压的转换关系。它是二维响应,和靶的水平和垂直尺寸有关。为了方便起见,用一个覆盖多个像元的长狭缝获取一维狭缝响应函数(SRF)。MTF 描述的是分辨细节的能力,而 ATF 描述的是感应物体的能力,因此 ATF 与点源探测和热点探测有关。

图 3-8 给出了理想 ATF 和系统 ATF。系统的实际 ATF 和理想 ATF 之比就是目标传递函数(TTF)(图 6-16)。随着 $A_s\to 0$,TTF 趋近于 PVF。描述点源探测的公式见 3.1.3 节“点源”。目标传递函数的说明见图 6-16。随着 $F\lambda/d\to 0$,PVF→1。

当狭缝宽度趋近于零时,得到系统的线扩散函数。扫描系统在扫描方向和与之垂直的方向的响应不同,因此两个方向的 SRF 也不同,利用 SRF 能得到测量分辨率和成像分辨率。

ATF 和 SRF 的测试装置如图 6-17 所示。针对目标靶的每个尺寸记录的峰值输出如图 6-18 所示。在试验中,通过标记出目标传递函数趋近于常数的位置或者通过例 5-1 所示的方法可以得到 PVF。TTF 方法会得到多数据点,能提高对已经精确获得的 PVF 的置信度。然而,用小目标靶得到的信噪比低,这会增加测试的不确定性。对 SRF 和 ATF 测量来说,目标靶必须与像元中心严格准直(图 5-7)。

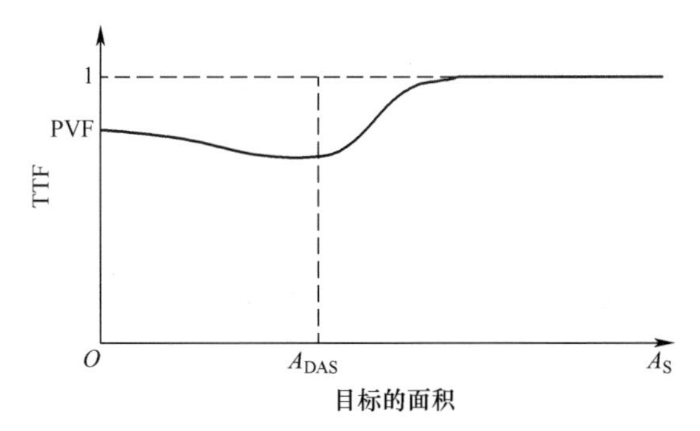

图 6-16　目标传递函数,曲线在 A_{DAS} 处为最小值

注:PVF 取决于弥散圆尺寸和像元尺寸之间的关系。随着弥散圆尺寸减小,PVF 提高。

对于红外搜索跟踪(RST)系统来说,PVF 是一个基本技术指标。由于不好测量,PVF 通常是计算出来的。

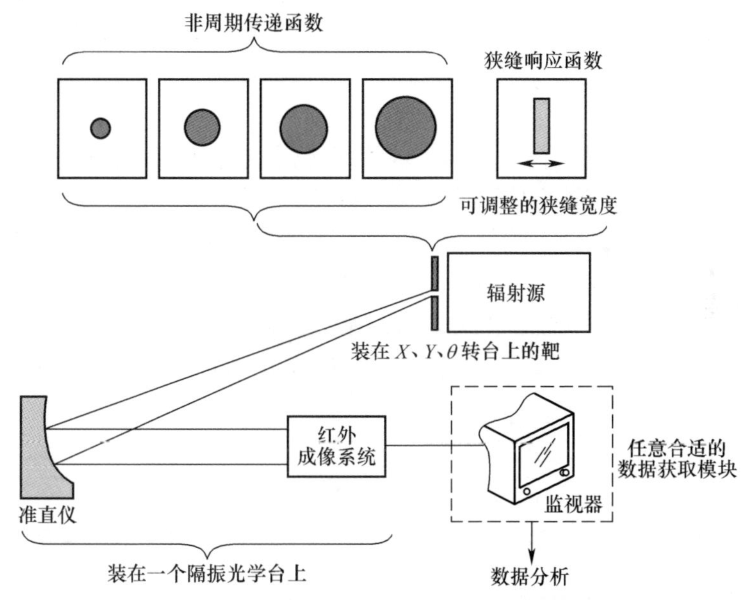

图 6-17　ATF 和 SRF 的通用测试装置

注:黑体、准直仪、红外成像系统应该放在一个隔振光学台上。

测量 SRF 时,目标靶对应的张角应该在(0.1~5)DAS 之间变化。测量 ATF 时,靶的面积应该在像元投影面积的 0.1~5 之间变化。小靶很难制作,这可能会限制测量结果。对于 SRF,狭缝长度不重要但必须足够大,从而避免垂直边界效应。狭缝长度必须覆盖足够多行像元,至少要比进行行间插值时用到的行数多。狭缝必须和阵列轴准确平行。由于不太关心成像分辨率,目标靶的尺寸只需要在

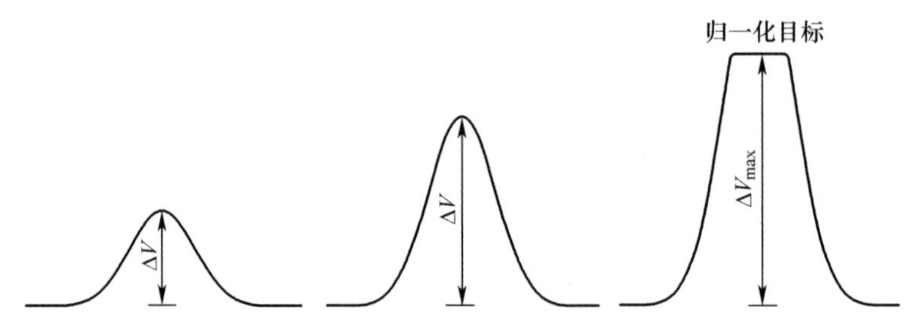

图6-18 输出信号是目标尺寸的函数

(1~5)DAS范围内就能获得测量分辨率。

因为该测试只和目标靶的尺寸有关，所以辐射源强度不重要，但也要足够高，这样才能在不进入非线性区的情况下提供良好的信噪比。但是随着靶的尺寸减小，来自黑体的辐射通量也会减少。当光通量降到系统可探测极限以下时，得到的就是一个点。在给定辐射源强度的情况下，这代表靶的尺寸的下限。对于任何比它面积更小的靶，都无法测量ATF和SRF。利用总响应除以用大靶得到的最大输出，可以将ATF和SRF归一化。这个值应该与在相同辐射源温度下进行响应率测试得到的值相同。

最好在测量ATF之前测量响应率函数，以确定未进入非线性区或未饱和之前允许的最大电平。为了提高信噪比，可以通过减小系统增益和增加辐射源强度的办法来降低系统噪声。细节的可见度会受大气湍流和机械振动影响。将测试装置放在密封箱里可以减少湍流影响（见4.4节“大气透过率和大气湍流”）。同样，将测试装置放在一个隔振光学台上可以减少振动影响。

ATF/SRF的测试步骤见表6-5；可能导致ATF/SRF结果变化的原因见表6-6。

表6-5 ATF/SRF测试步骤

·为保证测试成功，建立测试准则和标准，编写完整的测试计划（1.3节）；
·确保测试设备状态完好，测试装置选择恰当（图6-17）。咨询以前的设备使用者是否有应该注意的问题；
·确定系统的光谱响应以及它与辐射源特性、准直仪透过率和大气透过率的关系（4.3节和4.4节）；
·关闭AGC，将增益固定在预设值；
·确认红外成像系统在测试前达到工作稳定状态；
·确认红外成像系统聚焦（5.2节）；
·在没进入非线性区或未饱和状态下，选择信噪比最大处的辐射源强度，可以用响应率函数获得（表6-3）；
·将目标靶与探测器严格准直以获得最大输出；
·记录目标和背景之间的电压差；
·对目标靶的每一个尺寸重复步骤第8步~第9步；

续表

·用每个输出值除以最大输出值,最大输出值是用最大的目标靶获得的,当辐射源处于相同温度时,该最大值应该与使用 SiTF 测试靶得到的输出值相同; ·针对视场中的不同位置可适当重复步骤第 8 步~第 11 步; ·记录测试中的所有异常现象和结果,用图形和表格形式表示 ATF/SRF,按照要求确定 PVF、成像分辨率或测量分辨率

表 6-6　导致 ATF/SRF 结果变化的原因

·探测器温度变化(图 2-12); ·测试期间环境温度在变化(3.2.4 节); ·AGC 在工作; ·存在伽马校正(2.5.3 节); ·测量目标靶尺寸时出现错误; ·目标靶没有与探测器中心对准(图 5-7); ·目标靶倾斜; ·小靶的信噪比低

对于面积很大的目标靶,输出电压会达到最大值,这个值可用于对其他值做归一化,从而把 $\Delta V/\Delta V_{max}$ 记录为靶尺寸的函数(图 5-14)。这个测试中最严格和最难的部分是将目标靶与像元中心准直。对于凝视阵列,是否准直可以通过观察相邻像元的输出信号是否相等来判断(图 5-7)。

6.3　动态范围和线性度

响应率函数还可以提供动态范围和线性度的信息。系统的动态范围是可测量的最大输入信号与最小信号的比值。NEDT 被认为是最小的可测量信号。交流耦合系统的最大有效输出视目标靶的尺寸而定,因此如果动态范围确定,目标靶的尺寸也必须是确定的。对于响应率函数是"S"形的系统来说,饱和度没有准确的定义。根据应用的不同,最大输入值可以用三种方法之一来确定:第一种方法,动态范围是饱和状态下的最大和最小 ΔT;第二种方法,信号到达特定水平(如峰值的 90%)时所包含的范围;第三种方法,饱和度值与响应率函数的线性部分的交点(图 6-19)。

$$\text{动态范围} = \frac{\alpha_1 - \alpha_2}{\text{NEDT}} \text{或} \frac{b_1 - b_2}{\text{NEDT}} \text{或} \frac{c_1 - c_2}{\text{NEDT}} \tag{6-14}$$

图 6-20 说明使用大靶和小靶时交流耦合对输出电压的影响。小面积靶在大面积靶之前达到饱和状态。背景电压随着目标 ΔT 的提高而降低(图 6-20(a)),降低的幅度取决于靶的大小(图 6-20(b))。交流耦合会扩展动态范围。当目标

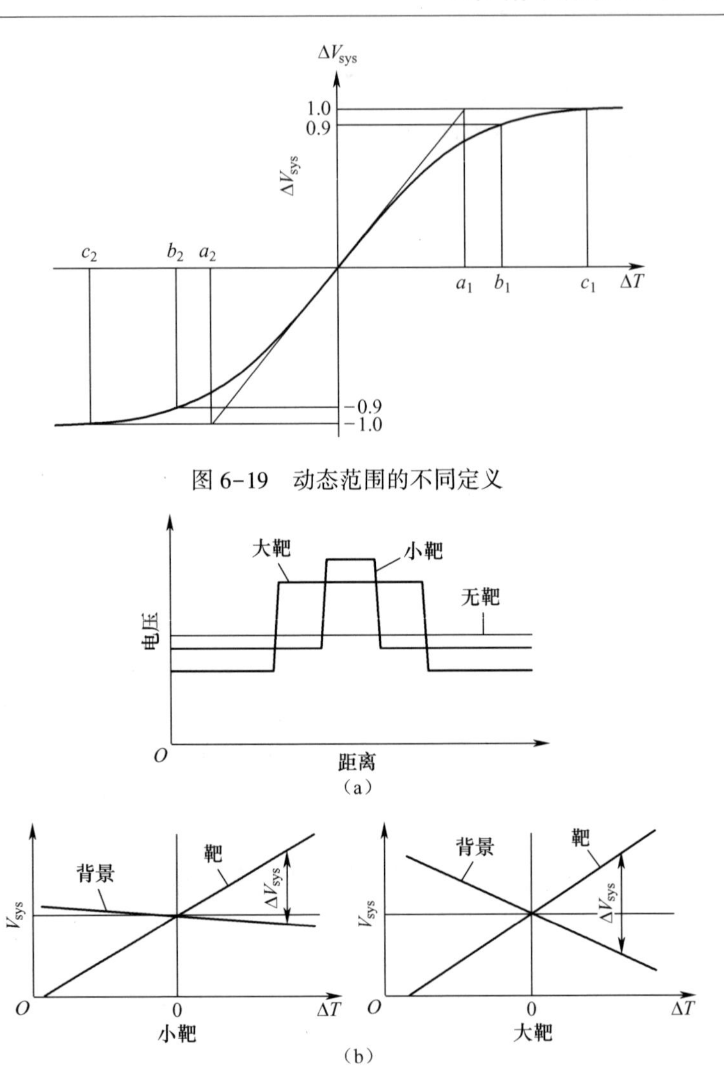

图 6-19　动态范围的不同定义

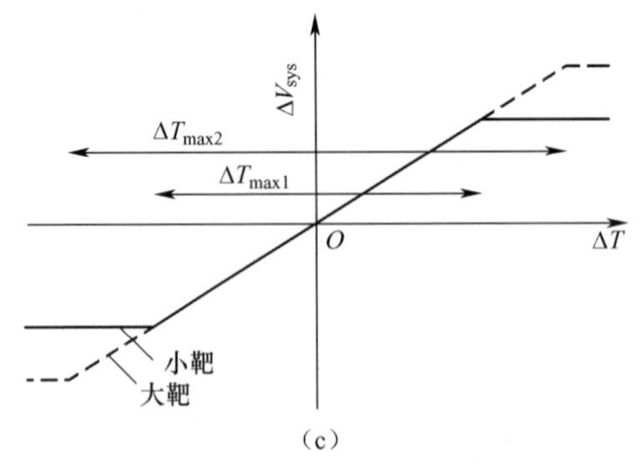

图 6-20　交流耦合对目标靶尺寸的影响

(a)尺寸不同的两个靶的 V_{sys}；(b) ΔV_{sys} 是两个靶的 ΔT 的函数；(c) ΔV_{sys} 是 ΔT 的函数。

靶覆盖 50%的视场时(图 6-20(c)),有效输出电压差可等于总输出电压。如果目标靶再大一点,最大电压则开始下降。对于小靶,动态范围为 $\Delta T_{max\ 2}$/NEDT;对于大靶,动态范围为 $\Delta T_{max\ 1}$/NEDT。

例 6-2　动态范围

要求的动态范围是 1000∶1。如果 NEDT 为 0.05℃,最大输出视频电压为 1V,要达到要求的动态范围,最小 SiTF 是多少?

饱和前的最大信号是 1000×0.05=50(℃)。当视频输出为 1V 时,最小 SiTF 为 1/50=20(mV/℃)。如果测得的 SiTF 比这个值大,那么系统输出达到饱和时的 ΔT 会更小。但是,假设可以降低增益,以便达到 1000∶1 的动态范围。利用饱和值与响应率曲线线性部分的交点获得的动态范围,与用最小 SiTF 值方法获得的结果是一样的,即图 6-19 中的 (b_1-b_2)/NEDT。

对大多数系统来说,调整增益和电平(偏置)可以改变探测器输出,这样就可以使模/数转换器达到最大动态范围。图 6-21 说明采用一个 8 位模/数转换器的系统。假设转换器的输入范围为 0~1V,输出范围为 0~255V。通过选择增益和偏置,探测器的输出电压范围能够与数字输出范围匹配。图 6-22 举例说明三个不同增益和偏置的情况。当光通量等级小于 T_{min}时,看不到辐射源(显示为 0)。当通量等级大于 T_{max}时,辐射源显示为 255,也就是说系统是饱和的。针对每个增益和电平设置都要重新确定 T_{min}和 T_{max}。对于线性系统,随着增益提高,信号和噪声同时增加,但信噪比和 NEDT 保持不变,但是饱和度会限制最大信号。当动态范围是输入范围除以 NEDT 时,提高增益会减小动态范围。在任何特定的增益设置条件下,可以通过牺牲最小可测试信号来扩展动态范围。例如,NEDT 通常是在最大增益时测量的(图 6-22 的范围 A)。系统的动态范围可以改变,最小可测量信号可能是一个最低有效位(图 6-22 的范围 C)。

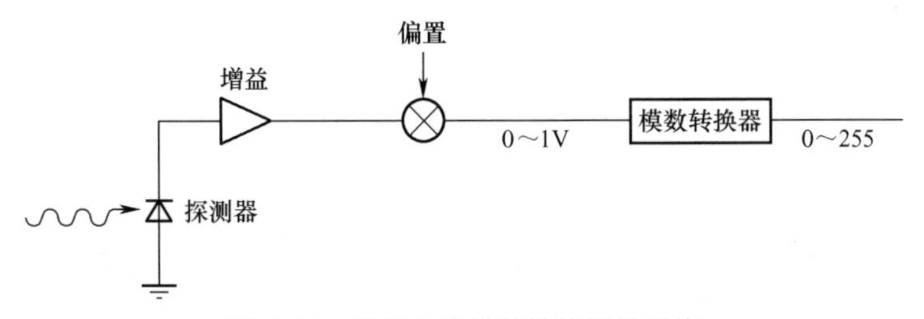

图 6-21　采用 8 位模数转换器的系统

注:根据系统设计的不同,增益和电平既可以自动控制,也可以手动控制。

可以用不同的增益设置值测试 NEDT 和系统的整体动态范围。图 6-23 说明对一个增益固定、偏移量变化的系统,它的瞬时动态范围和系统总体动态范围之间的差异。

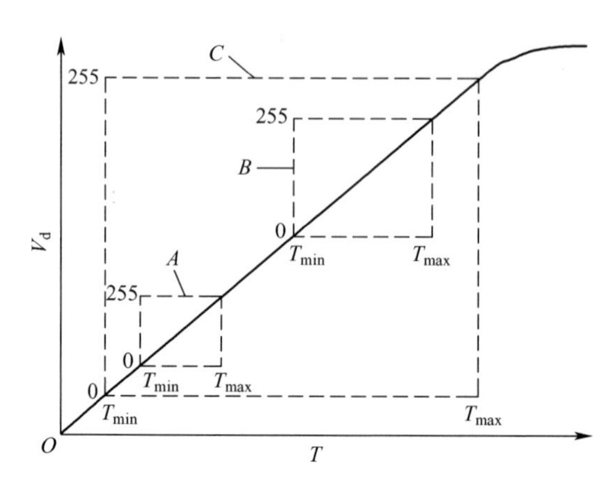

图 6-22　增益缩小了动态范围

注：随着增益提高，模数转换器在较小输入 ΔT 时饱和；动态范围是增益的函数。动态范围确定时，增益一定是确定的。

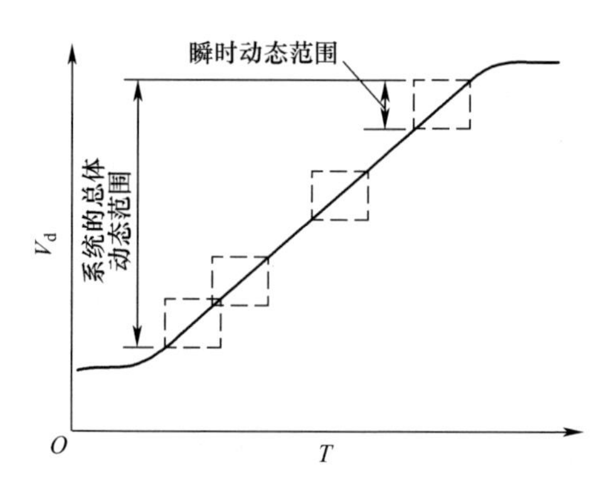

图 6-23　增益固定时瞬时动态范围保持不变，但通过改变电平可以扩展系统的总体动态范围

6.4 制　　冷

光子探测器必须制冷后才能提供理想的信噪比。制冷时间由制冷器性能、热负荷以及环境温度决定。大面阵探测器产生的热负荷很大，因此需要更长的时间才能达到工作温度。随着环境温度升高，制冷器的效率会降低，因为它不能很快散发掉探测器发出的热量。对大多数系统来说，只有探测器到达工作温度时视频电路才能工作，即在制冷期间监视器上是没有图像的（图 6-24）。

机械制冷器会疲劳。随着使用时间的增加，制冷要求的时间也相应增加。因此对这些系统来说，制冷时间通常是一个重要技术指标。温度低于预定值后视频

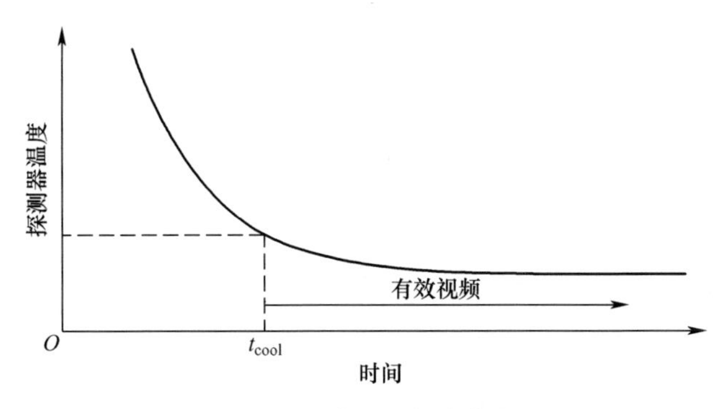

图 6-24　典型的制冷曲线

注：视频电路在 T_{cool} 时工作。通常，当 T_{cool} 超过技术指标时，要更换制冷器。

电路才开始工作。继续对探测器制冷能提高信噪比。

6.5　典型技术指标

技术指标要便于理解和便于测试(表 6-7)。

表 6-7　SiTF 的典型指标(针对待测系统填入合适的值)

· 背景温度为 20℃时，视场中心的 SiTF>0.2V/(°)；
· 对于交流耦合扫描系统，当目标靶的尺寸等于视场的 20%时，动态范围大于 50dB；
· 对于直流耦合系统和凝视系统，瞬时动态范围为 4000 : 1；
· 当工作在最小和最大增益时，每条模拟视频线的 SiTF 都在 5%的平均 SiTF 范围内；
· 在输入 ΔT 的饱和度为 80%时，增益均匀性小于 0.05

参 考 文 献

[1] MIL-STD-1859, "Thermal Imaging Devices, Performance Parameters of," 15 September 1981.

[2] P.A.Bell and CW.Hoover, Jr., "Standard NETD Test Procedure for FLIR Systems with Video Outputs," in Infrared Imaging Systems: Design, Analysis, Modeling and Testing JV, G.C.Holst, ed., SPIE Proceedings Vol. 1969, pp.194-205 (1993).

[3] P.O'Shea and S.Sousk, "Practical Issues with 3D-Noise Measurements and Applications to Modern Infrared Sensors," in Infrared Imaging Systems: Design, Analysis, Modeling, and Testing XVI, G.C.Holst, ed., Proceedings of SPIE Vol.5784, pp.262-271 (2005).

第7章

系统噪声

从广义上讲,任何不需要的信号成分都可以定义为噪声。噪声的表现形式有多种,如随机噪声、固定模式噪声、行间非均匀性、1/*f* 噪声、雨滴噪声、带宽(漂移)和通道闪烁,其中任何一种都可以是主要噪声源。由于噪声的瞬态特性,一些噪声产生的影响可能很难被量化,另一些噪声的影响可能容易分辨但难以测量。例如,人眼对图像帧间的强度变化(闪烁)非常敏感,但闪烁现象在单条模拟视频扫描线中或单帧数据中可能并不明显。

采用的噪声分析方法可以沿用 D'Agostino 和 Webb[1] 提出的三维噪声模型。在此模型中,通过将时间噪声和空间噪声与三维坐标系关联,将噪声分为 8 种成分。这种三维方法包含了所有噪声源的全部特征。用这种方法分析噪声的优点是,能将复杂现象分解成一组可测量的成分,便于简化和理解噪声,而且用这种分析方法可以深入了解可能成为噪声原因的硬件和软件因素。对系统性能分析人员来说,该方法简化了将复杂噪声系数代入模型公式的过程[2]。

每种噪声成分都有各自的噪声功率谱密度(NPSD)。虽然通常称为谱密度,但它是空间频率的函数。当目标的空间特性与噪声的光谱特性相同时,噪声的谱峰会影响观察人员对目标的观测(将在 10.1.3 节"含噪声的图像"中讨论)。

使用系统 SiTF 可以把测得的噪声电压换算成等效输入温度,从而得到噪声等效温差(NEDT)。NEDT 是在使用扩展辐射源的条件下产生信噪比为 1 时的输入差。NEDT 用于表示最小可测量信号,也用于定义动态范围。NEDT 也称为噪声等效温度(NET)或噪声等效温度差(NETD)。NET 和 NETD 的单位都是均方根,但均方根一词很少使用。

对点源探测来说,最小可测量信号是噪声等效通量密度(NEFD)或者噪声等效发光强度(NEI)。NEDT 和 NEFD 是仅表征系统灵敏度的量度,它们是很好的产品测试诊断工具,能验证产品性能。

图 7-1 说明测量所有噪声源的常用测试装置,可以用 4.6 节"数据获取"中所述的任何方法采集数据。要完整地评估系统特性,必须存储许多图像帧,用计算机很容易完成。通常会同时采集时间和空间噪声。用数据分析技术可以将噪声分成 8 种成分。测试人员必须了解噪声源,以便选择合适的测试装置和数据分析方法

来分割噪声成分。

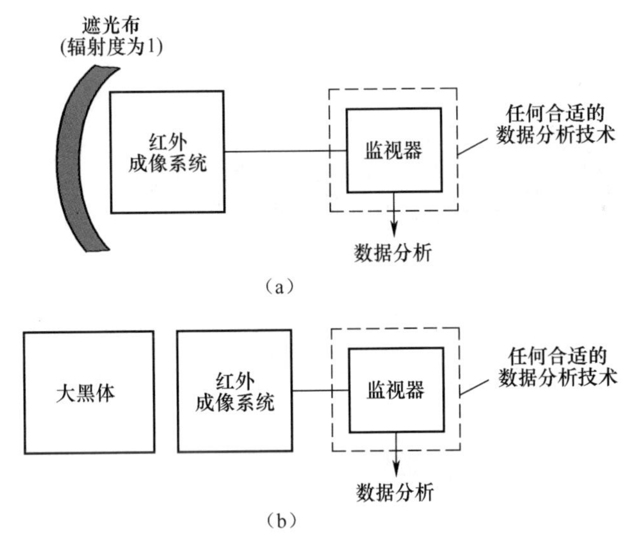

图 7-1　测量噪声成分的常用装置

(a)将发射率为 1 的遮光布用作扩展辐射源;(b)充满视场的大黑体。

用一片遮光布盖住红外系统,或者在系统视场内放置一个大面积黑体辐射源,可以做到均匀辐照探测器(扩展源辐射)。光源和遮光布必须覆盖探测器的整个感应区。为了确保观察到的非均匀性现象不是由辐射源造成的,应当移动一下辐射源以验证图像是否发生变化。如果图像发生变化,就是辐射源缺陷引起的。随着系统灵敏度的不断提高,辐射源非均匀性引入的误差也相应增大,这会增加测试人员找到合适辐射源的难度。黑体辐射源允许在不同背景温度下测量噪声,能为系统特性提供更多信息,同时也可判断 FPN 的变化。在测量响应率和噪声时必须使用相同的系统增益。

7.1　噪声的统计特性

只有理解了基本的噪声概率密度函数之后,才能选用恰当的统计分析方法。在计算标准差(也称为 1σ 或均方根值)时,要对噪声数据分布做出假设。因为高斯统计方法使用广泛,所以通常假设数据集服从高斯分布。这种基本假设必须能用常规方法证明。高斯分布也称为正态分布或正态概率分布。图 7-2 说明随机变化的电压值,其分布能用高斯概率分布描述,即

$$p(v)=\frac{1}{\sqrt{2\pi}\sigma_0}\mathrm{e}^{-\left(\frac{v-\mu}{\sigma_0}\right)^2} \tag{7-1}$$

式中:σ_0^2 为总体方差;μ 为总体均值。对总体方差和总体均值不可能进行详细的

测量，只能利用有限的数据集来推定。

图 7-2　高斯噪声

注：概率密度函数描述的是信号围绕均值波动的情况。

采样均值 m_S 是总体均值 μ 的估计值，即

$$m_S = \frac{1}{N_e}\sum_{i=1}^{N_e} v_i \tag{7-2}$$

式中：N_e 为数据集中数据的个数。

采样方差 S^2 是总体方差 σ_0^2 的估计值，即

$$S^2 = \frac{N_e \sum_{i=1}^{N_e} v_i^2 - \left(\sum_{i=1}^{N_e} v_i\right)^2}{N_e(N_e - 1)} \tag{7-3}$$

当 $N_e \to \infty$，$m_S \to \mu$ 时，$S^2 \to \sigma_0^2$。标准差是方差的平方根。

当把图形画在正态概率分布坐标上时，高斯（正态）分布表现为直线形式[3]。良好的χ^2 分布拟合方法也能确定采样数据是否集服从高斯分布[4]。正态概率分布曲线或χ^2 分布检验提供了一种严格的检验方法，用它足以规范、快速地判断数据是否符合高斯概率分布曲线。图 7-3 说明典型噪声的概率密度分布函数。数据的包络满足高斯分布，其中的平均值和标准差是由式（7-2）和式（7-3）计算出的。如果噪声分布不是高斯型的，那么有必要对噪声的完整特性做进一步描述，是否存在其他噪声源或数据采集问题。

从统计观点来看，如果将方差测量 k 次，每次测量会得到不同的结果，是因为每次分析的都是一个有限数据集。对方差最好的估计方法是对测得的方差取平均，即

$$S_{\text{ave}}^2 = \frac{1}{k}\sum_{i=1}^{k} S_i^2 \tag{7-4}$$

假设计算每一个 S_i 时使用了相同的数据点数。对标准差的最佳估计为

$$\sigma_{\text{ave}} = \sqrt{S_{\text{ave}}^2} = \sqrt{\frac{S_1^2 + \cdots + S_k^2}{k}} \tag{7-5}$$

图 7-3　噪声数据直方图及其高斯包络曲线(数据性质是高斯分布)

平均均方根噪声是平均方差的平方根。大小不同的数据集的方差见 12.1 节“均值、方差和可重复性”。

7.2　扫 描 系 统

本节回顾在开发出三维噪声模型之前分析噪声数据使用的几种方法。那时假设只存在随机噪声。早期的红外成像系统是通用模块系统或通用模块(扫描系统)系统的演进系统。

若系统性能受限于背景,那么 NEDT 的理论值为[5]

$$\mathrm{NEDT}=\frac{4F^{2}\sqrt{\Delta f_{\mathrm{e}}}}{\sqrt{A_{\mathrm{D}}}\int_{\lambda_1}^{\lambda_2}T_{\mathrm{sys}}(\lambda)\,\frac{\partial M_{\mathrm{e}}(\lambda,T_{\mathrm{B}})}{\partial T}D^{*}(\lambda)\,\mathrm{d}\lambda}\tag{7-6}$$

式中:Δf_{e} 为噪声等效电子带宽(NEBW);D^{*} 为探测器的比探测率,利用 D^{*} 的定义可得

$$D^{*}(\lambda)=\frac{R(\lambda)\sqrt{\Delta f_{\mathrm{e}}A_{\mathrm{D}}}}{V_{\mathrm{RMS}}}\tag{7-7}$$

将式(7-7)代入式(7-6)可得

$$\mathrm{NEDT}=\frac{4F^{2}V_{\mathrm{RMS}}}{A_{\mathrm{D}}\int_{\lambda_1}^{\lambda_2}T_{\mathrm{sys}}(\lambda)\,\frac{\partial M_{\mathrm{e}}(\lambda,T_{\mathrm{B}})}{\partial T}R(\lambda)\,\mathrm{d}\lambda}\tag{7-8}$$

式(7-8)与式(3-49)联立,可得

$$\mathrm{NEDT}=\frac{V_{\mathrm{RMS}}}{\dfrac{\Delta V_{\mathrm{sys}}}{\Delta T_{\mathrm{apparent}}}}=\frac{V_{\mathrm{RMS}}}{\mathrm{SiTF}}\tag{7-9}$$

随着背景温度升高,热偏导值增大(图 3-11)。对于背景受限系统,V_{RMS} 值也会增大,但没有热偏导值增长得快。因此,随着背景温度的升高,NEDT 值会减小

（图3-14）。为了避免混乱，必须确定特定背景温度下的NEDT值。如果另选了一个温度，则必须标明温度值。

NEDT是探测器性能的一个量度，在通用模块后置放大器的输出端确定[6]。早期系统的噪声等效电子带宽不能确定，因此仅通过减小带宽就能降低NEDT值，这种经典测试方法是加入一个单极滤波器，该滤波器的3dB截止频率等于2倍像元驻留时间的倒数（图7-4）。该滤波器规范了各实验室的测量方法。

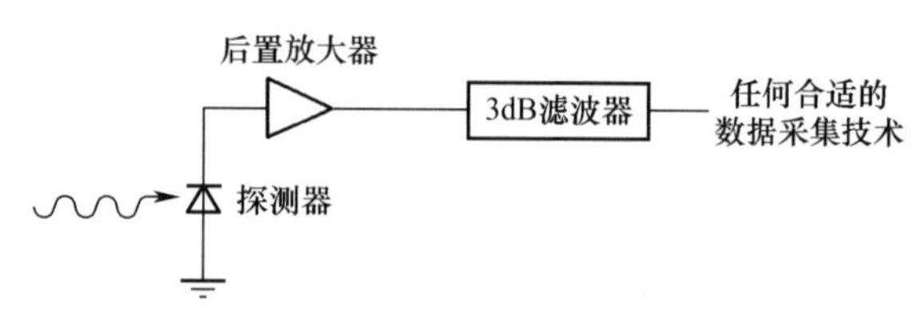

图7-4　早期的通用模块系统使用3dB单极滤波器

注：$f_{3dB}=\dfrac{1}{2\tau_d}$，$\tau_d$为探测器驻留时间。

图7-5说明典型的视频电压扫描线，图中V_{RMS}是高频噪声，RS-170扫描线出现的时间大约为52μs。对于扫描系统，能够精确测量到的最低频率$f=1/(2\times 52\mu s)\approx 10kHz$。于是，一个很低的频率会以直流偏置的形式出现，稍高的频率则会以电平单调递增或递减的形式出现（图7-6和图7-7）。如果将低频成分包含在计算的标准差中，那么均方根噪声会比预期的大。

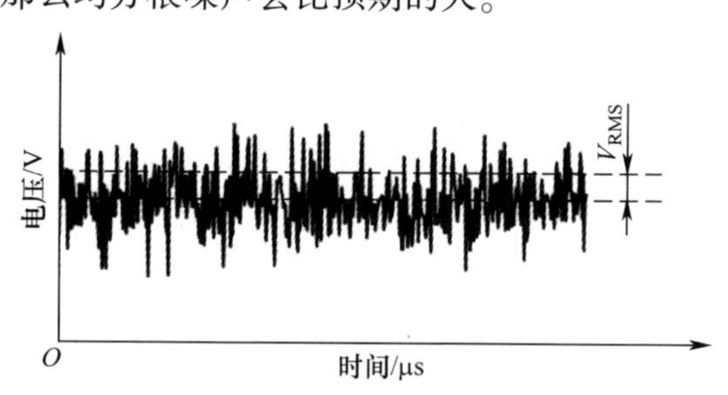

图7-5　用单路RS-170模拟视频电压扫描线表示的高频时间噪声

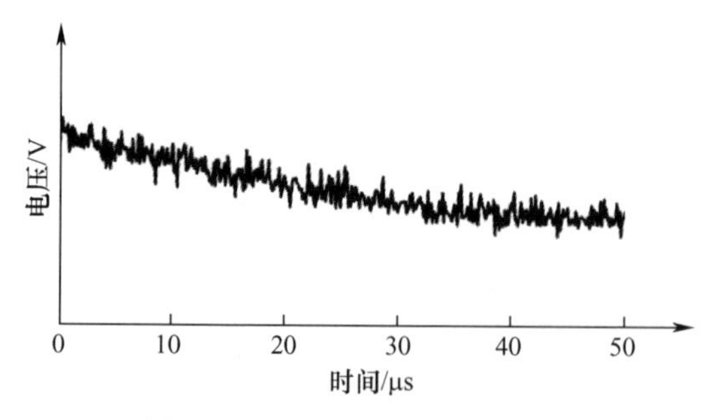

图7-6　扫描系统的电压扫描线

注：单个像元的输出有很低频率的1/f噪声

参照 RS-170 标准视频格式时,高频噪声是指频率大于 150kHz 的噪声成分[7],其余的是低频成分,即频率小于 150Hz 的噪声成分。图 7-8 说明用来分割噪声源的理想滤波器。这两种滤波器可以用硬件实现或用仿真模拟。因为 RS-170 的标准带宽约为 5MHz,低频截止波长代表大约 3%的噪声带宽。高通滤波器会去掉数据中的直流偏移或趋势噪声。由于均方根噪声与噪声带宽的平方根成比例,如果使用一个理想滤波器,测得的高频噪声均方根值将是整个系统均方根值的 98.5%。从数据中减去二次多项式就可以得到高频成分(见 7.4.5 节“低频滤除”)。

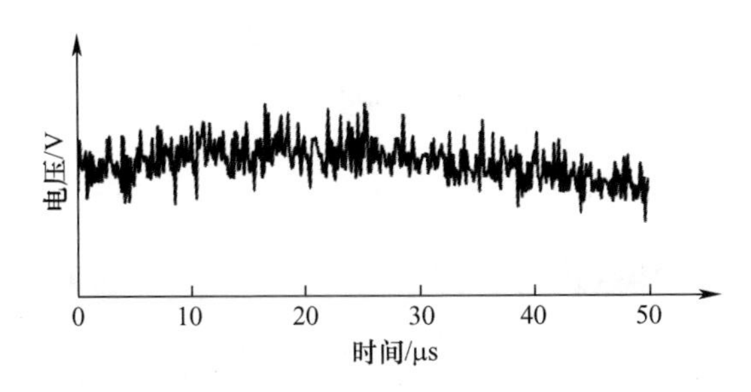

图 7-7　扫描系统的电压扫描线

注:单路 RS-170 模拟视频电压扫描线表示中等空间频率的 $1/f$ 噪声。

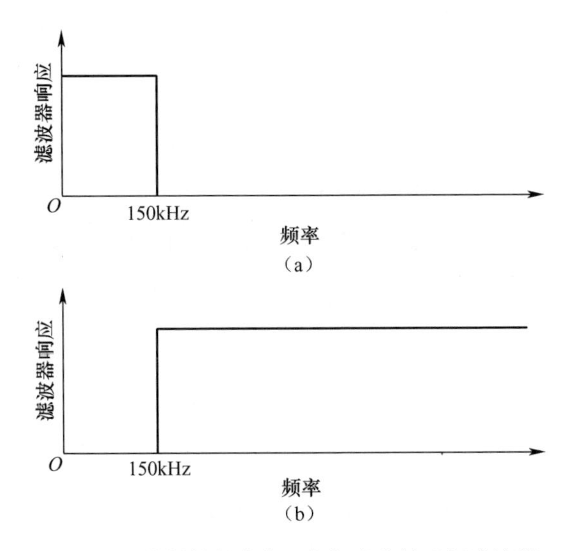

图 7-8　分割低频成分和高频成分的理想滤波器

(a)用于非均匀性的滤波器;(b)用于 NEDT 的滤波器。

注:对 RS-170 模拟视频信号,使用 150kHz 的滤波器比较合适。

给 RS-170 模拟视频信号的输出加一个 150kHz 滤波器,仅对水平方向的数据滤波,就能求出每行、每列或全局的均方根值(图 7-9)。

在一行 RS-170 视频信号中,任何小于 150kHz 的低频信号成分就是非均匀性噪声。非均匀性在视场中表现为电压变化，它出现在每一帧数据中（图7-10），测试装置如图7-11所示。用低通滤波器滤除高频噪声成分。

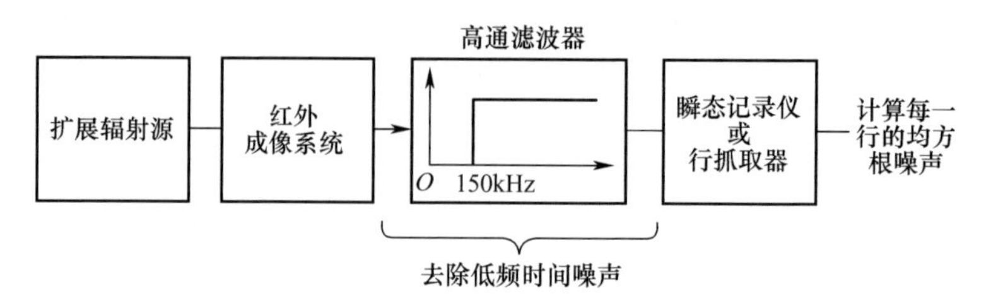

图7-9　确定噪声统计量的试验装置

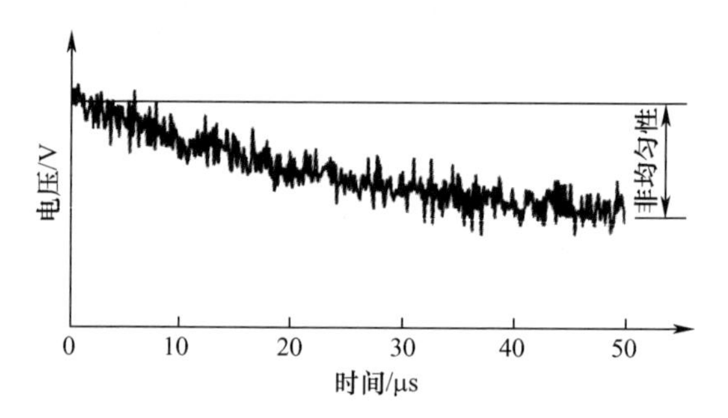

图7-10　用典型RS-170扫描线说明非均匀性

注：这种非均匀性会出现在每一帧中。

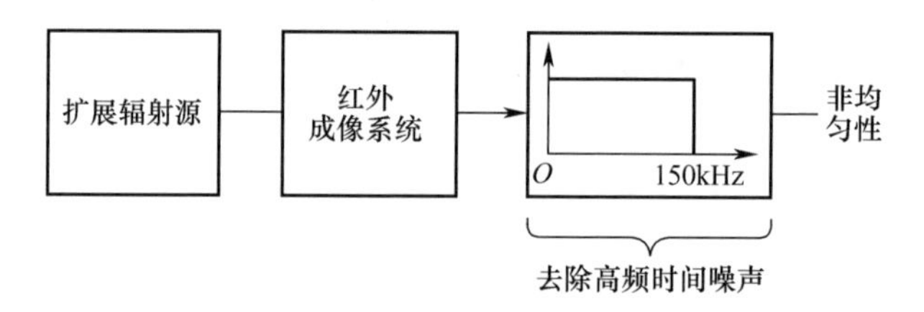

图7-11　确定非均匀性的试验装置

在广泛使用帧抓取器以前，是通过检测示波器上的输出扫描线粗略估计单独一行模拟视频信号的噪声的。示波器上的电压峰-峰值/6是标准差的估计值。其中除数6来源于对高斯分布的考虑，因为在高斯分布中，99.74%的数据落在$\pm 3\sigma$的均值范围内（见12.2.1节“高斯统计”）。在出现低频成分（趋势噪声）时，是难以估计高频噪声。

7.3　凝视阵列

对于凝视阵列，有

$$\mathrm{NEDT}=\frac{4F^2\langle n_{\mathrm{sys}}\rangle}{A_{\mathrm{D}}t_{\mathrm{int}}\int_{\lambda_1}^{\lambda_2}T_{\mathrm{sys}}(\lambda)\frac{\partial M_{\mathrm{q}}(\lambda,T_{\mathrm{B}})}{\partial T}\eta(\lambda)\mathrm{d}\lambda}\tag{7-10}$$

NEDT 取决于积分时间 t_{int} 、光子热偏导和探测器的光谱量子效率 $\eta(\lambda)$ ，噪声的电子数量 $\langle n_{\mathrm{sys}}\rangle$ 是光电噪声、暗电流噪声和读出噪声的总和。如果主噪声源是随机产生的光电子，则有

$$\langle n_{\mathrm{sys}}\rangle=\sqrt{\frac{A_{\mathrm{D}}t_{\mathrm{int}}\int_{\lambda_1}^{\lambda_2}T_{\mathrm{sys}}(\lambda)\frac{\partial M_{\mathrm{q}}(\lambda,T_{\mathrm{B}})}{\partial T}\eta(\lambda)\mathrm{d}\lambda}{4F^2}}\tag{7-11}$$

和

$$\mathrm{NEDT}=\sqrt{\frac{4F^2}{A_{\mathrm{D}}t_{\mathrm{int}}\int_{\lambda_1}^{\lambda_2}T_{\mathrm{sys}}(\lambda)\frac{\partial M_{\mathrm{q}}(\lambda,T_{\mathrm{B}})}{\partial T}\eta(\lambda)\mathrm{d}\lambda}}\tag{7-12}$$

NEDT 随着积分时间的变化而变化，而积分时间可能随着场景照明而变化。对于非制冷系统，积分时间趋于和帧时间相同。对高响应率探测器（InSb 和 HgCdTe），积分时间可能明显小于 1 个帧时。

在凝视阵列中，每个像元的输出会随着时间变化，这种变化能从帧与帧之间的差异看出来。一个帧的输出会如图 7-12 所示那样变化。当每个像元输出电压的平均值不同时，会出现固定模式噪声。从理论上讲，校正增益/电压可以去除 FPN。

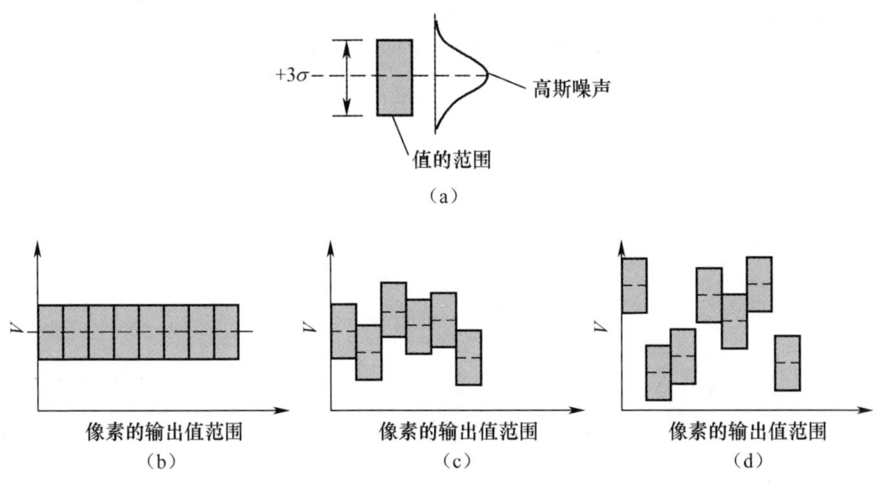

图 7-12　凝视阵列中的噪声

(a) 基于高斯统计，单个像元输出值的范围；(b) 没有 FPN 时，8 个像元的输出值范围；(c) 几乎检测不到 FPN 时的输出值范围；(d) FPN 是 NEDT 值的 5 倍左右时，输出值的范围。

但是由于存在 $1/f$ 噪声，每个像元输出的平均值会发生漂移。从某种程度上讲，FPN 值与使用校正技术的频次有关，即系统工作时，是对每一帧都进行校正还是只校正一次[8-9]。随着收集的帧数增加，完成非均匀性校正的时间延长。每个连续帧都会有更多 FPN（图 2-32）。传统的噪声测量技术（在 7.2 节已讨论）没有考虑到 FPN 或其他噪声源。三维噪声模型为正确测量 FPN 建立了一个架构。

7.4 三维噪声模型

D'Agostino 和 webb[1] 提出了一个三维噪声模型（图 7-13）。三维数据立方包含了所有时间噪声和空间噪声。T 轴是时间轴，表示成帧序列，H 轴和 V 轴提供空间信息。根据红外成像系统的不同设计，对扫描系统，水平轴 H 表示时间，对凝视系统，水平轴 H 表示空间。对凝视系统，m 和 n 表示像元的地址。对并行扫描系统，m 表示像元数，n 表示已经数字化的模拟信号。

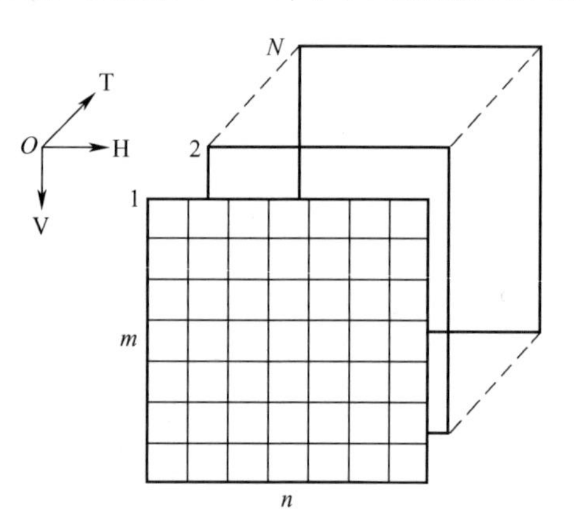

图 7-13 三维噪声模型坐标系

注：数据集 N_{TVH} 中包含 $m\times n\times N$ 个数据元。

7.4.1 *D* 算子

D 方向平均算子使得可以用数学方法从数据立方中导出 8 种噪声成分。D 算子只平均其下标代表的方向的数据。位于 $[i, j, k]$ 的数据的值为 $U(i, j, k)$。D_T 表示对 T 方向的数据进行平均的过程。每个像素的平均值为

$$D_{\mathrm{T}} = \frac{1}{N}\sum_{i=1}^{N} U(i,j,k) \tag{7-13}$$

同理，每一行的平均值为

$$D_{\mathrm{V}} = \frac{1}{m}\sum_{j=1}^{m} U(i,j,k) \tag{7-14}$$

每一列的平均值为

$$D_{\mathrm{H}} = \frac{1}{n}\sum_{i=1}^{n} U(i,j,k) \tag{7-15}$$

采用因子 $1-D_i$ 消除数据集中的平均值，即

$$U(j,k) = (1 - D_{\mathrm{H}})U(i,j,k) = U(i,j,k) - D_{\mathrm{H}}U(i,j,k) \tag{7-16}$$

于是可得

$$N_{\text{TVH}} = (1 - D_{\text{T}})(1 - D_{\text{V}})(1 - D_{\text{H}})U(i,j,k) \tag{7-17}$$

$$N_{\text{VH}} = (1 - D_{\text{V}})(1 - D_{\text{H}})D_{\text{T}}U(i,j,k) \tag{7-18}$$

$$N_{\text{TV}} = (1 - D_{\text{T}})(1 - D_{\text{V}})D_{\text{H}}U(i,j,k) \tag{7-19}$$

$$N_{\text{TH}} = (1 - D_{\text{T}})(1 - D_{\text{H}})D_{\text{V}}U(i,j,k) \tag{7-20}$$

$$N_{\text{T}} = (1 - D_{\text{T}})D_{\text{V}}D_{\text{H}}U(i,j,k) \tag{7-21}$$

$$N_{\text{V}} = (1 - D_{\text{V}})D_{\text{T}}D_{\text{H}}U(i,j,k) \tag{7-22}$$

$$N_{\text{H}} = (1 - D_{\text{H}})D_{\text{T}}D_{\text{V}}U(i,j,k) \tag{7-23}$$

注意三维模型中的数据必须是可获得的。每种噪声成分包含的数据元的数量见表 7-1 并用图 7-14 说明。提取各种噪声成分的方法如图 7-15 所示(文献[10]中有详细解释)。用式(7-17)~式(7-23)可以获得各种噪声成分。用每个数据集的均方根值(式(7-3))除以 SiTF,获得每个噪声成分的标准差 σ。

表 7-1　每种噪声成分的数据元数量

三维数据集	数据元的数量 N_e	三维数据集	数据元的数量 N_e
N_{TVH}	$m \times n \times N$	N_{V}	m
N_{VH}	$m \times n$	N_{H}	n
N_{TH}	$n \times N$	N_{T}	N
N_{TV}	$m \times N$	S	1

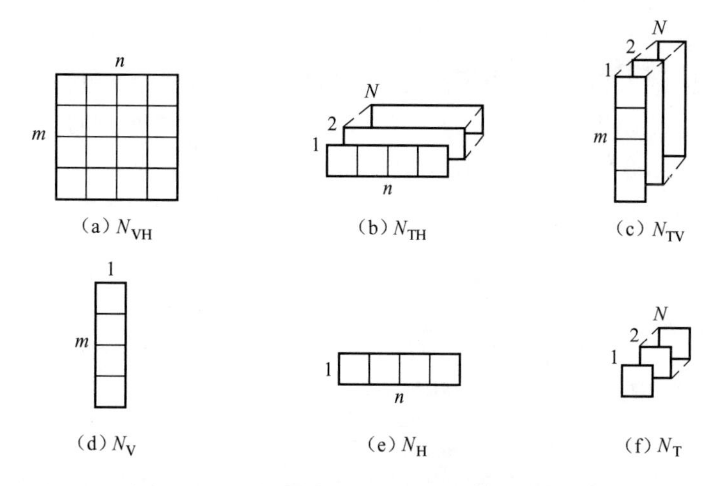

图 7-14　用图形表示的三维噪声模型的数据集

(a)数据集 N_{VH}(每个像素是 N 帧平均后的结果);(b)数据集 N_{TH}(每列是 m 个像素平均后的结果);(c)数据集 N_{TV}(每行是 n 个像素平均后的结果);(d)数据集 N_{V}(每行是 n 个像素和 N 帧平均后的结果);(e)数据集 N_{H}(每列是 m 个像素和 N 帧平均后的结果);(f)数据集 N_{T}(每帧是 $m \times n$ 个像素平均后的结果)。

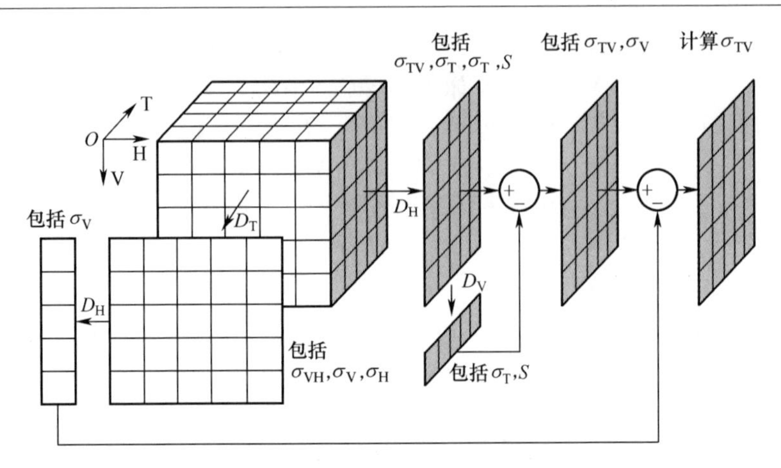

图 7-15 使用 D 算子的正确方法

注：σ_{TVH}是数据集 N_{TVH}除以 SiTF 得到的标准差，依此类推[10]。

7.4.2 噪声成分

表 7-2 将噪声成分分解为空间成分和时间成分。表 7-3 列出了 7 种噪声成分和一些可能影响并行扫描系统和凝视成像系统的噪声成分。从数学完整性讲，噪声模型包含 8 种成分，其中第 8 种是全局平均值 S。由于全局平均值是单数，其方差为 0。根据不同的系统设计和工作原理，这些噪声成分中的任何一种都可能是主要噪声，它们的起因有明显差别，噪声的出现和放大与具体红外成像系统的设计有关，并非所有噪声成分都会出现在每个红外成像系统中。某些噪声源，如颤噪效应就很难描述，因为它们可能以不同的形式出现。“读出电子噪声”是凝视阵列中所有可能导致失真的噪声的统称，它会出现在水平方向或垂直方向。表 7-3 列出了两个方向，表示它们可能出现在其中一个方向上。空间-时间噪声 σ_{TVH} 与经典 NEDT（式(7-6)）是一样的，只是基准带宽代之以实际系统带宽。对扫描阵列，$\Delta f_e = 1/(2\tau_D)$；对凝视系列，$\Delta f_e = 1/(2t_{int})$。

系统总噪声为

$$\sigma_{sys} = \sqrt{\sigma_{TVH}^2 + \sigma_{TV}^2 + \sigma_{TH}^2 + \sigma_{VH}^2 + \sigma_T^2 + \sigma_V^2 + \sigma_H^2 + \sigma_S^2} \tag{7-24}$$

大多数系统中的时间噪声都被降到最小，以便

$$\sigma_{sys} \approx \sqrt{\sigma_{TVH}^2 + \sigma_{VH}^2 + \sigma_V^2 + \sigma_H^2} \tag{7-25}$$

这并不意味着不需要测量时间噪声成分。相反，如果时间噪声成分很大，就要检查系统设计。时间噪声成分对系统性能的影响是未知的。

固定模式噪声能通过合并 σ_{VH}、σ_V 和 σ_H 得到。目前，只有 σ_{TVH} 是可预测的，其他噪声成分需要通过测量或估计来确定。图 7-16～图 7-18 说明不同的噪声源。在图 7-16 中，固定模式噪声和随机噪声在单帧中出现的形式是相似的。随机

噪声在帧间变化，而固定模式噪声却不变化。图 7-17 是说明水平和垂直条纹。图 7-18 说明在凝视阵列中经常看到的行噪声和列噪声。图 7-16～图 7-18 中的图像都用 MAVIISS 软件生成。

表 7-2　三维噪声的符号

噪声成分	像素变化量	行变化量	列变化量	帧变化量
时间	σ_{TVH}	σ_{TV}	σ_{TH}	σ_T
空间	σ_{VH}	σ_V	σ_H	$\sigma_S = 0$

表 7-3　三维噪声模型中的 7 种噪声成分

三维噪声成分	描述	并行扫描系统	凝视阵列系统
时空噪声 σ_{TVH}	像元随机噪声	随机噪声 $1/f$ 噪声	随机噪声
随机空间噪声 σ_{VH}	没有帧间变化的空间噪声	非均匀性	固定模式噪声 非均匀性
列时间噪声 σ_{TH}	有帧间变化的列平均变化量 （雨滴噪声）	电磁干扰	读出电子噪声
行时间噪声 σ_{TV}	有帧间变化的行平均变化量 （条纹噪声）	行处理噪声 瞬态噪声 $1/f$ 噪声	读出电子噪声
行固定噪声 σ_V	行平均变化量，它出现的时间固定 （水平线或条带）	像元增益/电平变化 行间插值	读出电子噪声， 行间插值
列固定噪声 σ_H	列平均变化量，它出现的时间固定 （垂直线）	扫描噪声 （$480 \times n$ 阵列）	读出电子噪声
帧处理噪声 σ_T	帧间强度变化量（闪烁）	帧处理	帧处理

注：读出电子噪声不是影响水平方向就是影响垂直方向。

图 7-16　受随机噪声和/或固定模式噪声干扰的图像[11]

注：仅用单帧图像的数据，无法从 σ_{VH} 中分离出 σ_{TVH}。

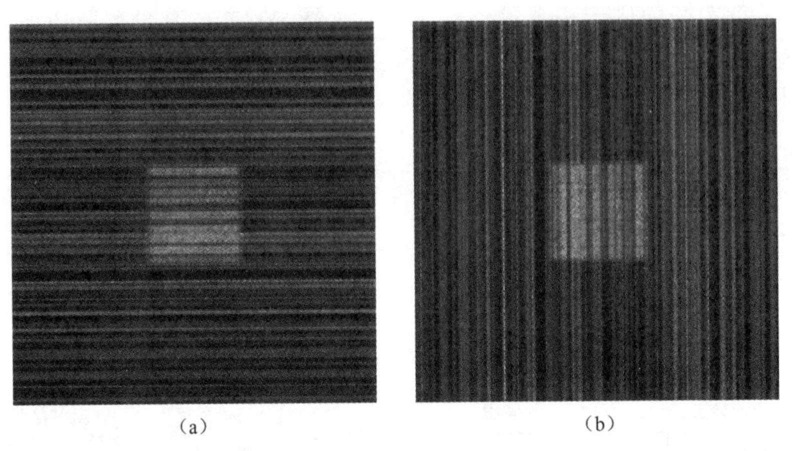

（a）　　　　　　　　　　（b）

图7-17　受水平条纹（ σ_{TV} 或 σ_{V} ）和垂直条纹（ σ_{TH} 或 σ_{H} ）干扰的图像[11]

注：仅用单帧图像的数据，无法从 σ_{V} 中分离出 σ_{TV} ，也无法从 σ_{H} 中分离出 σ_{TH} 。

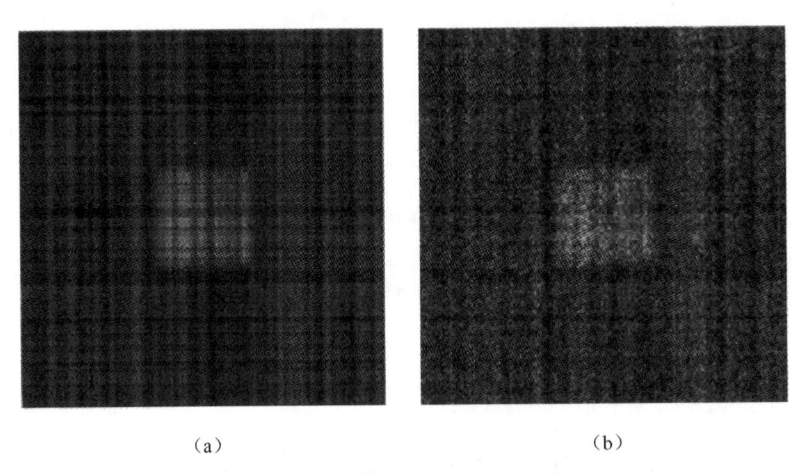

（a）　　　　　　　　　　（b）

图7-18　受 σ_{VH} 和/或 σ_{V} 和 σ_{H} 影响的图像以及受所有噪声影响的图像[11]

7.4.3　双向性

如果计算的标准差与进行计算时选择的方向是独立的，那么噪声成分具有双向性。也就是说，无论是针对行、列、全局还是帧间进行测量，均方根值都是一样的。表现出这种特点的系统称为各态遍历系统[12]。具有各态遍历性时，有

$$\sigma_{TV}=\sigma_{TH}=\sigma_{VH}=\sigma_{T}=\sigma_{V}=\sigma_{H}=0 \tag{7-26}$$

等价地，时间统计特性和总体统计特性是一致的。无论在显示器上长时间地检测一个像元的输出（时间统计量），还是同时测量许多相同像元的输出（总体统

计),平均值和方差都是相同的。

串行扫描系统通常是各态遍历的。随着像元数量的增加,系统有偏离各态遍历性的趋势。每个像元/放大器组合的响应率和增益特性都会有微小的差别。随着差别的增大,各种噪声成分也被放大。由于系统设计和工作原理的差异,相同的噪声源可能有不同的噪声成分出现。从某种程度上讲,测得的每种噪声值的大小是由所选择的三维模型的体积大小决定的。1990年以前的测量技术都假设系统是各态遍历的,那时的 σ_{TVH} 不是从 N_{TVH} 计算出的,而是从较小的数据集计算出来的,由于各态遍历性,行或帧的均方根值都与 σ_{TVH} 相等。

7.4.4 NEDT、FPN和非均匀性

每种噪声都有自己的噪声功率谱密度(NPSD)[13]。通过将NPSD分解成高频和低频成分,就能确定NEDT、FPN和非均匀性(NEDT是随机噪声中的高频成分,$1/f$ 噪声是 σ_{TVH} 中的低频成分。FPN(高频空间噪声)和非均匀性(低频空间噪声)是 σ_{VH} 成分(表7-6),"高"和"低"的概念将在7.4.5节介绍。

表7-4 FPN和非均匀性

三维噪声成分	频率成分	并行扫描系统	凝视阵列系统
σ_{TVH}	高	NEDT	NEDT
	低	$1/f$	—
σ_{VH}	高	—	FPN
	低	非均匀性	非均匀性

低频成分趋于对系统产生扰动作用,高频成分能显著影响系统对细节的分辨能力。高频噪声会干扰成像系统的基本运行。

虽然非均匀性起初是用来测量光学缺陷(阴影、斑点、瑕疵)的量度,但是现在它包含所有产生非均匀性输出的原因(如冷反射和扫描噪声)。非均匀性有时被视为一种外观缺陷,在一些增益设置或背景强度条件下,它可能比在其他条件下更容易观察到(图2-16)。在实验室环境温度下它也许不明显,但当观察单一场景或冷天空时,这种现象会明显地出现在视场中。冷反射这种产生非均匀性干扰的因素,可以通过匹配与冷反射信号等值的黑体温度的方法来消除。如系统增益足够高,又选择了合适的黑体温度,冷反射和阴影总会出现,也会被观察到。

7.4.5 低频去除

图7-15说明分割各种噪声源的正确方法。图7-19是一个简化的概念图,即用高通滤波器去除低频成分。

从高频信号中去除低频成分叫做趋势噪声去除[14]。这种趋势噪声通常使用

二次多项式($y = a_0 + a_1x + a_2x^2$)描述。减去多项式(图 7-20)就得到想要的高频数据集。噪声方差是相加的,$\sigma_{total}^2 = \sigma_{low\ freq}^2 + \sigma_{high\ freq}^2$。

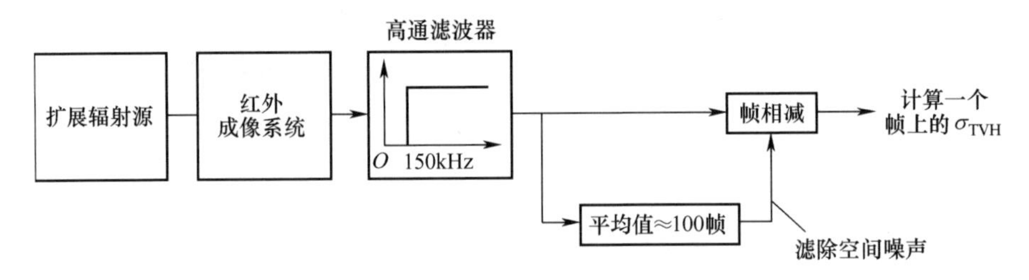

图 7-19 用于确定 σ_{TVH} 的概念性装置

注:对 100 帧的数据取均值会减去时间噪声而只留下空间噪声。帧相减能从当前帧中去除空间噪声。

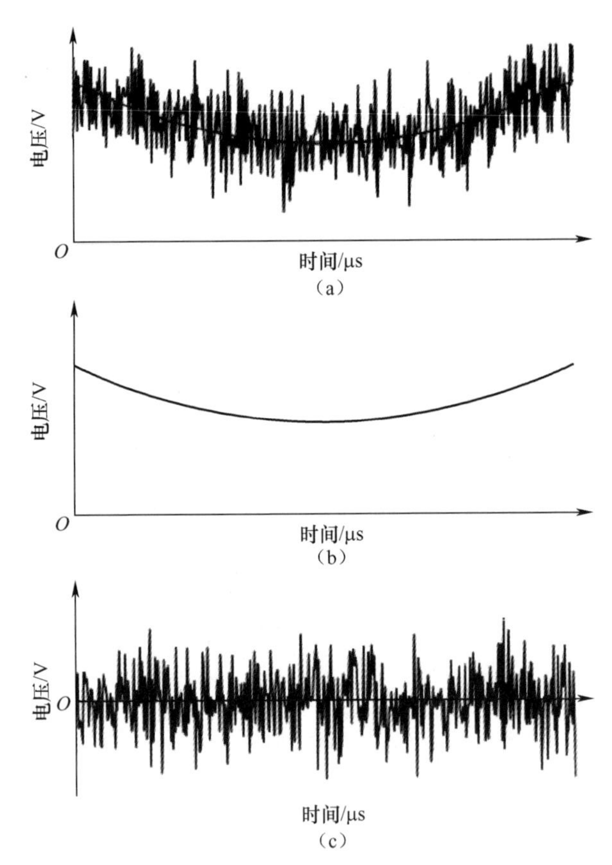

图 7-20 用二次多项式近似值去除低频成分

(a)系统总噪声 $\sigma_{total} = 0.343$;(b)与低频成分 $\sigma_{low\ freq} = 0.196$ 吻合的二次多项式;
(c)从图(a)中减去图(b)后得到的高频成分,$\sigma_{high\ freq} = 0.282$。

首先将多项式应用到每一行(去除水平方向的趋势噪声),然后应用到每列(去除垂直方向的趋势噪声)。用常数 a_0 去掉每一行或每一列的平均值后,得到的结果与用 D_i 方向平均算子求出的结果一样。图 7-20(b)说明的多项式是低频成分。如果出现阴影,可能要用到三次多项式 $y = a_0 + a_1x + a_2x^2 + a_3x^3$, a_0、a_1、a_2、a_3 分别表示偏置、斜率、FPN 非线性和不对称阴影。

图 7-21 说明计算出的高斯分布曲线与图 7-20(c)的数据直方图吻合。作为一种快速估计,这种关联法被认为是良好的。图 7-22 说明图 7-20(a)的直方图数据。计算出的高斯曲线与数据不太吻合,这说明存在其他噪声源。

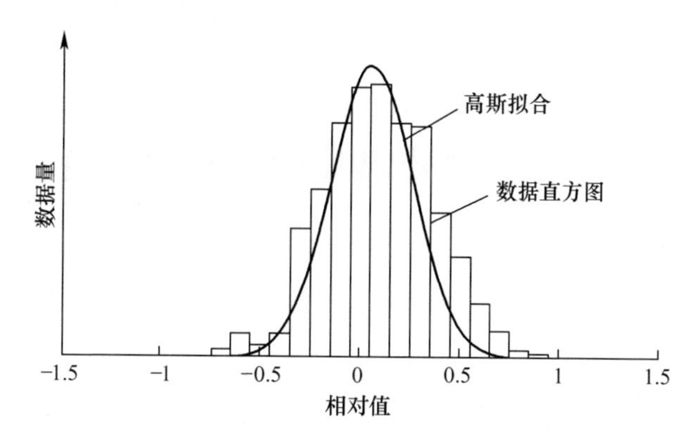

图 7-21　图 7-20(c)数据的直方图和计算出的高斯曲线分布

注:只有随机噪声。

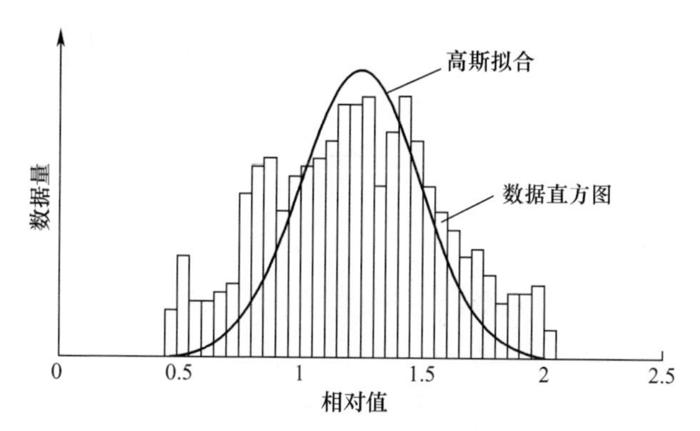

图 7-22　图 7-20(a)数据的直方图和计算出的高斯曲线分布

注:有随机噪声,还有其他噪声源。

7.4.6　扫描系统

虽然 $1/f$ 噪声是低频时间噪声,但其表现形式取决于系统的设计和工作原理。

在扫描系统中，$1/f$ 噪声可能是条纹形式[16-17]。出于外观原因，行间变化或条纹被认为是不可接受的，或者可能会干扰系统的使用。因为每行可能有不同的平均值，它表现为 σ_V 噪声。FPN 通常与扫描系统无关，但垂直方向的变化是 FPN 形式。对于凝视阵列，测得的噪声与最后一次增益/电平定标的时间有关。

除随机噪声外，在并行扫描系统中最常见的噪声成分是 σ_{TV} 和 σ_V[2]。对一个设计良好的扫描系统，$\sigma_{TV}=0$，总系统噪声可近似为

$$\sigma_{sys} \approx \sqrt{\sigma_{TVH}^2+\sigma_V^2}=\sigma_{TVH}\sqrt{1+\left(\frac{\sigma_V}{\sigma_{TVH}}\right)^2} \tag{7-27}$$

作为一个参考，表 7-5 中列出了 NVThermIP 模型对模拟扫描系统的建议值[16]。表 7-5 中的“低噪声”适用于通用模块系统，而“中噪声”适用于第二代扫描系统。第二代扫描系统有更低的 NEDT，σ_V 的相对值则更高。表 7-5 表明，对于通用模块系统设计，测得的 σ_V 可能低于测得 σ_{TVH} 的 25%，对于第二代系统则低于它的 75%。表 7-5 中的值是平均值。它们不应被解释为系统适合于任何特定应用。有较高 σ_V 的系统可能对某些应用表现得非常好。

表 7-5　NVThermIP 模型对模拟扫描系统的建议值

相对噪声	低噪声	中噪声	高噪声
σ_{VH}/σ_{TVH}	0	0	0
σ_{TV}/σ_{TVH}	0	0	0
σ_{TH}/σ_{TVH}	0	0	0
σ_V/σ_{TVH}	0. 25	0. 75	1
σ_H/σ_{TVH}	0	0	0

7.4.7　凝视系统

对于凝视系统，固定模式噪声、行噪声、列噪声是系统总噪声中的主要因素。对大多数凝视系统，总噪声近似为

$$\sigma_{sys} \approx \sqrt{\sigma_{TVH}^2+\sigma_{VH}^2+\sigma_V^2+\sigma_H^2}=\sigma_{TVH}\sqrt{1+\left(\frac{\sigma_{VH}}{\sigma_{TVH}}\right)^2+\left(\frac{\sigma_V}{\sigma_{TVH}}\right)^2+\left(\frac{\sigma_H}{\sigma_{TVH}}\right)^2} \tag{7-28}$$

表 7-6 列出了 NVThermIP 模型对凝视阵列系统的建议值[18]。表 7-6 中的值是凝视系统定标后立即测得的典型值，背景温度与定标温度相近。它们不应被解释为系统适合任何特定应用。有较高 FPN 的系统对某些应用可能会表现得非常好。

表 7-6 NVThermIP 模型对凝视阵列的建议值

相对噪声	低噪声	中等噪声	高噪声
σ_{VH}/σ_{TVH}	0.2	0.5	1~2
σ_{TV}/σ_{TVH}	0	0	0
σ_{TH}/σ_{TVH}	0	0	0
σ_{V}/σ_{TVH}	0.2	0.5	1~2
σ_{H}/σ_{TVH}	0.2	0.5	L~2

7.5 NEDT 的测量步骤

正如 3.2.4 节“ ΔT 的概念”中讨论的,当背景(环境)温度漂移时,目标和背景之间的通量差会相对一个固定测温差而变化。如图 3-14 所示,环境温度漂移10℃,会使中波红外的 NEDT 变化 12%左右,使长波红外的 NEDT 变化 1.0%左右。

NEDT 的测试步骤见表 7-7;导致 NEDT 测量值变化的原因见表 7-8。

表 7-7 NEDT 测试步骤

· 为保证测试成功,建立测试准则和标准,编写完整的测试计划(1.3 节);
· 确保测试设备状态完好,测试装置选择恰当(图 7-1);
· 设置的系统增益要与测试系统响应率时的一致(表 6-3);
· 移动辐射源的位置,确定观察到的非均匀性是被测系统造成的而不是辐射源造成的;
· 确认红外成像系统在测试程序开始之前已经达到工作稳定状态;
· 选择数据采集方法(4.6 节),确保在不同背景温度下采集到合适的数据;
· 分割各种噪声成分(7.4 节)。对数据描点画图,确保没有出现趋势噪声。以直方图的形式描绘数据,并描绘出近似于数据的高斯分布曲线(图 7-3);
· 计算 NEDT= σ_{TVH} = V_{RMS}/SiTF;
· 记录测试中出现的任何异常现象、背景温度和所有测试结果

表 7-8 NEDT 测试结果不好或不稳定的原因

· 测试装置接地不良;
· SiTF 太低(表 6-4);
· 没有考虑到其他噪声源:没有去除的阴影、非均匀性或 FPN;
· 探测器或制冷器损坏(图 2-12);
· 探测器没有处于最佳工作温度(图 2-12);
· 探测器温度变化(图 2-12);
· 环境温度变化(图 3-14);
· 设置的增益太高,导致噪声尖锋进入非线性响应区(图 4-33)

例 7-1 扫描阵列的平均 NEDT

将 NEDT 测量 5 次的结果分别为 110mK、116mK、120mK、123mK 和 133mK,NEDT 的平均值是多少?

如果用于计算每个标准差的数据点数相同,那么用式(7-4)会得到最佳的方差估计值：

$$S_{\text{ave}}^{2}=\frac{110^{2}+116^{2}+120^{2}+123^{2}+133^{2}}{5}=14554 \tag{7-29}$$

平均噪声为

$$\text{NEDT}_{\text{ave}}=\sqrt{s_{\text{ave}}^{2}}=120.6(\text{mK}) \tag{7-30}$$

例7-2 凝视阵列的平均NEDT

16个独立像元的均方根噪声值为0.24V、0.25V、0.25V、0.26V、0.265V、0.265V、0.27V、0.27V、0.27V、0.27V、0.275V、0.28V、0.28V、0.285V、0.29V和0.29V。每个像元的SiTF值为2V/(°)，NEDT的平均值是多少？

在例7-1中，同一个像元的输出被测量了5次。如果系统是各态遍历的，那么无论是由16个不同像元计算平均值还是对同一个像元测量16次，都会得到相等的平均噪声值。假定系统是各态遍历的，式(7-4)能给出最佳估计值：

$$V_{\text{RMS}}=S_{\text{ave}}=\sqrt{S_{\text{ave}}^{2}}=270(\text{mK}) \tag{7-31}$$

所以平均NEDT = V_{RMS}/SiTF = 135(mK)。

如果系统不是各态遍历的，则认为每个像元都是一个独立源，每个像元输出的统计特性都不同。例如，第一个像元产生的均方根噪声值为0.24，第二个像元产生的均方根噪声值为0.25，并依此类推。均方根值的全局均值和方差可由式(7-2)和式(7-3)求出，即

$$\begin{aligned} m &= 269.7(\text{mV}) \\ S_{\text{RMS}} &= 14.8(\text{mV}) \end{aligned} \tag{7-32}$$

求出的平均NEDT=134.8mK。NEDT的变化量为S_{RMS}/m=5.49%。均方根噪声值的直方图如图7-23所示，高斯分布曲线可近似为该直方图的包络。

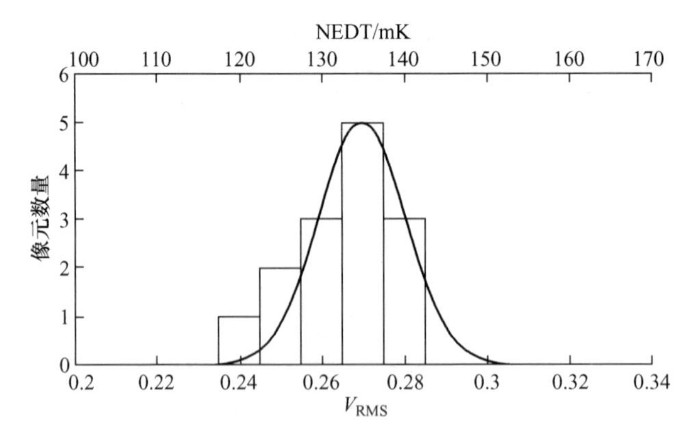

图7-23 16个独立像元的噪声直方图(数据服从高斯分布)

7.6　选择采样数量

在选择采样数量时有两个考虑因素:一是三维数据分析方法的结果,D 算子必须能去除足够多的噪声才能使得到的数据不被损坏。二是置信度,即结果的置信度有多高。

选择一个至少包含 100×l00×100 个数据元的三维噪声立方[10]。每个 D 算子对一个方向的数据取平均,由于每个方向包含 100 个数据元,因此 D 算子会将该方向的噪声降低$\sqrt{100}$。

χ^2 量度估计的是让标准差达到置信度 a 所要求的样本数,即

$$S\sqrt{\frac{N_e-1}{\chi^2_{(a/2,N_e-1)}}} \leqslant \sigma_0 \leqslant S\sqrt{\frac{N_e-1}{\chi^2_{(1-a/2,N_e-1)}}} \tag{7-33}$$

χ^2 可以在表格中查找到,它们在大多数电子表格中是一个函数,即数据元数量的函数(称为自由度)。随着 $N_e\to\infty$,$S\to\sigma_0$(图 7-24)。

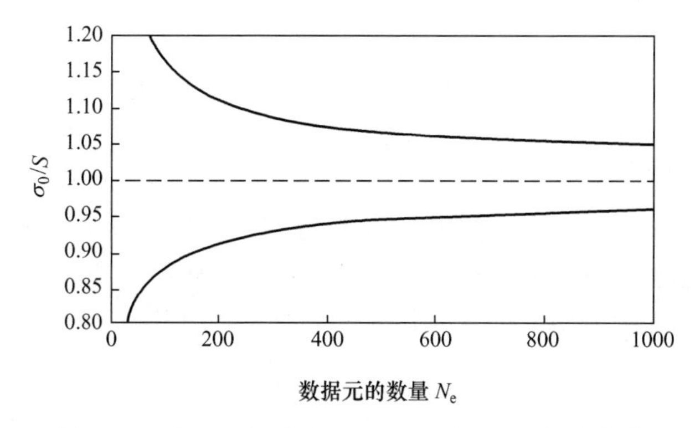

图 7-24　在 95%置信度(a=0.05)时 σ_0/S 值的范围

通常会测量凝视阵列中每个像元的 NEDT 并绘制其直方图。噪声是在许多个帧上收集的,标准差也是在许多帧上计算的。根据式(7-33),当收集 30 帧的噪声时,测量的标准差为(0.796~1.344) σ_0。这展宽了直方图(图 7-25(a))。将数据点的数量增加到 900 会将标准差范围缩小到 0.956~1.048。这适当收窄了直方图(图 7-25(b))。增加帧数会减少可变性。减少可变性的同时可能又增加了 1/f 噪声(图 2-32)。

假设帧速为 30Hz 且采集了 30 帧,那么最低可测量频率为 1Hz。小于 1Hz 的 l/f 噪声会通过去除趋势噪声被消除。如果将数据点增加到 900 个,则最低可测量频率为 0.03Hz,因而会出现 1/f 噪声。有 1/f 噪声便会提高计算的标准差。降低

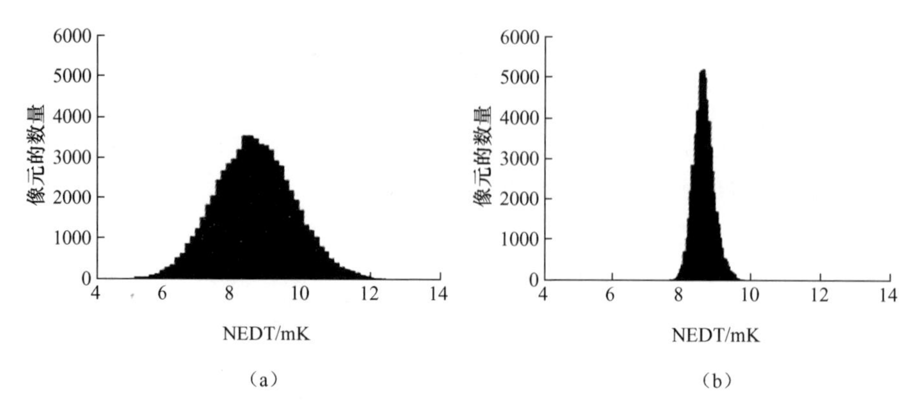

图 7-25 使用(a)30 帧噪声($N_e=30$)和(b)900 帧噪声($N_e=900$)条件下的 NEDT 直方图[19]（注意消除 1/f 噪声）

1/f 噪声的方法包括将系统放在一个绝热的振动稳定箱内。

7.7 固定模式噪声

固定模式噪声(FPN)的测量方法在很大程度上与 NEDT 的测量方法相同，值得注意的差别是测试 NEDT 时要去除时间噪声成分。FPN 是测试结果数据集的标准差 σ_{VH} 。计算均值和标准差后，将预测的高斯曲线叠加到数据直方图上，数据应该呈高斯分布。如果不是，要重新评估测试程序、数据分析和系统的工作。当用直方图形式表示数据集 N_{VH}时（图 7-26），FPN 可表示为平均值的百分数的形式。如果变化是由响应率差异造成的，则图 7-26 与图 6-15 相同。

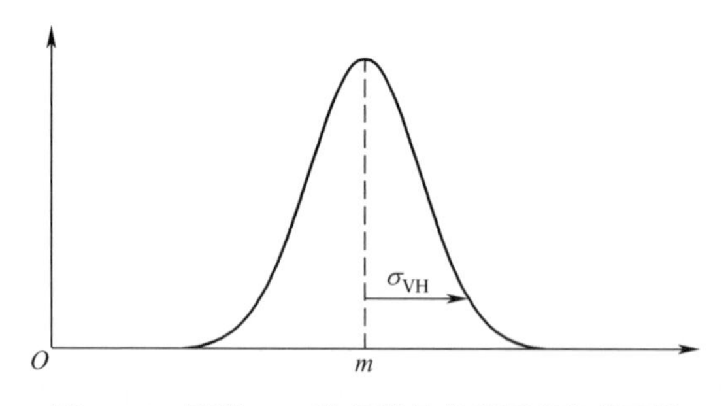

图 7-26 假设 FPN 数据满足高斯概率密度函数

有时会描绘出最小值和最大值，这两个值取决于数据集的大小，也不用报告（在 12.2.3 节“最小值和最大值”中讨论）。偶尔会得到一个很高或很低的值，在 12.2.2 节“剔除异常值”中讨论是否将该值包含在计算的平均值和标准差中。

对于直流耦合系统,FPN 值指的是平均值:

$$\mathrm{FPN_{rel}}=\left(\frac{\sigma_{\mathrm{VH}}}{m}\right)_{\text{high frequency}}\tag{7-34}$$

这样,式(7-34)的 FPN 变得与系统增益无关;下标“high frequency”表示低频成分已被去除。这个定义对于 SiTF 按线性变化的系统来说是合适的(图 7-27)。

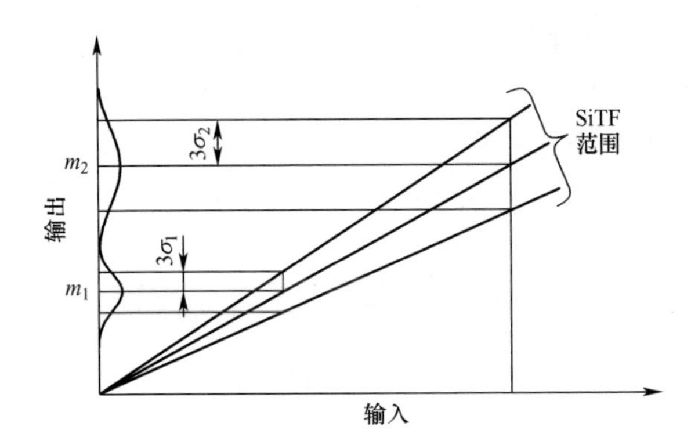

图 7-27　凝视系统的 SiTF 范围(说明两个输入值的输出范围)

注:平均值 m_1 和 m_2 由两个不同的输入获得。99.74%的数据都在均值±3σ 范围内变化。

随着输入或系统增益的变化,输出也按线性变化,于是有

$$\mathrm{FPN_{rel}}=\frac{\sigma_1}{m_1}=\frac{\sigma_2}{m_2}\tag{7-35}$$

对于交流耦合系统和平均值浮动的直流系统,FPN 是 NEDT 的分数。参照 NEDT 可知,FPN 与系统增益无关。使用这个定义时,要在系统增益相同的条件下测试 NEDT 和 FPN:

$$\mathrm{FPN_{rel}}=\frac{V_{\mathrm{RMS}}/\mathrm{SiTF}}{\mathrm{NEDT}}=\left(\frac{\sigma_{\mathrm{VH}}}{\sigma_{\mathrm{TVH}}}\right)_{\text{high frequency}}\tag{7-36}$$

虽然 FPN 能用直方图表示,但是没必要用这种方式表示观察到的现象。有高 FPN 和低 FPN 的空间频率区域,总体分布可能呈高斯曲线型。创建了数据集 N_{VH} 之后,就可以将这些数值范围转换成灰度级。那些灰度值高的像素会表现为浅灰色或接近于白色,灰度值低的像素会表现为深灰色或接近于黑色。图 7-28 说明这两种情况。在一种情况下,FPN 分布均匀,用高斯分布表示是合适的,当相邻像素的差别较大时容易被观察到。在图 7-28(b)中,FPN 出现在一个图像边缘,该区域

的灰度值有逐渐降低的趋势,这种降低趋势可能观察不到(在7.8节进一步讨论)。虽然这两帧图像有相同的 σ_{TH} 值,但视觉印象明显不同。

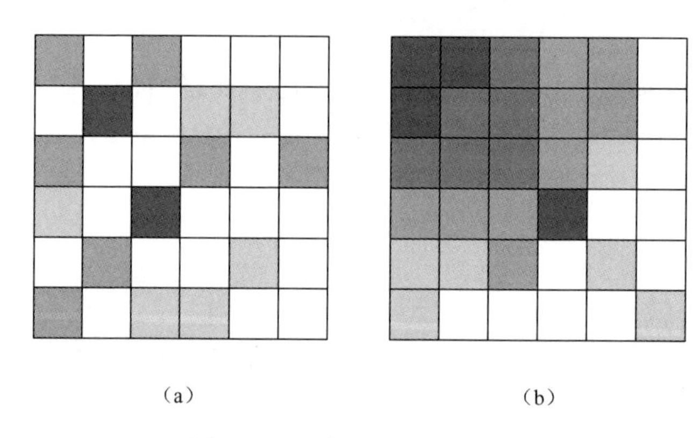

(a) (b)

图7-28 用灰度级表示 N_{VH}值
(a)在整个阵列上均匀分布;(b)高FPN的区域。

如果有完美的非均匀性校正,任何特定输入的FPN都能被完全滤除。但是,由于硬件的不稳定和校正电路引入的截断误差,FPN并不能完全去除。FPN在校准点处最小。在其他背景输入条件下,FPN也许表现得很明显(图2-28~图2-30),这时,FPN是输入强度的函数。采用两点校正时,FPN在两个校正点处有最小值,在两个校正点的中间有最大值。在校正点 T_1和 T_2处或者 T_1和 T_2之间的中间点确定FPN是恰当的。FPN的常用测试步骤见表7-9。不完全的增益/电平归一化、探测器响应的非线性和 $1/f$ 漂移都可能引入过多的FPN。

表7-9 FPN的测试步骤

·为保证测试成功,建立测试准则和标准,编写完整的测试计划(1.3节);
·确保测试设备状态完好,测试装置选择恰当(图7-1),咨询以前的设备使用者是否有应该注意的问题;
·设置的系统增益要与测试系统响应率时的一致(表6-3);
·移动辐射源位置,确定观察到的非均匀性是被测系统造成的而不是辐射源造成的;
·确认红外成像系统在测试程序开始之前已经达到工作稳定状态;
·选择数据采集方法,确保在不同背景温度下采集到合适的数据;
·分割各种噪声成分(7.4节);
·用直方图的形式表示数据(图7-3),并按计算的高斯分布近似值描绘数据;
·描绘灰度等级图(图7-28);
·视情况而定,计算 σ_{VH} /m 或 σ_{VH}/σ_{TVH};
·将FPN表示为扩展源照射强度和定标强度的函数;
记录测试中的任何异常现象和所有测试结果,其中包括原始数据和所用的背景强度,对凝视阵列,如果有FPN校正,要记录定标温度

有时会绘制最小值和最大值,这两个值取决于数据集的大小,也不用报告(见12.2.3节“最小值和最大值”)。偶尔会得到很高或很低的值,12.2.2节“剔除异常值”讨论是否将该值包含在计算的平均值和标准差中。

7.8　非均匀性

非均匀性是测量大面积缺陷、斑点和阴影的量度,这些效应可能会分散观察人员的注意力。与均匀性相反,非均匀性是指存在缺陷。然而,红外领域使用的“非均匀性”和“均匀性”是可以互换的,两者均指非均匀性。定义非均匀性时,必须针对具体的输入辐照强度,并清楚地标明测试条件。对非均匀性的要求会因关注区而异(图7-29)。通常要求视场中心的非均匀性最小,越向视场外围,允许的非均匀性越大。

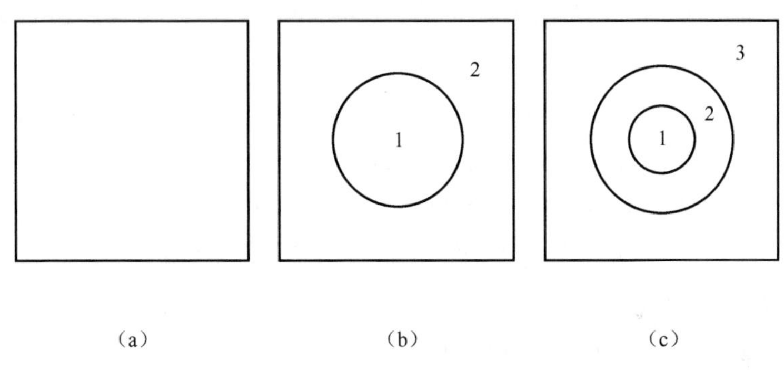

(a)　(b)　(c)

图7-29　视场长宽比为1∶1的成像系统的非均匀性要求

(a)对整个视场的要求一样;(b)对视场中两个区的非均匀性要求不同,要求1区的非均匀性较低;(c)三个要求,1区的非均匀性很低,2区的非均匀性较高,3区的非均匀性更高。

非均匀性是低频数据集结果的标准差 σ_{VH}。计算平均值和标准差,并将预测的高斯曲线叠加到数据直方图上。数据应该呈高斯分布。如果不是,要重新评估测试程序、数据分析和系统的工作。图7-30为低频数据集像素值的直方图。对直流耦合系统,非均匀性是平均信号的百分数。参照平均值可知,非均匀性与系统增益无关:

$$U_{rel} = \left(\frac{\sigma_{VH}}{m}\right)_{\text{low frequency}} \tag{7-37}$$

有时会描绘出最小值和最大值,这些值依数据集的大小而异,也不用报告(在12.2.3节“最小值和最大值”中讨论)。偶尔会得到很高或很低的值。12.2.2节“删除异常值”中讨论是否将该值包含在计算的平均值和标准差中。

参照NEDT可知,非均匀性与系统增益无关:

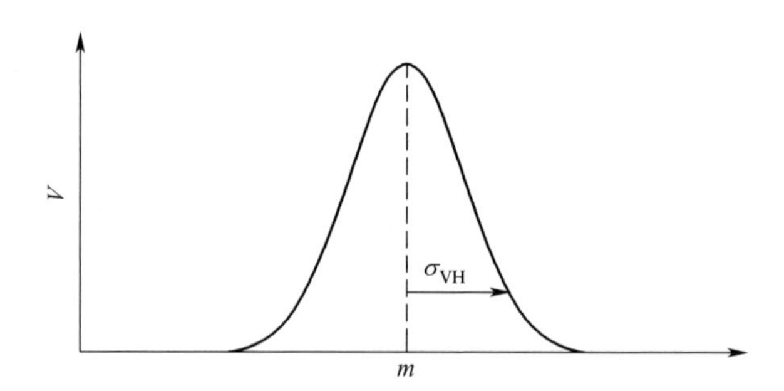

图 7-30 假定非均匀性数据满足高斯概率密度函数

$$U_{rel}=\left(\frac{\frac{V_{RMS}}{\text{SiTF}}}{\text{NEDT}}\right)_{\text{low frequency}}=\left(\frac{\sigma_{VH}}{\sigma_{TVH}}\right)_{\text{low frequency}} \tag{7-38}$$

用动态范围百分比的形式定义非均匀性是不恰当的,因为系统增益会影响动态范围(见6.3节"动态范围和线性度")。

对于交流耦合扫描系统,非均匀性可能是背景强度的函数。在无效扫描期间,探测器正对着冷屏、外壳或部分场景观察。如果场景温度与无效扫描期间探测器检测到的温度差异很大,那么交流耦合效应会将有效扫描期间的输出信号与无效扫描期间的输出信号混合。因此,非均匀性可能与场景(背景)强度有关(图2-16)[20]。将非均匀性作为背景强度的函数进行测量是合适的。

表7-10列出了测量非均匀性的方法。

表 7-10 非均匀性的测试步骤

· 为保证测试成功,建立测试准则和标准,编写完整的测试计划(1.3节);
· 确保测试设备状态完好,测试装置选择恰当(图7-1),咨询以前的设备使用者是否有应该注意的问题;
· 设置的系统增益要与测试系统响应率时的一致(表6-3);
· 移动辐射源位置,确定观察到的非均匀性是被测系统造成的而不是辐射源造成的;
· 确认红外成像系统在测试程序开始之前已经达到工作稳定状态;
· 选择数据采集方法,在不同辐射源强度下采集数据;
· 分割各种噪声成分(7.4节);
· 画出数据的直方图(图7-28),同时画出近似于数据的高斯分布曲线;
· 视情况而定,计算 σ_{VH} /m 或 σ_{VH}/σ_{TVH} 。
· 记录测试中出现的任何异常现象和所有测试结果

造成测量失败的原因很多,其中包括阴影、交流耦合、增益/电平校正不良、$1/f$ 噪声和冷反射。回顾第2章"红外成像系统的工作原理"有助于找到可能的原因。

非均匀性(式(7-36)或式(7-37)给出的定义)提供了一种量化低频空间噪声分布的方法,但并不意味着强度变化是可检测到的。非均匀性也可定义为一种可检测到的强度变化指标，这种强度变化可以看作是扰动。相邻像素间的小强度变化也许能被注意到，但当像素间距大且像素之间有亮度梯度时，这种小的强度变化就不容易察觉到（图7-31）。出现这种现象是因为人眼对边缘比对梯度更敏感[21]。

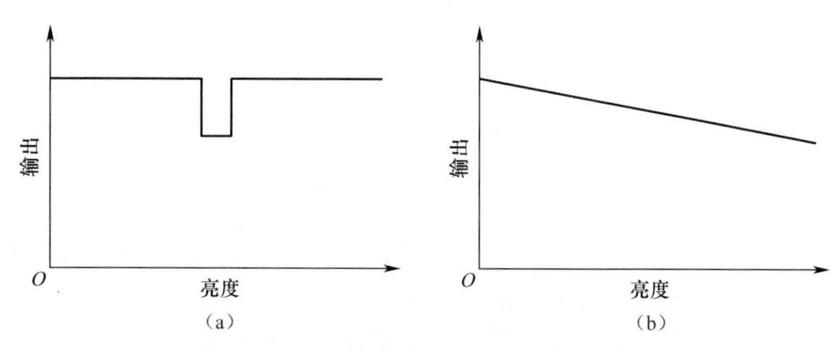

图7-31　间隔和亮度差的可见性

(a)显示器亮度的间隔是可分辨的；(b)和图(a)有相同的亮度差，但由于是用梯度表示的，所以不好分辨。

对任何噪声的觉察都与信号-背景间的强度差有关，也与和边缘相连的亮度梯度有关[22]。通常，间隔约为0.3NEDT时可分辨出变化。但随着边缘的斜率减小，必须增强信号才能分辨出它。当边缘的亮度梯度跨一半视场时，信号幅度必须比NEDT大1倍才能看得出来。主观评估图像质量很简单，只需要回答"你能看到视场中的亮度梯度和它们的位置吗？"Cooper-Harper的评估标准（见1.2.2节"主观评估"）对于主观评估非均匀性是很有用的。

7.9　噪声等效通量密度

噪声等效通量密度（NEFD）用于描述红外成像系统对点源目标的响应，是信噪比为1时入瞳处的辐射通量密度：

$$\mathrm{NEFD}=\frac{V_{\mathrm{RMS}}}{\dfrac{\Delta V_{\mathrm{sys}}}{\Delta E_{\mathrm{e}}}} \tag{7-39}$$

用式（3-32）可得

$$\mathrm{NEFD}=\frac{V_{\mathrm{RMS}}\int_{\lambda_1}^{\lambda_2}\Delta L_{\mathrm{e}}(\lambda)T_{\mathrm{test}}(\lambda)\mathrm{d}\lambda}{\mathrm{PVF}\int_{\lambda_1}^{\lambda_2}A_{\mathrm{o}}R(\lambda)\Delta L_{\mathrm{e}}(\lambda)T_{\mathrm{sys}}(\lambda)T_{\mathrm{test}}(\lambda)\mathrm{d}\lambda} \tag{7-40}$$

在式（7-40）中，用TTF代替PVF可以描述系统对任意大小目标的响应。如图7-32所示，由于PVF的作用，NEFD值随着辐射源面积接近0而不断增大。随

着 $F\lambda/d \to 0$，PVF→1。

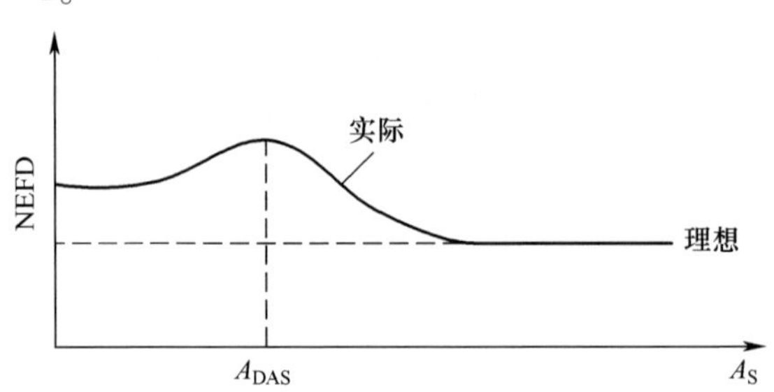

图 7-32　NEFD 是目标面积的函数(曲线形状与图 6-16 的相反)

测量 NEFD 时，针孔要放在准直仪焦平面上。NEFD 值可以由测得的噪声电压 V_{RMS}、信号差 ΔV_{sys} 以及计算的辐射出射度差 ΔE_e 计算：

$$\Delta E_e = \frac{A_S}{\pi \mathrm{fl}_{col}^2}\int_{\lambda_1}^{\lambda_2} \Delta M_e(\lambda) T_{test}(\lambda)\,\mathrm{d}\lambda \tag{7-41}$$

图 6-17 和图 6-18 说明测量信号的技术。V_{RMS} 是高频噪声，测量方法与测量 NEDT 的方式相同。这里的最大测量误差是因针孔的大小不确定(通量密度不确定)和针孔图像不能入射到像元中心造成的。

一种替代方法是利用扩展源测量 NEDT，用数学方法校正 PVF，再将 ΔT 转换为通量，即

$$\mathrm{NEFD} = \frac{V_{RMS}}{\mathrm{SiTF}}\,\frac{\mathrm{SiTF}}{\dfrac{\Delta V_{sys}}{\Delta E_e}} \tag{7-42}$$

或

$$\mathrm{NEFD} = \mathrm{NEDT} \times \frac{\dfrac{A_D}{\mathrm{fl}_{sys}^2}\displaystyle\int_{\lambda_1}^{\lambda_2} R(\lambda)\frac{\partial M_e(\lambda,T)}{\partial T} T_{sys}(\lambda) T_{test}(\lambda)\,\mathrm{d}\lambda \int_{\lambda_1}^{\lambda_2} \Delta L_e(\lambda,T) T_{test}(\lambda)\,\mathrm{d}\lambda}{\pi\ \mathrm{PVF}\displaystyle\int_{\lambda_1}^{\lambda_2} R(\lambda)\Delta L_e(\lambda,T) T_{sys}(\lambda) T_{test}(\lambda)\,\mathrm{d}\lambda} \tag{7-43}$$

如果光谱带宽 $\Delta\lambda = \lambda_2 - \lambda_1$ 很小，那么积分值可以用带宽的中间值 $\lambda_C = (\lambda_2 + \lambda_1)/2$ 估计，因此

$$\mathrm{NEFD} \approx \mathrm{NEDT}\,\frac{A_D}{\pi \mathrm{fl}_{sys}^2 \mathrm{PVF}}\,\frac{\partial M_e(\lambda_C, T_B)}{\partial T} T_{test}(\lambda)\Delta\lambda \tag{7-44}$$

7.10　噪声功率谱密度

噪声的光谱特性可以用分辨 NEDT、FPN 和非均匀性的高通和低通滤波器说明。噪声功率谱密度(NPSD)为认识噪声特性提供了更多的信息。三维噪声模型中的每种噪声成分都有自己的 NPSD[13]。总噪声功率是功率谱的积分,而该值的平方根是系统的均方根噪声:

$$\sigma_{\text{sys}}^2 = \int_0^{\infty} \text{NPSD}(f)\,\mathrm{d}f \tag{7-45}$$

噪声等效带宽(NEBW)是一种便于计算噪声电压的数学表达,对 NPSD 进行归一化可计算出 NEBW:

$$\text{NEBW} = \frac{\int_0^{\infty} \text{NPSD}(f)\,\mathrm{d}f}{\int_0^{\infty} \text{NPSD}(f=0)} \tag{7-46}$$

则

$$\sigma_{\text{sys}} = \sqrt{\text{NPSD}(f=0)}\ \sqrt{\Delta f_{\text{e}}} \tag{7-47}$$

式中:Δf_{e}为 NEBW。

实际系统响应与 NEBW 之间的关系如图 7-33 所示,两条曲线包围的面积是相等的。

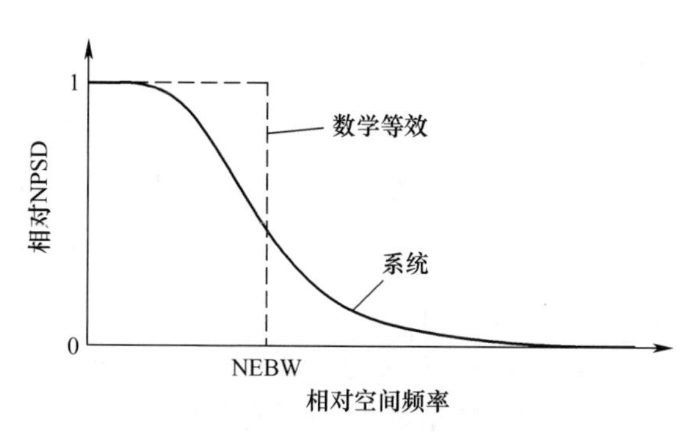

图 7-33　简单线性电路的噪声等效带宽

注:系统的频率响应与用 NEBW 表示的相比可能更大(对于简单的线性电路)或更小(有明显频率调节)。

例 7-3　测试设备的带宽

当测量模拟视频信号(RS-170)时,红外成像系统的噪声等效带宽为 6MHz。一个在水平方向采样 512 点的帧抓取器是否能正确测量该系统的全部噪声?

这个帧抓取器的奈奎斯特频率 $f_{N\_} = 512(2\times 52\mu\text{s}) = 4.9\text{MHz}$。任何高于

4.9MHz的频率成分都会与低频成分混叠。例如，空间频率为5.5MHz的条杆图形在此条件下表现出的频率为2×4.9−5.5=4.3MHz。当测量图像保真度时，这种情况是不可接受的。但是，较高的频率成分混叠到较低的频率成分后，还会被引入相应的噪声计算中。因为发生了混叠，测得的NPSD会含有混叠成分，因此得的NPSD结果也不真实。

需要提醒的是，即使发生混叠，也会测到正确的均方根噪声值。一些测试设备有内置抗混叠滤波器限制带宽。如果噪声频率的最大值超过了抗混叠滤波器的截止频率，测试设备将不能校正均方根噪声值。这时出现的频率可能比噪声等效带宽表示的频率高很多（图7−33）。在选择测试设备时，必须考虑会出现的最高空间频率。

获得NPSD的方法与在8.5节“傅里叶变换”中讨论的获得MTF的方法一样。唯一的区别是，傅里叶变换是在噪声扫描线中而不是线扩散函数中进行的。当把傅里叶变换用于时间扫描线时，给出的是电子频率（Hz），功率是$P_0 \times \mathrm{MTF}^2$，再将它换算为$\mathrm{V}^2/\mathrm{Hz}$。这些单位可用功率除以频率带宽来获得，由测试设备的采样频率决定。等效地，功率增大$2T_S$倍，其中T_S为采样间隔时间。大多数软件都提供V^2/Hz单位。当利用$2N$个采样点计算时，离散傅里叶变化可给出N个独立的NPSD数据点。换算前系统总噪声为

$$\sigma_i = \sqrt{\mathrm{NPSD}(n=0) + 2\sum_{n=1}^{N-1} \mathrm{NPSD}_i(n)} \tag{7-48}$$

换算后系统总噪声为

$$\sigma_i = \sqrt{\mathrm{NPSD}(n=0) + 2\sum_{f=1}^{f_{\max}} \mathrm{NPSD}_i(f)\Delta f} \tag{7-49}$$

式中：σ_i为三维噪声模型中的第i种成分。

傅里叶变换求出的频率数据可以平均分成两个频带。$-N \sim -1$的频率幅度与$0 \sim N-1$的相等。除以2后，转换为单边功率谱（数据为$1 \sim N-1$）。当$f=0$或$N=0$时，出现直流成分。对一个有限数据集，它总是有与直流成分相关的不确定性。

当对图像进行主观评估时，NPSD值是重要的（在10.1.3节“含噪声图像”中讨论）。如果噪声有谱峰，那么空间频率接近这些峰值的目标会更难以探测到。图7−34说明NPSD的几个特点：白噪声提供稳定的NPSD（图7−34（a））；电子带宽通常限制着高频响应（图7−34（b））。$1/f$噪声和非均匀性都产生超低频噪声（图7−34（c）和7−34（d））。如果出现交流耦合（图7−34（e）），在零空间频率处会引起零空间响应，这会引起归一化问题（见8.5.2节“幅值归一化”）；因为离散傅里叶变换的频率分辨率通常大于交流耦合的起始频率，这些低频成分也许观察不

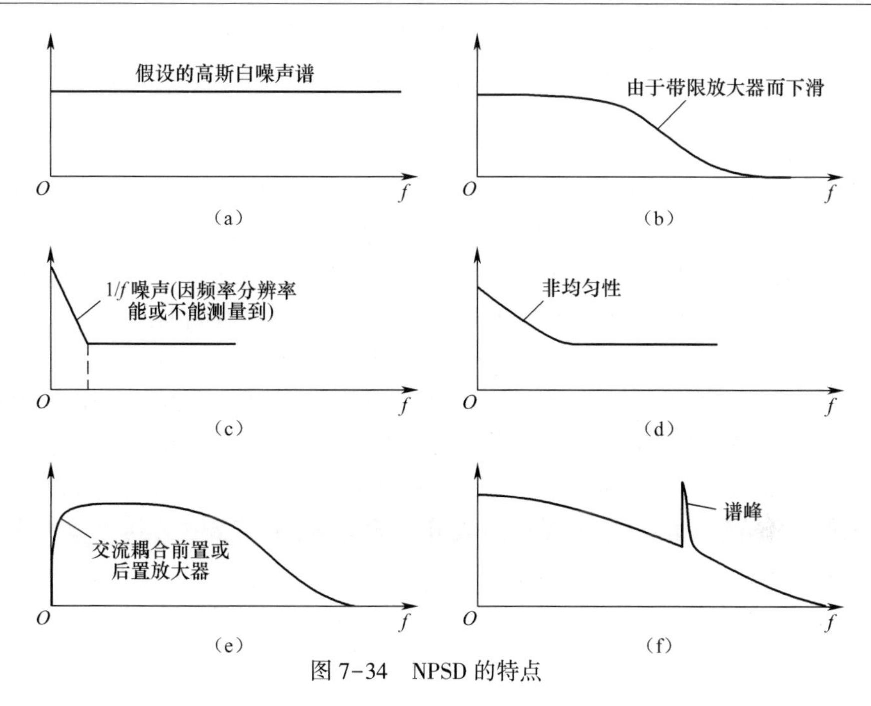

图 7-34　NPSD 的特点

到。由于 FPN 与开关电路有关,所以它会按像素的时钟频率出现[23]。电源稳压、噪声、电磁干扰和 FPN 都能给 NPSD 引入谱峰(图 7-34(f))。FPN 峰值在 8.4.3 节“噪声”中讨论。在时间扫描时,这些 FPN 也许不会引起注意,但可能会在噪声功率谱密度中明显地表现出来。

7.11　典型技术指标

技术指标中应当包含所有会影响系统应用的性能参数,见表 7-11。

表 7-11　典型指标(针对待测系统填入合适的值)

系统噪声
· 当背景温度为 23℃时,系统总噪声(来自任意噪声源,包括 FPN、随机噪声和非均匀性)不大于 0.035℃
NEDT(高频随机噪声)
· 当背景温度为 23℃时,NEDT≤0.2℃
FPN(高频空间噪声)
· 当背景温度为 23℃时,校正后的 FPN 不大于 $NEDT_{spec}$ 值的 40%;
· 在两个校正点处,FPN 不大于 $NEDT_{spec}$ 值的 20%,在两个校正点之间的任何位置,FPN 不大于 NEDTspec 值的 40%;
· 在校正后 30min 内,两个校正点处的 FPN 不大于 $NEDT_{spec}$ 值的 60%
非均匀性(低频空间噪声)
· 当背景温度为 23℃时,非均匀性不大于 $NEDT_{spec}$ 值的 30%(在整个视场上);

· 当背景温度为23℃时，在待测系统视场中心以外50%的位置处，非均匀性不应大于$NEDT_{spec}$值的20%；
· 当系统正对23℃的均匀背景时，不出现能辨别出的非均匀性（用Cooper-Harper等级标准评定为8级以上）

系统总噪声是来自所有噪声源的全部噪声，包括用三维噪声模型表示的所有噪声源。像元阵列的响应率量度有时候也包括在系统性能指标中，其中包括有缺陷像元的数量和地址。对“有缺陷”像元的定义有多种。例如，在比较阵列平均值和存在噪声的特定像元时，响应率差异过于大的像元是有缺陷的。

以NEDT百分比形式定义FPN和非均匀性是一种有效方法，可以保证清楚明了地表示噪声。然而，对于技术指标，FPN_{rel}应该表示成NEDT的百分比的形式，用$NEDT_{spec}$代替测得的NEDT可以避免出现潜在问题，并保持相同的σ_{VH}。由于随机噪声很低，FPN和非均匀性也许会明显表现出来。通常技术指标中假设NEDT是三维噪声模型中的一个主要噪声成分。随着NEDT值减小，其他噪声成分可能会变得重要。虽然它不一定会影响系统指标，但这对系统设计者是一个挑战。

参 考 文 献

[1] I.J.D' Agostino and C.Webb, “3-D Analysis Framework and Measurement Methodology for Imaging System Noise,” in *Infrared Imaging Systems: Design, Analysis, Modeling and Testing II*, G.C.Holst, ed., SPIE Proceedings Vol.1488, pp.110-121 (1991).

[2] L.Scott and J.D' Agostino, “NVEOD FLIR92 Thermal Imaging Systems Performance Model,” in *Infrared Imaging Systems: Design, Analysis, Modeling and Testing III*, G.C.Holst, ed., SPIE Proceedings Vol.1689, pp. 194-203 (1992).

[3] W.J.Dixon and F.Massey, *Introduction to Statistical Analysis*, pp.55-57, McGraw-Hill (1957).

[4] J.S.Bendat and A.G.Piersol, *Random Data. Analysis and Measurement Procedures*, second edition, pp.91-94, John Wiley and Sons, New York (1986).

[5] G.C.Holst, *Electro-Optical Imaging System Performance*, 4th ed., pp.359-363, JCD Publishing, Winter Park, FL (2006).

[6] J. Ratches, W. R. Lawson, L. P. Obert, R. J. Bergemann, T. W. Cassidy, and J. M. Swenson, Night Vision Laboratory Static Performance Model for Thermal Viewing Systems, U. S. Army Electronics Command Report 7043, Ft.Monmouth, NJ (1975).

[7] E.Cross and T.Reese, “Figures of Merit to Characterize Integrating Image Sensors: a Ten Year Update,” in *Infrared Technology XIV*, I.Spiro, ed., SPIE Proceedings Vol.972, pp.195-206 (1988).

[8] S.Sousk, P.O' Shea, and V.Hodgkin, “Measurement of Uncooled Thermal Imager Noise,” in *Infrared Imaging Systems: Design, Analysis, Modeling, and Testing XVI*, G.C.Holst ed., SPIE Proceedings Vol.5784, pp.301-308 (2005).

[9] C.M.Hanson, “Analysis of the Effects of 1/f Noise and Choppers on the Performance of DC-Coupled Thermal Imaging Systems,” in *Infrared Technology and Applications XXVII*, B.F.Andresen, G.F.Fulop, and M.Strojnik, eds., SPIE Proceedings Vol.4369, pp.360-371 (2001).

[10] P.O'Shea and S.Sousk, "Practical Issues with 3D-Noise Measurements and Applications to Modern Infrared Sensors," in *Infrared Imaging Systems: Design, Analysis, Modeling, and Testing* W/, G.C.Holst, ed., SPIE Proceedings Vol.5784, pp.262-271 (2005).

[11] MAVIISS software is available from JCD Publishing, 2932 Cove Trail, Winter Park, FL 32789.

[12] M.Schwartz, *Information Transmission, Modulation, and Noise*, 2nd edition, pp.391-395, McGraw-Hill, New York (1970).

[13] C.M.Webb, "An Approach to 3-Dimensional Noise Spectral Analysis," in *Infrared Imaging Systems: Design, Analysis, Modeling and Testing VI*, G.C.Holst, ed., SPIE Proceedings Vol.2470, pp.288-299 (1995).

[14] J.S.Bendat and A.G.Piersol, *Random Data.Analysis and Measurement Procedures*, second edition, pp.362-365, John Wiley and Sons, New York (1986).

[15] C.Webb, P.A.Bell, and G.P, Mayott, "Laboratory Procedure for the Characterization of 3-D Noise in Thermal Imaging Systems," in *IRIS Passive Sensors Symposium*, March 1991.

[16] H.Kennedy, "Modeling Noise in Thermal Imaging Systems," in *Infrared Imaging Systems: Design, Analysis, Modeling and Testing IV*, G.C.Holst, ed., SPIE Proceedings Vol.1969, pp.66-77 (1993).

[17] M.D.Nelson, J.F.Johnson, and T.S.Lomheim, "General Noise Processes in Hybrid Infrared Focal Plane Arrays," *Optical Engineering*, Vol.30(11), pp.1682-1700 (1991).

[18] NVTherml P is available at https://www.sensiac.gatech.edu/external/index.jsf

[19] D.Forrai, S.Bertke, R.Fischer, and T.Back, "Test Techniques for High *Performance* Thermal Imaging System Characterization," *in Infrared Imaging Systems: Design, Analysis, Modeling, and Testing XVII*, G.C.Holst, ed., SPIE Proceedings Vol.6207, paper 62070Q (2006).

[20] L.O.Vroombout and B.J.Yasuda, "Laboratory Characterization of Thermal Imagers," in *Thermal Imaging*, I.R. Abel, ed., SPIE Proceedings Vol.636, pp.36-39 (1986).

[21] R.J.Farrell and J.M.Booth, *Design Handbook for Imagery Interpretation Equipment*, pp.3.1-3.29, Boeing Aerospace Co.Report D180-19063-1, Reprinted with corrections Feb 1984.

[22] G.D.Tener, "Perception of Unwanted Signals in Displayed Imagery," in *Infrared Imaging Systems: Design, Analysis, Modeling and Testing III*, G.C.Holst, ed., SPIE Proceedings Vol.1689, pp.304-318 (1992).

[23] G.D.Boreman, "Fourier Spectrum Techniques for Characterization of Spatial Noise in Imaging Arrays," *Optical Engineering*, Vol.26(10), pp.985-991 (1987).

第8章

调制、相位和对比度传递函数

在光学系统的理论评估和优化中,光学传递函数(OTF)发挥着关键作用。调制传递函数(MTF)和相位传递函数(PTF)分别是复值 OTF 的振幅和相位部分。当一个理想系统观测非相干照明体时,OTF 是实数且为正值,所以 OTF 和 MTF 相等。当存在散焦和像差时,OTF 可能变成复数值。电子电路的性能也可以用 MTF 和 PTF 描述。光学 MTF 和电学 MTF 相结合,构成红外成像系统的 MTF。MTF 是系统对正弦曲线目标的响应。

当与三维噪声参数结合时,MTF 和 PTF 能唯一地确定系统性能。如果人眼探测阈值能得到精确模拟,那么也能计算出最低可分辨温度(MRT)和最低可探测温度(MDT)[1-2]。从设计角度看,在感兴趣的空间频率范围,MTF 值应该较“高”,这个频率范围与具体应用有关。

MTF 是用于系统设计、分析和规范的主要参数,它对检验系统性能是否接近理论设计目标很重要,所以需要测量 MTF。可以使用正方形(条杆)靶来获得对比度传递函数(CTF),然后利用一系列数学近似法将其转换成正弦响应。CTF 不能替代 MTF,但它是适用于模拟系统的一个便捷的测量技术。

MTF、PTF 和 CTF 都是关于系统如何响应空间频率的量度,并不包括任何信号强度信息。MTF 是系统如实复现场景的能力强弱的量度。能如实复现的最高空间频率是系统的截止频率。系统能探测到大于截止频率的空间频率,但不能如实复现它们。如果输入频率高于截止频率,输出值会与未经调制的信号平均值成比例。例如,一个很高频率(高于系统截止频率)的四条杆图形在模拟系统上可能显示为一个低对比度斑点。对于欠采样系统,截止频率是奈奎斯特频率。高于奈奎斯特频率的图形会与低于奈奎斯特频率的图形发生混叠,这样,四条杆图形可能会显示为变形的一条杆、二条杆或三条杆图形。

由于与频率有关与单纯的数值指标(如极限分辨率)相比,MTF 更能反映系统性能。但当用一条曲线表示 MTF 时,它可能是不完全的,因为对不同的方向和视场位置,MTF 是不同的。通常,水平方向和垂直方向的 MTF 不同。

8.1 MTF 和 CTF 的定义

MTF 是输出调制度和输入调制度的比值,在零空间频率处归一化为 1。调制度随着系统增益而变,但 MTF 不变。由于假设系统没有达到饱和,所以输入可以像预想的一样小(假设是一个高增益无噪声系统),也可以像预想的一样大。

调制度(modation)是正弦信号围绕其平均值的变化量(图 8-1),可以认为它是交流幅值除以直流电平后的值,可表示为

$$\text{调制度} = \text{mod} = \frac{B_{\max} - B_{\min}}{B_{\max} + B_{\min}} \tag{8-1}$$

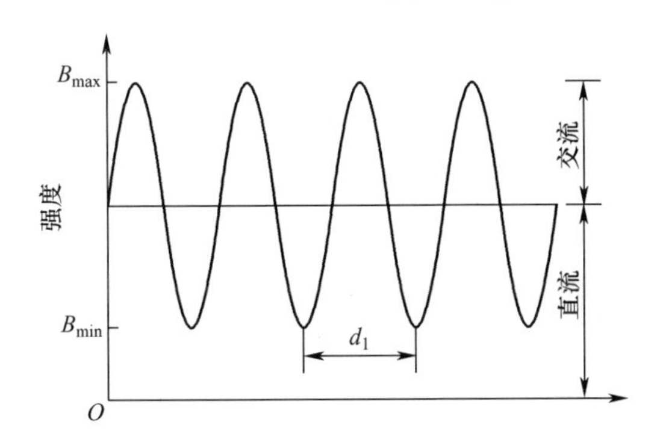

图 8-1　目标调制度的定义

注:d_T是一个周期的宽度。如果将目标放在焦距为 fl_{col}的准直仪焦面上,则空间频率 $f_x = fl_{col}/d_T$。对于电路,d 按时间单位测量且电信号频率 $f_{Hz} = 1/d_T$。

输出电平 $B_{\max}$和 $B_{\min}$,用模拟视频显示时为电压值,用显示器显示时为数字值或亮度差。如果测量了显示器亮度就必须声明,因为被测系统的 MTF 包含了显示器 MTF,而模拟视频信号的 MTF 不包括显示器 MTF。MTF 表示从输入红外通量到输出电压或亮度的转换关系,所以,MTF 的测量方法既要考虑光信号又要考虑电信号。

红外成像系统能感应到来自目标及其背景的辐射。输入调制度与目标和背景的温度以及它们的发射率有关。假设黑体辐射源的发射率不是 1,那么输入(目标)调制度就会改变。为公式简洁起见,忽略波长影响时有

$$\text{mod} = \frac{B_{\max} - B_{\min}}{B_{\max} + B_{\min}} = \frac{\varepsilon_T M_e(T_T) - \varepsilon_B M_e(T_B)}{\varepsilon_T M_e(T_T) + \varepsilon_B M_e(T_B)} \tag{8-2}$$

也就是说,调制度对发射率差异(见 4.2.1“标准辐射式靶”)很敏感。

调制传递函数是系统的输出调制度与输入调制度之比,它们都是关于频率的函数:

$$\text{MTF}(f) = \frac{\text{mod}_{\text{out}}(f)}{\text{mod}_{\text{in}}(f)} \tag{8-3}$$

调制传递函数的概念如图 8-2 所示。三个输入和输出信号分别表示在图 8-2(a)和(b)中,得到的 MTF 表示在图 8-2(c)中。作为一个比值,MTF 是一个相对量度,其值在 0~1 范围内变化。MTF 和 PTF 通常是在模拟视频信号中测量的,但

是习惯上表示为空间频率的函数形式。注意,MTF理论是为被动系统开发的。主动电路会提高MTF,因而产生一个归一化问题。

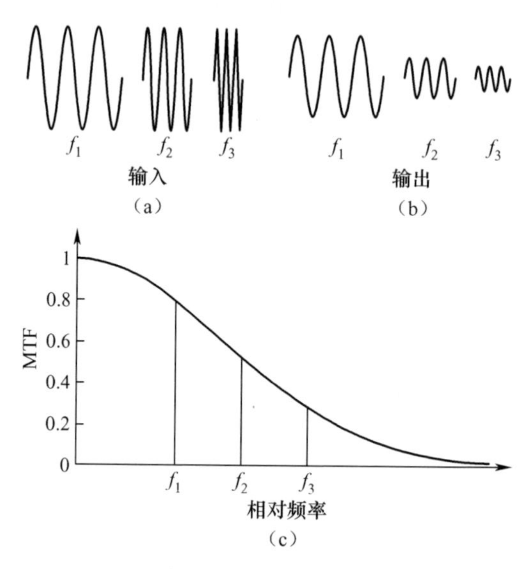

图8-2 调制传递函数

(a)三个不同空间频率的输入信号;(b)三种相同频率的输出信号;(c)MTF是输入调制度和输出调制度的比值。

系统对方波靶的响应是CTF,或者是方波响应(SWR)。因为方波靶容易制造,所以CTF是一种方便的测量方法。从MTF概念来讲,CTF不是一个传递函数,因此子系统的CTF就不能表示为连乘形式。图8-3说明方波与正弦曲线幅值之间的关系。

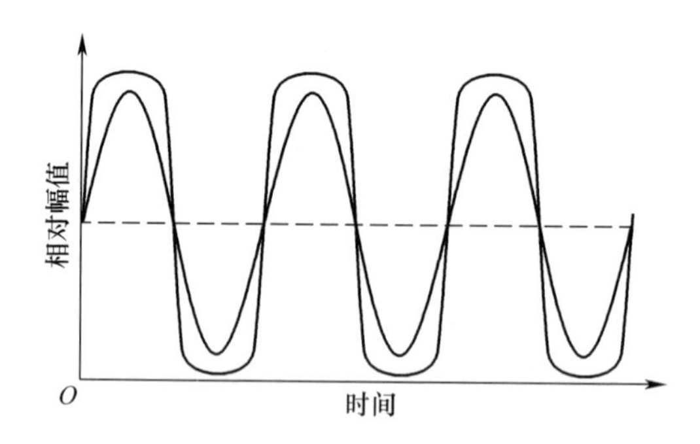

图8-3 用光学MTF修正过的方波和正弦波(CTF通常大于MTF)

8.2 调制传递函数

红外辐射通量聚焦到探测器上后转换成电压信号,经放大和处理后在显示器上显示为一帧图像。传统的 MTF 测量方法是假设系统为一个线性平移不变系统，光学系统是趋于线性且平移不变的，这种现象称为等晕。这些要求对光学设计人员是很熟悉的。MTF 理论对电路设计人员也很熟悉，该理论通常应用于模拟电路。电路也是趋于线性且平移不变的。测量 MTF 的方法取决于所考虑的光学和电路信号。

数据采样系统不是平移不变的，所以需要用特殊方法获得 MTF[3-12]。采样是所有红外成像系统的一种固有特性。场景是在一个方向还是两个方向上采样，取决于扫描方式和探测器像元的离散特性。在多数扫描系统中，像元输出是连续的模拟信号，这个信号通常被系统内部的模数转换器数字化（采样和量化）。如果采样速度足够高且模拟信号的带宽被限定，则重构的数字信号会复制这个模拟信号的频率、幅度和脉冲宽度。但是为了满足存储的需要并使数据率最小，红外扫描系统趋向于按临界采样（时钟）率工作。

另外，MTF 也可以通过杨氏条纹获得。杨氏条纹是由相干激光束[13-14]或利用激光散斑方法产生的[15]。由于激光是单波长的，因此获得的 MTF 不可能是典型的多色 MTF。激光方法对于比较分析很有用。一些新的方法包括使用随机噪声靶[16]，这种靶包括水平方向和垂直方向的所有频率成分（白噪声）。如果条杆是随机宽度的，那么 MTF 中会出现尖峰[17]。这种靶的噪声功率谱 $P_{target}(f)$ 与输出功率谱的比例关系为

$$\mathrm{MTF}_{sys}(f)=\sqrt{\frac{P_{out}(f)}{P_{target}(f)}} \tag{8-4}$$

功率谱密度将在 8.5.1 节“离散传递”中讨论。

有时，仅规定一个空间频率值（记作 f_0）处的 MTF，f_0 值为 1/(2DAS)。对于填充系数为 100%的凝视阵列，$f_0=f_N$。仅规定一个或几个空间频率值的 MTF 不能全面描述系统特性，也不能深入了解系统性能，但它的确代表便于测试的频率点。

因为系统存在色差，所以 MTF 与入射辐射的波长有关。对于宽带光谱响应系统，MTF 既是系统光谱响应的函数，又是辐射源光谱特性的函数，因此把得到的 MTF 称为多色 MTF 是恰当的。

这里介绍的 MTF 技术使用固定狭缝、点源、刀口和移动靶进行测量。对于线性平移不变系统，所有技术都能给出相同的 MTF[18]，并且在测量精度范围内。每种技术都有其优缺点。

二维 MTF 是对点扩散函数（PSF）进行复值二维傅里叶变换后的幅值。PSF 是系统观察一个理想点源时的响应。为方便起见，在两个正交轴（通常与阵列轴重合）处测量 MTF 以获得两个一维 MTF。一维 MTF 是线扩散函数（LSF）的傅里叶变换量。LSF 是观察一个理想线源时得到的图像。

8.2.1 通用方法

一般用两种方法确定MTF：直接方法基于测量正弦曲线靶或条杆靶的响应；间接方法基于计算傅里叶变换（表8-1），通常使用的是间接方法。

表8-1 获得MTF的两种方法

直接方法	间接方法
正弦靶（离散频率） 条杆靶（离散频率） 扫频靶（变频）	条杆图的傅里叶变换 随机频率靶的傅里叶变换 狭缝的傅里叶变换 刀口的傅里叶变换

正弦靶只提供一个空间频率，所以需要大量的频率（靶）来覆盖频率响应。红外正弦靶很难制造，而条杆靶制造起来很简单。条杆靶包含无限个频率，高阶频率会发生混叠。随着条杆靶的频率接近奈奎斯特频率，会看到拍频波形图（图2-21和图2-23）。采样相位影响（用像元点阵采样）会引入幅值的不确定性。将采样系统的CTF转换成MTF非常复杂。扫频条杆靶（图5-5）包含无数个频率，能减少需要的目标靶数量，但存在与条杆靶一样的采样伪像。

间接方法能提供全频响应。通用的MTF测试装置如图8-4所示，相应的数据处理方法如图8-5所示。测得的MTF包括从辐射源到用于计算傅里叶变换的计算机在内的所有子系统的MTF值。准直仪的MTF在两个条件下可以忽略不计：一是准直仪的口径大于成像系统的口径；二是准直仪的焦距大于成像系统的焦距（见4.3节"准直仪"）。目标靶应该放置在类似于图4-15的支架上，以便对准靶。辐射源、目标靶、准直仪和红外成像系统要放在一个隔振光学台上。要把气流放到最小，以避免大气湍流的影响（见4.4节"大气透过率和大气湍流"）。

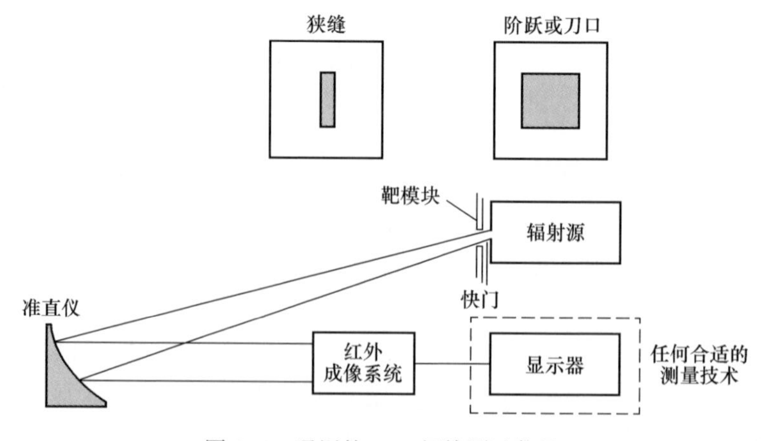

图8-4 通用的MTF间接测试装置

注：用狭缝能产生线扩展函数。一个大面积目标靶能产生两个边缘响应。

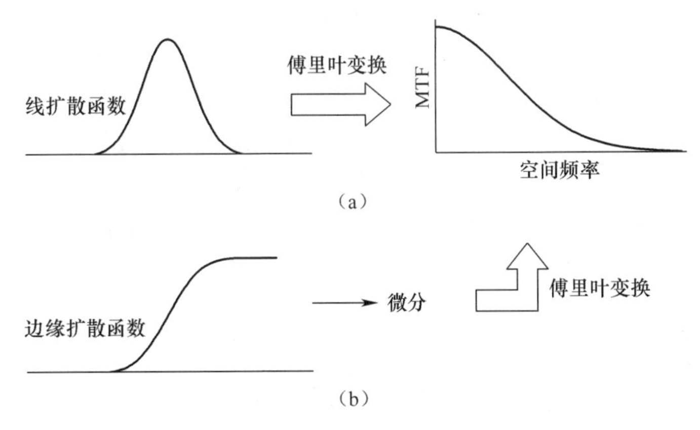

图 8-5 数据分析方法

注:MTF 可以从 LSF 的傅里叶变换获得。LSF 可以直接测得,也可以通过对边缘扩散函数做微分来获得。

狭缝靶是理想线的实际应用。狭缝的张角必须小于 DAS,建议值为 DAS/10。理想情况下,狭缝宽度还应该更小,但是随着缝宽变窄,通过它的辐射通量会减少,这就产生了一个信噪比问题,而且可能会限制测试步骤。对许多帧取平均值会降低随机噪声,但是如果取平均值,必须保证没有移动。如果系统相对狭缝有稍许移动,取平均都会展宽 LSF 的范围,降低得到的 MTF。

如果金属丝的线宽比 DAS 小得多,便可以用它进行测试。但热金属丝的线宽很难测量。由于金属丝受热后会延长,可能需要用弹簧拉紧它(图 4-14)。

MTF 还可以从边缘扩散函数(ESF)获得。ESF 也称为边缘响应或者阶跃响应。使用刀口靶有两个优点:一是刀口靶比狭缝更容易制造;二是没有狭缝测试技术要求的 MTF 校正。对边缘响应做微分运算,获得线扩散函数后再进行傅里叶变换。但是对有噪声的系统,微分运算除了会突出噪声,还会影响 MTF 结果。如果使用刀口进行测试,就要检查刀口,确保其光滑平直。对狭缝和刀口的长度没有具体要求。

对于扫描阵列,在系统观察一个狭缝时,从模拟视频收集系统响应,会得到一条时间扫描线,然后用测试设备对时间扫描线采样并进行傅里叶变换。对离散指数运用一个换算系数,就可以把电频率转化为空间频率。当同样的测量过程应用于凝视阵列时,在物空间表示 LSF 数据点是更合理的。这样,用傅里叶变换能直接获得空间频率。选择用时间频率或空间频率定义数据取决于测试程序。

MTF 的测量方法似乎很直接。结果不一致的原因可能是光学系统不等晕、电路非线性、没有彻底滤除趋势噪声或偏移量、图像抖动、噪声影响、采样-场景相位影响以及不恰当的归一化造成的。这些影响的大小与具体的成像系统设计和测量技术有关。测试人员始终要意识到 MTF 是从数字数据导出的。显示器和计算机监视器上的图像是根据数字数据重建的。因此,观察到的图像 MTF 与测量到的

MTF 不同。重建滤波器在某种程度上降低了采样相位的影响。

从本质上讲,一个没给出适当说明的 MTF 曲线图是没用的。为了达到测试结果的可重复性,有必要规定测量条件。如果测试原则不同,就很难确定不同的测试结果到底是测量技术、测试仪器、数据分析方法不同造成的,还是具有理想结果的待测系统的差异造成的。事实上,不同实验室的测试结果可以有±0.05 的变化[19-20]。一个特定实验室可以得到一致的、变化较小的结果,但还是会与真实 MTF 有一个固定偏差,所以要认真确定 MTF 的标准。

8.2.2　等晕

如果物与像的平移或旋转成比例,那么光学系统是等晕的。等晕区是视场内的一个区域,在这个区域内,可以认为光学传递函数对所有感兴趣的空间频域在测量精度内是平移不变的。一般情况下,像差不会使图像发生根本变化,因此把一个小区域看作等晕区或者称它为局部等晕区都是合理的。大多数光学系统都是旋转对称的,只有很小的像差,所以可看作是等晕的。等晕的概念仅应用于光学子系统。

8.2.3　系统的线性

以响应率曲线为参考,在不进入非线性响应区的条件下,要尽可能提高狭缝或边缘的强度,以便使信噪比最大。如果可能,要通过降低系统增益来降低噪声,并通过增强目标信号来提高信噪比。对 MTF 测量,辐射源强度的绝对值不重要,系统增益也不重要。

在使用狭缝进行测量时,系统要在响应率曲线的线性区工作,更准确地说,是要在狭缝响应函数的线性区工作。为了证明这一点,应该在多种辐射源强度下测量 MTF。如果系统在线性区工作,那么在测量精度范围内 MTF 与辐射源的强度无关。图 8-6 说明当输入 $\Delta T>0.5$℃时,响应率曲线出现了明显的非线性。

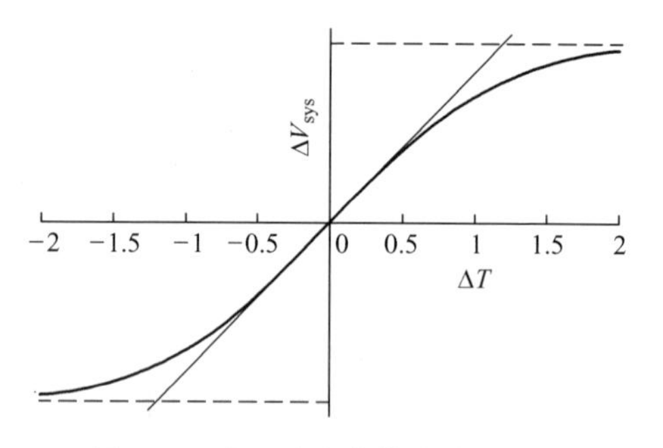

图 8-6　典型响应率曲线说明输入高于 $\Delta T=0.5$℃时的非线性响应

假设一个模拟扫描系统,输出模拟视频信号的时间扫描线如图 8-7 所示。在 $\Delta T>0.5$℃条件下,LSF 受系统非线性影响,但是对单独一条 LSF 扫描线,这种影响并不明显。只有当信号达到饱和(有效输出的最大值为 1)时,才能看出非线性响应明显影响 LSF。得到的 MTF 结果如图 8-8 所示。对于这个例子,在测量精度范围内，MTF 与输入强度达到 0.6℃时的 ΔT 无关。

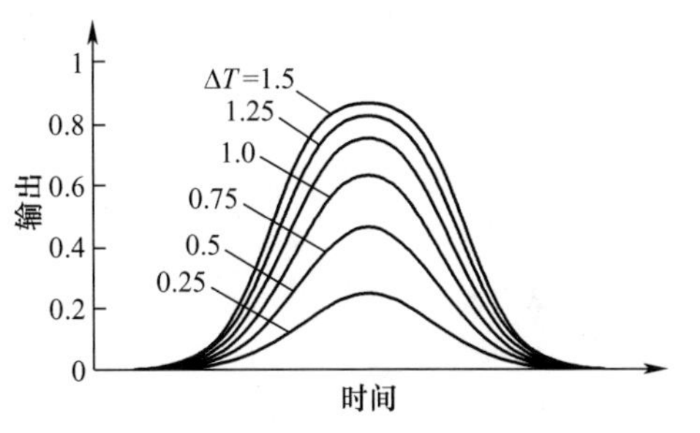

图 8-7　从图 8-6 的响应函数获得的 LSF

注：当 ΔT>0.5℃时，输出的 LSF 发生变形；当 ΔT 接近 1.5℃时，变形更明显。

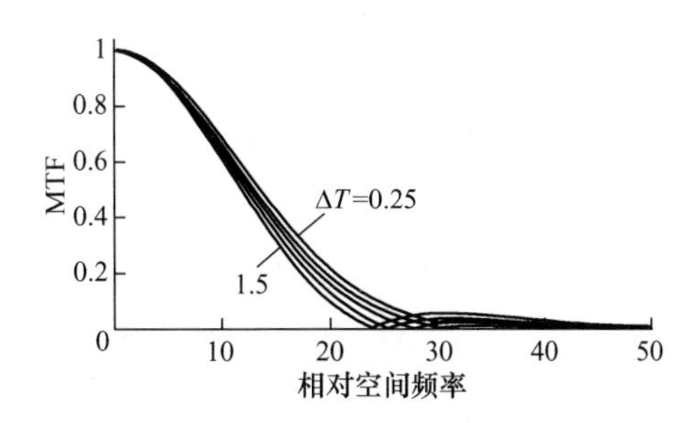

图 8-8　图 8-7 中 LSF 的 MTF

注：当输入 ΔT>0.6℃时，得到的 MTF 出现变形。

8.2.4　空间采样

系统通过像元的离散位置对图像进行采样。在测量 MTF 时，采样会引出一个特殊问题，即采样会限制数据点的数量，会导致欠采样的 LSF、ESF 或 PSF。因采样-场景相位的不同，测得的 MTF 会变化。但是，有两种方法可建立完整的 LSF：第一种方法是在一个像元上以小于一个像素的增量移动狭缝[21-22]或刀口[23]，对目标靶的每个位置测量响应值，同样通过在一个像元上移动一个小激光束或光点（飞点扫描器）能获得点扩散函数[24]；第二种方法是创建一个周期性点阵[25]或线阵[10-12]辐射源，其位置相对于像元投影位置的非整数位置。这种非整数排列等价于在点源和像元之间变换采样-场景相位[3]。第二种方法将在 8.3.1 节“周期性阵列”中进一步讨论。

利用移动狭缝的方法时，随着狭缝的像划过某个像元，可在显示器上观察到这个像元的输出。在物空间（mrad）对狭缝增量进行测量（采样），用傅里叶变换直接把数据变换成空间频域数据（cycle/mrad）。移动狭缝的方法可能会突出[21]图像调整方法（如行间插值）的作用。当观察普通图像时，这些非线性处理过程在视觉上可能是明显的，也可能是不明显的。

采样失真对数据损坏的程度取决于系统的 f 数、波长和像元尺寸。当 $F\lambda/d>2$ 时，采样失真[26]最小。

8.2.5　模拟信号的数字化

模拟系统（没有内部模数转换器）会产生与大多数监视器兼容的模拟视频信号。利用测试设备对这个模拟信号进行数字化处理以获得数据点，然后进行傅里叶变换。图 8-9 说明测试设备的欠采样造成数字化后的 LSF 发生明显变形。提高采样速度会把这些变形和相关失真降到最小。

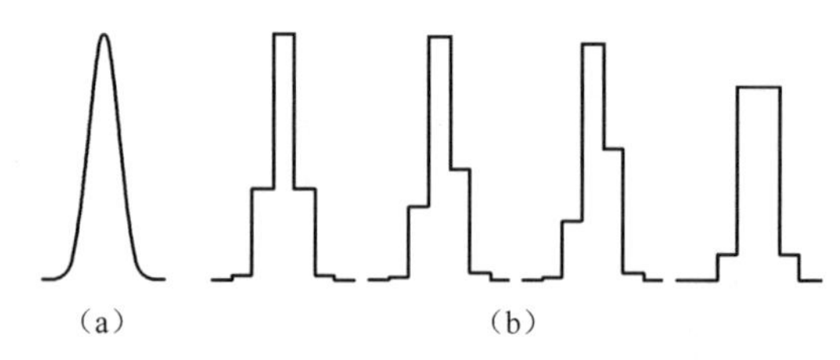

图8-9　在FWHM内有1.63个采样点的欠采样LSF

(a)模拟信号；(b)4个不同相位的数字化信号。

注：用采样保持电路重建的数字信号。

由于LSF可能有长拖尾，难以定义它的宽度，因而选择了一个更好的标准，即在半峰全宽（FWHM）处测量LSF的总宽度。当在FWHM范围内的LSF上至少有4个采样点时，可以把采样相位影响造成的失真降到最小。每个FWHM内有4个采样点的要求大约等于在整个LSF上有10个采样点（图8-10和图8-11）。这比Granger[27]建议的对边缘扩散函数（整个LSF的宽度）取6个采样点的要求更保守，但比Dainty和Shaw[28]对测量无噪声系统时建议每FWHM取8个采样点的限制条件更宽松。White和Marquis[23]也证明了在没有噪声时，对ESF采样10个点就足以再现MTF。但是随着系统噪声的增加，需要的采样点数也相应地增加。当使用移动狭缝的方法时，狭缝移动的增量要使每FWHM范围内至少有4个采样点。

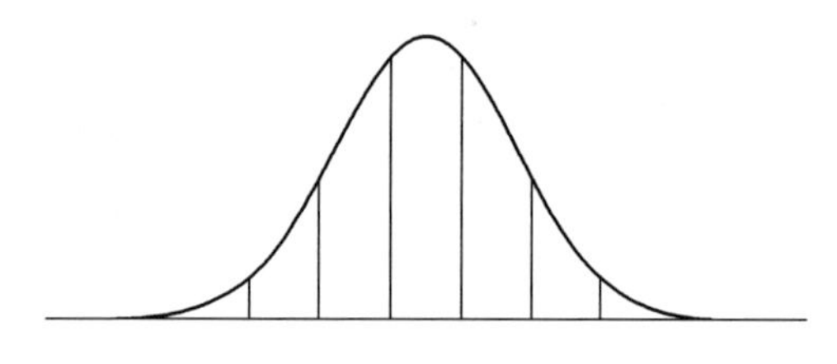

图8-10　需要的采样率

注：本图精确说明在FWHM范围内有4个采样点。改变相位会在FWHM内只产生3个采样点。

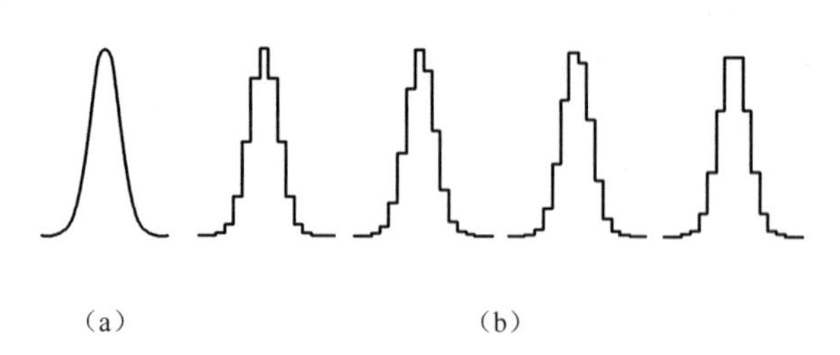

图8-11　精确对准时，在FWHM范围内有5个采样点，以及在其他相位，FWHM内有4个采样点的LSF

(a)模拟信号；(b)随着相位而不同的数字信号。

例 8-1　测试设备的采样率

对一个衍射受限红外成像系统,其孔径直径为 25cm、视场为 20mrad,要对该系统的成像数据数字化,测试设备的采样率应该是多少？扫描系统在 3~5μm 范围工作。

平均波长是 4μm,艾里斑张角为

$$\theta = 2.44 \times \frac{\lambda_{\text{ave}}}{D} = 2.44 \times \frac{4 \times 10^{-6}}{0.25} = 39 \times 10^{-6}(\text{rad}) \tag{8-5}$$

这代表 $39\times10^{-6}/0.020=1.95\times10^{-3}$ 的视场。在 RS-170 标准时域内,艾里斑是有效行速度的 0.195%。艾里斑时间为

$$t = 1.95 \times 10^{-3} \times 52 = 101(\text{ns}) \tag{8-6}$$

艾里斑的 FWHM 大约是斑直径的 0.42,在 FWHM 内有 4 个采样点时,所需要的采样率为

$$f = 2 \times \frac{4}{0.42 \times 0.101 \times 10^{-6}} = 188(\text{MHz}) \tag{8-7}$$

需要乘以 2 倍才能让测试设备的奈奎斯特频率大于系统的最大频率。如果系统确实是衍射限的而且电子系统的 MTF=1,那么测试设备必须达到 188MHz 的采样率,甚至希望有更高的采样率。帧抓取器不能提供这个性能。

例 8-2　狭缝移动增量

对凝视阵列,采用移动狭缝的方法来测量 MTF。如果系统在 8~12μm 范围工作,圆形孔径的直径为 4in,要确保在 LSF 的 FWHM 范围内有 4 个采样点,狭缝移动的增量应该是多少？

最佳 MTF 会受衍射限光学系统 MTF 影响,其他子系统也会降低光学 MTF。一个衍射限圆形透镜能产生艾里斑,其 FWHM 大约为

$$\theta \approx 0.42 \times 2.44 \times \frac{\lambda_{\text{ave}}}{D} \approx \frac{\lambda_{\text{ave}}}{D} = \frac{10 \times 10^{-6}}{4 \times 0.0254} = 98.4\ (\mu\text{rad}) \tag{8-8}$$

狭缝应该以大约 25μrad 的增量移动才能在 FWHM 范围内有 4 个采样点。如果将狭缝放在焦距为 2m 的准直仪前,狭缝的移动增量应该为 50μm(大约 0.002in)。

8.3　MTF 测试靶

测试方法从周期性靶发展到倾斜狭缝和倾斜刀口,其中倾斜刀口是最常用的。

相对像元阵列轴线倾斜刀口或狭缝可以获得不同的相位。精确狭缝[29]的价格昂贵，用途有限，编程复杂，难以标准化，而且信噪比低。刀口[29]便宜，编程相对简单，照明也不成问题。

8.3.1 周期性阵列

图8-12说明一个与像元轴对准的周期性辐射源阵列。如果辐射源小于DAS/10，它就可被视作点源。点源应有足够间距，确保单个PSF不会重叠。每个响应必须根据各自辐射源的强度和大小归一化，每个像元的响应必须归一化为响应率。综合各种输出可以完整地重构PSF（图8-13）。辐射源的位置通常在角空间测量，通过傅里叶变换能直接提供空间频率响应。这项技术的成功取决于以亚像素精度确定PSF峰值位置的能力。如果峰值的位置不确定，PSF就会变宽，MTF会较低。数据大小的变化会产生噪声（见8.4.3节“噪声”）。

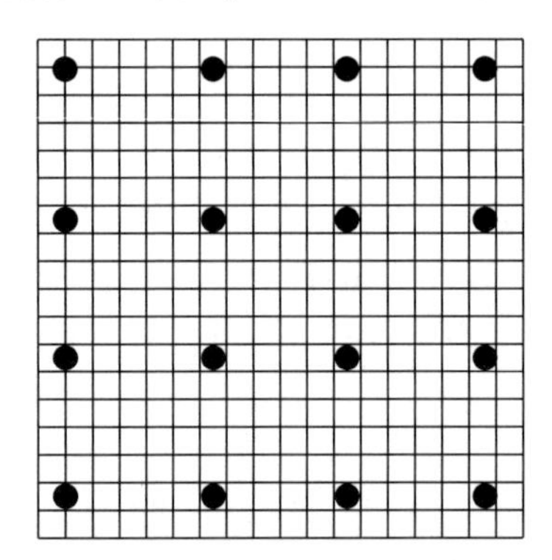

图8-12 点源（黑色圆圈）在像元阵列中的位置[25]

注：相对于像元的位置，点源在非整数位置。

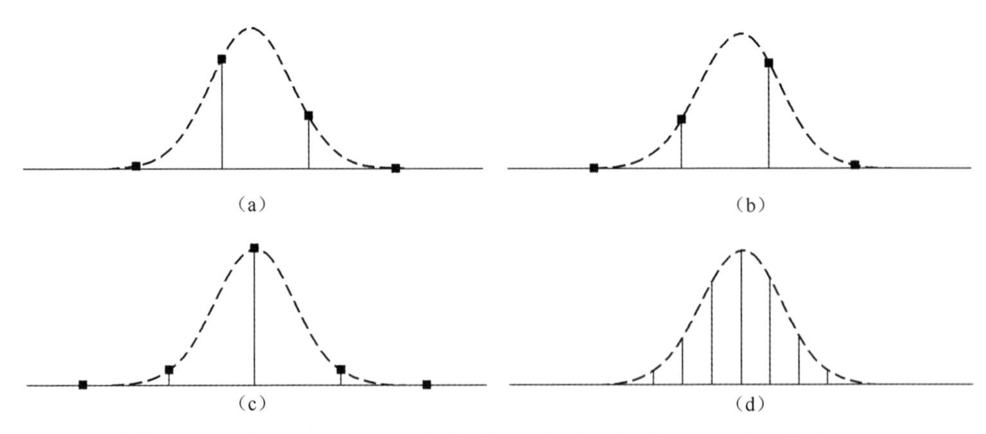

图8-13 由图8-12中一个水平行的点源图像数据（黑色方块）重构的PSF

注：虚线是假设的分布，图（d）等于图（a）+图（b）+图（c）。

每个 PSF 的中心都可用于对准各个 PSF。第二种方法是求 PSF 的积分，然后通过最小二乘法（式(6-4)～式(6-7)）计算积分函数的斜率。假设 PSF 对称，边缘扩散函数上 50%的点的位置都对应于 PSF 的中心，然后用这个值叠加每个 PSF（图 8-14）。通过叠加扫描线，PSF 被有效地过采样。这提高了获得 MTF 和 PSF 的频率分辨率与精度。复合 PSF 的数据点间距通常不规则。由于大多数傅里叶分析都假设数据点是等间距的，所以需要进行数据插值。

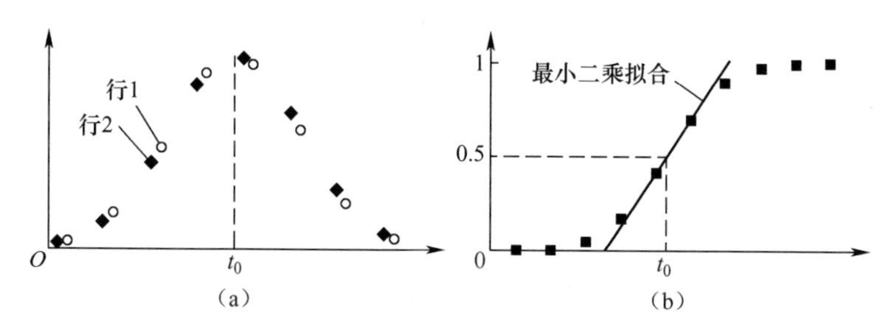

图 8-14　将 LSF 的中心作为基准点来叠加 LSF

(a)典型数据集；(b)积分 PSF。

注：t_0是对称 PSF 的中心，能否精确定位 t_0取决于 PSF 上的数据点数量。

一维响应可以使用狭缝阵列获得（图 8-15）。狭缝比点源容易制造。狭缝边缘应与像元阵列轴平行，并有足够间距以确保单个 LSF 不会重叠。

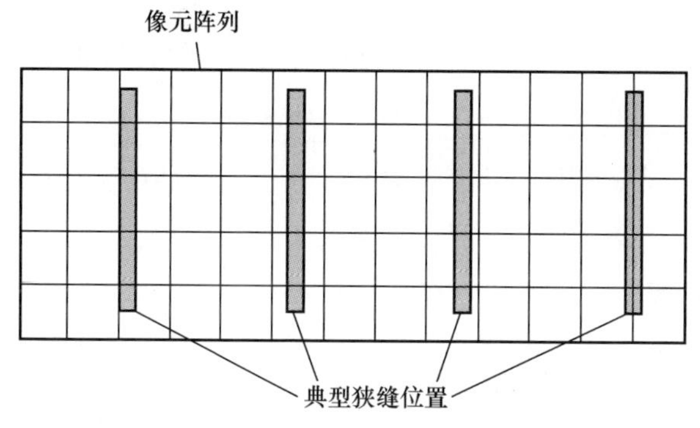

图 8-15　能用来重构凝视阵列 LSF 的狭缝阵列[10-12]

注：狭缝宽度要小于 DAS/10。

可以用两种方法获得 MTF。第一种方法是叠加狭缝输出以获得 LSF。叠加方法与图 8-13 和 8-14 所示的方法相同。可通过将目标旋转 90°来获得垂直方向的 MTF。第二种方法是直接通过傅里叶变换获得 MTF。从本质上说，狭缝的 MTF 在关注的空间频率为 1。通过选择狭缝间距[10-12]，会使混叠不至于混淆结果。狭缝间距应为(N+½)DAS 或者(N+¼)DAS，其中 N 要大地不让 LSF 重叠。频率分辨率分别为 2/[(2N + 1)DAS] 或 4/[(4N + 1)DAS]。随着 N 的加大，频率分辨率提高。相对像元阵列保持适当间距,容易判断出混叠分量并忽略它(图8-16)。有限狭缝靶的频率是连续的[30],这会使得到的结果混淆(图8-17)。随着狭缝宽度增加,频率分辨率降低,这会使第二种方法变得没有用处。

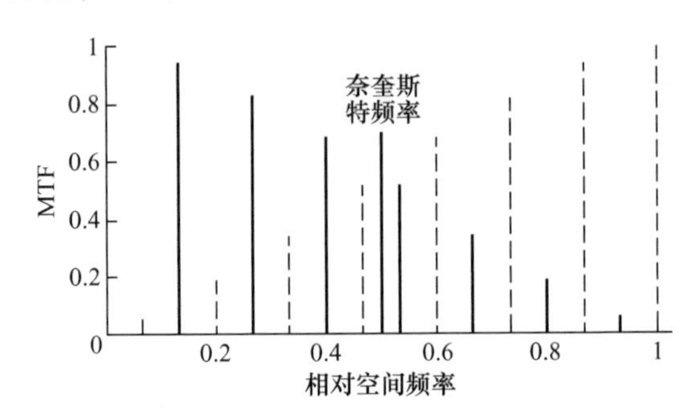

图8-16 无数个窄狭缝的光谱

注:其幅值已通过把典型光学系统和探测器MTF($F\lambda/d=0.2$)归一化为探测器截止频率而降低。虚线是间距为7½DAS($N=7$)时复制的分量。狭缝的频率间距为2/15。

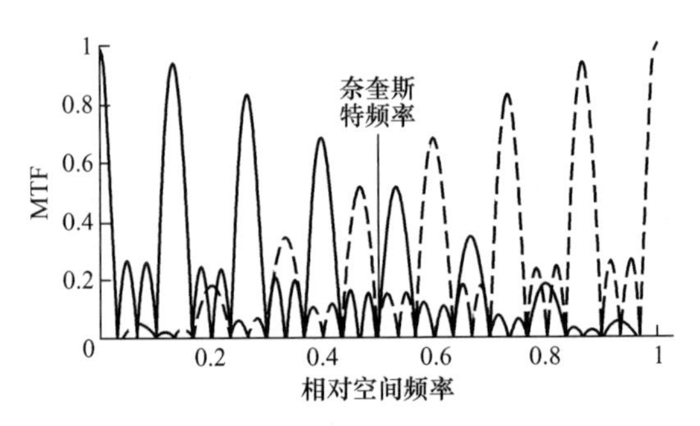

图8-17 四杆靶(很窄的狭缝)的光谱及复制的分量(虚线)

8.3.2 倾斜狭缝

图8-18为一个垂直狭缝的二维MTF。

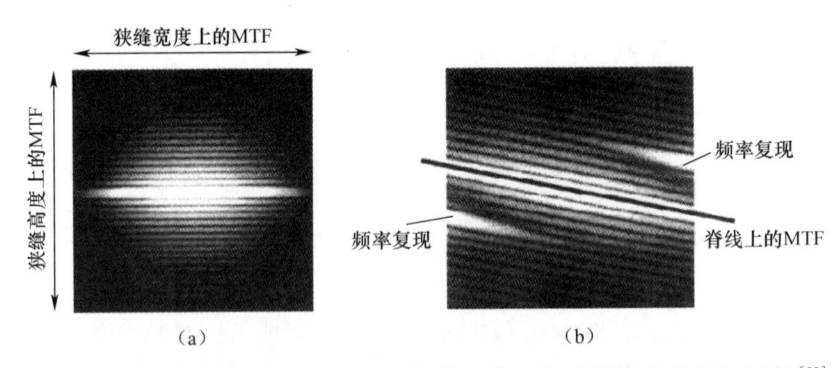

图8-18 (a)狭缝的二维MTF和(b)系统的二维MTF(倾斜狭缝有叠加光谱)[32]

像元阵列会复制围绕采样频率的狭缝 MTF,这会导致 MTF 重叠,使得无法确定系统 MTF。随着狭缝旋转[31],频率也旋转相同的角度。MTF 是沿变换脊线的值。混叠部分的旁瓣与主要 MTF 重叠并影响测得的 MTF。虽然有报道说 8°倾斜是足够的[29],但仍然有边带重叠[32]。

8.3.3 刀口

将刀口与像元阵列轴对准需要格外仔细。随意放置的刀口会与像元轴有一定角度。对每个水平行(图 8-19),都对 ESF 进行微分和转换,以获得多个 MTF。由于 LSF 是欠采样的,单个 MTF 值不会是系统的典型 MTF 值。但是通过对功率取均值(见 8.5.1 节“离散变换”),平均值会接近系统 MTF。

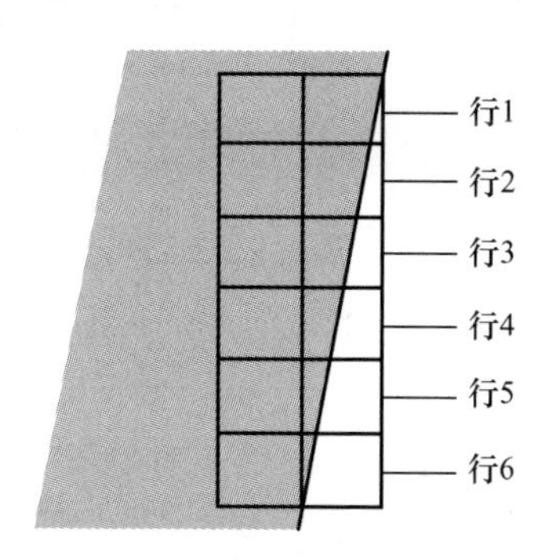

图 8-19 针对每一行,对 ESF 进行微分和转换

这种方法不要求严格的目标靶对准或复杂软件。测试是否成功取决于要平均的行数和每个 ESF 上有多少采样点。随着行数增加和采样点数增加,每个 MTF 都会接近系统 MTF。

使用倾斜刀口会产生多个 ESF 响应,这些单个响应可以叠加,形成一个过采样 ESF(图 8-20)。使用与图 8-14 所示的相同步骤确定中心的位置。对重构的 ESF 进行微分和变换来获得 MTF。

ISO 12233 描述了一种测量数码相机 MTF 的方法。根据图 8-20 说明的技术,ISO 12233 提出[33]让中心对准 DAS/4 就足够了。但这给中心位置引入了一个 ±DAS/8 的空间误差,会在求微分时造成 LSF 扭结并影响高频响应。通常,这种误差出现在大于奈奎斯特频率的频率上,并在 MTF 小于 0.1 时限制它的精度[34]。在使用 ISO 12233 方法时,将 MTF 称为空间频率响应(SFR)。

使水平刀口倾斜,完全覆盖阵列中的第一个像元,并完全暴露最后一个像元(也称为正切[35]采样),可以扩展边缘扩散函数。这导致在阵列输出中有个斜坡函数(图 8-21)。对扩展的 ESF 求微分并转换。用倾斜角重新确定频率轴的比例,即用空间频率比例除以 N。倾斜角(图 8-22)为

$$\theta \approx \arctan\left(\frac{D_{\mathrm{V}}}{(N-1)d_{\mathrm{CCH}}+d_{\mathrm{H}}}\right) \tag{8-9}$$

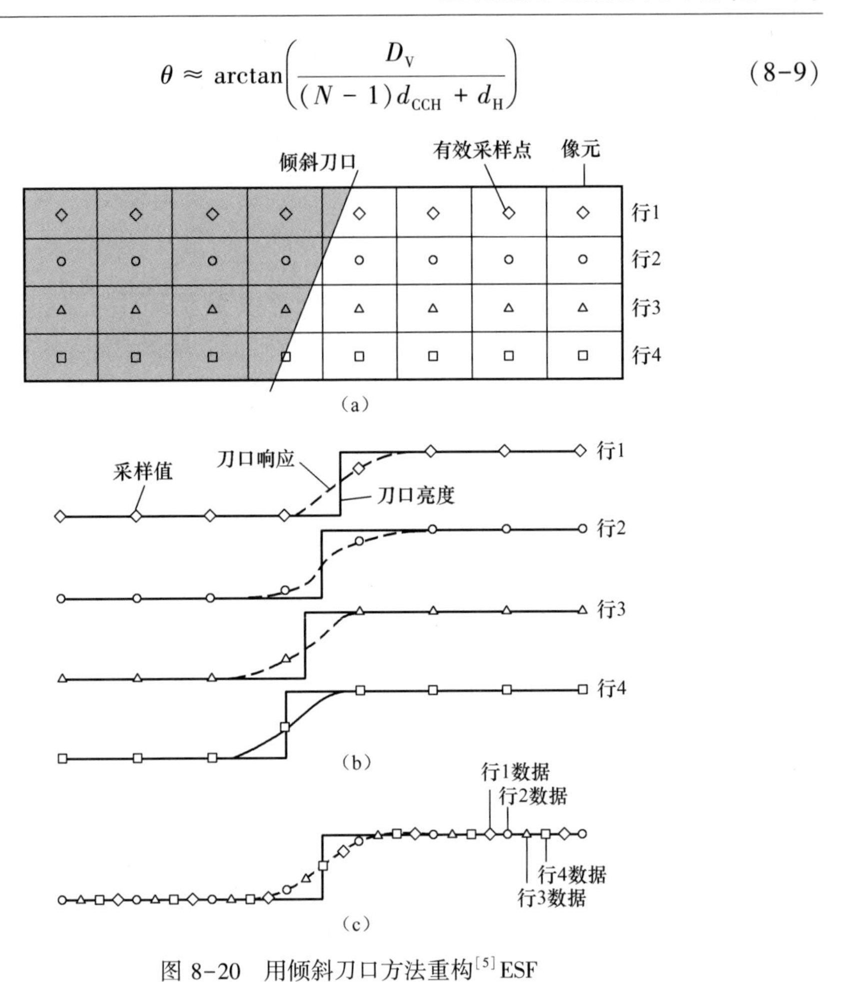

图 8-20 用倾斜刀口方法重构[5] ESF

(a)像元位置和有效采样点阵;(b)刀口在后续像元行平移;(c)与刀口对齐后的组合输出。

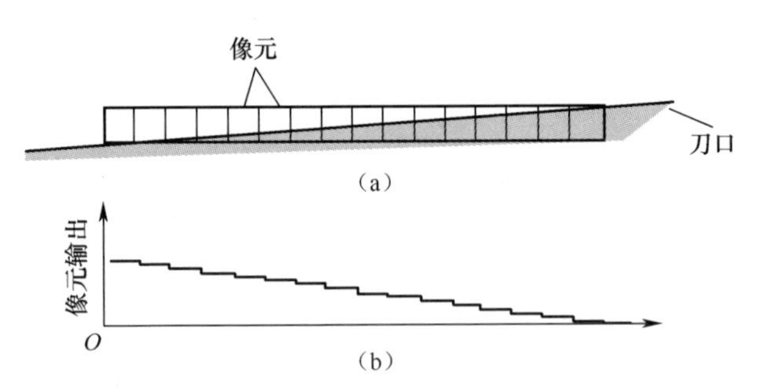

图 8-21 倾斜刀口扩展了边缘扩散函数

(a)倾斜刀口;(b)像元输出。

注:小 $F\lambda/d$ 产生一个尖锐的刀口。

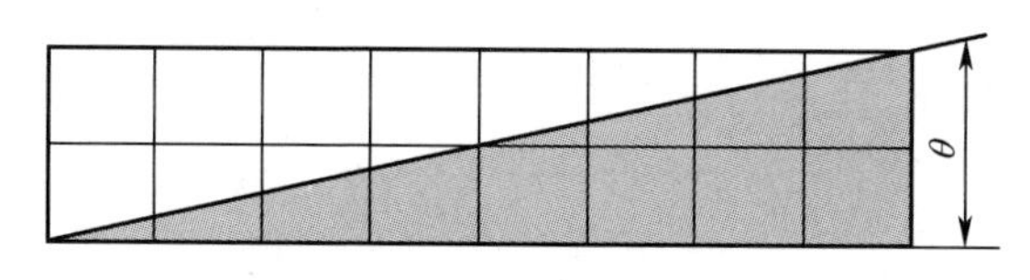

图 8-22　倾斜角的定义

绘成图后如图 8-23 所示。通常使用 2°~8°之间的倾斜角。如果刀口没有跨精确的像元数量(常见的情况),有效采样率就不是整数。这在高频 MTF(这里的 MTF 较低)产生一个误差。对 100%的填充因子阵列,与换算比例有关的误差为

$$\frac{\Delta N}{N}=\frac{\Delta\theta}{\theta} \tag{8-10}$$

因此,估计 θ 时有 5%的误差会导致换算系数产生 5%的误差(见 8.5.3 节“频率换算”)。

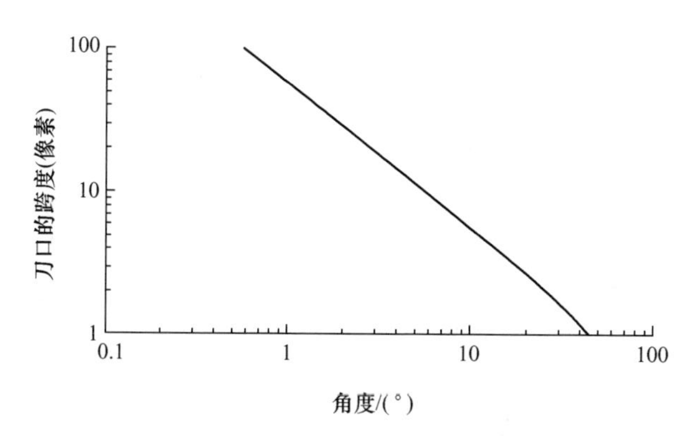

图 8-23　对于 100%填充因子的正方形像元阵列,刀口响应(像素)是倾斜角 θ 的函数:$\tan\theta=1/N$

随着 $F\lambda/d$ 提高,弥散圆的直径变得比像元宽度大得多。在这种情况下,刀口会跨多个像元,可获得更多的数据[29,36]来重建 ESF(图 8-24)。虽然图 8-22 表示刀口在垂直方向跨一个像元,其实是跨了多个像元。如果刀口像图 8-21 所示那样完全匹配,那么下一行像元只重复输出。由于刀口很可能没有完美匹配,后续行会提供更多的数据点,这表明可以用多行数据形成扩展 ESF。

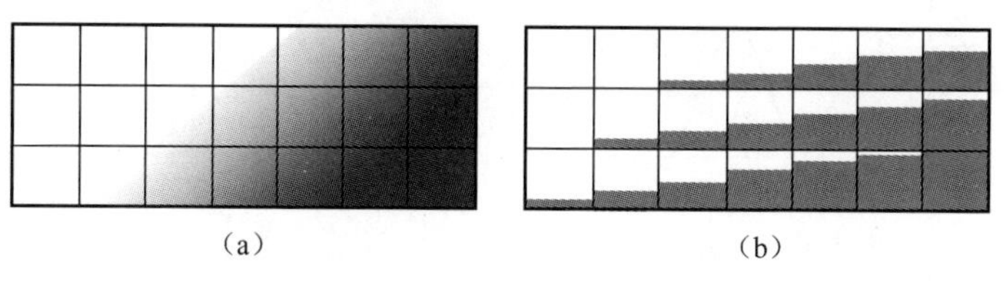

图 8-24　(a) $F\lambda/d$ 大时的 ESF,(b)用于分析的 ESF 数据[36]

注:用类似于图 8-20 的方式对准三行的数据。

和其他方法一样，在系统使用行间插值或复制行时，这种方法可能会遇到问题。当有TDI探测器时，需要特别注意。

注意：在有多个MRT靶时，倾向于将一个MRT靶用作刀口源。一个四杆靶有8个边缘，但是如果四杆靶的空间频率太高（条杆间距太近），ESF可能达不到最终值[38]。也就是说，只获得了一部分ESF，得到的MTF会包含截断ESF造成的误差。

8.4 数据分析

8.3节介绍了获得MTF的各种方法，重点讲述了采样问题。本节的内容包括背景滤除、抖动、噪声、LSF不对称性、闪烁和测试装置的MTF（傅里叶变换在8.5节讨论）。

8.4.1 模拟背景滤除

LSF函数会有一个背景值。对于模拟系统，在进行傅里叶变换之前必须滤除背景响应或基底电压。要实现这个目的，需要单独测量基底电压，或者假定基底电压是不变的。测量基底电压的优点是可以滤除视场中的噪声。基底电压可以通过关闭辐射源与靶面之间的快门来测量，也可以通过设置辐射源，根据响应曲线使输入强度达到零对比度来测量。如图8-25所示，如果基底电压滤除不合适，测得的MTF（图8-26）就会过高（滤除了太多的基底电压）或过低（滤除的基底电压不够）。

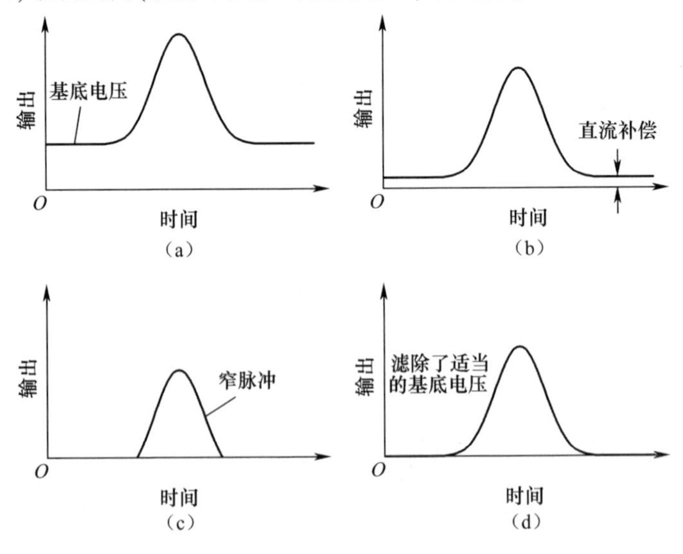

图8-25 滤除基底电压

(a)有基底电压的LSF；(b)滤除的基底电压太少；(c)滤除的基底电压太多；(d)滤除的基底电压合适。

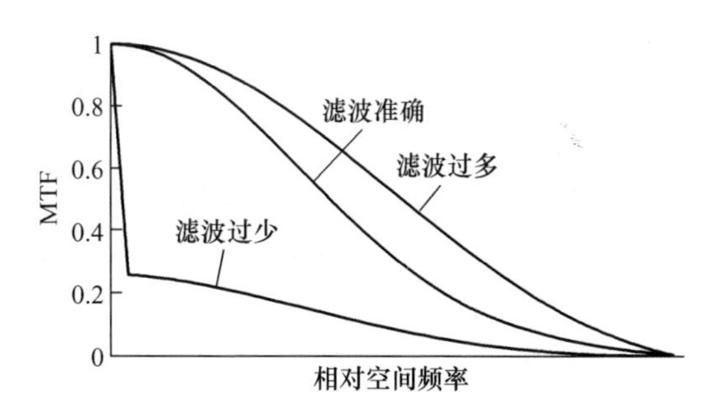

图 8-26　滤除的基底电压不合适

注：滤除的基底电压太少，使 MTF 偏低；滤除的基底电压太多，使 MTF 好于预期。

初看起来，似乎对信号取均值可以提高信噪比。没有目标时，对信号取均值能获得平均背景场景；有目标时，对多个帧取均值，就会从平均的含目标的图像中减去平均的背景图像，从而得到想要的数据。这样不仅减少了随机噪声，也减少了固定模式噪声(FPN)。但是如果有抖动，取均值会展宽 LSF，降低 MTF。

当存在趋势噪声、闪烁或漂移时，滤除背景变得更困难。趋势噪声是目标的不一致性、阴影、非均匀性和 $1/f$ 噪声产生的。漂移是背景电压随着时间的缓慢变化。闪烁是指帧间电平有变化。趋势噪声可以通过利用二阶最小二乘法拟合背景数据的方法滤除。例如，首先将一条曲线表示为 $y = a_0 + a_1x + a_2x^2$；然后从 LSF 中减去这条线(图 8-27)。校正后，在 LSF 两边的响应均值都应该为零。由于 LSF 是高频响应，所以数据可以通过高通滤波器，如用于分离高低频噪声成分的高通滤波器(图 7-19)。如果没有去除趋势噪声或其他低频噪声，MTF 结果中就会有一个低频峰值。

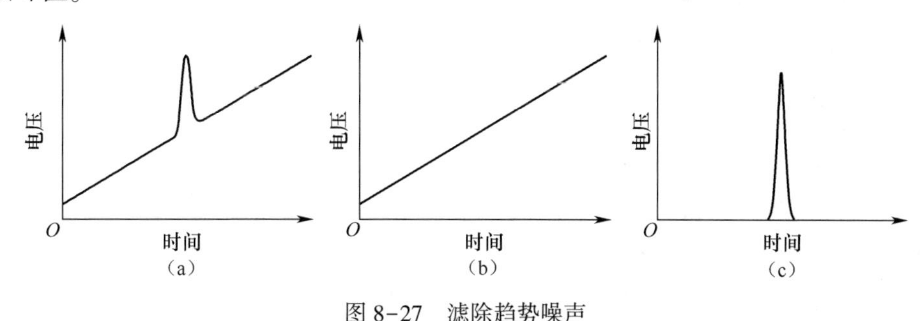

图 8-27　滤除趋势噪声

注：必须从数据((a)减去背景(b)才能获得正确的 LSF(c))。

不论采用什么方法滤除背景噪声，为了进行比较，都应该在滤除背景前后两种情况下分别计算 MTF，以证明滤除背景得到了想要的结果。另外，在滤除背景前后都要对 LSF 描点画图，确保没有造成负面影响。在给出 MTF 结果时，要声明滤除基底电压和趋势噪声的方法。

8.4.2 图像抖动

当出现图像抖动时(图8-28),LSF峰值的位置随着扫描线的位置漂移。图像抖动可能是测试期间系统相对于目标靶的移动(机械振动引起)、扫描仪固有的抖动或者系统同步信号中的抖动引起的。如果图像抖动是瞬态记录仪或帧抓取板中的同步问题引起的,MTF测试结果的潜在退化就是测量技术造成的。把辐射源、目标靶、准直仪和红外成像系统放在一个隔振光学台上,能将机械振动产生的影响降到最低。

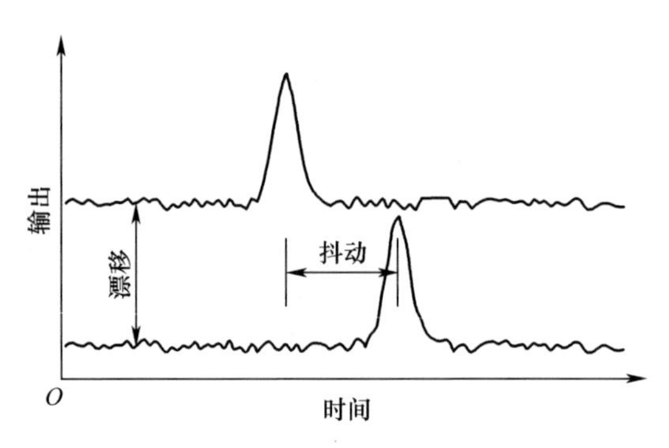

图8-28 经过放大的图像抖动和漂移

如果通过对多帧数据取平均(时域平均)来提高信噪比,那么连续帧中的图像抖动会展宽平均后的线扩散函数。展宽后的LSF会产生较低的MTF。如果图像抖动是系统固有的,最好把抖动留在测量值中[39],这样,观察人员看到的总系统响应会包含固有的图像抖动。人眼和一些显示器在某种程度上会平均系统的图像抖动。因此,去除图像抖动会提高MTF,但并不代表观察人员看到的效果。

8.4.3 噪声

白噪声、附加噪声、时间噪声都会引入了随机误差,并给MTF的估计值加上正偏差[40-42]。有噪声时的MTF总会大于无噪声时的MTF。对于精确、可重复的MTF测量,可能要求信噪比高达500[43]。White和Marquis[23]也证实,在信噪比达到500时,通过对ESF微分后复现的MTF一致性好。随着噪声电平的提高(较低的信噪比),需要在ESF上取更多的采样点。甚至在ESF上有200个采样点,噪声还是会影响MTF(图8-29)。

如果按时间数据进行傅里叶变换,则有

$$\{f(t)\} = F(\mathrm{j}2\pi f) \tag{8-11}$$

式中:傅里叶变换用符号{}表示,小写变量代表时域变量,大写变量代表频域变

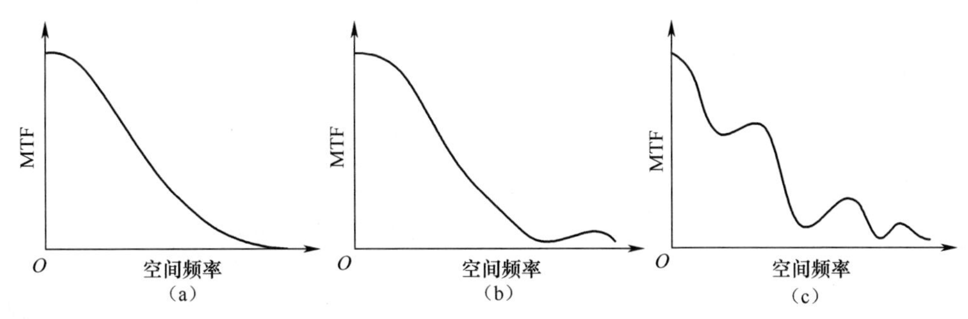

图 8-29　噪声导致 MTF 退化(在 ESF 上有 200 个采样点)[23]
(a) SNR = 500;(b) SNR = 50;(c) SNR = 25。

量。自变量 $\mathrm{j}2\pi f$ 代表傅里叶变换的复数形式。

当存在噪声时,

$$\{f_{\mathrm{LSF}}(t)+f_{\mathrm{noise}}(t)\}=F_{\mathrm{LSF}}(\mathrm{j}2\pi f)+F_{\mathrm{noise}}(\mathrm{j}2\pi f) \tag{8-12}$$

理想的 MTF 是 $|F_{\mathrm{LSF}}(\mathrm{j}2\pi f)|$,但是测得的 MTF 受噪声影响发生偏移;测得的 MTF 是 $|F_{\mathrm{LSF}}(\mathrm{j}2\pi f)+F_{\mathrm{noise}}(\mathrm{j}2\pi f)|$(图 8-30(a)),刀口为

$$\{f_{\mathrm{ESF}}(t)+f_{\mathrm{noise}}(t)\}=F_{\mathrm{ESF}}(\mathrm{j}2\pi f)+F_{\mathrm{noise}}(\mathrm{j}2\pi f) \tag{8-13}$$

对 ESF 微分,得到 LSF:

$$\frac{\mathrm{d}}{\mathrm{d}t}f_{\mathrm{ESF}}(t)=f_{\mathrm{LSF}}(t) \tag{8-14}$$

在频域内微分得到

$$\left\{\frac{\mathrm{d}}{\mathrm{d}t}f(t)\right\}=\mathrm{j}2\pi f\,F(\mathrm{j}2\pi f) \tag{8-15}$$

且

$$\begin{aligned}F(\mathrm{j}2\pi f)&=\mathrm{j}2\pi f\,F_{\mathrm{ESF}}(\mathrm{j}2\pi f)+\mathrm{j}2\pi f\,F_{\mathrm{noise}}(\mathrm{j}2\pi f)\\&=F_{\mathrm{LSF}}(\mathrm{j}2\pi f)+\mathrm{j}2\pi f\,F_{\mathrm{noise}}(\mathrm{j}2\pi f)\end{aligned} \tag{8-16}$$

微分计算突出了噪声。第二项中的系数 f 表明噪声随着频率的提高而增加(图 8-30(b))。即采用 ESF 技术,获得的 MTF 对出现的噪声非常敏感。

在许多情况下,采集到的数据都超出了线或刀口靶。如果将这个数据包含在离散傅里叶变换(DFT)中,噪声就会影响 MTF。降低噪声偏压的最简单的方法[44]是在 LSF 周围加一个窗函数,并设其余值为 0(图 8-31)。对整个 LSF 和窗函数数据进行 DFT(见 8.5.1 节“离散变换”)。相位校正数据是用反相窗函数数据修正过的原始 OTF:

$$\mathrm{MTF}_{\mathrm{corrected}}(f)=\left|\mathrm{MTF}(f)\,\mathrm{e}^{\mathrm{j}\theta(f)}\,\mathrm{e}^{-\mathrm{j}\theta_{\mathrm{window}}(f)}\right| \tag{8-17}$$

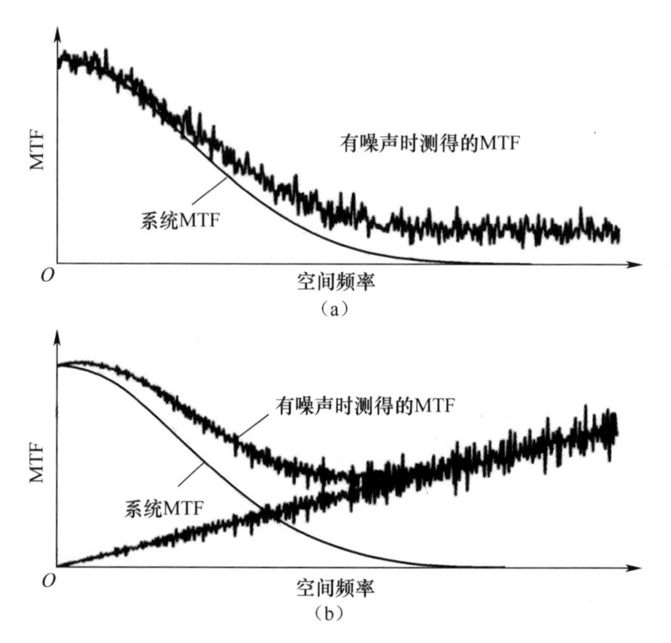

图 8-30 (a)噪声引入了一个持续的随机偏差;(b)对 ESF 微分突出了噪声谱

由于 DFT 提供实部和虚部:

$$\mathrm{MTF}_{\mathrm{corrected}}(f)=\frac{\Re(f)\Re_{\mathrm{window}}(f)+\Im(f)\Im_{\mathrm{window}}(f)}{\sqrt{\Re_{\mathrm{window}}^{2}+\Im_{\mathrm{window}}^{2}}} \tag{8-18}$$

式中:$\Re_{\mathrm{windows}}$、$\Im_{\mathrm{window}}$代表窗函数数据的实部和虚部(图 8-31(b))。

图 8-32 说明与理论 MTF(本例中是高斯曲线)相比,经过相位校正和未经过相位校正的 MTF。在指数高于 75 时,噪声偏压明显(图 8-32(a))。噪声使得 $f=0$ 处的归一化很难。经过相位校正后,噪声偏压被降到最小(图 8-32(b))。

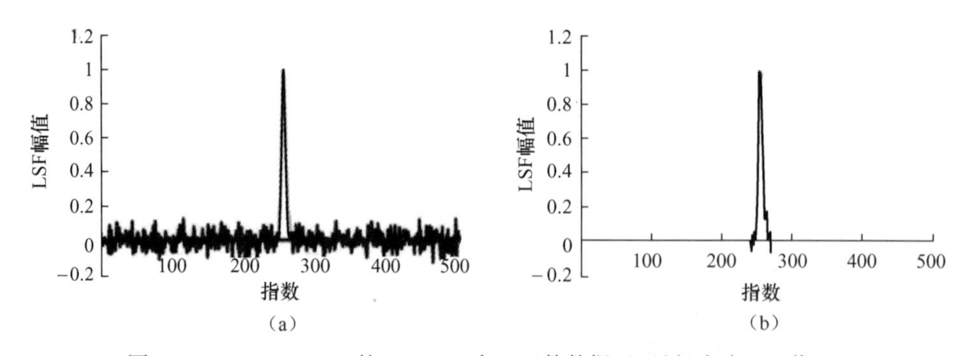

图 8-31 (a)SNR=20 的 LSF,(b)窗口函数数据(记录长度为 512 像元)

用模拟系统工作时,可以随着狭缝移动连续测量输出。当存在噪声时,以小增

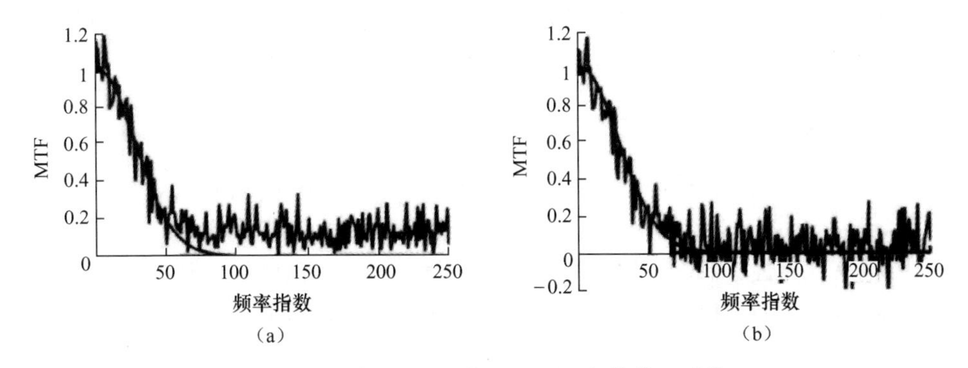

图 8-32　(a)图 8-31(a)的 MTF,(b)相位校正后的 MTF

量移动狭缝,并在每个位置进行多次测量[21],通过取平均能降低随机噪声。缩小倾斜角度(图 8-21)会增加 ESF 的采样点数量。如果数量大,可以对采样点取均值来降低噪声[5]。例如,如果 ESF 上有 200 个采样点,对每 10 个采样点取平均,可以将 ESF 的总采样点减少为 20 个,将信噪比提高 $\sqrt{10}$ 倍。但 ESF 的采样点至少要有 10 个,才能获得可重复的 MTF。Tzannes 和 Mooney[45]把有噪声的 ESF 数据拟合到一个广义解析函数中,解析函数的导数可以近似表示无噪声的 LSF。

如果没有图像抖动,对时间取平均提供了一个提高信噪比的简便方法。平均的方法有两种:一是对几帧图像中的同一个像素进行平均,这种方法与获取噪声数据集 N_{VH} 的方法相同;二是针对垂直狭缝对垂直方向的像素取平均,针对水平狭缝对水平方向的狭缝取平均。

FPN 是一个问题。当使用垂直狭缝或刀口时,FPN 在奈奎斯特频率处表现为一个尖峰[29](图 8-33)。当使用随机宽度的条杆时[17],尖峰频率会在有重复条杆的时候随时出现,因此可能出现更多特征。这里,尖峰频率出现在零点几的奈奎斯特频率处。NSPD 的各种特征在 7.10 节“噪声功率谱密度”中介绍。

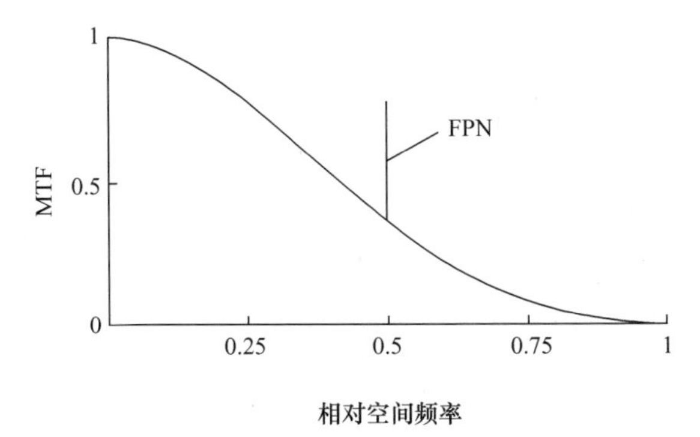

图 8-33　FPN 在奈奎斯特频率处增加了一个尖峰

NEDT是场景温度的函数。如果用刀口工作，刀口的一侧比另一侧热（如10℃）。两侧的噪声量不同，NEDT就不同（图3-14），这会轻微地改变噪声特性。

8.4.4　模拟LSF的对称性

通常，光学系统会产生对称的LSF图像，这些图像通过探测器被转换成电信号。对于模拟系统，对称的LSF转换为一串连续的输入信号通过电子线路。由于电路传输有偶然性，因此会破坏原有信号的对称性。当有升压电路时，LSF不再对称（图8-34）。当存在图像抖动时，不对称的LSF更难以对准。

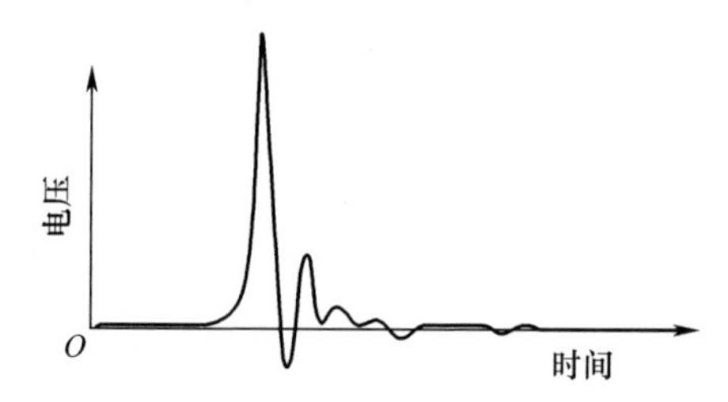

图8-34　电子升压和交流耦合会产生不对称的LSF

8.4.5　闪烁

透镜缺陷导致的散射在图像上表现为闪烁。通常，闪烁的强度极低（图8-35），在大多数图像中都注意不到。闪烁是一种低频现象[46]，测量它需要较长的记录时间。闪烁在$f=0$附近表现为一个轻微偏移（图8-36）。如果记录时间很短是看不出来的。闪烁是散射引起的，经过多次反射（图2-5）也能形成一个低背景信号。

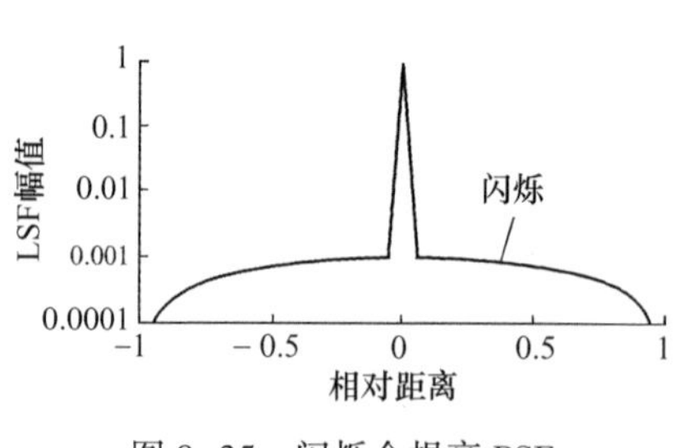

图8-35　闪烁会提高PSF

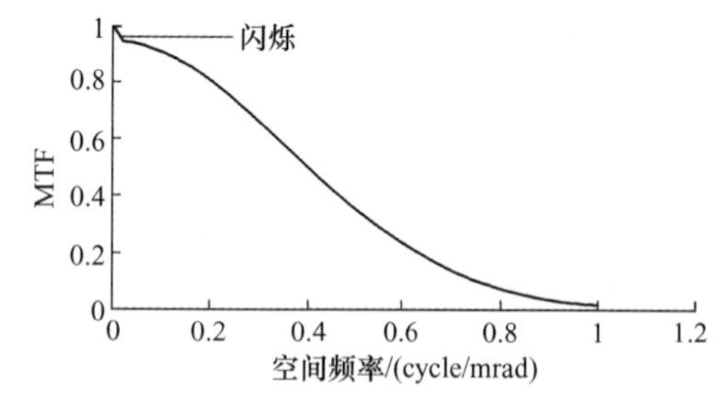

图8-36　很低频率的闪烁会导致一个小尖峰

8.4.6　测试装置的MTF

测得的MTF是所有子系统MTF的乘积，这些子系统包括在测系统和测试设备。原则上，准直仪、狭缝、附加透镜和照相机都可以精确考虑在数据结果中。这些附加的MTF分量可以从数据中分解出来，只留下MTF_{sys}：

$$MTF_{sys} = \frac{MTF_{measured}}{MTF_{collimator} MTF_{target} MTF_{data\ acquisition}} \tag{8-19}$$

如果使用张角为 α_{slit} 的狭缝，靶的 MTF 记作 $MTF_{target} = \sin(\pi\alpha_{slit}f_x)/\pi\alpha_{slit}f_x$ 。随着狭缝宽度增加，它的 MTF 对 $MTF_{measured}$ 的影响更大。如果狭缝太宽，它的第一个 0 点可能出现在感兴趣的空间频率附近。除以小数字是有问题的。刀口则不需要进行校正。

如果准直仪口径大于系统入瞳，那么 $MTF_{collimator} = 1$。当测量模拟视频信号时，数据采集 MTF 应该接近 1。如果用扫描光度计或狭缝/传感器组合测量显示器，可能有必要校正附加的 MTF。必须将这个狭缝视作另一个有自身 MTF 的元件。

8.5　傅里叶变换

傅里叶变换指的是一种将时间或空间数据转换为频域数据的分析方法。对于有限数据集，要使用离散傅里叶变换（DFT）。普遍使用的快速傅里叶变换（FFT）是计算 DFT 的一种有效方法。

8.5.1　离散变换

复数的光学传递函数 $OTF = MTF \times e^{j2\pi PTF}$ 。当对 $2N$（实数）个数据点进行计算时，DFT 可求出复数传递函数的实部 $\Re$ 和虚部 $\Im$ 分量，每个部分都有 $2N$ 个点。OTF 的实部和虚部分别是 $\Re = MTF \times \cos(PTF)$ 和 $\Im = MTF \times \sin(PTF)$ 。

从 $n=0$ 到 $N-1$ 的 MTF 点会在从 $n=N$ 到 $2N-1$ 上重复出现，所以仅画出 N 点的数据。在幅值归一化后，第 n 个数据点的 MTF 为

$$MTF(n) = \sqrt{\Re^2(n) + \Im^2(n)}\ (n = 0, 1, \cdots, N-1) \tag{8-20}$$

与第 n 个数据点的空间频率与采样速率 f_{S-DFT} 有关，也与数字采样的点数（数据点数）有关：

$$f_x(n) = \frac{n f_{S-DFT}}{2N}\ (n = 0, 1, \cdots, N-1) \tag{8-21}$$

频率分辨率 $\Delta f = f_{S-DFT}/2N$ 。可被重构的最大频率根据采样速率的奈奎斯特规则给出：

$$f_{max} = \frac{f_{S-DFT}}{2} \tag{8-22}$$

f_{max} 值仅由测试设备或测试方法决定。根据测试装置的不同，f_{max} 可能与红外成像系统的奈奎斯特频率有关，也可能无关。

频率分辨率与数据点数量和采样间隔时间的乘积成反比关系。因此，如果数字化转换器有固定的存储空间（如 1024 点），那么提高采样率或者缩短采样间隔时

间(如10~5ns)会提高得到的频率分辨率(越小越好)。提高采样率确实提高了奈奎斯特频率,但是在LSF上取更多采样点会降低采样相位影响,而且会减少MTF计算结果的变化。

DFT输入的记录长度为2N。在LSF数据集的两端补上零(图8-37),插入到用$\sin(x)/x$函数计算的MTF中,会得到更平滑的MTF(图8-38)。提高频率分辨率并不影响测量分辨率,只会使计算的MTF变得平滑。

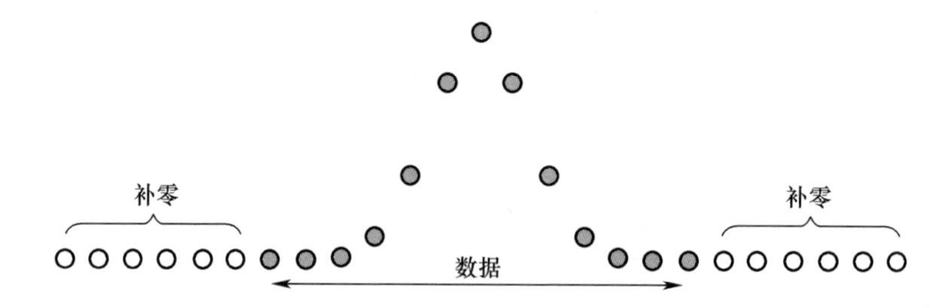

图8-37 补零是为了增加记录长度

注:原始数据集有1024个数据点。额外增加1024个零是为了形成一个新的2048点的数据记录长度。LSF应该在数据记录长度的中心(图8-31)。

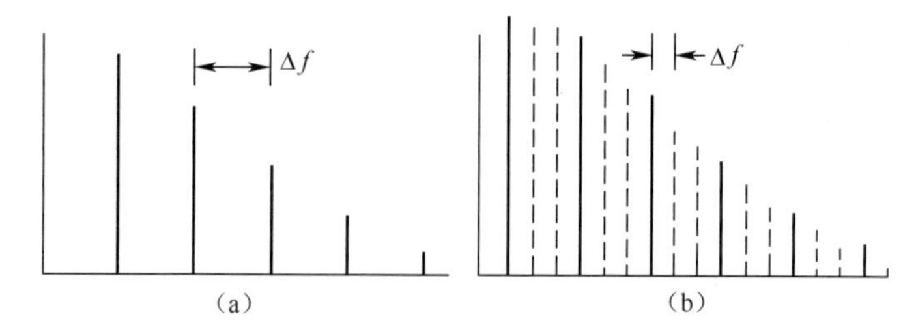

图8-38 通过将$\sin(x)/x$用作MTF的内插函数,补零提高了表观MTF分辨率

(a)原始MTF;(b)插入后的MTF(虚线)。

使用有限的数据记录长度违背傅里叶变换对时间连续性的要求。如果有N个数据点(阵列[0, N-1]),DFT就假设信号从N重复到2N-1,并依此类推。DFT等效于将数据拟合为离散频率处复正弦曲线之和的一条曲线。调整幅值和相位以拟合离散数据点。如果选择的正弦曲线的数量等于数据长度,就可以把数据正确地、唯一地拟合为DFT频率。

DFT频率被限制为采样频率除以记录长度的整数倍。当一个信号的频率分量不能精确拟合到一个信元(n=0,1,…)时,DFT算法必须给许多不相关的正弦曲线分配一个非零幅值,以便精确拟合数据。在采样间隔的开头和结尾部分,部分周期的不连续性会产生误差。这些误差称作泄漏量,可能掩盖存在的小幅值频率(MTF<0.1)。为了减少泄漏量,通常会给数据加上窗函数[47],常用的是汉宁窗或升余弦窗[48]。用汉宁窗时,第n个数据点要乘以下式:

$$w_n = \frac{1}{2}\left[1 - \cos\left(\frac{2\pi n}{2N}\right)\right] \quad (n = 0,1,\cdots,2N-1) \tag{8-23}$$

然后对加权数据集进行傅里叶变换。选择窗函数时要求先了解被采集的数据。应该在有窗函数和无窗函数的情况下分别计算 MTF,并对比得到的结果。但是,如果将 LSF 放在数据集的中心(LSF 在数据点 N 的中心),就不需要加窗函数。当在数据记录长度的开头和结尾变换非零数据时,应该使用窗函数。

噪声会在与记录长度无关的功率估计中引入统计误差[42]。增加记录长度不影响误差的幅值。要减小误差,必须多次计算功率谱,然后对每个频率成分取平均来获得合成(总体平均)功率谱,即

$$\begin{cases} P_1(f) = \Re_1^2(f) + \Im_1^2(f) \\ \quad\vdots \\ P_k(f) = \Re_k^2(f) + \Im_k^2(f) \end{cases} \tag{8-24}$$

式中:k 为由计算出的功率谱得出的不同数据集的个数。

也就是说,要得到 k 次的 LSF,就要从每个变换后的 LSF 计算出功率谱。合成的功率谱为

$$P_{\text{ave}}(f) = \frac{\sum_{i=1}^{k} P_i(f)}{k} \tag{8-25}$$

平均的 MTF 是平均功率谱的平方根(图 8-39),即

$$\text{MTF}_{\text{ave}}(f) = \sqrt{P_{\text{ave}}(f)} \tag{8-26}$$

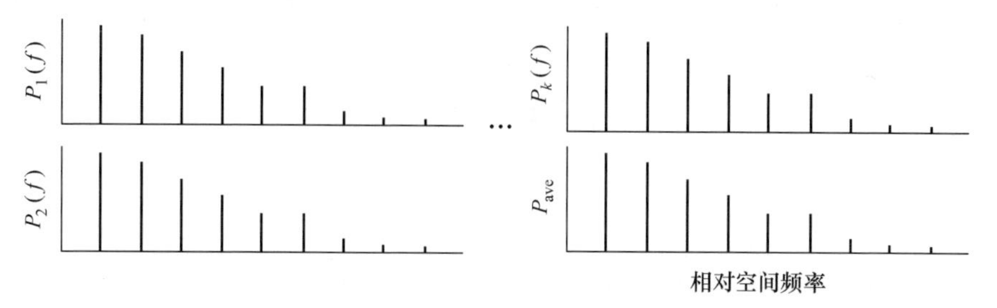

图 8-39　用平均功率谱密度曲线的方法获得合成功率谱

8.5.2　幅值归一化

对被动线性相移系统,MTF 在零空间频率处被归一化为 1,它随着频率提高而

减小。设零空间频率处的 MTF 为 1，等于将 LSF 曲线下所包含的面积归一化为 1。图像增强技术和升压电路（主动滤波电路）可以提高一些频率处的 MTF。由于在零空间频率处归一化为 1，系统 MTF 值在频率提升处可能大于 1（图 8-40）。注意，MTF 理论是为被动系统开发的。MTF 在 $f=0$ 处为 1，在其他频率处下降。主动电路会提高 MTF，因此产生一个归一化问题。

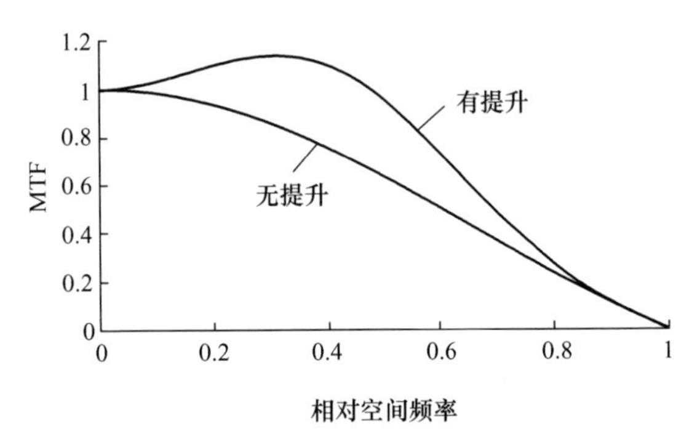

图 8-40　频率提升后的理论 MTF

用交流耦合系统时，直流（零空间频率）成分被抑制，这样做能防止在零空间频率处被归一化为 0。这里建议在空间频率高于交流起始频率 10 倍处或在第一个最大频率处归一化到 1。通常，交流耦合频率在傅里叶变换的分辨率之下，因此并不对它进行测量。噪声（图 8-30 和图 8-32）使归一化变得复杂。

8.5.3　频率换算

DFT 把数据变换成非特征频率单位（cycle/sample）。应用人员只需要把 DFT 变换成合适的单位即可。如果在物空间（mrad）测量采样数据，会和移动狭缝或周期性针孔阵列时的情况一样，DFT 会把数据直接转换到空间频率（cycle/mrad）。在使用模拟时间数据时，DFT 把数据变换到电信号频率域中。要把电信号频率数据 f_{Hz} 转换成空间频率数据 f_x，需要知道视场和一个电视线的有效时间（TV）：

$$f_x = \frac{\mathrm{TV}}{\mathrm{FOV}} f_{\mathrm{Hz}} \tag{8-27}$$

式中：TV 的单位为 s；FOV 的测量单位为 mrad；f_x 的单位为 cycle/mrad。

测量视场的方法见 9.1 节“视场”。系统的行速度可能与公布的数值不同。由于焦距的变化，系统视场可能会向上波动 5%。这会严重影响换算系数，因此也影响对 MTF 结果的解释。用不同的换算系数得到的 MTF 是不同的。扩展 ESF 技术也要求进行频率换算。表观 MTF 的变化与例 8-3 的方法相同。如果红外成像系统是数字式的，时钟速率为 R_{clock}（pixel/s），像素量为 P（pixel/line），则

$$\mathrm{TV} = \frac{P}{R_{\mathrm{clock}}} \tag{8-28}$$

例 8-3　换算系数

如果系统间的焦距变化为 5%，它对计算出的 MTF 有何影响？系统的标准视场为 600mrad，线速率为 52μs。

LSF 是从模拟视频信号获得的，假设它的曲线形状是高斯型，其中 $\sigma = 39\times10^{-9}$ s。傅里叶变换将会产生高斯型的 MTF，即

$$\mathrm{MTF} = \exp(-2\pi^2\sigma^2 f_{\mathrm{Hz}}{}^2) \tag{8-29}$$

转换成空间频率为

$$\mathrm{MTF} = \exp\left[-2\pi^2\left(\frac{\mathrm{FOV}}{\mathrm{TV}}\right)^2 f_x{}^2\right] \tag{8-30}$$

假设像元阵列大小是固定的，那么焦距 5%的变化会导致视场出现 5%的变化（570～630mrad）。这种变化在空间频率的中频段会造成 MTF 有约 10%的变化。图 8-41 描绘了这些变化，并且给出了在视场中有+5%的变化时 MTF 的绝对差异。

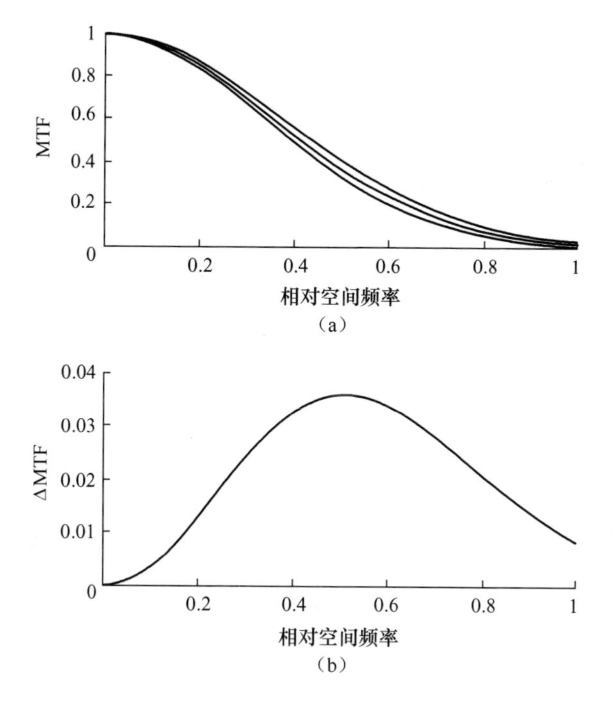

图 8-41　由于不同换算系数是相关空间频率的函数，导致 MTF 出现明显变化
(a)换算系数与视场成正比，视场 5%的变化量导致换算系数发生 5%的变化；
(b)视场变化+5%时产生的绝对差异。

当系统观察一个大狭缝时，可以通过测量系统的 MTF 来估算时间-频率换算系数。如果与 DAS 相比狭缝对应的张角 α_{slit} 比较大，那么所测的 MTF 在 $f_x=k/\alpha_{slit}$ 时等于零，其中 k 是一个整数（图 8-42）。利用通过零值的交点可以估计从电子频率到空间频率的换算系数。在 MTF 等于零时，电子频率 f_1 得到 $f_x=f_{Hz}/(\alpha_{slit}f_1)$，DFT 频率分辨率 Δf 限制着这种方法的精度。

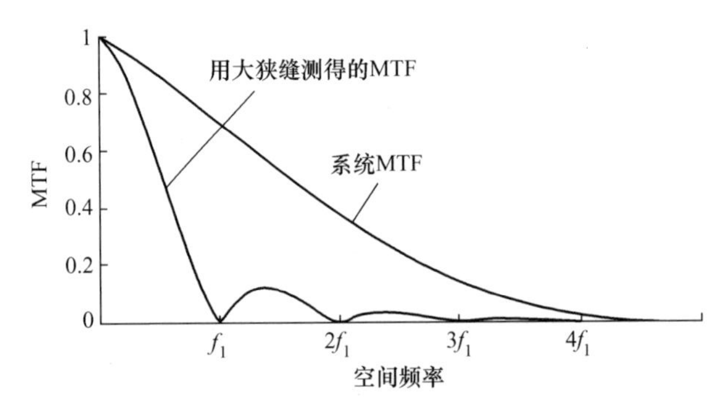

图 8-42　使用大狭缝进行换算系数定标

注：MTF 在 $f_x = k/\alpha_{slit}$ 处等于零，α_{slit} 为狭缝张角。

例 8-4　狭缝宽度

红外成像系统的 DAS 为 2mrad，要测量 MTF 和对换算系数定标，需要多大尺寸的狭缝？准直仪的焦距为 1.5m。

MTF 要求的狭缝对应张角为 0.1DAS 或者 0.2mrad，要求的狭缝宽度为 $0.2\times10^{-3}\times1.5\text{m}=0.3\text{mm}$。对于换算系数，希望在系统 MTF 曲线上有两个附加的零点。像元 MTF 的第一个 0 点在 $f_x=1/\text{DAS}=0.5$（cycle/mrad）处。想要的零点出现在 0.167cycle/mrad、0.333cycle/mrad 和 0.5cycle/mrad 处。狭缝对应的张角与第一个零点有关，$\text{DAS}_{scale}=1/0.167=6$（mrad）。

需要的狭缝宽度为 $6\times10^{-3}\times1.5\text{m}=9\text{mm}$。如果除像元外的另一个子系统决定系统 MTF，那么用第一个零点处或至少是 MTF 接近零点处的空间频率进行计算。

8.6　MTF 测试步骤

在测量 MTF 之前，应谨慎地计算理论 MTF。测得的 MTF 必须小于计算值。如果既没有线性处理也没有增压，测得的 MTF 应该比计算的 MTF 略小一点。通常，光学系统和探测器限制着系统 MTF。

圆形孔径的衍射限 OTF 为

$$\mathrm{MTF}_{\mathrm{optics}} = \frac{2}{\pi}\left[\arccos\left(\frac{f_x}{f_{\mathrm{oco}}}\right) - \frac{f_x}{f_{\mathrm{oco}}}\sqrt{1-\left(\frac{f_x}{f_{\mathrm{oco}}}\right)^2}\right], f_x \leqslant f_{\mathrm{oco}} \tag{8-31}$$

当$f_x > f_{\mathrm{oco}}$时，$\mathrm{MTF}_{\mathrm{optics}} = 0$。在物空间，光学截止频率($f_{\mathrm{oco}}$)为

$$f_{\mathrm{oco}} = \frac{D}{\lambda} \tag{8-32}$$

式中：D 为孔径直径(mm)；λ 为波长(μm)，f_{oco} 在物空间的常用单位为 cycle/mrad。使用系统的平均波长。

探测器 OTF 不会独自存在。探测器 MTF 必须有光学系统 OTF 才能形成一个完整系统。在一维中，长方形探测器的空间响应为

$$\mathrm{MTF}_{\mathrm{detector}}(f_x) = \left|\frac{\sin(\pi\alpha_{\mathrm{D}} f_x)}{\pi\alpha_{\mathrm{D}} f_x}\right| \tag{8-33}$$

假设有效面积是长方形，整个有效面积上的响应是均匀的。图 8-43 说明系统 MTF($\mathrm{MTF}_{\mathrm{sys}} = \mathrm{MTF}_{\mathrm{optics}}\ \mathrm{MTF}_{\mathrm{detector}}$)是 $F\lambda/d$ 的函数[26]。如果在显示器上测量图像，必须增加显示器 MTF。

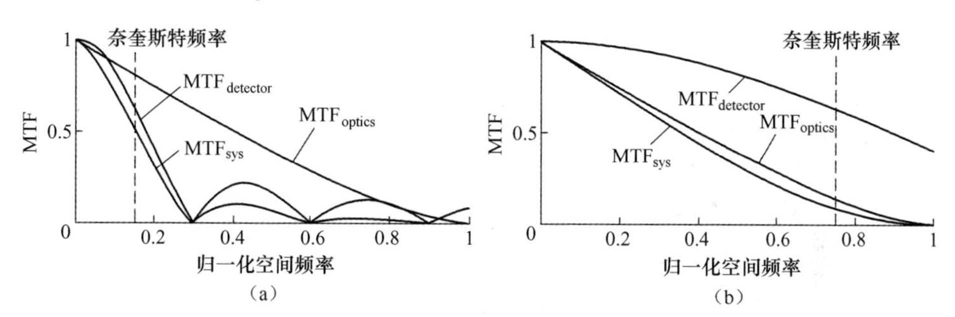

图 8-43　(a)$F\lambda/d$=0.3 和(b)$F\lambda/d$=1.5 时的系统 MTF

注：奈奎斯特频率的位置取决于像元间距。假设填充因子为 100%。

本节是对上面几节的总结。通用的 MTF 测试装置如图 8-4 所示，数据处理方法如图 8-5 所示。准直仪口径应该大于红外成像系统口径(图 4-20)。不需要校正准直仪透过率，因为 MTF 是一个相对测量值。

离散傅里叶变换(DFT)只提供有限数量的数据点。与其将 MTF 表示为一条连续曲线，不如表示为一组离散的频率成分点，这突出了测量过程的离散特性和输出量的频率分辨率(图 8-44)。通过傅里叶变换并不能得出系统奈奎斯特频率的位置，所以产生的 MTF 受测量设备采样率的限制。因此，应该将系统的奈奎斯特频率标在所有图上。如果加了补充的零，也要标在图上。现在趋于将多项式[17,49]与数据拟合上，得到的曲线会使 MTF 平滑。有时仅对多项式描点画图，但这会掩盖数据和 MTF 分辨率的变化，因此应当避免。但可以在数据上描绘多项式。

MTF 的测试准备见表 8-2；针对扩展 ESF 的 MTF 测试步骤见表 8-3。详细测

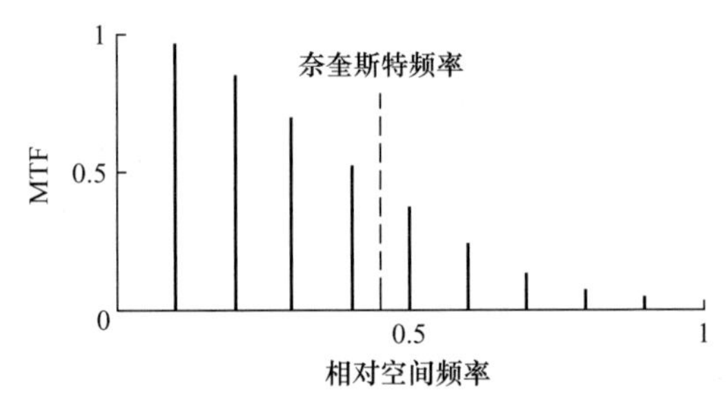

图 8-44　MTF 的离散表示和加上的系统奈奎斯特频率

注:DFT 数据可能与系统奈奎斯特频率不符合。

试步骤因选择的测试靶(倾斜刀口、倾斜狭缝等)和数据处理方法而不同。表 8-4 是产生误差的原因。

表 8-2　MTF 的测试准备

· 为确保测试成功,建立测试准则和标准。编写完整的测试计划(1.3 节)。
· 确保测试设备状态完好,测试装置选择恰当(图 8-4)。咨询以前的使用者是否有应该注意的问题。把辐射源、目标靶、准直仪和红外成像系统放在一个隔振光学平台上,将气流影响降到最低程度(图 4.4)。
· 确保红外成像系统聚焦(5.2 节)。
· 确保红外成像系统在测试程序开始前已经达到工作稳定状态。
· 将辐射源强度设置得足够大,使信噪比较高。
· 使刀口相对像元阵列轴倾斜 2°~8°。
· 保证系统在线性区工作,这可以根据响应率曲线来估计(6.1.2 节),也可以针对不同辐射源强度进行傅里叶变换来验证(图 8-8)

表 8-3　MTF 测试步骤

· 用不同数据集重构 ESF(8.3.3 节)。
· 对 ESF 微分,补零,加窗口函数(8.5.1 节)。
· 进行傅里叶变换并将幅值归一化(8.5.2)。
· 根据倾斜角换算频率轴(8.3.3 节)。
· 记录测试中出现的任何异常现象和所有测量结果。所记录的数据至少包括原始数据、所用的窗函数量、辐射源强度、环境温度、滤除趋势噪声的方法和任何其他有关的测量数据。要用图形和表格形式表示测得的 LSF 和计算的 MTF,并清楚地标明系统的奈奎斯特频率

表 8-4　MTF 不理想的原因(扩展 ESF 技术)

· 没有消除测量设备的 MTF(8.4.6 节);
· 系统没有提供最佳聚焦状态;
· 幅值没有恰当地归一化(8.5.2 节);
· 信号不在线性区(8.2.3 节);
· 噪声过大(8.4.3 节);
· 频率换算系数不准确(8.5.3 节)

用于频率换算的大狭缝也可用于验证算法。在此，曲线的形状比换算系数重要。如果狭缝 MTF 决定着测得的 MTF，那么测得的 MTT 应该服从 $\sin(\pi\alpha_{\text{slit}}f_x)/\pi\alpha_{\text{slit}}f_x$。

从 MTF 曲线的形状也可以获得大量信息。表 8-5 总结了 MTF 的变化，图 8-45说明 MTF 变化造成的影响。在运行图像处理算法或行间插值算法时，可能出现预料之外的 LSF 或 MTF。

表 8-5 MTF 的变化

MTF 的变化	可能的原因
在零空间频率处受到抑制(图 8-45(a))	交流耦合
峰值出现在低频处(图 8-45(b))	没有去掉 LSF 数据中的趋势噪声
峰值出现在曲线中(图 8-45(c))	升压电路 非线性图像处理
频率太低(图 8-45(d))	系统离焦 系统在非线性区 图像抖动展宽了 LSF(取平均时) 错误的频率换算系数 对 LSF 的采样不充分
频率太高(图 8-45(e))	去除的背景噪声太多 错误的频率换算系数 噪声偏差 对 LSF 的采样不充分
低频成分(图 8-45(f))	去除的背景噪声不够 明显的闪烁
没有重复性	以上所有的问题

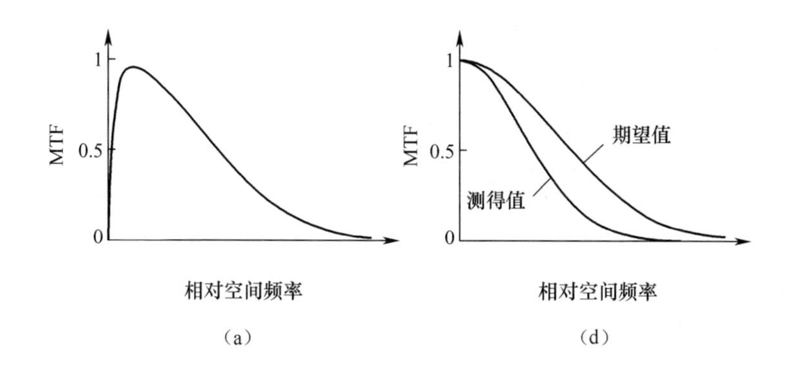

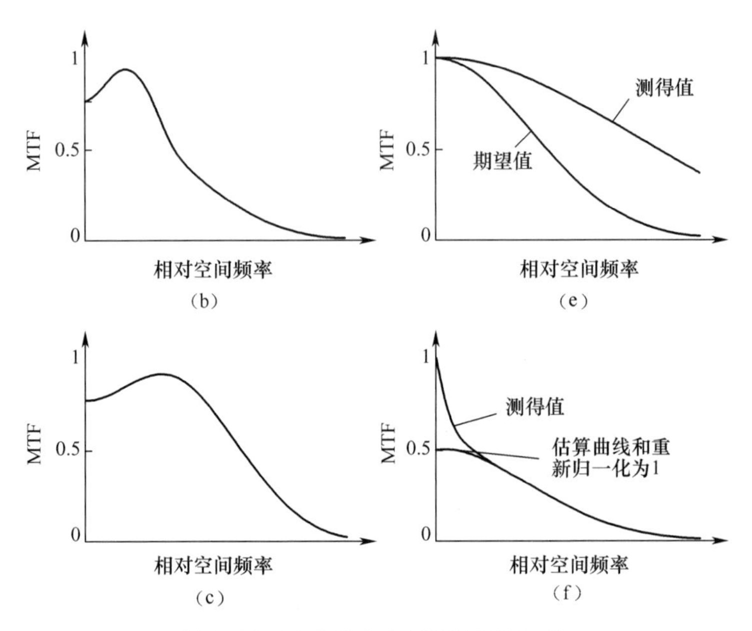

图 8-45　MTF 的变化(解释见表 8-4)

8.7　相位传递函数

图像经过电路处理时,系统的 MTF 和 PTF 会使图像发生改变。对于线性移不变(LSI)系统,PTF 只表示相对一个任意选定的原点发生的时间或空间平移。一个 MTF 明显变化的图像仍然是可辨认的,如果 PTF 的非线性太大,则会破坏图像的可识别性。除必须保留目标靶几何特性的应用(如测绘或照相测量)以外,适度的 PTF 非线性视觉上可能看不出来。通常,PTF 的非线性随着空间频率的提高而提高。由于 MTF 在高频处较小,所以非线性相位平移的影响也较弱。

采样过程会产生无数个在原始场景中并不存在的新频率。对于欠采样系统(几乎是所有成像系统的特点),复制的频率会覆盖场景频率。与复制的频率相关的相位[50]会违背线性移不变系统的要求。结果,场景相对于像元阵列的移动导致边缘位置不确定,进而使图像变形。接下来讨论测量 LSI 系统(包括 100%填充因子阵列和 $F\lambda/d>2$ 的采样数据系统[26])的 PTF 方法。

第 n 个数据点的 PTF 可以从复数传递函数获得,即

$$\mathrm{PTF}(n)=\arctan\left[\frac{\Im(n)}{\Re(n)}\right] \tag{8-34}$$

可以利用与表 8-1 和表 8-2 中相同的方法获得 PTF。如果把对称 LSF 放在原点,则不存在相位平移;如果把对称 LSF 移出原点,就会引起线性相位平移(图 8-46)。

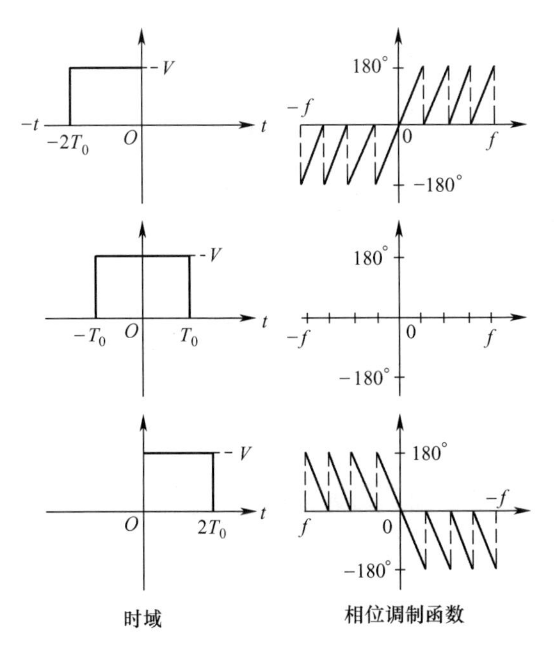

图 8-46　原点位置对 PTF 的影响

注:有对称输入时,PTF 对任意原点都是线性的。

由于通过选择坐标可以消除原点的影响,所以线性相位平移不提供信息。任何偏离线性的 PTF 都是 LSF 非对称性的结果[51]。如果光学系统有最小的像差,它就可能有近似对称的 LSF,但电路系统一般会使 LSF 变形。交流耦合、升压电路、非线性图像处理算法也会加重不对称性(图 8-34)。

可以通过数学方法把 LSF 放在原点(或者至少在离原点最近的数据点)来滤除 PTF 的线性部分。相对原点的平移等效于把 LSF 放在数字数据的中心。例如,如果帧抓取器记录了 $2N$ 个采样值,那么 LSF 应该以 $N+1$ 为形心。为了在傅里叶变换前将 LSF 移到原点,通常需要插值,所以会轻微损坏数据。另一种方法是计算 LSF 的形心位置,并利用这一信息去除线性相移。LSF 的形心位于

$$m = \frac{\sum_{n=1}^{2N} n\, D(n)}{\sum_{n=1}^{2N} D(n)} \tag{8-35}$$

式中:LSF 的第 n 个数据点的值为 $D(n)$。形心偏离原点的量为

$$t_0 = \frac{m - (N + 1)}{f_S} \tag{8-36}$$

线性相移为

$$\theta(f) = -2\pi f t_0 \tag{8-37}$$

可以从PTF中减去式(8-37)的线性相移而留下非线性部分：

$$\mathrm{PTF}(f)_{\mathrm{nonlinear}} = \arctan\left[\frac{\Im(n)}{\Re(n)}\right] - \theta(f) \tag{8-38}$$

大多数DFT软件都会提供复数传递函数的实部和虚部，但是变换通常用幅值和相位表示。为了方便起见，相移一般以从-180°～180°为界限。函数 $\theta(f)$ 必须遵循计算PTF的方法。当PTF在-180°～180°之间摆动时，$\theta(f)$ 必须摆动360°。

图像抖动严重影响形心的位置。因此在取平均值之前必须从每个复数传递函数中去除线性相移。用来估计换算系数的大狭缝可以同时用来确认相位关系。对于大狭缝，相位在每个MTF为零之后改变180°（图8-47）。

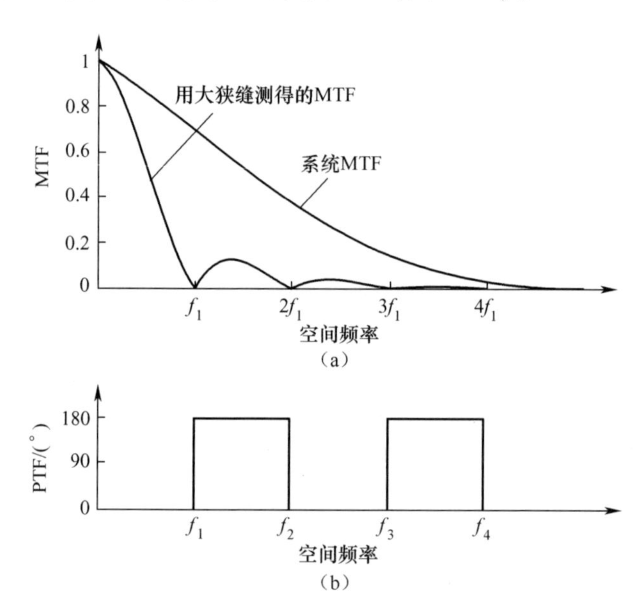

图8-47 使用大狭缝标定PTF（PTF在 $f_x = k/\alpha_{\mathrm{slit}}$ 处改变180°）

8.8 对比度传递函数

将CTF转换为MTF是为模拟系统开发的。对采样数据系统，不建议做这种转换，除非 $F\lambda/d>2$[26]。根据柯特曼（Coltman）导数[52]，CTF可以表示为OTF无穷级数的形式。对于线性移不变系统，OTF和MTF是等价的。方波可以表示为傅里叶余弦级数的形式。在频率为 f_x 时，方波的输出幅值是被系统MTF修正后，输入余弦幅值的无穷项的和：

$$\mathrm{CTF}(f_x)=\frac{4}{\pi}\left|\mathrm{MTF}(f_x)-\frac{\mathrm{MTF}(3f_x)}{3}+\frac{\mathrm{MTF}(5f_x)}{5}-\cdots\right| \tag{8-39}$$

或

$$\mathrm{CTF}(f_x)=\frac{4}{\pi}\left|\sum_{k=0}^{\infty}(-1)^k\frac{\mathrm{MTF}[(2k+1)f_x]}{2k+1}\right| \tag{8-40}$$

相反，在频率为f_x时，OTF 可以表示为 CTF 的无穷项之和的形式。再假设一个线性移不变系统，MTF 可表示为[52-53]

$$\mathrm{MTF}(f_x)=\frac{\pi}{4}\left|\mathrm{CTF}_{\mathrm{terms}}(f_x)\right| \tag{8-41}$$

$$\mathrm{CTF}_{\mathrm{terms}}(f_x)=\mathrm{CTF}(f_x)+\frac{\mathrm{CTF}(3f_x)}{3}-\frac{\mathrm{CTF}(5f_x)}{5}+\frac{\mathrm{CTF}(7f_x)}{7}+\frac{\mathrm{CTF}(11f_x)}{11}+\text{不规则项} \tag{8-42}$$

或者

$$\mathrm{MTF}(f_x)=\frac{\pi}{4}\left|\sum_{k=0}^{\infty}B_k\frac{\mathrm{CTF}[(kf_x)]}{k}\right|, k=1,3,5,\cdots \tag{8-43}$$

根据下式，B_k 值为-1 或 1：

$$B_k=(-1)^m(-1)^{\frac{k-1}{2}},\ r=m \tag{8-44}$$

对 $r<m$，$B_k=0$，其中 m 是系数 k 中所有质数的总个数，r 是系数 k 中不同质数的个数。

理论上，为了获得频率f_x 处的 MTF，必须测量无穷个方波响应。但是，所需要的方波响应数量受空间截止频率（$f_{\mathrm{cutoff}}=0$）限制，在此频率处，MTF 接近零并在此后一直为零。当条杆靶的空间频率大于$f_{\mathrm{cutoff}}/3$ 时，MTF 等于测得 CTF 的 $\pi/4$ 倍。也就是说，大于 $f_{\mathrm{cutoff}}/3$ 时，只需要一个条杆靶就可计算 MTF。但是，要准确确定 $f_{\mathrm{MTF}}=0$ 的位置并不容易，因而难以估计$f_{\mathrm{cutoff}}/3$。除非另有证据，否则应该使用光学空间截止频率（D/λ_{ave}）。定义探测器的截止波长只是为了方便，因为探测器能感应所有频率（$-\infty\sim\infty$）。

例 8-5　从方波响应计算 MTF

一个多路复用光电红外成像系统的光学截止频率为 11cycles/mrad（见例 2-2 中"早期的问题"）。在水平方向的 1cycle/mrad、3cycles/mrad、5cycles/mrad、7cycles/mrad 和 9cycles/mrad 点测量 CTF（表 8-6）。这些频率点上相应的 MTF 是多少？

MTF 分别为

$$\mathrm{MTF}(1)=\frac{\pi}{4}\left|\mathrm{CTF}(1)+\frac{\mathrm{CTF}(3)}{3}-\frac{\mathrm{CTF}(5)}{5}+\frac{\mathrm{CTF}(7)}{7}\right| \tag{8-45}$$

$$\mathrm{MTF}(3)=\frac{\pi}{4}\left|\mathrm{CTF}(3)+\frac{\mathrm{CTF}(9)}{3}\right| \tag{8-46}$$

$$\mathrm{MTF}(5)=\frac{\pi}{4}\left|\mathrm{CTF}(5)\right| \tag{8-47}$$

$$\mathrm{MTF}(7)=\frac{\pi}{4}\left|\mathrm{CTF}(7)\right| \tag{8-48}$$

$$\mathrm{MTF}(9)=\frac{\pi}{4}\left|\mathrm{CTF}(9)\right| \tag{8-49}$$

计算结果在表8-6给出，其图形如图8-48所示。

表8-6　测量的CTF和计算的MTF

空间频率	CTF	MTF(1)	MTF(3)	MTF(5)	MTB(7)	MTF(9)
1	1	CTF(1) = 1	—	—	—	—
3	0.872	CTF(3)/3 = 0.291	CTF(3) = 0.872	—	—	—
5	0.468	CTF(5)/5 = -0.0936	—	CTF(5) = 0.468	—	—
7	0.179	CTF(7)/7 = 0.0256	—		CTF(7) = 0.179	
9	0.049	—	CTF(9)/3 = 0.0163	—	—	CTF(9) = 0.049
求和	—	1.24	0.888	0.468	0.179	0.049
MTF = π(和)/4	—	0.980	0.698	0.367	0.141	0.038

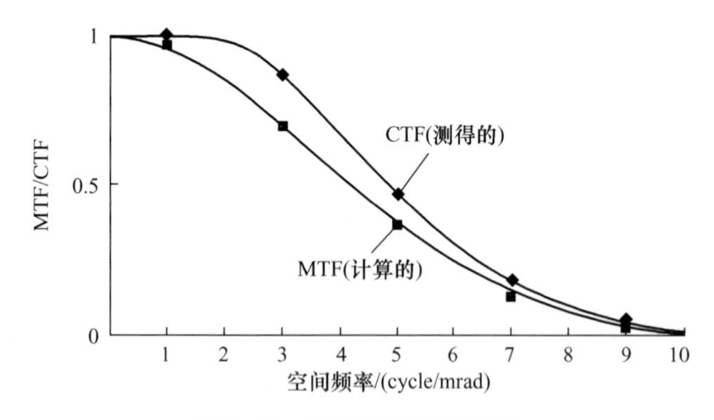

图8-48　CTF和MTF的关系

注：对于模拟线性系统，MTF可以通过CTF计算出来。只有5个数据点。用细线准确表达CTF和MTF纯属推测。

常用的CTF测试装置如图8-49所示。辐射源、目标靶、准直仪和红外成像系统都放在一个隔振光学台上。准直仪孔径要大于红外成像系统的口径且合理放置（图4-20）。准直仪的透射率不需要校正，因为CTF是个相对测量值。如果用数字记录设备(帧抓取器或瞬态记录器)获取数据,那么设备的采样率要比红外成像系统的采样率高,以避免信号衰减(图 4-33)。

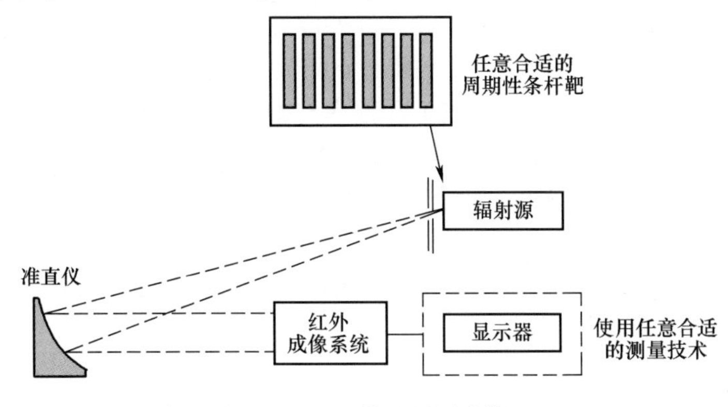

图 8-49　CTF 的通用测试装置

注:整套装置要放在一个光学隔振台上。

在理想情况下,应当测量每个条杆靶的调制度(式(8-2)),但这样做非常困难。为方便起见,通常将每个条杆靶的调制度看作常数,$\varepsilon_T M_e(\lambda, T_T)$ 和 $\varepsilon_B M_e(\lambda, T_B)$ 对每个条杆靶都是相同的。如果所有条杆靶是一样的,就可把输入调制度可看作一个固定值(虽然是未知的),这样只需要测量输出量的交流成分。为方便起见,可以测量峰-峰值,它是交流值的 2 倍。由于 CTF 在零空间频率处被归一化为 1,直流成分的绝对值就不重要了。图 8-50 给出了典型(模拟)输出。可以用一个大条杆靶确定低频交流响应,并用这个输出值对其他目标的输出做归一化:

$$\mathrm{CTF} = \frac{\mathrm{AC_{out}}}{\mathrm{AC_{in}}} = \frac{\mathrm{AC_{out}}}{\mathrm{AC_{out(大条杆靶)}}} \tag{8-50}$$

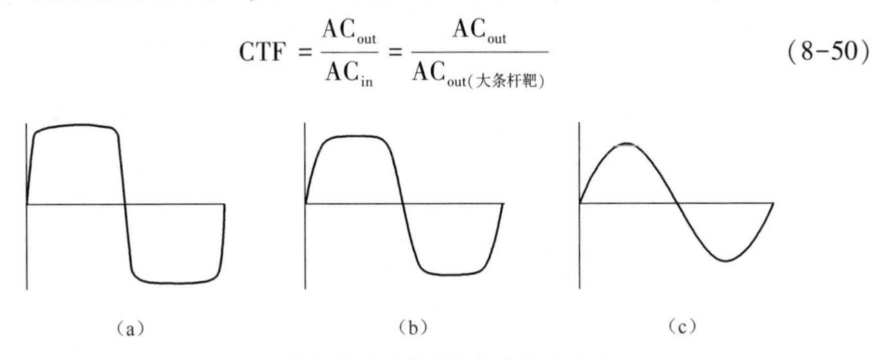

图 8-50　模拟线性系统的输入和输出波形

(a)如实复现了很低频率的信号;(b)中空间频率看起来像正弦曲线;(c)空间频率大于 $f_{cutoff}/3$ 时,输入方波看起来是正弦输出。

注:所有轴都经过标准化。图 8-48 给出了典型幅值。方波频率为 $f_{cutoff}/20$、$f_{cutoff}/7$、$f_{cutoff}/3$。

将 CTF 转换为 MTF 是假设目标为一组无限扩展的方波。从实用观点来看,使用现成的四杆靶比较方便。所有实验室都有 MRT 四杆靶。但是一个四杆靶和一个无限条杆靶提供的调制度不同。四杆靶具有明显更高的 CTF 和 MTF[54-55]。

对线性移不变(模拟)系统,从 CTF 转换到 MTF 是有效的。但对数字系统,采样相位影响限制了这唯一的转换方式。红外成像系统的内部采样器、探测器与条杆靶位置之间的采样相位影响几乎在所有空间频率上都造成问题。条杆靶频率与系统采样频率之间的相互作用形成了和频率与差频率,这反过来引起幅值和条杆靶宽度的变化(见 2.4 节“数字化”)。因此,对采样数据系统,运用转换一定要谨慎[56]。对系统性能验证来说,测量 CTF 是合适的,但向 MTF 的转换还没有得到证实。

对于凝视阵列,CTF 有良好的表现,当条杆的空间频率与系统奈奎斯特频率成比例时,条杆的宽度保持不变:

$$f_x = \frac{f_N}{k} \tag{8-51}$$

当使用这些特定条杆靶时,应该选择最大响应处的相位以获得同相位的 CTF。用同相位的 CTF 测试方法只能得到很少几个数据点,对重构整个 CTF 曲线是不够的。即便条杆频率大于 $f_{\text{cutoff}}/3$,都不要转换为 MTF。同相位的 CTF 可用于评估系统在所选空间频率的性能。由于焦距可能会变化,在制造条杆靶前要仔细确定 f_N 值。如果系统奈奎斯特频率与条杆的空间频率不匹配,就会出现和频率与差频率(图 2-21～图 2-23)。

通常不标出 CTF 数据,因此很容易混淆 MTF 和 CTF。对于线性系统,CTF 数据必须被明确标记为方波响应。计算的 MTF 也应该显示在同一幅图上并明确标记。表 8-7 给出了模拟系统的 CTF 测试步骤;表 8-8 给出了凝视阵列和采样数据系统的同相位 CTF 测试步骤;表 8-9 给出了造成 CTF 不良的原因。

表 8-7　模拟系统的 CTF 测试步骤

· 为保证测试成功,建立测试准则和标准,编写完整的测试计划(1.3 节)。
· 确保测试设备状态完好,测试装置选择恰当(图 8-49)。咨询以前的设备使用者是否有应该注意的问题。
· 确保红外成像系统聚焦(5.2 节)。
· 以光学截止频率为基准,确保所有需要的目标靶都已具备。
· 确保红外成像系统在测试程序开始前已经达到工作稳定状态。
· 将辐射源强度设置得足够高以达到高信噪比。
· 确保系统工作在线性区,这可以通过响应率曲线来估计(6.1.2 节)。
· 使用合适的仪器(4.6 节)。选取条杆靶上的一个条杆并测量输出的峰-峰值。
· 将所有数据归一化,使 CTF 在零空间频率处为 1,用一个大条杆靶获得归一化值;
· 记录测试中出现的任何异常现象和所有测试结果。记录的数据至少包括原始数据、假设的系统截止频率、辐射源温度、环境温度和任何其他相关的测试数据。要以图形和表格形式表示测得的 CTF 和计算的 MTF 数据

表 8-8　凝视阵列和采样数据系统的同相位 CTF 测试步骤
（针对待测系统填入合适的值）

· 为确保测试成功,建立测试准则和标准,编写完整的测试计划(1.3 节);
· 确保测试设备状态完好,测试装置选择恰当(图 8-49)。咨询以前的设备使用者是否有应该注意的问题;
· 确保红外成像系统聚焦(5.2 节);
· 根据 $f_x = f_N/k$ 选择条杆靶;
· 确保红外成像系统在测试程序开始前已经达到工作稳定状态;
· 将辐射源强度设置得足够高以达到高信噪比;
· 确保系统工作在线性区,这可以通过响应率曲线来估计(6.1.2 节);
· 调整条杆靶相位以获得最高调制度;
· 使用合适的仪器(4.6 节),选取条杆靶上的一个条杆并测量其输出的峰-峰值;
· 将所有数据归一化,使 CTF 在零空间频率处为 1,用一个大条杆靶获得归一化值;
· 记录测试中出现的任何异常现象和所有测试结果。记录的数据至少包括原始数据、光学截止频率、奈奎斯特频率、辐射源温度、环境温度和其他相关测试数据

表 8-9　CTF 测试结果不良的原因

· 系统未达到最佳聚焦状态;
· 没有在零空间频率处正确地归一化;
· 信号不在线性区(6.1.2 节);
· 在测试期间,黑体或环境温度变化,导致条杆靶的调制度发生变化;
· 采样相位影响

参 考 文 献

[1] G. C. Holst, *Electro-Optical System Performance*, 4th ed., Chapter 19, JCD Publishing, Winter Park, FL (2006).

[2] NVThermI P predicts the MRT.It is available at https://www.sensiac.gatech.edu/external/index.jsf

[3] S.K.Park and R.A.Schowengerdt, "Image Sampling, Reconstruction and the Effect of Sample-scene Phasing," *Applied Optics*, Vol.21(17), pp.3142-3151 (1982).

[4] T.S.Lomheim, L.W.Schumann, R.M.Shima, J.S.Thompson, and W.F.Woodward, "Electro-Optical Hardware Considerations in Measuring the Imaging Capability of Scanned Time-delay-and-integrate Charge-coupled Imagers," *Optical Engineering*, Vol.29(8), pp.911-927 (1990).

[5] S. E. Reichenbach, S K. Park, and R. Narayanswamy, "Characterizing Digital Image Acquisition Devices," *Optical Engineering*, Vol.30(2), pp.170-177 (1991).

[6] W.Wittenstein, J.C.Fontanella, A R.New berry, and J.Baars, "The Definition of the OTF and the Measurement of Aliasing for Sampled Imaging Systems," *Optica Acta*, Vol.29(1), pp.41-50 (1982).

[7] J.C.Felz, "Development of the Modulation Transfer Function and Contrast Transfer Function for Discrete Systems, Particularly Charge Coupled Devices," *Optical Engineering*, Vol.29(8), pp.893-904 (1990).

[8] S.K.Park, R.A.Schowengerdt, and M.Kaczynski, "Modulation Transfer Function Analysis for Sampled Image Systems," *Applied Optics*, Vol.23(15), pp.2572–2582 (1954).

[9] L.deLuca and G.Cardone, "Modulation Transfer Function Cascade Model for a Sampled IR Imaging System," *Applied Optics*, Vol.30(13), pp.1659–1664 (1991).

[10] J.Primot, M.Girard, and M.Chambon, "Modulation Transfer Function Assessment for Sampled Imaging Systems: A Generalization of the Line Spread Function," *Journal of Modern Optics*, Vol.41(7), pp.1301–1306 (1994).

[11] J.Primot, M.Chambon, A.Kattnig, "Modulation Transfer Function assessment from periodic targets made *of* lines or points faced with intensity variations," in *Infrared Imaging Systems: Design, Analysis, Modeling, and Testing VIII*, SPIE Proceedings Vol.3063, pp 223–230 (1997).

[12] J.Primot and M.Chambon, "Modulation Transfer Function Assessment for Sampled Imaging Systems: Effect of Intensity Variations in Periodic Thin-line Targets," *Applied Optics*, Vol.36(29), pp.7307–7314 (1997).

[13] K.J.Barnard, G.D.Boreman, A.E.Plogstedt, and B.K.Anderson, "Modulation-transfer Function Measurement of SPRITE Detectors: Sine-wave Response," *Applied Optics*, Vol.31 (1), pp.144–147 (1992).

[14] M.Marchywka and D.G.Socker, "Modulation Transfer Function Measurement Technique for Small-pixel Detectors," *Applied Optics*, Vol.31(34), pp.7198–7213 (1992).

[15] M.Sensiper, G.D.Boreman, A.D.Durchame, and D.R.Snyder, "Modulation Transfer Function Testing of Detector Arrays Using Narrow-band Laser Speckle," *Optical Engineering*, Vol.32(2), pp.395–400 (1993).

[16] A.Daniels, G.D.Boreman, A.D.Ducharme, and E.Sapir, "Random Transparency Targets for Modulation Transfer Function Measurement in the Visible and Infrared Regions," *Optical Engineering*, Vol.34(2), pp.860–868 (1995).

[17] X.Zhang and D.Sha, "Modulation transfer function evaluation of charge-coupled-device camera system based on liquid-crystal display random targets," in *Optical Design and Testing II*, Y.Wang, Z.Weng, S.Ye, and J. M.Sasian, eds,.SPIE Proceedings Vol.5638, pp.1014–1021 (2005).

[18] T.E.Dutton, T.S.Lomheim, and M.D.Nelson, "Survey and Comparison of Focal Plane MTF Measurement Techniques," in *Infrared Spaceborne Remote Sensing IX*, M.Strojnik and B.F.Andresen, eds., SPIE Proceedings Vol.4485, pp.219–246 (2002).

[19] Z.Bing-Xun and C.Gen-Rui, "Optical Transfer Function (OTF) Measurement Technique Application in China," in *Assessment of Imaging Systems*, T.L.Williams, ed., SPIE Proceedings Vol.274, pp.60–68 (1951).

[20] A.C.Marchant, E.A.Ironside, J.F.Attrude, and T.L.Williams, "The Reproducibility of MTF Measurements," *Optica Acta*, Vol.22(4), pp.249–264 (1975).

[21] S.J.Pruchnic, G.P.Mayott, and P.A.Bell, "Measurement of Optical Transfer Function of Discretely Sampled Thermal Imaging Systems" in *Infrared Imaging Systems: Design, Analysis, Modeling and Testing III*, G.C. Holst, ed., SPIE Proceedings Vol.1689, pp.368–378 (1992).

[22] T.L.Williams and N.T.Davidson "Measurement of the MTF of IR Staring Imaging Systems," in *Infrared Imaging Systems: Design, Analysis, Modeling and Testing III*, G.C.Holst, ed., SPIE Proceedings Vol.1689, pp. 53–63 (1992).

[23] B.White and M.Marquis, "Vertical MTF Measurements," in *Infrared Imaging Systems: Design, Analysis, Modeling and Testing* IV, G.C.Holst, ed., SPIE Proceedings Vol.1969 (1993).

[24] S.R.Hawkins, R.P.Farley, G.Gal, A.K.Gresle, S.B.Grossman, and W.G.Opyd, "Focal Plane Spatial Response and Modulation Transfer Function (MTF) Measurements Using a Computer-aided Flying Spot Scanner," in *Modern Utilization of Infrared Technology VIII*, I.Spiro, ed., SPIE Proceedings Vol.366, pp.41–49

(1982).

[25] R.F.Rauchmiller and R.A.Schowengerdt, "Measurement of the Landsat Thematic Mapper Modulation Transfer Function Using an Array of Point Sources," *Optical Engineering*, Vol.27(4), pp.334-343 (1988).

[26] G.C.Holst, "Imaging System Performance Based on Fed," *Optical Engineering*, Vol.46, paper 103204 (2007).

[27] E.M.Granger, "Image Quality Analysis and Testing for Infrared Systems," SPIE Tutorial Short Course, T60, presented in Orlando FL (March 1989).

[28] J.C.Dainty and R.Shaw, *Image Science*, p.204, Academic Press, New York (1974).

[29] J.T.Olson, R.L.Espinola, and E.L.Jacobs, "Comparison of Tilted Slit and Tilted Edge Super resolution Modulation Transfer Function Techniques," *Optical Engineering* 46(1), paper 016403 (2007).

[30] G.C.Holst, *Sampling, Aliasing, and Dado Fidelity*, pp.61-64, JCD Publishing (1998).

[31] M.A.Chambliss, J.A.Dawson, and E.Borg, "Measuring the MTF of Undersampled Staring IRFPA Sensors Using 2D Discrete Fourier Transform," *Infrared Imaging Systems, Design, Analysis, Modeling, and Testing VI*, SPIE Proceedings Vol.2470, pp.312-324 (1995).

[32] R.A.Joyce and L.Swierkowski, "Precise Modulation Transfer Function Measurements for Focal Plane Array Systems," *in Infrared Imaging Systems: Design, Analysis, Modeling, and Testing XIV*, G.C.Holst, ed., SPIE Proceedings Vol.5076, pp.157-168 (2003).

[33] ISO 12233 Photography-Electronic still picture cameras-Resolution measurements (2000).International Organization for Standardization (ISO), Geneva, Switzerland.

[34] E.Buhr, S.Guenther-Kohfahl, and U.Neitzel, "Simple Method for Modulation Transfer Function Determination of Digital Imaging Detectors From Edge Images," in *Medical Imaging* 2003.*Physics of Medical Imaging*, M.J. Yaffe and L.E.Antonuk, eds., SPIE Proceedings Vol.5030, pp.877-884 (2003).

[35] D.J.Bradley, C.J.Braddiley, and P.N.J.Dennis, "The Modulation Transfer Function of Focal Plane Arrays," in *Passive Infrared Systems and Technology*, H.M.Lamberton, ed., SPIE Proceedings Vol.807, pp.33-41 (1987).

[36] 36 A.Walter and S.Lashansky, "An Improved Method for Calculating the MTF of an Optical System," in *Sensors, Cameras, and Systems for Scientific/Industrial Applications VII*; M.M.Blouke, ed., SPIE Proceedings Vol. 6068, paper 60680S (2006).

[37] H.Wong, "Effect of Knife-edge Skew on Modulation Transfer Function Measurements of Charge-coupled Device Imagers Employing a Scanning Knife Edge," *Optical Engineering*, Vol.30(9), pp.1394-1398 (1991).

[38] J.B.Jordan, W.R.Watkins, F.R.Palacio, and D.R.Billingsley, "Determination of Continuous System Transfer Function from Sampled Pulse Response Data," *Optical Engineering*, Vol.33(12), pp.4093-4107 (1994).

[39] H.J.Pinsky, "Determination of FLIR LOS Stabilization Errors," in *Infrared Imaging Systems: Design, Analysis and Testing* 11, G.C.Holst, ed., SPIE Proceedings Vol.1488, pp.334-342 (1991).

[40] F.H.Slaymaker, "Noise in MTF Measurements," *Applied Optics*, Vol.12(11), pp.2709-2715 (1973).

[41] D.Dutton, "Noise and Other Artifacts in OTF Derived From Image Scanning," *Applied Optics*, Vol.14(2), pp. 513-521 (1975).

[42] *1*.S.Bendat and A.G.Piersol, *Random Data.Analysis and Measurement Procedures*, *second* edition, pp.283-286, John Wiley and Sons, New York (1986).

[43] H.P.Stahl, "Infrared MTF Measurements of Optical Systems," *Lasers and Optronics*, Vol.10(4), pp.71-72 (1991).

[44] J.D.LaVeigne, S.D.Burks, and B.Nehring, "Comparison of Fourier Transform Methods for Calculating MTF" *in*

Infrared Imaging Systems, Design, Analysis, Modeling, and Testing XIX, G.C.Holst, ed., SPIE Proceedings Vol.6941, paper 6941-33 (2008).

[45] A.P.Tzannes and J.M.Mooney, "Measurement of the Modulation Transfer Function of Infrared Cameras," *Optical Engineering*, Vol.34(6), pp.1808-1817 (1995).

[46] D.Williams and P.D.Bums, "Low-frequency MTF Estimation for Digital Imaging Devices Using Slanted-edge Analysis," in *Image Quality and System Performance*, Y.Miyake and D.R.Rasmussen, eds., SPIE Proceedings Vol.5294, pp.93-101 (2003).

[47] G.C.Holst, *Sampling, Aliasing, and Data Fidelity*, pp.58-61, JCD Publishing, Winter Park, FL (1998).

[48] F.J.Harris, "On the Use of Windows for Harmonic Analysis with the Discrete Fourier Transform," *Proceedings IEEE*, Vol.66(1), pp.51-83 (1978).

[49] J.A.Mazzetia and S.D.Scopatz, "Automated Testing of Ultraviolet, Visible, and Infrared Sensors Using Shared Optics," in *Infrared Imaging Systems: Design, Analysis, Modeling, and Testing XVIII*, G.C.Holst, ed., SPIE Proceedings Vol.6543, paper 654313 (2007).

[50] G.C.Holst, "What Causes Sampling Artifacts?" in *Infrared Imaging Systems, Design, Analysis, Modeling, and Testing XIX*, G.C.Holst, ed., SPIE Proceedings Vol.6941, paper 6941-1 (2008).

[51] R.E.Jodoin, "Linear Phase Shift Removal in OTF Measurements," *Applied Optics*, Vol.25(8), pp.1261-1262 (1986).

[52] J.W.Coltman, "The Specification of Imaging Properties by Response to a Sine Wave Input," *Journal of the Optical Society of America*, Vol.44(6), pp.468-471 (1954).

[53] I.Limansky, "A New Resolution Chart for Imaging Systems," *The Electronic Engineer*, Vol.27(6), pp.50-55 (1968).

[54] E.L.Dereniak and G.D.Boreman, *Infrared Detectors and Systems*, pp.517-519, John Wiley and Sons, New York (1996).

[55] G.D.Boreman and S.Yang, "Modulation Transfer Function Measurements using Three-and Four-bar Targets," *Optics and Photonics News*, Engineering Notes, Vol.6(2) (February 1995).

[56] A.H.Lettington and Q.H.Hong, "Measurement of the Discrete Modulation Transfer Function," *Journal of Modern Optics*, Vol.40(2), pp.203-212 (1993).

第9章

几何传递函数

几何传递函数适用于所有与复现目标几何特性有关的输入-输出变换。系统的几何性能包括视场、畸变和扫描线性度。对理想成像系统,监视器上看到的图像会精确复现物体的几何特性。自动视觉系统(机器视觉)与它的几何传递特性有关,因为系统的输出是由目标的几何特性推导来的,这些几何特性包括测量的形状、尺寸、运动以及统计的目标。自动视觉系统广泛应用在各种领域,例如,航天(跟踪器、相关器和自动目标识别器等)、制造业(图形识别、零件定位、零件检查、质量控制、机器人引导等),以及医学和生物学(细胞计数和鉴别)。

光学子系统会在水平方向和垂直方向造成失真。对于扫描系统,失真的原因可能是扫描的非线性(在扫描方向失真),也可能是正向扫描区与反向扫描区没有对准(往返扫描失真)。对失真的要求会因感兴趣区域的不同而变化(图9-1)。通常要求视场中心的像质最好(失真最小),允许向视场边缘的失真逐渐增加。除非失真很严重,否则在对实际景物成像时,失真是观察不到的,因为物体的轮廓一般很平滑。在实验室观察一个几何特性明确的目标靶时,失真会变得明显。扫描非线性测试也可以用于进行扫描镜的对准和电路时序验证。对于使用时间延迟积分(TDI)的系统,也可用扫描非线性测试方法调整扫描速度以得到最大MTF。

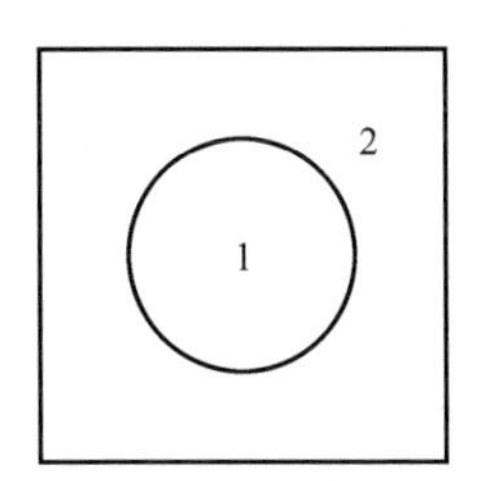

图9-1 对失真的要求

注:通常要求1区的失真小于2区的失真。

因为测试失真通常要进行视觉观察,因此监视器的宽高比必须和红外成像系统的宽高比相匹配[1]。例如,如果系统的宽高比为1:1,而输出要转换为RS-170视频格式,那么由该信号驱动时,监视器也应该能提供宽高比为1:1的图像。

由于机器视觉系统处理信息的方式不同,对于机器视觉系统评估来说,由观察人员判读像质是不合适的。影响机器视觉系统性能的重要参数包括响应度、噪声、MTF、ATF、处理目标信息的速度、可重复性、精度，以及分辨小间距目标的能力。这就形成了自动视觉系统特性的测试方法。

9.1 视　　场

视场(FOV)是红外成像系统能观察到的最大垂直角度和最大水平角度。测量视场的技术有多种。测量时，必须确保整个视场都能出现在监视器上，监视器不是一个制约因素(确保监视器不在过扫描模式中)。

可以通过把一个小目标从视场的一端移到另一端的办法来测量视场。目标移动过的总角度就是视场。以系统物镜入瞳的中心点为轴心转动红外成像系统(图 9-2)，也就是让目标穿过视场。以入瞳中心点为轴转动系统，不会出现渐晕，而且所有从准直仪入射到入瞳上的辐射都能进入视场，测试程序很简单。

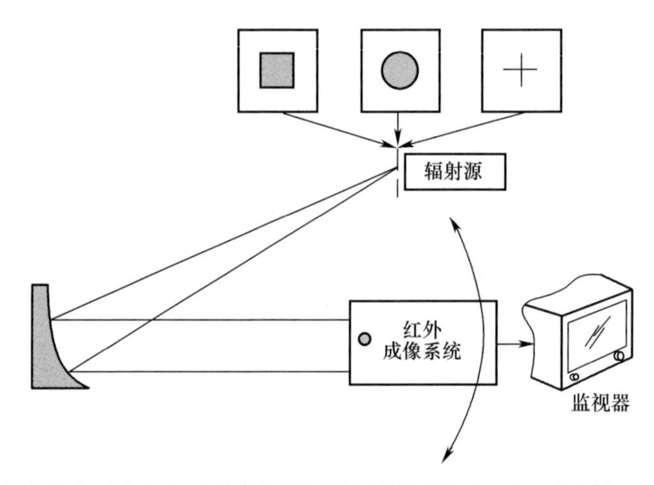

图 9-2　用安装在转台上的成像系统测量视场的常用装置(支点必须在入瞳中心点)

将一个细十字线、针孔靶或者其他类似的目标靶放在准直仪焦平面上。如果靶的尺寸足够小，能满足测量精度的要求，对靶的尺寸便没有严格限制。首先将红外系统绕方位轴旋转一定角度，直到在视场边缘看到目标靶为止，记录转台的角度位置；然后将系统向相反方向旋转，直到看见目标靶处在视场的另一端，这时再次记录转台的角度位置。水平视场就是系统旋转过的总角度。在俯仰方向倾斜系统，重复上面的测试，就可以得到垂直视场。如果平台不能倾斜，则可以把红外成像系统相对支撑台旋转 90°(如把系统向侧面放倒)，然后在水平方向旋转。

如果成像系统太大不能放到转台上，还可以把小准直仪安装在一个可移动的悬臂上(图 9-3)，悬臂的支点必须在系统入瞳中心的平面上。入瞳的位置通常标在光学系统设计图上。首先用同样的测试方法使悬臂绕方位轴旋转一定角度,直到看不见目标靶,记录下转动的角度;然后将悬臂向反方向旋转,直到目标靶恰好消失,水平视场就是悬臂转过的总角度。通常不容易设计一个在俯仰方向移动的悬臂。因此在测量垂直视场时,将成像系统相对支撑台旋转 90°,然后在水平方向转动悬臂,一定要保证让目标靶垂直于视场的边界移动。

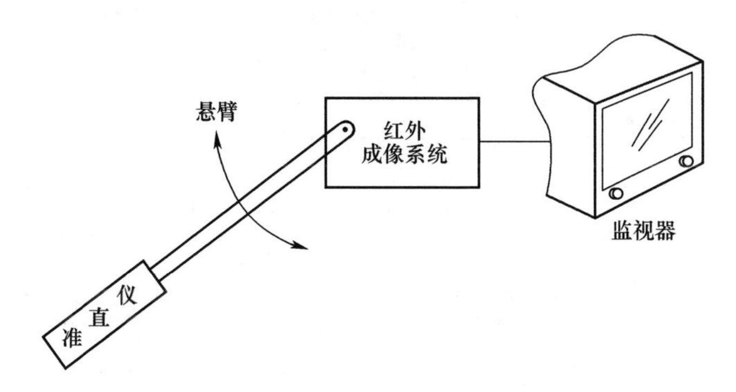

图 9-3　用一个可移动悬臂测量视场的常用测试装置(悬臂的支点必须在系统入瞳中心点)

视觉观察方法引入了一些与目标靶大小有关的不确定性。根据目标靶角位置函数的变化监视红外成像系统的输出,可以提高测量精度。视场的角度是系统输出为最大值的 1/2 时的夹角(图 9-4)。这种方法几乎与目标靶的大小无关。

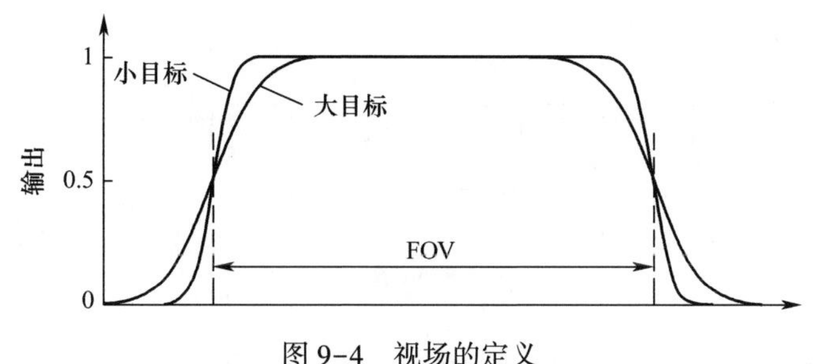

图 9-4　视场的定义

注:小靶比大靶的边缘清晰,但是二者的 50%响应点是一样的。

如果采用上述方法测量整个视场不方便,那么可以选择一个尽可能大的目标靶,记录下它在监视器上的图像尺寸,与显示视场的总尺寸进行比较(图 9-5)。水平视场和垂直视场可用下面的比率来计算:

$$\mathrm{HFOV} = \alpha_x \frac{D_x}{d_x},\quad \mathrm{VFOV} = \alpha_y \frac{D_y}{d_y} \tag{9-1}$$

式中: α_x、α_y 分别为目标在水平方向和垂直方向的张角; d_x 、d_y 为在监视器上测得的像的尺寸; D_x 、D_y 为显示屏的物理尺寸。

如果在这种方法中使用帧抓取器,要保证帧抓取器的输出与视场匹配(见 4.6

节“数据获取”）。由于测试视场不要求用温度受控的目标靶，所以可以使用辐射式靶（见4.2.4节“新型辐射式靶”）或被动靶（见4.2.6节“被动靶”）。

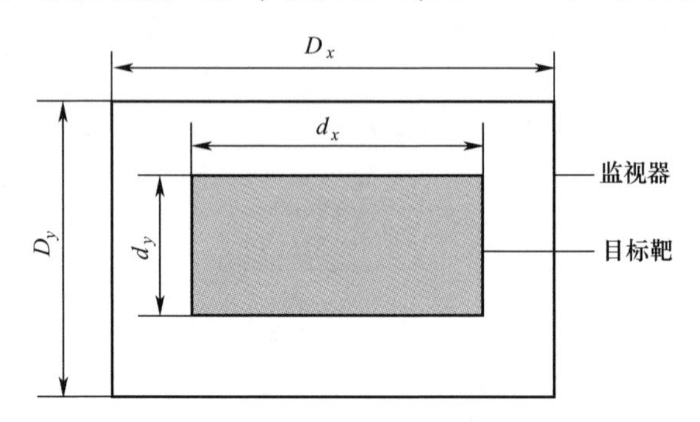

图9-5　用一个矩形靶测量视场

图9-6说明了一个适合于进行合格/不合格测试的目标。条杆A的宽度应该等于视场的容差β。如果要求的视场为10°±0.1°，那么条杆宽度应该为0.1°，并且条杆中心在10°视场中。条杆B应该放在10.1°以外。如果能看到两个A条杆，但两个B条杆都看不到，那么系统通过视场测试。如果两个A条杆都看不到，则视场偏小。如果能看到任意一个B条杆，则视场偏大。对于扫描阵列，在正扫和回扫两个扫描方向有变化是焦距不同和扫描方向的扫描机械装置引起的。对于凝视系统，焦距不同会导致两个方向上的视场变化。

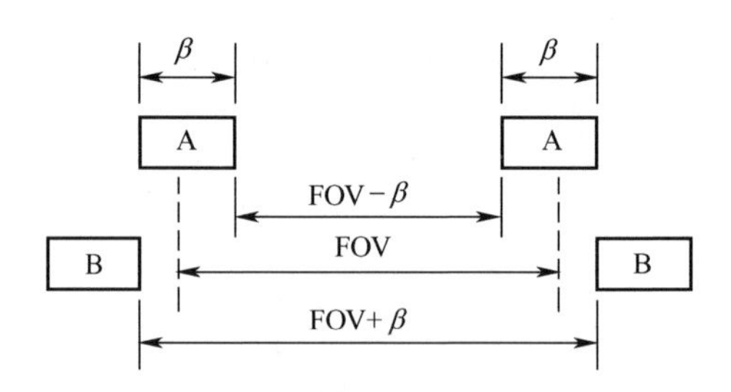

图9-6　测量水平视场合格/不合格时用的目标靶

注：可以用另一组目标靶测量垂直视场。

9.2 几何畸变

畸变一般表示点或线偏离了它的理想位置。畸变定义为点源成像的实际位置与理想位置之间的极距除以垂直视场的值（图9-7）。典型畸变包括桶形畸变（矩形向外鼓出）、枕形畸变（矩形向内收缩）、S形畸变（直线扭曲为S形），如图9-8所示。

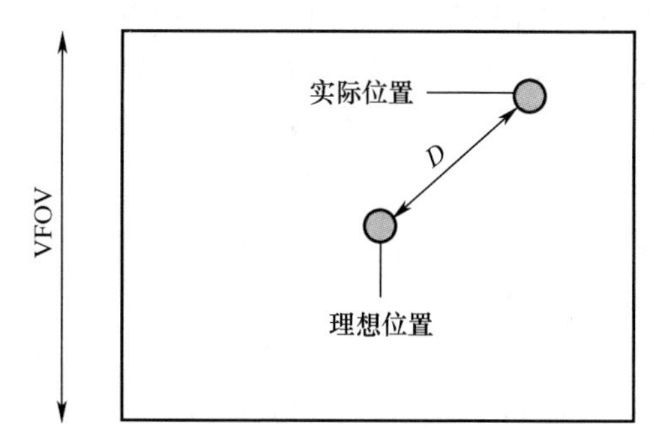

图 9-7　畸变等于极距除以垂直视场

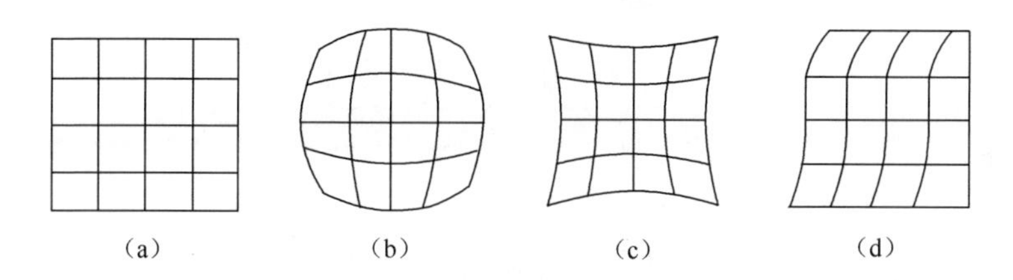

图 9-8　畸变

(a)输入网格的图像;(b)桶形畸变;(c)枕形畸变;(d)S 形畸变。

测量畸变的通用装置如图 9-9 所示,目标靶可以是针孔或矩形阵列。针孔半径可以等于允许的畸变量。例如,针孔半径可以是垂直视场的 10%,对应于 10%的畸变。在理想情况下,针孔要充满整个视场。如果受到准直仪的限制而不能充满整个系统视场,那么建议用一个能占整个系统视场 25%的靶,视场中心必须有一个针孔作为参考点。

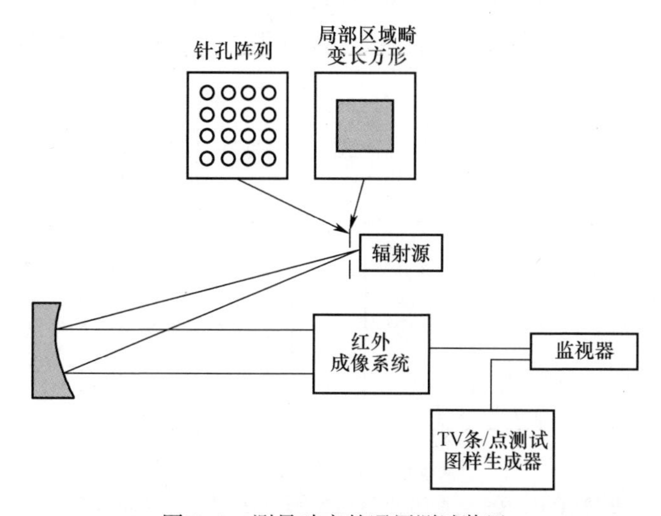

图 9-9　测量畸变的通用测试装置

为了测量畸变，要在针孔成的像上叠加一个电视条/点测试图样。条/点测试图样生成器必须是可调的，以便与红外成像系统的宽高比相匹配。调整叠加的条/点图样，使之与视场中心的针孔像的位置重合，并使其余针孔的像都处在理想位置。通过比较针孔像的直径和点测试图样的位置（图9-10），可以直观地估算出畸变量（图9-11）。如果点测试图样中的每个点都在针孔像的里面，则系统通过畸变测试，即畸变量在规定的范围内。可以使用帧抓取器对结果进行量化。帧抓取器必须有足够的分辨率和适当的宽高比。当使用帧抓取器时，能计算出条/点生成器产生的每个点的中心位置，然后计算每个针孔图像的中心位置，每个点处的畸变量就是两个中心位置之间的最大极距与垂直视场之比。

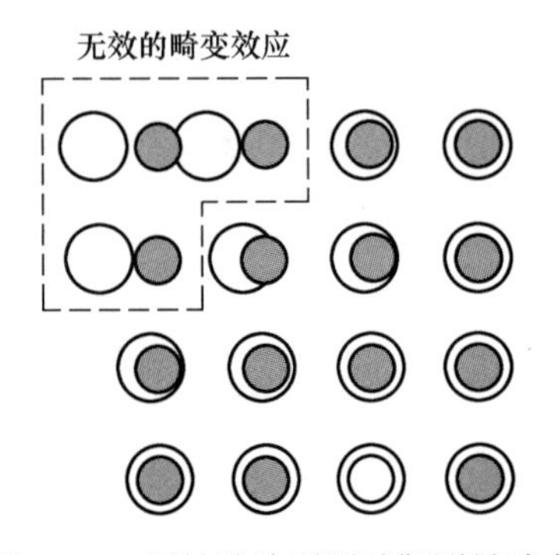

图9-10 用针孔阵列测试靶测量畸变

注：针孔直径等于所允许的畸变。黑点是用条/点生成器插入的。无效面积（畸变太大）用虚线表示。

如果没有一个至少能充满1/4视场的大靶，还可以采用局部区域畸变测量方法。在视场中心放置一个矩形靶，测量其宽度S_{x1}、高度S_{y1}，计算出对角线长度D_{1a}和D_{1b}（图9-11）。该项测试要用到帧抓取器。然后将矩形靶移动到其他位置，得到图像的宽度为S_{x2}、高度为S_{y2}，对角线长度分别为D_{2a}、D_{2b}，则畸变是下式计算结果中的较大值：

$$\text{畸变} = \left|\frac{D_{1a} - D_{1b}}{\text{VFOV}}\right| \quad \text{或} \quad \text{畸变} = \left|\frac{D_{2a} - D_{2b}}{\text{VFOV}}\right| \tag{9-2}$$

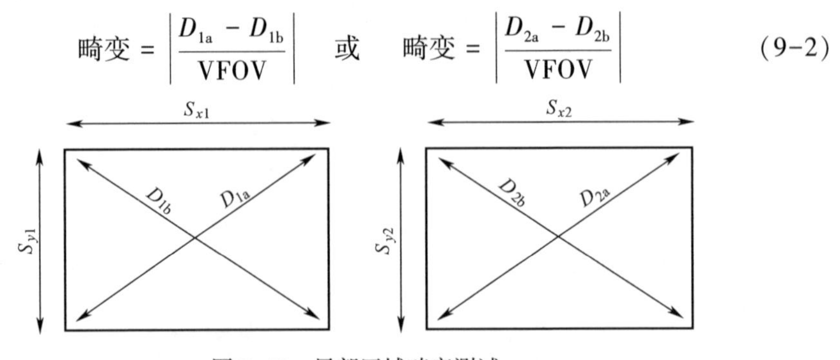

图9-11 局部区域畸变测试

注：将矩形靶放在视场中的不同位置，计算每个位置的对角线长度。

对角线长度用物空间单位(mrad)表示。局部区域畸变测试方法没有针孔法的精度高。

使用针孔靶测量畸变的测试步骤见表 9-1。影响畸变测量精度的系统因素包括垂直行间插值、图像处理算法、采样相位影响、色差和衍射等,这些影响会使线条变得模糊。畸变测量精度的内在限制因素是 DAS。虽然可以用亚像素中心定位测量法,但也只能把畸变测量精度提高到±DAS/2。

表 9-1　使用针孔靶测量畸变的测试步骤

· 为确保测试成功,建立测试原则和标准,编写完整的测试方案(1.3 节);
· 确保测试装置状态完好,测试配置选择恰当(图 9-9);
· 确保红外成像系统聚焦(5.2 节);
· 确保系统工作在线性区(6.1.1 节);
· 将其中一个针孔靶对准视场中心;
· 在视频信号上叠加一个电视点/条测试图样;
· 调整叠加的图样,使之与视场中心的针孔位置重合,并使其余的针孔都在理想位置;
· 在进行合格/不合格测试时,如果叠加的点落在针孔像的外面,则系统畸变测试不合格;
· 为了量化测试结果,要计算针孔和点的中心位置。畸变是偏离理想位置的最大极距与垂直视场之比

9.3　扫描的非线性

扫描的非线性包括反扫误差(垂直非线性)和非线性扫描(水平非线性)。反扫视场没有对准,探测器就不能在物空间扫描到准确位置(图 9-12)。对于轴线与探测器轴线平行的矩形目标,扫描的非线性影响不明显(如第 6 章~第 8 章的测试要求的目标方位),但对于对角线与探测器轴线平行的目标,扫描的非线性影响就变得明显。因此,下面称对角线目标为往返扫描目标。

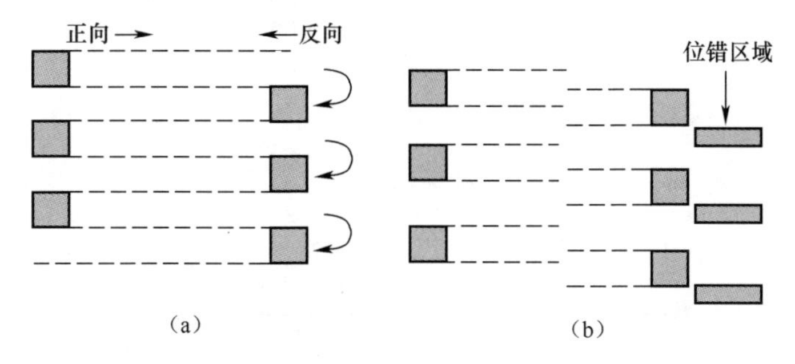

图 9-12　扫描镜与双向扫描没有对准而造成的垂直畸变
(a)正向和反向扫描视场准确对准;(b)正向和反向扫描视场没有对准。

当阵列中存在缺损像元时,相邻像元的输出与缺损像元的输出是“捆绑”在一起的。图像会有两行一样的输出线。“缺损”意味着一个像元的响应率与其他像元的不同(高或低),或者与其他像元相比噪声很大。图9-13说明理想输出图像,以及像元有缺损或者存在时序错误时的往返扫描目标的图像。图像边缘可以通过行间插值或其他图像处理算法柔化。图像质量取决于往返扫描比和扫描方式。

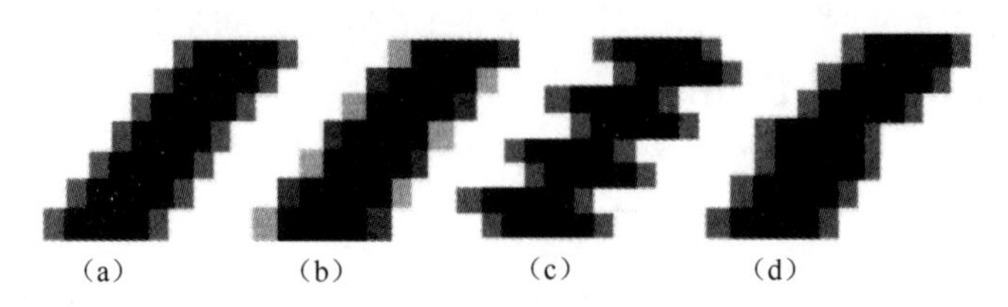

图9-13 用往返扫描比为2∶1的系统观察往返扫描目标时的输出图像
(a)理想输出;(b)反扫不重合;(c)视场反转或时序错误;(d)“捆绑”探测器的输出。

如果 $F\lambda/d$ 小(图3-6)时,往返扫描目标也能提供一种检测串扰的方法。当存在串扰时,边缘在水平或垂直方向会覆盖几个像素,而不是只覆盖一个像素(图9-13(a))。前提是假设串扰对位置不敏感。只有对整个视场都进行详细的测试,才能确定是否存在串扰。存在串扰时,点源就像一个大斑点,好像照亮了几个像素一样。

通用测试装置如图9-14所示。在理想情况下,往返扫描目标应该充满整个视场。因为只对偏离线性的程度感兴趣,所以对目标靶的宽度并没有严格限制,但应该是几个DAS。对目标靶的亮度要求也不严格,但要在系统的线性响应范围内。评估图像前,首先要对红外成像系统进行聚焦,测试很简单,只需要观察几个往返扫描目标的图像;然后将它与图9-13中的图像比较就可以了。往返扫描目标也可用来调整扫描镜或扫描时间,从而得到理想的图像。

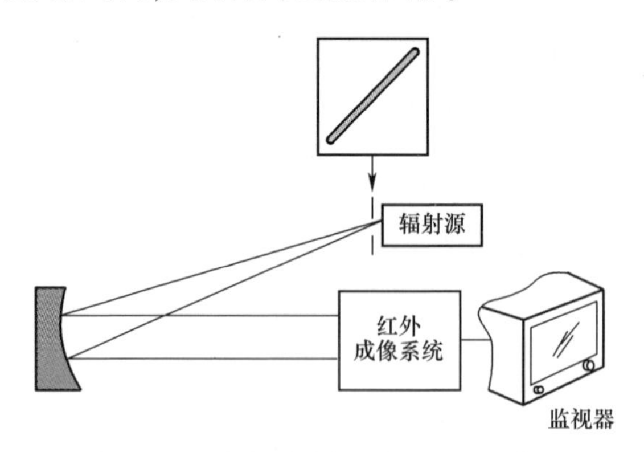

图9-14 测量扫描线性度的通用测试装置

扫描器速度的低频变化会引起图像的水平畸变。畸变使条杆靶显得或稀疏或密集。图9-15说明存在低频正弦振荡时,四杆靶的逐个扫描视场会出现的情况。

根据低频振荡频率和扫描频率之间的相位不同,反扫区域可能被叠加到正扫区域或出现偏移。如果反扫图像出现偏移,条杆的像会出现锯齿状边缘。锯齿边缘可以通过行间插值来平滑。仅仅通过检查条杆靶是无法测量出振荡的频率和振幅的,因为每一帧条杆靶图像都会发生变化。

图 9-16 说明当存在固定低频振荡时,往返扫描靶的表现(假设没有行间插值,也没有反扫)。为了便于说明,夸大了振幅。叠加的振荡频率为

$$f = \frac{v}{T_S} \tag{9-3}$$

式中:T_S 为在物空间测得的振荡周期;v 为扫描速度,且有

$$v = \frac{\text{HFOV}}{\eta_{\text{scan}} F_T} \tag{9-4}$$

例如,如果 HFOV = 15mrad,扫描效率 $\eta_{\text{scan}} = 0.75$,扫描一帧的时间 $F_T = 1/60\text{s}$,那么,扫描速度为 1200 mrad/s。振荡周期可以根据视场的大小和低频振荡重复一个周期在视场中所占的比例计算出来。在图 9-16 中,振荡每 10.2mrad 重复一次,相当于频率为 1200/10.2 = 118(Hz)。随机振荡不产生明显的振荡图样。

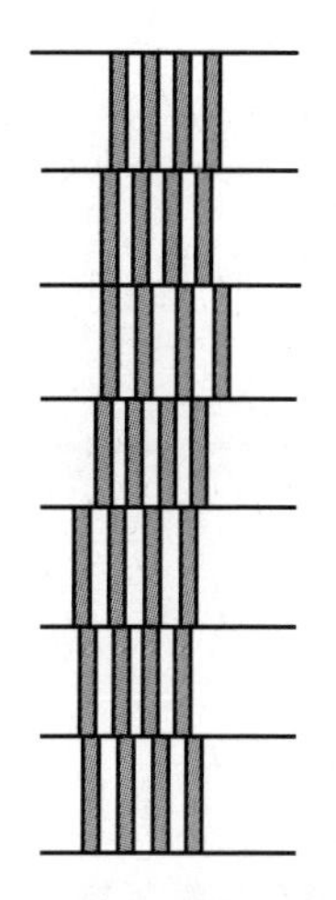

图 9-15　由于扫描速度的低频变化,四杆靶的间隔在 7 个不同视场中变得或稀疏或密集

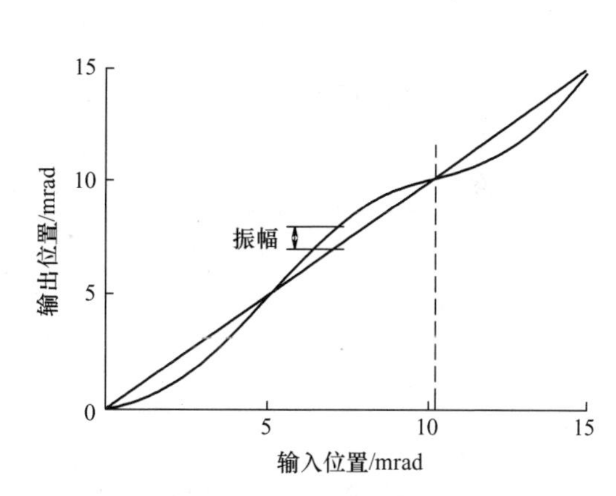

图 9-16　当存在低频振动时,往返扫描靶的图像的变化

对于采用 TDI 器件的系统,MTF 受扫描速度影响。为了使 MTF 值最大,扫描速度必须与延迟元件匹配。如图 2-21～图 2-23 所示,当 f 接近 f_N 时会出现拍频。扫描速度不匹配会改变拍频[2]。通过调整扫描速度产生所需的拍频图样,可以得到合适的扫描速度。

扫描的非线性还会导致图像行间像素不对齐。这种影响在行扫描器中表现得

很明显。对于宽视场的行扫描器,非线性扫描会引起图像的稀疏或密集。如果像素没有对齐,那么直线会表现为锯齿状或波浪状。每个像素的相对位置可以由像素中心的角位置确定。

9.4 视轴对准

视轴对准意味着使两个不同的系统对准一个共同的观察点,使处在一个系统视场中心的目标也在另一个系统的视场中心。对于有不同(分离)孔径的系统,视轴对准一直都是难题,如对准TV相机与热成像系统的视轴。对于有分离孔径的系统,它们共同的视场中心可以在无限远处,也可以在有限远处(图9-17)。视场中心在哪个距离主要取决于系统的应用场合。在航天领域,目标很远,因此选择无限远的距离。对于军事应用,要在武器系统的有效距离对准传感器的视轴。

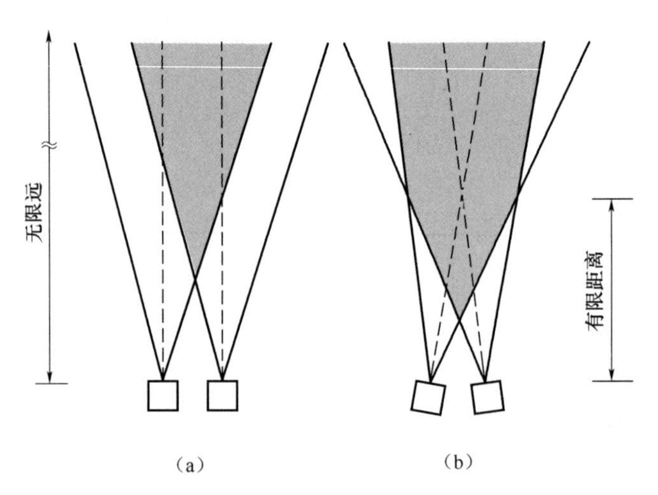

图9-17 分离孔径的传感器
(a)视场中心在无限远处;(b)视场中心在有限距离处。

许多热成像系统都有两个视场,通常称为窄视场(NFOV)和宽视场(WFOV)。一般通过在光学系统中插入一个透镜组来改变视场。如果透镜没有精确定位,视场中心就会不同(图9-18)。任意两个视场都有一个共同点,在视场大小变化时,这个共同点也不移动。当这个共同点在两个视场的中心时,这两个视场就是视轴对准的。共孔径系统的视场对任何距离都是重合的。

共孔径时,对准程序相对比较简单。将一个针孔放在准直仪中并记录它的位置。改变视场,再次记录位置。两个位置之间的差距就是视轴误差。理想情况下,针孔的位置应该在视场中心。针孔位置可以通过视觉检查,也可以通过计算机将帧抓取器的数据准确计算出来。视轴误差是一种极性测量数据。

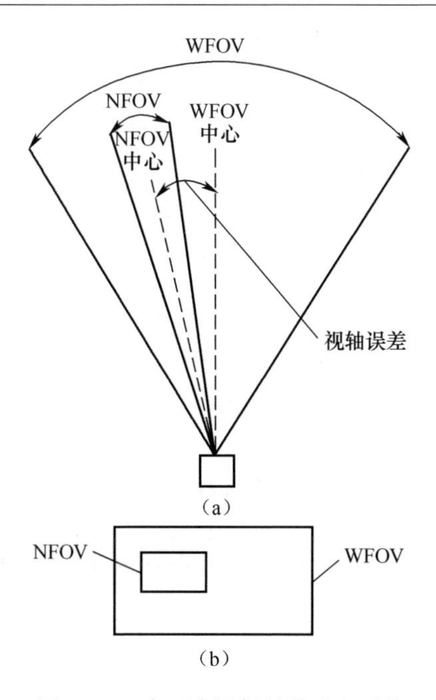

图 9-18　有两个视场的共孔径系统

(a)实际角度;(b)在监视器上看到的相对区域。

注:视轴误差是两个视场中心线之间的夹角。为了说明没对准,图中夸大了偏移量。

9.5　机器视觉性能

自动视觉系统能测量图像尺寸,确定图像位置,测量运动情况,还能对目标计数。图像位置测量、尺寸测量或计数的能力取决于畸变、系统 MTF、噪声和采用的图像处理算法(软件)。当存在噪声时,精度随着目标对比度(强度)的降低而降低。恰当的性能测试可以估计机器视觉系统的精度和可重复性。根据系统应用的不同,可以采用不同的目标靶。推荐使用标准检查程序来测试实现特定功能的速度,但测试靶和方法是标准的。机器视觉系统对靶的尺寸和位置的测量误差是红外成像系统和所使用的具体图像处理算法引起的。

9.5.1　位置测量和目标计数

建议使用美国国家标准协会(ANSI)的目标靶[3](图 9-19)测试机器视觉系统的性能,其中包括测量物体间的距离和对物体计数。目标由 8 个随机分布的等直径圆组成。圆的中心位于(5,-14)、(21,4)、(-10,-25)、(-18,4)、(1,18)、(-16,-11)、(1,1)、(-14,22),直径为 10mm。

不同尺寸的目标靶可以通过用所有值乘以一个常数来建立。例如，一个3倍大的目标靶，其位置应该在(15,-42)、(63,12)、(-30,-75)、(-54,12)、(3,54)、(-48,-33)、(3,3)、(-52,66)，直径为30mm。要根据系统要求和准直仪的焦距选择合适的靶尺寸。

将目标靶固定在一个平移/旋转平台上(图4-15)。操作人员首先要检验机器视觉系统是否能正确定位8个目标和正确测量其尺寸，然后将目标靶旋转/平移一个已知的增量并重复进行测试。机器视觉系统必须能正确测量每个目标的旋转/平移距离。这个步骤要尽可能多地重复几次，才能确定自动视觉系统的精度和可重复性(在12.1节“均值、方差和可重复性”中讨论)。ANSI目标靶不能模拟特定的现实场景。

对于一些应用，尤其是红外搜索跟踪(IRST)系统，系统分辨小间距物体(CSO)的能力很重要。图9-20给出了一串CSO目标。测试就是要确定两个物体在多接近的时候还可被分辨出来。圆的相对尺寸和距离可以根据系统要求来调整。对光学辅助装置(如望远镜)，最小可分辨CSO是用瑞利判据确定的(表5-1)。

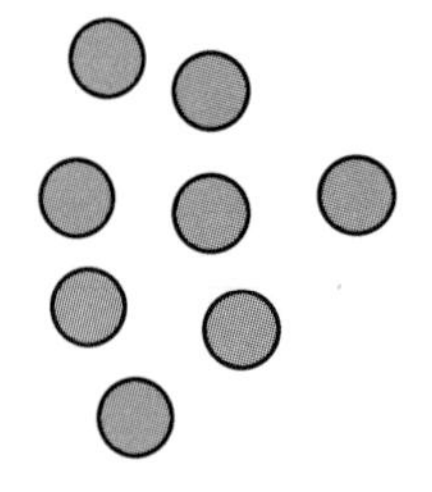

图9-19 用于测量相对运动和位置的ANSI目标靶

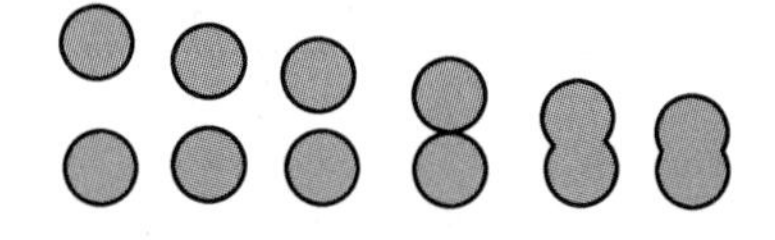

图9-20 小间距物体的目标

标准相关性目标集(SCTS)将ANSI目标和CSO目标组合在一起[4]构成一个现实目标集。它可以由随机位置的不同尺寸的圆组成(图9-21)，随着目标复杂性的提高，直径的范围扩大。最简单的SCTS目标集由20个等直径的目标组成。它类似于ANSI目标，但包含的数量更多。下一个SCTS目标集包含40个目标，最后一个包括60个目标(没有示出)。可以用固定直径的圆检验自动视觉系统的计数能力。

复杂目标可以模拟实际场景(如生物学中细胞的大小或红外搜跟应用中的多目标等)。重叠目标可模拟重叠细胞(束)或红外搜跟应用中的重叠目标(小间距目标)。可以定制校准目标集(的尺寸和位置)来满足精确应用。

在校准跟踪器或者其他测量运动情况的自动系统时，可以将SCTS目标集放在一个可移动平台上，或者用类似于测量视场的方法转动红外成像系统。到撰写本书时，还没有确定测试跟踪器的步骤。但是，可以用SCTS目标集测量成像系统的跟踪能力随着目标强度和角速度变化的情况。

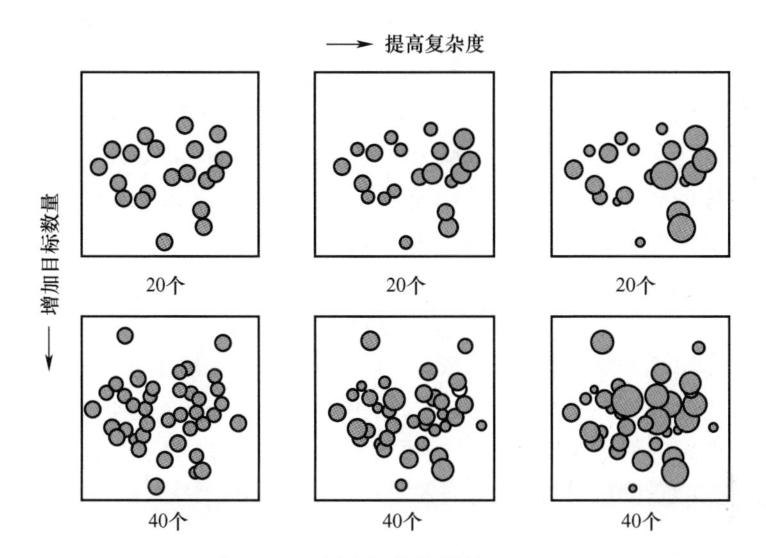

图 9-21　标准相关性目标(SCT)

注:这些目标由 ANSI 目标和 CSO 目标组成。可以估计目标的尺寸、相对位置和算法计数能力。

用 SCTS 目标集的测试步骤和用 ANSI 目标的测试步骤是一样的。在自动视觉系统前放置一个校准目标,位置和方向随机(自动视觉系统必须能够正确计数和正确测量图像的距离或尺寸),然后将目标移动到一个新的位置和方向。尽量多地重复这个过程,以确定系统的精度和可重复性。

9.5.2　算法效率

通过 Abingdon 十字叉基准[5]测试可以测量算法效率。其任务是尽可能快地找到对称十字的中轴(图 9-22)。原来的基准十字叉是为测试图像处理算法设计

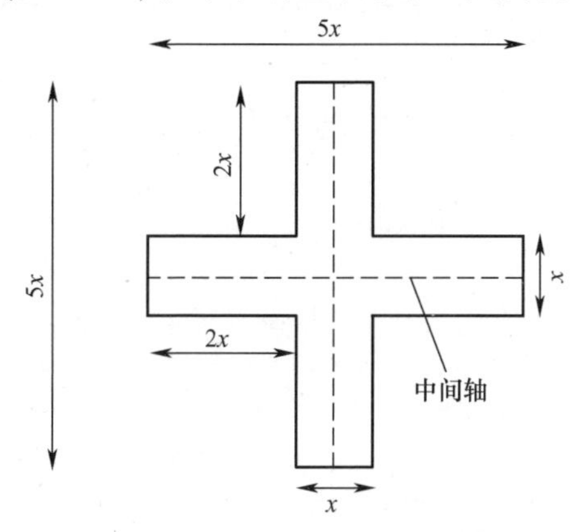

图 9-22　Abingdon 十字叉

注:找到中轴所需要的时间就是算法效率。

的,因此噪声电平和十字叉的强度是由计算机生成的[6-7]。在实际应用期间,当探测到十字叉的面积和强度与被探测目标的面积和强度相等时,找到十字叉的时间就是探测和识别所需目标的时间。这就在实际应用和实验室测试之间提供了一种相关性。如果放在准直仪中,那么整个十字叉面积对应的总立体角为 $(9x/\mathrm{fl}_{\mathrm{col}})^2$,这与实际目标的立体角相同,即目标面积/距离^2。测试结果受红外系统产生的系统噪声、像差、畸变和数字化影响等干扰因素影响。

9.6 典型技术指标

典型技术指标列在表 9-2。到撰写本书时,还没有建立机器视觉系统的测量方法。本章介绍的机器视觉测试方法很简单。随着技术的成熟,会出现新的测试要求,也会建立新的测试目标和测试方法。

表 9-2 典型技术指标(针对待测系统填入合适的值)

视场:
· 视场应该为 2.5°±0.01°
畸变:
· 在视场中心 50%的区域,畸变不能大于 0.5%;
· 整个视场的畸变不大于 1%
扫描线性度(串行扫描或行扫描器):
· 每个像素应该在相邻行对应像素的±1/2DAS 以内
机器视觉:
· 算法应该能够在 3ms 内定位 Abingdon 十字叉的中轴,精度为 1 个像素;
· 系统应该能够对简单 SCT 目标集中处在 10 个随机方位的所有 60 个目标进行正确定位和计数
视轴对准:
· NFOV 和 WFOV 视轴的对准精度在 0.2mrad 内

参 考 文 献

[1] N.Sampat, "The RS-170 Video Standard and Scientific Imaging: The Problems," *Advanced Imaging*, pp.40-43 (February 1991).

[2] T.S.Lomheim, L.W.Schumann, R.M.Shima, J.S.Thompson, and W.F.Woodward, "Electro-Optical Hardware Considerations in Measuring the Imaging Capability of Scanned Time-delay-and-integrate Charge-coupled Imagers," *Optical Engineering*, Vol.29(8), pp.911-927 (1990).

[3] "American National Standard for Automated Vision Systems-Performance Test Measurement of Relative Position of Target Features in Two-Dimensional Space," Report ANSI/AVA A15.05/1-1989, American National Standard Institute, 1430 Broadway, blew York, NY 10018 (1989).

[4] SCTS is available from Santa Barbara Infrared Inc., 30 South Calle Cesar Chavez, Suite D, Santa Barbara,

CA 93103.

[5] K.Preston, Jr., "Benchmark for Image Processing," *Advanced Imaging*, pp.30–38 (May 1990).

[6] K.Preston, Jr., "Benchmark Results–The Abingdon Cross," in *Evaluation of* Multi computers *for Image Processing*, I.Uhr et al., eds., pp.34–54, Academic Press, Cambridge, MA (1986).

[7] K.Preston, Jr., "Sci/Industrial Image Processing: New System Benchmark Results," *Advanced Imaging*, p.46 (September 1992).

第10章

观察人员对像质的解释:MRT 和 MDT

每当成像系统工作时,观察人员都会下意识地根据自己的评估标准对像质做出判断。在1.2.2节“主观评估”中,已经利用Cooper-Harper的方法制定了评估等级标准。红外领域将最低可分辨温度(MRT)和最低可探测温度(MDT)用作像质的衡量标准,但MRT和MDT只是复杂的像质评估中的两个指标。三角方向辨别(TOD)测试法克服了一些与MRT测试有关的问题。

MRT和TOD是衡量细节分辨能力的指标,与MTF成反比。MDT是一个探测东西的指标。很小的目标是分辨不清的,因此MDT与非周期传递函数(ATF)成反比。MTF和ATF都是系统对高对比度无噪声目标的响应,而MRT、TOD和MDT研究的是观察人员感知噪声中低对比度目标的能力。

MRT和MDT不是绝对值,而是相对于给定背景的可感知温度差,有时候它们还称为最小可分辨温差(MRTD)和最小可探测温差(MDTD)。两种测试方法都是20世纪70年代建立的。MRT目前应用仍然很广泛,而MDT已经不用,也很少测量。本章为了全面,把它包括在内。

传统MRT用下式近似:

$$\mathrm{MRT}_{\mathrm{classical}}(f_x) \approx k_1 \frac{\mathrm{NEDT}}{\mathrm{MTF}_{\mathrm{perceived}}(f_x)} \sqrt{\beta_1 + \cdots + \frac{\langle \sigma_n^2 \rangle}{\sigma_{\mathrm{TVH}}^2}\beta_n} \tag{10-1}$$

式中:$\mathrm{MTF}_{\mathrm{perceived}} = \mathrm{MTF}_{\mathrm{sys}}\mathrm{MTF}_{\mathrm{monitor}}\mathrm{MTF}_{\mathrm{eye}}$。$\mathrm{MTF}_{\mathrm{sys}}$ 由子系统的MTF构成(图2-1);k_1 为经验常数,它将理论预测值与测量值相匹配。每个 β_i 都是解释噪声成分 $\sigma_i/\sigma_{\mathrm{TVH}}$ 的人眼“滤波器”(注意,$\mathrm{NEDT} = \sigma_{\mathrm{TVH}}$)。

当某个噪声(如固定模式噪声)增大时,MRT也增大。MRT与NEDT一样,都与环境温度有关。当环境温度升高时,MRT下降(图3-15)。由于MTF随着空间频率的提高而降低,所以MRT随空间频率的提高而提高。MDT和MRT有相同的函数形式,但是用ATF代替了MTF。

这些测试都与观察人员做出的决定有关,测试结果随着观察人员的训练水平、心理素质、视觉能力以及环境设备而变化。因为观察人员的内在、外在因素有很大易变性,因此需要多位观察人员进行测量。必须了解观察人员的基本响应能力,这样才能适当地平均每个观察人员的测试结果。为了获得某种程度的一致性,需要假设观察人员都是合格的。

由于有观察人员的参与,这种测试也称为“人在回路”测试。测试可能需要几个小时,所以为了使测试自动进行(见第 11 章“自动测试”),已经做过大量努力。自动测试也称主观测试或“硬件在回路”测试,这种方法避免了主观评估。由于成像系统提供的是图像,如果 MRT 是自动测试的,就应该引入另一个主观评估量度。修改后的 Cooper-Harper 评价标准可能比较合适。

10.1　观察人员

观察的过程从某种程度上讲是一种学习能力,它是一种感性的、由大脑完成的工作,受情感、学习、记忆等感知系统影响。这些因素之间的关系很复杂,而且不易掌握。观察的结果因人因时而异。所用的量度(探测、识别和认清等)都必须视作统计结果而不是绝对值。由于观察人员不同,年龄、经验、性格、情绪、感知等个人特点都会影响探测阈值。在测试评估期间,发生的许多变化都会影响测试结果,如测试人员可能学习到了新方法、积累了新经验,情绪变化、疲劳等。

两位不同的观察人员会得出不同的探测阈值(图 10-1),但可能会得出相同的 MRT 响应。得到的两个响应值可能同时高于或低于很多观察人员得到的平均值,也可能一个高一个低。另外,一些人在一天中的不同时间也可能得到不同的测试结果。

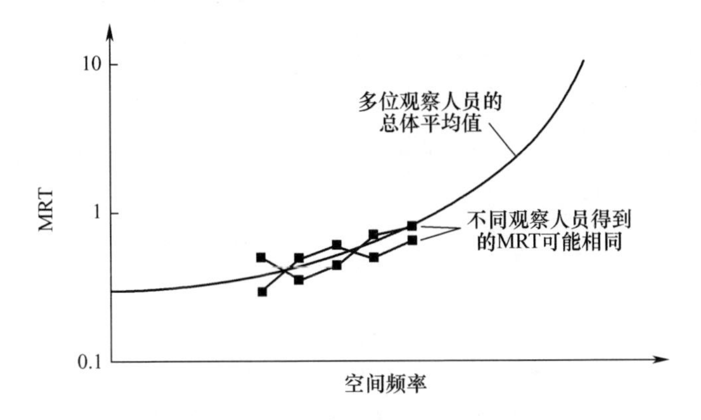

图 10-1　两位观察人员得到的 MRT 响应可能相同

在几分钟到几周的时间内,视觉性能会有很大波动[1-2]。心理物理学上的视觉频率曲线包括这些波动。在任何特定的时刻,个人的响应都可能与总体平均水平有很大差异[3]。因为可能会发生太多变化,而且这些变化不容易控制,所以测试之间的一致性可能会大打折扣。就像经常引用的,不同实验室之间的 MRT 易变性高达 50%,同一个实验室的易变性也有 20%[4]。检测标准、测试程序、测试设备以及疲劳的观察人员之间的差异,都可能造成这种易变性。

不可能要求所有观察人员都得到相同的探测阈值。但是,如果观察人员的表现比预期的差,则认为他是不合格的,并把他的测试结果从分析数据中剔除。公布的测试结果都是由合格观察人员(他们获得的阈值低)得出的,但这种做法不合理。Brown[5]说:"一个相当权威的工程经验是,提高 MRTD 测试精度的方法是调整测试技术,而不是更换测试设备。"这个经验要求使用合理的统计分析方法,同时意识到存在观察人员易变性的因素。良好的工程测试习惯需要有严谨的技术要求、测试步骤、数据分析方法,还要有心理素质良好且经验丰富的观察人员。

10.1.1 视觉频率响应

从统计意义上说,在阈值处,观察人员用 50% 的时间就能探测到目标。MRT 是期望值全体观察人员的阈值。由于时间和人员限制,经常都是由很少几位(有时只有一位)观察人员进行测试。探测阈值有时被错误地当作一个绝对值,即低于阈值时所有观察人员都看不见目标,而高于阈值时所有观察人员都能看到目标(阶跃响应)。探测阈值(视觉频率响应)的变化可以用来解释探测值的变化。随着视觉频率曲线斜率的减小,个体频率响应的变化相应地增加(图 10-2)。如果一位观察人员的阈值在一段时间内没有明显变化,视觉频率曲线又是陡峭的,就可以认为这位观察人员是稳定的。注意,稳定的观察人员也会有不同的阈值。

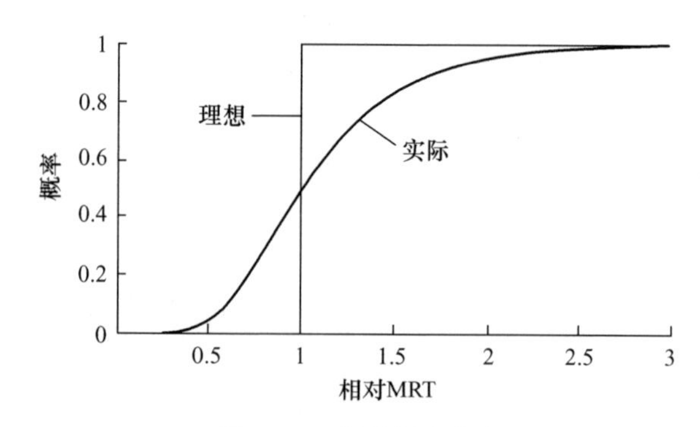

图 10-2 视觉频率分布

注:从理想情况来说,观察 MRT 目标的概率分布是一个阶跃函数。
实际响应服从对数正态分布。当按线性比例画图时,曲线表现为锯齿状。

对所有观察人员的响应恰当地取平均值,必须理解基本的视觉频率响应分布。Holst 和 Pickard[6]曾报告过一个试验,由 76 名观察人员在噪声环境下观察不同空间频率的标准 MRT 四杆靶。目标由计算机生成,并将宽带白噪声加入到视频信号中。将所得到的 2700 个探测响应用对数正态分布表达为

$$p(\Delta T)=\frac{1}{\sqrt{2\pi}\log\sigma_{\mathrm{MRT}}}\exp\left\{-\frac{1}{2}\left[\frac{\log\Delta T-\log\mu_{\mathrm{MRT}}}{\log\sigma_{\mathrm{MRT}}}\right]^2\right\} \tag{10-2}$$

式中: $\sigma_{MRT}=1.58$; μ_{MRT} 是总体均值。

Lashansky 等[7] 画了 800 多个 MRT 值的分布图, 获得的 $\sigma_{MRT}=1.20$ (图 10-3)。曾经报道过类似的总体变化[8-9]。对数正态分布表现在一个对数数轴上时,其分布曲线与通常的高斯分布形状一样。

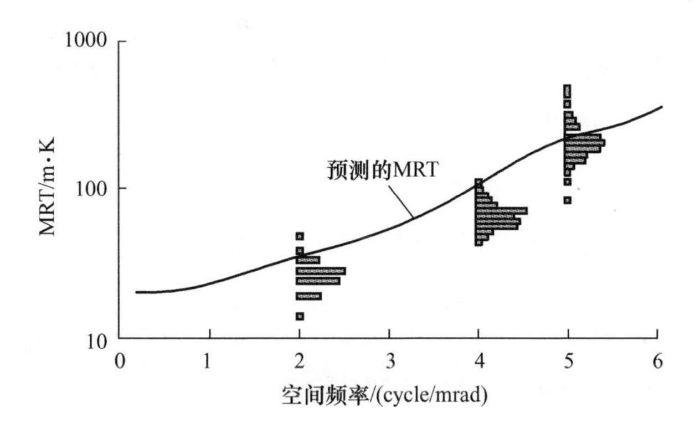

图 10-3　测量的 MRT 与预测的 MRT 相比较[7]

注:在 2cycles/mrad、4cycles/mrad 和 5cycles/mrad 采集的数据用柱状图表示。在每个空间频率平均进行了 273 次观察。数据按 5m · K 分组,这在 2cycles/mrad 柱状图上产生了间隔。

对于正态分布(见 12.2 节"高斯统计"),99.74%的都落在总体均值±3σ 范围内。对于对数正态分布,该范围在线性坐标里是一个比率关系。当 $\sigma_{MRT}=1.58$ 时, $+3\log\sigma_{MRT}$ 与 $-3\log\sigma_{MRT}$ 的比率为 15.6。当 $\sigma_{MRT}=1.20$ 时,这个比率为 3.0。图 10-3 说明的比率为 3(最大值除以最小值),与理论值一致。Dahlberg 和 Holmgren[9] 给出了最大值与最小值的比率为 3~8(图 10-4)。除非进行过详细测试,最小值和最大值都是随机事件(见 12.2.3 节"最小和最大值"),从而使这个比率在某一特定数据集中可以变化很大。注意,这个比率可能会大到 15。

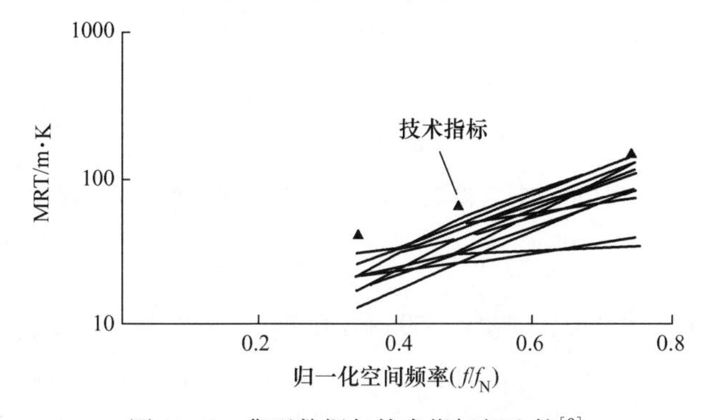

图 10-4　典型数据与技术指标相比较[9]

注:数据是在 0.34、0.49 和 0.75 的归一化空间频率收集的。在每个空间频率有 14 个观测值。加上直线来说明不同测试(和不同观察人员)之间的变化。

视觉频率响应曲线是式(10-2)的积分,即

$$P_{\text{detection}}(\Delta T') = \int_{0}^{\Delta T'} p(\Delta T)\,\mathrm{d}(\Delta T) \tag{10-3}$$

一个稳定的观察人员获得的 σ_{MRT} 值小,而且在每次实验中得到的均值基本相同。在10.5节“测量值与技术指标的对比”中再进一步讨论其中的变化。

由于视觉频率曲线是对数正态分布的,估计的均值是响应的几何平均值,因此 N 位观察人员的平均MRT可表示为

$$\text{MRT}_{\text{ave}} = \left[\prod_{i=1}^{N} \text{MRT}_i\right]^{\frac{1}{N}} \tag{10-4}$$

式中:MRT_i 为个人的探测阈值。

例如,如果三位观察人员的MRT值分别是0.5℃、0.6℃和1℃,则三位观察人员的平均值为 $(0.5\times0.6\times1)^{1/3}=0.67$(℃),虽然没有经过实验验证,但有理由假设MDT阈值也遵从相同的对数正态分布。

10.1.2 视场角

人眼的探测能力与目标尺寸所对应的视场角和监视器到观察人员的距离有关。如图10-5所示,没有噪声时,人眼的对比度阈值呈J形。人眼对空间频率在3~8cycles/(°)的周期性目标[10]最敏感。

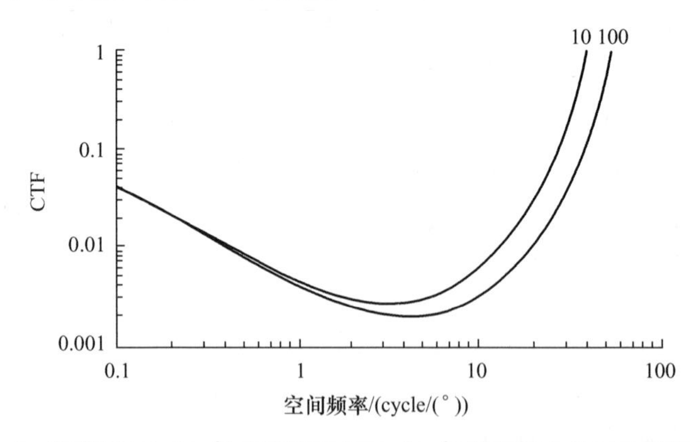

图10-5 暗房间(10cd/m²)和亮房间(100cd/m²)的观察人员对比度阈值曲线

注:对比度定义为$(L_T - L_B)/(L_T + L_B)$,L_T 和 L_B 分别是目标和背景的亮度。

MRT在某种程度上应该服从人眼对比度曲线的形状。人眼表现为不完全的交流耦合,这样分辨很大的目标时就变得更加困难。探测能力的降低表现为探测空间频率很低的目标时MRT值的提高。从实际角度讲,可以看到的最大目标取决于试验装置、监视器尺寸、观察人员到监视器的距离。因此,一般不测量该曲线末端很低的部分。

目前测量视场角的方法有两种:一是允许观察人员移动;二是让观察人员的头部位置保持固定。由于人的探测能力与目标相对于人眼位置所对应的张角有关,头部移动时可能与头部固定在同一位置时得到的结果不同。在实验室里一般不规定,也不限制人眼到监视器的距离。为了达到最大探测能力(如在对比度阈值曲线的最低处),观察人员在观察小目标时会下意识地靠近监视器,而观察大目标时会远离监视器。头部能移动时,观察人员会移动到相当于目标处于对比度阈值曲线最低处的位置。当最低对比度为 3~8cycles/(°)时,不同观察人员选择的距离会因人而异(图 10-6)。当观察大目标时,建议的距离会超过实验室的长度。

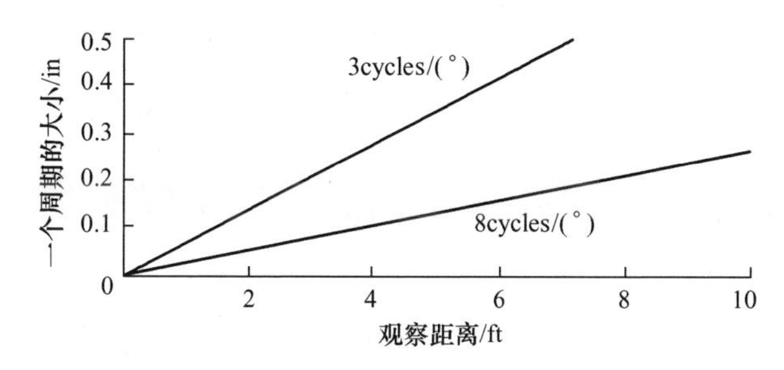

图 10-6　两个不同观察人员空间频率的最佳观察距离与显示器周期大小的关系

随着观察人员靠近监视器以分辨更高频率的目标,他将看到光栅图形,在某些点,他会感到光栅图形干扰他的观察过程。这代表观察人员到监视器距离的下限。在这个距离,更小的物体不再出现在最小对比度探测曲线上,因此更难察觉到。如果红外成像系统是为特定应用设计的,观察人员需要坐在距监视器的固定距离处,那么限制头部移动的距离,使其与工作环境相当是合理的。

例 10-1　实验室-外场的相关性

在实际(外场)工作中,观察人员距 6in 的监视器 24in 远。在实验室用的是 14in 监视器,那么在实验室,观察人员应该在距监视器多远的距离观察才能模拟实际应用?

$$\theta_{\text{field}} = 2\arctan\frac{\text{监视器的尺寸}}{\text{距离的 2 倍}} = 2\arctan\frac{6}{(2\times 24)} = 0.25(\text{rad}) \tag{10-5}$$

$$D_{\text{lab}} = \frac{\text{监视器的尺寸}}{2\tan\dfrac{\theta_{\text{field}}}{2}} = \frac{14}{2\tan 0.125} = 56(\text{in}) \tag{10-6}$$

结果显示,在实验室,观察人员必须在距监视器 56in 远的地方观察,才能对应观察人员在外场观察时的相同角度。

10.1.3 含噪声的图像

虽然有资料报道对比度阀值曲线呈“J”形,但实际形状取决于噪声功率谱密度[11-13]。如果噪声被限制在某个空间频率,探测类似空间频率的目标就比较困难。观察特定空间频率的目标的能力取决于该空间频率附近出现的噪声成分(图10-7)。低频噪声成分会干扰低频目标(大物体)的探测,中等空间频率的噪声会抬高中频处的对比度阈值曲线等。这个影响包含在三维噪声模型中,且提高了式(10-1)表达的MRT。

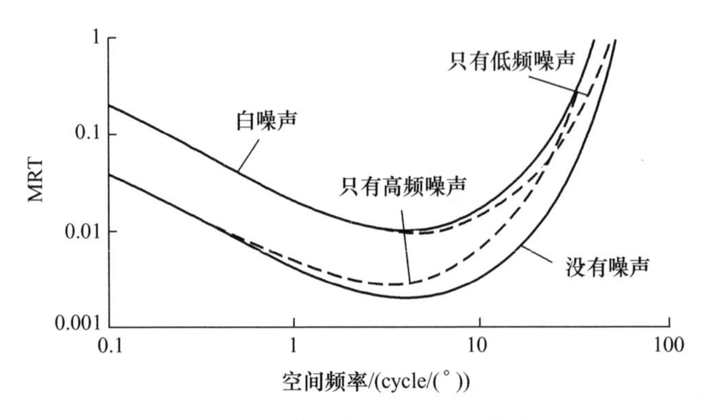

图10-7 功率谱噪声对对比度阈值的影响

注:MRT应随着对比度阈值曲线的形状变化。

在远距离,像素对应的张角会小于人眼能够分辨的尺寸。因此,高频噪声不会被察觉,背景中会混入一个中等灰度值。这使MRT随着距离的增加而趋近于零[14],并给出一个与MRT测试要求(探测出噪声中的目标)相反的图像。这些远距离只是为了进行视觉测试,并不是红外成像系统的特性。

噪声功率谱特性不能简单地直观估计,只能根据探测响应结果来推断。因为噪声功率谱可能满足一部分指标而不满足其他指标。如果本章的测试程序产生了预料之外的结果,就要测量三维噪声模型中每一个噪声成分的功率谱密度。

10.1.4 对观察人员的要求

合格的观察人员是难以定义的。合格的观察人员要稳定,有低探测阈值,有良好的视觉敏锐性。目前,有很多方法可以测试视觉能力。观察人员在经过散光校正后,应该有20/20的校正视力或更好的视觉敏锐性。视觉敏锐性测试只能提供观察人员分辨高对比度目标的能力,但MRT、MDT是探测噪声中的低对比度目标的阈值。眼科界开发了多种低对比度表[15]来检查潜在的眼睛问题(如白内障)。这些正弦波光栅图可用于初步筛选观察人员,但不能保证观察人员是一个理想的观察人员,因为目标是正弦波目标(MRT 目标是方波)而且没有噪声。

美国陆军夜视和电子传感器局(NVESD[16])引进[17]了 MRTSim 软件来模拟 MRT 测试。在给定传感器参数后,NVThermIP[18]能预测 MRT(图 10-12)。根据这些传感器参数,MRTSim 建立有噪声的图像(类似于图 10-10)。观察人员控制四杆靶的强度(与实际 ΔT 成正比),将观察结果与预测值进行比较。MRTSim 与 NV-TermIP 捆绑使用。

新观察人员要将他们的探测阈值与现有合格观察人员获得的阈值进行对比。半自动测试(见 10.2.2 节"半自动测试方法")提供了观察人员的易变性指标。随着个人易变性的降低,他成为一个稳定的观察人员。但这并不意味着他会有较低的探测阈值,只说明他会表现得比较稳定,他特有的视觉频率曲线是陡峭的。这种训练可能需要进行 6 个月[4]。现在既没有一个评定观察人员的行业标准,也没有专门培养观察人员的学校。但是,MRTSim 可以衡量观察人员的资格,因而成为一个国家培训工具。

受过良好训练的观察人员要不断努力,才能在指定的实验室保持稳定的观察能力。观察人员必须健康且思维敏捷。既不感到疲劳也没有压力的观察人员才能具备观察稳定性,但也不能保证都是这样。

10.2 MRT 和 MDT 测试

对于扫描系统,一般从三个方面测试 MRT 曲线:

(1) 估计高空间频率的渐近线。这只能表明通过红外成像系统能分辨的最大空间频率。

(2) 测试 $f_0 = 1/(2\ \text{DAS})$ 。f_0 处的 MRT 是敏感度的平均值,经常用于对比不同的系统。对于 100%填充因子的凝视阵列,f_0 等于阵列的奈奎斯特采样频率。

(3) 测试低空间频率值。这在很大程度上取决于观测距离。低频响应渐近线是(0.3~0.7)NEDT。当观察人员的头部可以自由移动时,在没有过低低频空间噪声的区域,低频 MRT 渐近线趋近于零。

MDT 没有限制,小目标只要有足够的强度就能被观测到。MDT 也称为热点探测,可以根据目标对应张角的函数画出一个圆圈。与 MRT 的圆圈相比,可以认为 MDT 目标是直径减小一半的圆圈(图 10-8)。用这种方式可以将 MDT 画成虚构空间频率的函数(图 10-9)。在空间频率的低频和中频部分,眼睛的作用就像一个边缘探测器,MDT 和 MRT 值趋于相同。

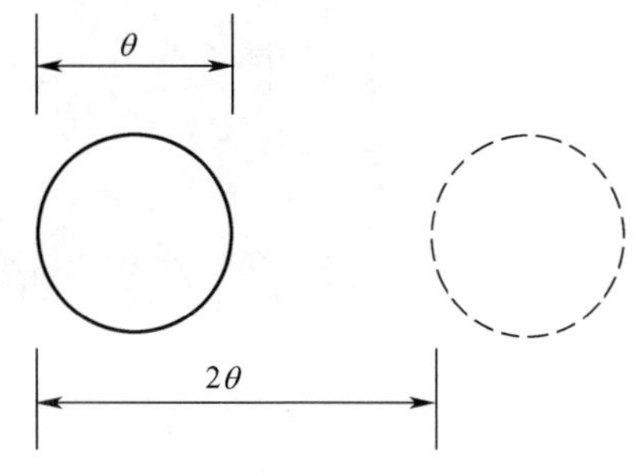

图 10-8 虚构空间频率与 MDT 目标的关系($f = 1/(2\theta)$)

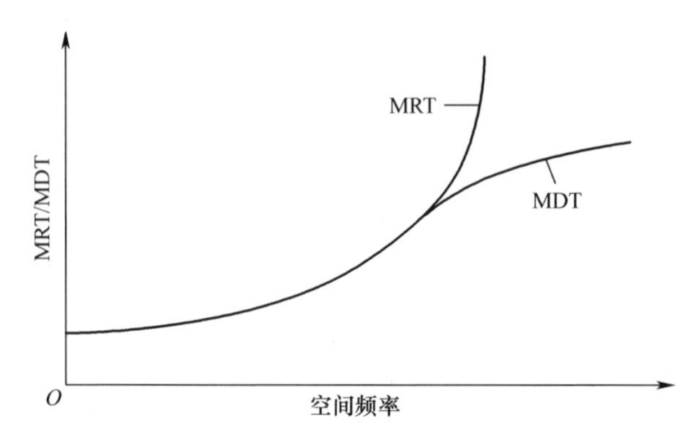

图 10-9　MRT 和 MDT 都是空间频率的函数

图 10-10 说明当存在高频噪声时目标可见度与信噪比的关系。信噪比低时很难察觉到大目标,随着信噪比提高,可以观察到中等尺寸的目标,信噪比高时能观察到微小的细节(高空间频率)。图 10-10 直观地说明了图 10-1 中 MRT 的特征。从几英尺外观察图 10-10 时,空间频率与低于可觉察到的随机噪声有关,条杆靶变得能够看见。

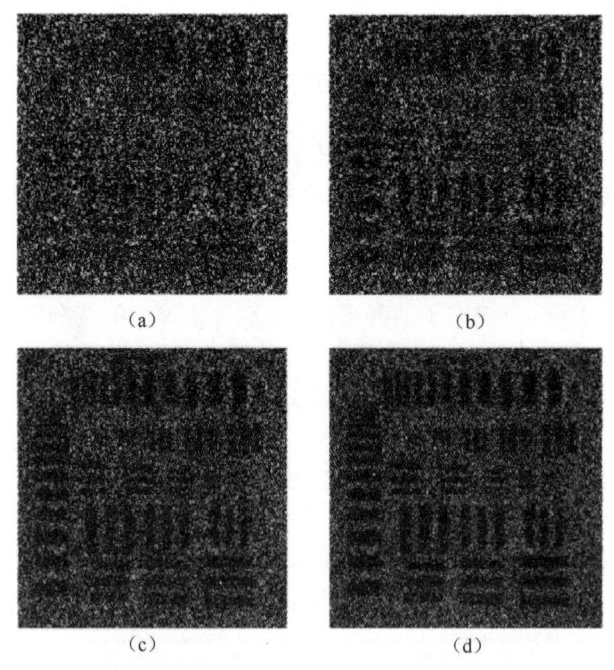

图 10-10　用 MAVIISS 软件[19]生成的图像

(a)SNR=0.1;(b)SNR=0.5;(c)SNR=0.75;(d)SNR=1.0。

注:图像是用所标的信噪比生成的。原稿是个 PDF 文件,经过复制和打印后,没有测量图像的 SNR,应当具有代表性。由于人眼的时间积分能力,对实况视频的感知能力大大提高。

在测量MRT时,目标轴的方向要与扫描方向或像元阵列轴的方向平行或垂直。因为在水平方向和垂直方向的采样率不同,每个方向的噪声系数可能不同,因此水平方向和垂直方向的MRT可能不同。噪声是通过三维噪声模型测量的,其中σ_H只影响MRT_H,σ_V只影响MRT_V。也可以在与目标轴成45°的方向测量MRT,但由于计算观察人员响应时存在较大的不确定性,这些数据没有广泛使用。对垂直方向和水平方向的目标,观察人员阈值接近最小值。对于图形方向为45°的无噪声图像,阈值提高15%~25%[20]。结果是,45°方向的图形比水平方向或垂直方向的图形有更高的阈值。这是由于视觉的传导响应,与采样相位影响和光栅图形影响完全无关。采样相位影响使图像进一步退化,也进一步提高了阈值。

观察人员发现(MDT测试)或分辨(MRT测试)条杆靶的时间没有限制。但是,为了使测试更接近外场条件,限制测试时间是合理的。当然,如果观察人员有较多的观察时间来确定阈值,他的精确度会提高。因此可以预料,限制观察时间的测试会得出较高的阈值[21]。限制了观察时间的测试需要有更多的观察人员参与,以确保得到足够的数据点来进行充分的统计分析。

红外成像系统容易受采样的影响(采样相位影响)。在每个空间频率MRT和MDT都没有唯一的值,但有一个范围,与目标相对采样点阵的位置有关。这样对于"峰值"目标就有一个更宽的接受范围,也就是说,可以通过调整目标相位达到最佳可见度,这样能产生稳定的结果。对于MRT测试,观察人员要清点条杆的数目,确保要求的条杆个数都已出现。

在2.4节"数字化"中讨论过,数字化过程中会出现脉冲宽度和幅值畸变的问题(图2-21~图2-23)。当$f/f_N>0.9$时,可以调整目标相位使图像出现四杆靶。当$f/f_N<0.6$时,输出调制度几乎等于输入调制度,但脉冲宽度和幅值会有轻微的变化。当f/f_N为0.6~0.9时,不管选择什么相位,相邻条杆的调制度总是小于输入调制度。在这个区间,条杆看起来总是不正确,总有一两个条杆比其他条杆宽得多,或者一两个条杆的强度比较低。结果是,这个区域的MRT比较高。当目标的空间频率是f_N/k(k是整数)时,MRT才是良好的(感觉好像系统是复制了输入信号)。当$f=f_N/k$时,所有条杆与探测器采样点阵都有相同的相位关系,因此所有条杆都同时达到峰值,能提供最佳图像。

Webb[22]测量过PtSi凝视阵列的同相和异相MRT。习惯上,MTF曲线在奈奎斯特频率处急剧趋近于零,因为更高频率的信号已经不能如实再现。同样,MRT在奈奎斯特采样频率处趋近于无限值。预想的MRT曲线如图10-11中的实线所示,当f/f_N为0.6~0.9时,四条杆图形更难以察觉,导致MRT变高。在$f/f_N>0.9$时,如果选择了合适的相位,MRT结果又是良好的。在奈奎斯特采样频率,异相MRT值是无穷大的,而同相MRT值是有限的。Webb还证明了如果目标是同相的,大于奈奎斯特采样频率时,四杆靶也可能被觉察到(图2-24)。NVThermIP[18]

能预测这种采样相位影响(图 10-12),其中"相位"项被增加到式(10-1)中:

$$\mathrm{MRT}(f) = F_{\mathrm{phase}}(f)\ \mathrm{MRT}_{\mathrm{classical}}(f) \tag{10-7}$$

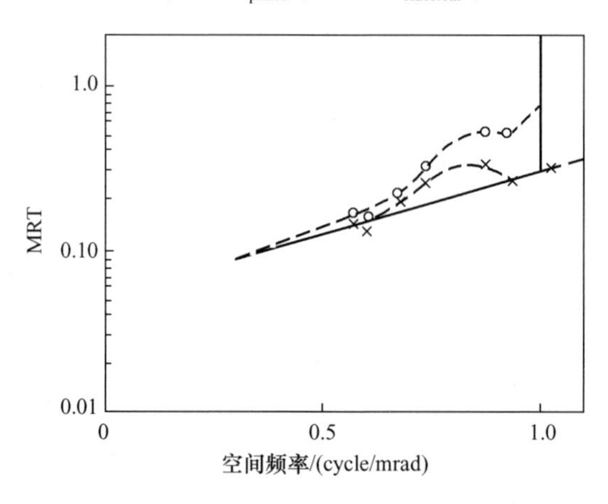

图 10-11 PtSi 凝视阵列的 MRT[22]

注:MRT 在奈奎斯特频率处趋于无穷。实线表示预想的响应。给出了同相(十字)和异相(圆圈)数据。虚线是纯推测数据。f/f_N >1.0 的点画线表示对同样扫描系统的期望响应。

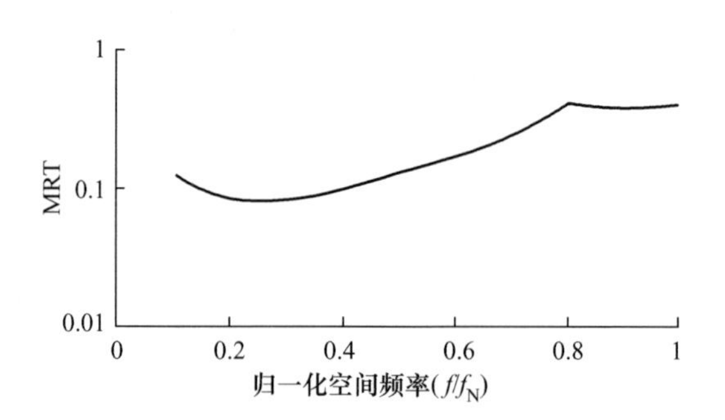

图 10-12 NVThermIP 预测的 MRT[17]

由于观察人员的易变性,以及缺少相关空间频率区的目标,上述结果并不常见。如果 Webb 没有收集 f/f_N =0.92 和 f/f_N =1.04 处的数据,得到的 MRT[23] 也可以说是"良好的"(图 10-13)。这说明需要测量不同空间频率处的 MRT 值。只在几个挑选的空间频率进行测量,就在这些数据点之间连线是不合适的。这并不是对所选的空间频率数量有要求,只是说明不能通过这些数据点画线。

采用光子探测器的红外成像系统响应的是辐射通量而不是温度。如在 3.2.4 节" ΔT 的概念"中讨论的,当背景(环境)温度漂移时,对一个有固定测温差的系统来说,目标与背景之间的辐射通量差也发生变化。小量漂移可以忽略。以图 3-14 为参照,环境温度有 10℃ 漂移,MWIR 区的 NEDT 会有 12% 的变化,LWIR 区的

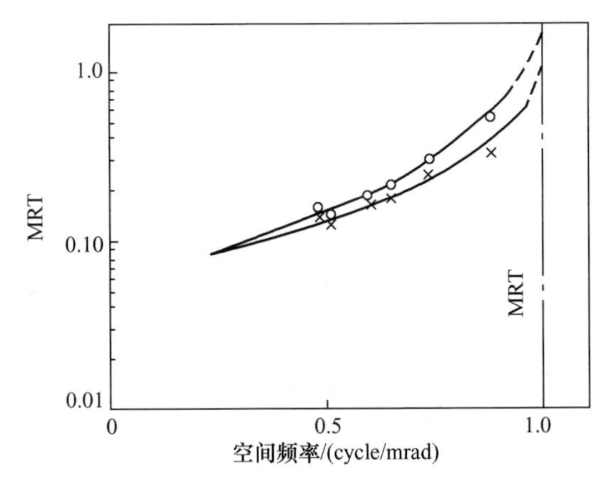

图 10-13　与图 10-11 相同的数据,但忽略了两个高频值[23]

注:平滑曲线(纯推测)是通过数据点画出的。

NEDT 会有 1.0%的变化。MRT(式(10-1))会有同样的漂移(图 3-15)。这些值因具体系统设计而异。

根据观察人员的数量和所选的空间频率数量,MRT 测试需要花费几小时。在此期间,环境温度条件会发生变化,因此 MRT 测试值特别容易受到环境温度变化的影响。要想得到可复测的结果,要特别注意控制环境温度。测量低 ΔT 时,必须遮挡测试装置,不要让室内气流影响靶的温度。反射靶装置(见 4.2.2 节“反射式靶”)能提供一种控制背景温度的方法。测量 MRT 和 MDT 时的背景温度要和测量 NEDT 时的相同。

10.2.1　主观(人工)测试方法

通常,观察人员的观察时间不受限制,他可以根据自己的探测标准不断调整系统(增益和电平)和监视器(对比度和亮度)以优化图像。观察人员通常将监视器调整为低亮度、高对比度,使图像含有噪声。所选择的监视器亮度和对比度控制设置值,有助于深入了解如何选择到恰好可探测阈值的人机工作状态。通常会选择与平均设置值相似的增益和电平设置值。与平均设置值有较大偏差,说明可能使用了不同的探测标准。选择特殊设置值的操作人员需要接受进一步的指导和训练。注意,改变监视器的设置后,显示传输特性可能会改变,这可能影响阈值。不能保证一个特定观察人员会选择他以前使用过的设置值。对于可重复的结果,建议保持亮度和对比度在固定状态[24]。

环境亮度要和监视器亮度几乎相等。观察人员开始测试前要有足够的时间适应光线较暗的环境。观察人员不能受环境的影响,这一点很重要,如房间里不能有外来辐射源、噪声(如空调、机械设备、风扇),也不能有其他人员。由于测试可能要进行4个小时,动态变化和非均匀性校正后的时间(图2-32)都会影响MRT的测量结果[25]。

通用的测试装置如图10-14所示。MRT和MDT是对有噪声图像的探测标准。红外成像系统的增益一定要足够高才能使图像含有噪声。因为测试的是高空间频率的响应,所以要将辐射源、目标靶、准直仪和系统放在一个隔振光学平台上。要测试对应空间频率的整个MRT曲线,否则,就有理由说该系统不能对空间频率大于所测最大空间频率的目标成像。由于使用的目标靶数量有限,可能测试不到MRT曲线趋近于无穷的位置。曲线可能趋近于最后可分辨的目标与出现下一个目标之间的空间频率位置,因此必须记录第一个不可分辨(CNR)的目标。数据表上没有的条目就表示没有用这个目标。保守的方法是,观察人员应该从上到下分辨清整个条杆。

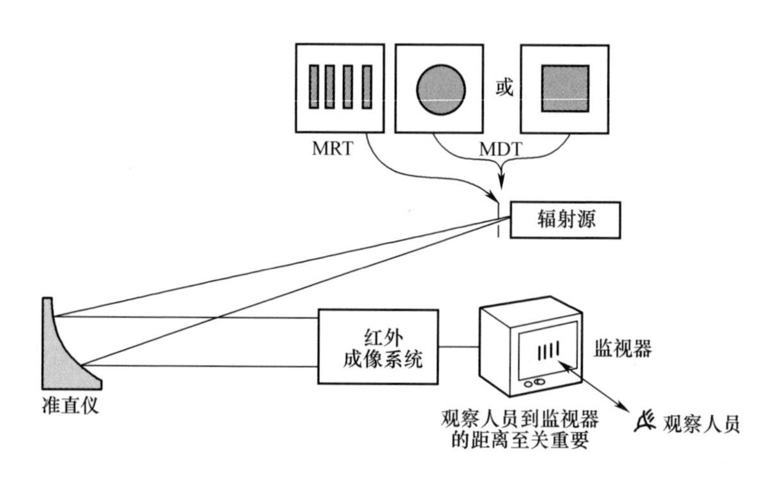

图10-14 通用的MRT和MDT测试装置(整套装置要放在一个隔振光学平台上)

对于MRT测试,目标的范围应该是从低空间频率到恰好超过系统截止频率为止。目标必须覆盖所有空间频率响应范围。虽然计算MDT的初始NVL1975模型[26]是以方形靶为基础,但也经常用圆形靶进行MDT测试。用于MDT测试的目标对应张角的范围应该在(0.1~5)DAS之间变化。

例10-2 选择MRT条杆靶

一个红外成像系统的空间截止频率为9cycles/mrad,需要多大的条杆靶来测量2cycles/mrad,4cycles/mrad,…,8cycles/mrad的MRT。离轴准直仪的焦距为140in。

采用长宽比为7∶1的条杆靶,条杆的长度是宽度的7倍。条杆靶对应的每个周期为

$$\theta = \frac{d_{\mathrm{T}}}{\mathrm{fl}_{\mathrm{col}}} \tag{10-8}$$

式中:d_{T}为一个周期的宽度(一个条杆加一个间隔)。

空间频率为

$$f_x = \frac{1}{1000\theta}\ (\mathrm{cycle/mrad}) \tag{10-9}$$

条杆的宽度为$d_{\mathrm{target}}/2$,见表10-1。如果所需的最小尺寸的条杆靶不容易制造,则必须用焦距更长的准直仪。

表10-1 对应140in准直仪的MRT靶的尺寸

f/(cycle/mrad)	1个周期/in	条杆的宽度/in	条杆的长度/in
2	0.0700	0.0350	0.2450
4	0.0350	0.0175	0.1125
6	0.0334	0.0117	0.0119
8	0.0176	0.0088	0.0616

三个可行的监视器配置如下:①使用专用的红外成像系统监视器或等效的监视器进行测试;②使用质量很高的显示器进行测试,将系统对模拟视频信号的响应作为结果;③使用高质量监视器,但模拟视频信号要通过一个接近系统实际监视器性能的电路(图4-26)。监视器的宽高比与红外成像系统的宽高比匹配,例如,系统的宽高比为1∶1,但被转换成RS-170格式的视频信号后,监视器也应该能提供宽高比为1∶1的图像。

从准阈值开始,按一个小量提高ΔT。用每个新设置值时,观察人员要确定能否观察到目标。如果观察不到,就继续提高ΔT。如果观察到了,就降低ΔT。通过这种"上下调整"方法,观察者最终会接近他的阈值(图10-15)。

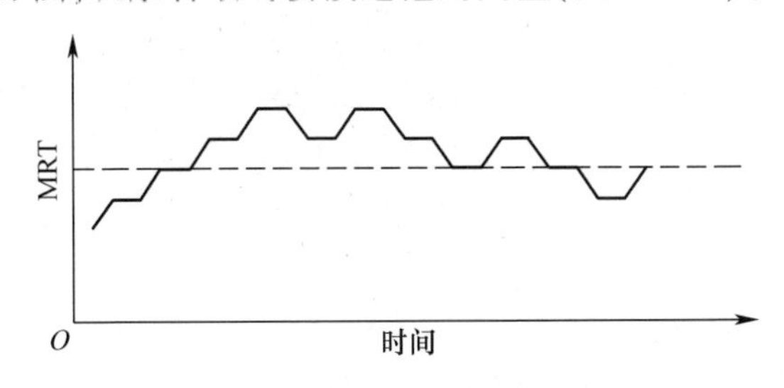

图10-15 "上下调整"法

注:达到一个新的ΔT值时,观察人员要在有限的时间内确定是否能观察到目标。观察者不可能立即接近阈值,他需要一些时间来适应任务。正是因为这条学习曲线,导致MRT测试要花费很多时间,见图10-17(b)。

对于MRT和MDT测试,在实际温差和报告的温差之间可能存在一个偏差

(4.2.1节“标准辐射式靶”)。当SiTF没有穿过原点时会发生这种情况。根据对正负对比度目标得到的MRT和MDT结果,对它们进行平均后(式(4-7)和式(4-8))可以从最终的MRT和MDT值中去掉这个偏差。偏差的量值与目标-背景特征和测试设备的设计有关。偏差会因使用的目标而异。假设对测试装置有一个通用的偏差显然是不合理的。

根据式(10-2),数据似乎很容易符合对数正态分布。这里要报告平均值和标准差。但收集的数据点太少(有时每个空间频率只有一个数据点),就无法拟合曲线和数据。如果存在多个值,就画出最小值和最大值。这些值与数据集的大小有关(见12.2.3节“最小值和最大值”)。偶尔会得到一个很高或很低的值。虽然12.2.2节“删除异常值”中讨论了是否包括或排除这个异常值,但事实是高MRT值很快就会被忽略掉,因为根据观察人员的易变性,就知道“它不可能是正确的”。

为了进行完整的性能评估,要在视场的中心和每个角上测量水平和垂直MRT值,共测量10次。由于每次测量的时间长达4小时,测试通常仅限于在视场中心测量水平MRT。通用的测试准备过程见表10-2;MRT和MDT的测试步骤见表10-3;数据分析技术和要编写的测试文件见表10-4;可能引起测试结果变化的原因见表10-5。

表10-2 主观测试准备

·为保证测试成功,建立测试理论和标准,编写完整的测试计划(1.3节);
·确定是否允许头部移动(10.1.2节),如果不允许,要选择合适的头部限制方法;
·挑选合格的观察人员,要求他不疲劳,没有身体、社交、情感和心理上的可能影响其探测阈值的问题(10.1.4节);
·确保测试设备状态完好,测试装置选择恰当(图10-14)。咨询以前的设备使用者是否有应该注意的问题;
·确保红外成像系统是聚焦的(5.2节);
·确认系统的光谱响应及其与辐射源特性、准直仪光谱透过率和大气光谱透过率的关系(4.3节和4.4节);
·确保红外成像系统在测试开始前已经达到工作稳定状态;
·将环境亮度与监视器亮度设置在几乎相同的水平,让观察人员适应暗室内的亮度

表10-3 MRT和MDT测试步骤

·选择长宽比为7∶1的四杆靶,其空间频率满足MRT测试要求,或者为MDT测试选择合适的条杆靶;
·对MRT测试,条杆靶要垂直放置以获得水平MRT,或者水平放置以测量垂直MRT;
·调整条杆靶的相位,使达到最大可见度;
·对MRT测试,通过清点条杆的数量验证4个条杆都是可见的;
·设置一个低于阈值的正温差,然后缓慢扩大黑体温差;
·允许观察人员连续调整系统和监视器以获得最佳图像;
·设置一个低于阈值的负温差,然后缓慢缩小黑体温差;
在MRT测试中,记录观察人员用50%的观察时间分辨出4个条杆时的温差,或者在MDT测试中,记录观察人员能探测到条杆靶时的温差;

· MRT 和 MDT 是所记录的正、负温差绝对值的平均值； · 对其他空间频率的目标重复上述步骤； · 如果目标不能分辨,则标记为"CNR(不可分辨)"

表 10-4　数据分析和要编写的测试文件

· 每次观测的结果都要乘以准直仪的光谱加权系数和大气透过率,以决定红外成像系统入瞳处的有效辐射源温差(3.3 节)； · 最少要有三个观察人员参加测试； · 对一个观察人员获得的多次响应进行几何平均； · 对不同的目标位置和方向重复进行测试； · 编写关于所有异常现象和所有测试结果的记录文件。记录每个观察人员的所有数据和平均值。用列表和图形方式表示数据。针对每个靶,记录观察人员头部到监视器的距离。记录观察人员达到最佳观测效果时的监视器亮度和对比度设置值。记录环境温度和系统的奈奎斯特采样频率

表 10-5　导致测试结果不良或无法复测的原因

· 系统不聚焦(5.2 节)； · 意外的噪声功率谱成分(图 10-7)； · 观察人员较大的易变性(10.1.1 节)； · 采样相位影响(图 2-21~图 2-23)； · 噪声特性随着时间变化(图 2-32)； · 环境温度没有规定(图 3-14)； · 环境温度波动(3.2.4 节)； · 增益/电平归一化变化(图 2-30)

10.2.2　半自动测试方法

由于观察人员的多变性,单独一个 MRT 值对了解系统性能没有太大意义,除非观察人员接受过良好的训练,合格而且稳定性好。为了减少观察人员的多变性和快速确定观察人员的阈值,可以采用一种"上下调整"的半自动测试方法[27],这种方法的主要优点是能在阈值附近进行自动测试。观察人员对自己的阈值跟踪几分钟,就可以得到平均值。从统计意义上讲,半自动测试优于主观测试。

图 10-16 为通用的半自动测试装置,观察人员在刚看到目标时就降低温差,在目标刚消失时就提高温差。连续监视温差并用条杆记录仪记录成图。对输入温差的变化范围进行统计分析会得出平均值和标准差的估计值[28]。对于 MRT 和 MDT,估计出平均值(仅画出通过数据点的一条线)就足够了。采用半自动测试方法可以更好地确定个人的阈值。这种方法不会改变观察者的内在多变性。当描述多位观察人员的响应时,用 $\sigma_{MRT}=1.58$ 的对数正态分布仍然是合适的。

连续跟踪能提供关于观察人员的许多重要信息。首先,可以很快估计出观察

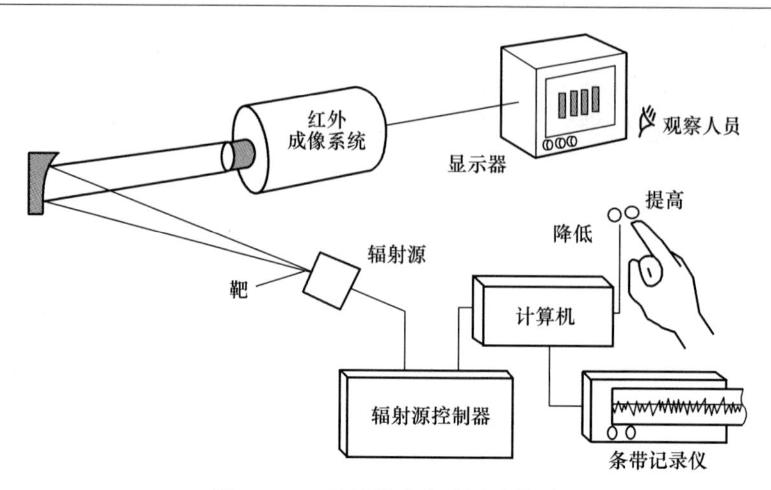

图 10-16　通用的半自动测试装置

人员的变化量(图 10-17(a))。一般认为,阈值在均值附近小范围变化的观察人员比较稳定。其次,通常有一个与达到最低阈值有关的学习曲线(图 10-17(b))。

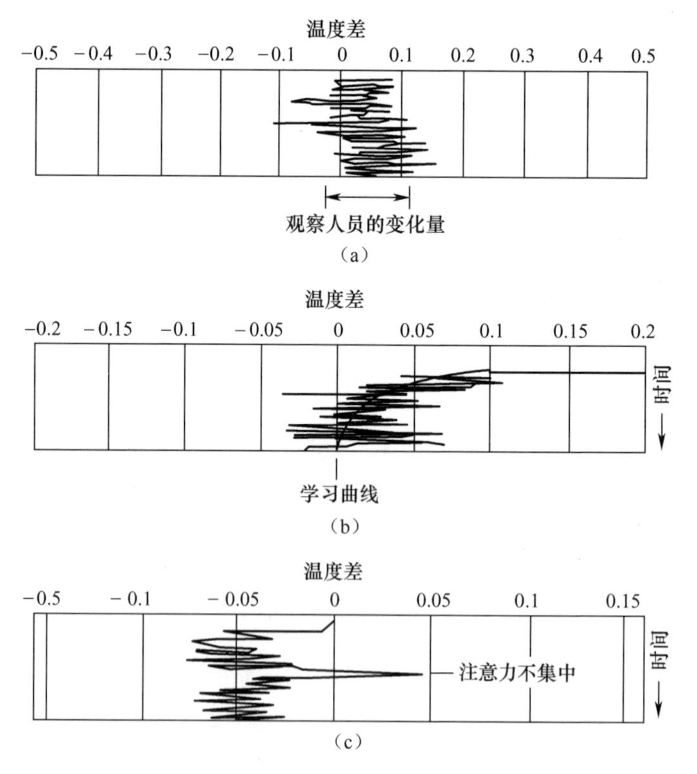

图 10-17　半自动测试数据[27]

(a)观察人员的变化量;(b)典型学习曲线;(c)注意力不集中。

注:请对比图(b)和图 10-15。

最后,注意力不集中很明显(图 10-17(c))。即使注意力不集中,仍然能确定观察人员的阈值。

要成功应用半自动测试方法,所用辐射源的温差增量一定要与人眼的视觉概率曲线相匹配。如果增量太小,观察人员会因为测试拖延的时间太长而失去耐性。如果增量太大,会太快地错过阈值,这又会使观察人员变得不专心。人眼对输入刺激的响应服从对数关系,但温差控制器通常是线性响应。当视觉概率值为 20%~80%时,人眼的响应可以用于线性概率曲线近似。在初步设计半自动测试程序期间,要通过试验确定观察人员对温差增量等于 $\sigma_{MRT}/2$ 的感觉是舒服的。因此,整个视觉频率曲线可以用大约 12 个等间距增量描绘出来。当换算到线性空间时,增量会与期望的 MRT 或 MDT 值有关,增量约等于 MRT 或 MDT 期望值的 29%,如图 10-18 所示。例如,如果期望的 MRT 为 1℃,则温度控制器的增量约为 0.29℃。需要针对每个观察人员调整增量值。

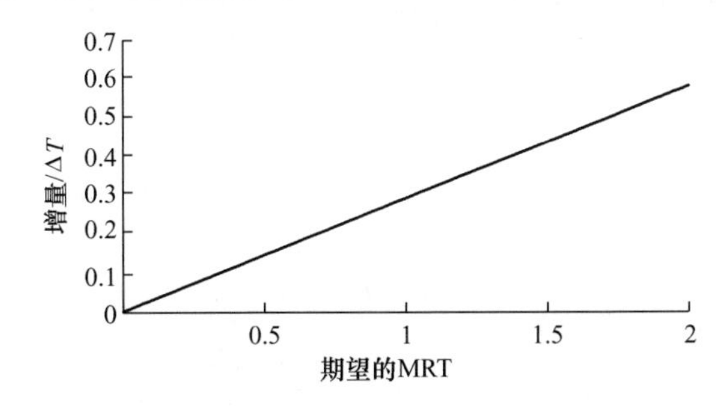

图 10-18　半自动测试要求的 ΔT 增量

这种方法要求有一个由计算机控制的稳定时间快、转换速度快和有临界阻尼的黑体辐射源。如果辐射源控制器没有这些特性,温差控制出现大的超调,就会导致测试无效[29]。同样,如果辐射源达到温度稳定的速度很慢,测试就会拖延很长时间,观察人员就会失去耐性。测试步骤与 MRT 和 MDT 的测试步骤(表 10-3)一样。

10.3　三角方向辨别

Bijl 和 Valeton[30-32] 提出了三角方向辨别(TOD)法。观察人员不是使用条杆靶,而是在强制选择试验中确定三角形的方向。三角形的顶点可能是上、下或左、右。因为是一个强制选择试验,观察人员要用 25%的时间随机猜到一个正确的。由于观察人员在强制选择试验中会遵守他的整条视觉频率曲线(图 10-19),他需要的培训最少,而且这种三角方向辨别方法很明确且易于操作。

图 10-20 画出了典型的测试图形。三角形的上、下、左、右方向是随机呈现给观察人员的[33-34], ΔT 也是随机的。画出了每个三角形的视觉频率曲线并从中确

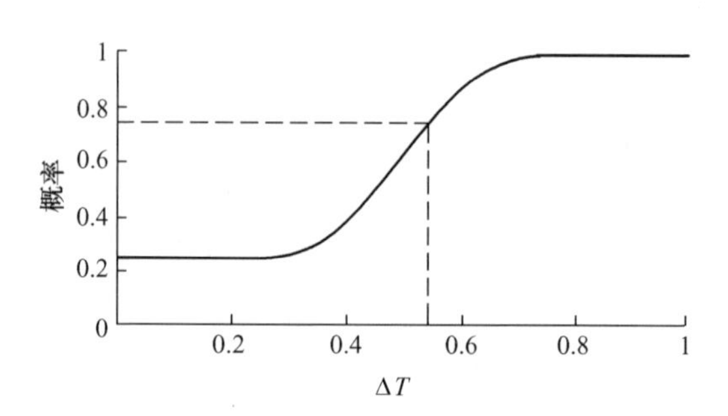

图 10-19　强制选择的视觉频率曲线

注:定义的阈值是观察人员以 75%的时间正确判断顶点方向时的 ΔT。

定了阈值。稳定的观察人员会有一条陡峭的视觉频率曲线,而变化较大的观察人员会有平滑的曲线。在这两种情况下,阈值都很容易确定。也就是说,观察人员的实际表现与他的倾向无关。如果红外领域接受 TOD 方法,那么"培训 MRT 观察人员"就会成为历史。

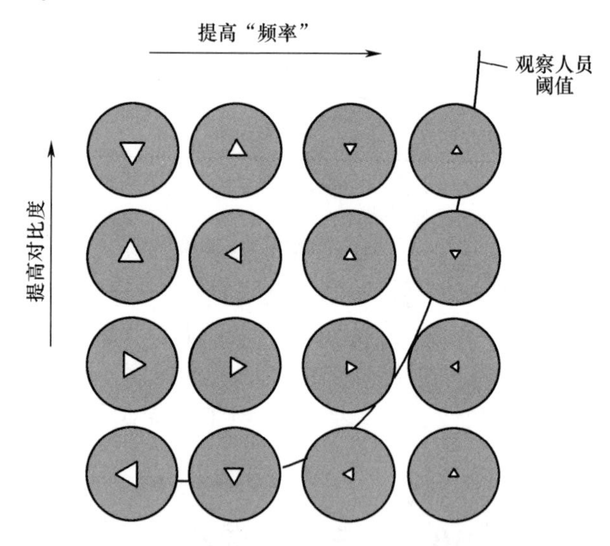

图 10-20　ΔT 值从上到下减小,尺寸从左向右缩小[30]

MRT 测试会受到采样影响,奈奎斯特频率采样经常是一个限制因素。但是,由于三角形是非周期图形,TOD 不受奈奎斯特频率限制。采样相位影响可以通过将三角形相对于探测器采样点阵随机放置而被平均掉。

二维目标辨别[35]通过面积的平方根确定重要尺寸:

$$h_C = \sqrt{H_{\text{target}} W_{\text{target}}} \tag{10-10}$$

式中:H_{target}、W_{target} 分别为矩形目标靶的高和宽。

使用这个面积概念,三角形的重要尺寸为

$$h_C = 0.658L_{\text{triangle}} \quad (10-11)$$

式中：L_{triangle} 为等边三角形每条边的长度。

当放在准直仪中时，张角 $\alpha_{\text{trangle}} = h_C/\text{fl}_{\text{col}}$ 。空间频率为 $1/\alpha_{\text{trangle}}$ 。

任何一种新的度量方法都要经过多年才会被红外领域完全接受。因此，所有测试步骤都必须重写，还要添置新的设备。这就是事物的发展规律，每个人都抗拒变化，但测试人员必须摒弃“我们一直是那样做的”的思想，而要接受新的变化。

10.4 动 态 采 样

采样会使四杆靶的图像失真，条杆的显示图案与相位有关(图 10-21)。如果条杆靶不停地移动，最终全部相位变化都会发生。如果将各种相位叠加，图像就会像一个四杆靶。叠加的平均调制度值比同相位静态情况下的低，比异相位静态情况下的高。如果这些帧实时(30frames/s 的速度)显示出来，人眼会在时间上对各个图像积分，从而得到所需的叠加图像。

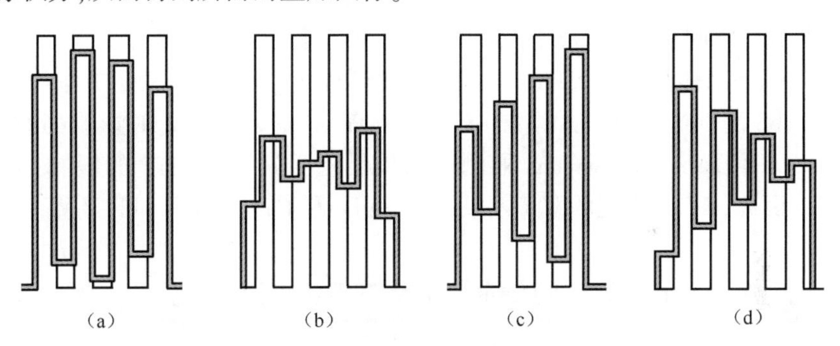

图 10-21　通过移动四杆靶产生的不同输出

注：$f/f_N = 1.06$。如果实时显示，每个条的可见度是相等的。

在条杆靶缓慢移动时，观察人员能看到目标从最大调制度(同相)向最小调制度(异相)移动。当空间频率接近 f_N 时(图 2-23)，目标会在异相位条件下消失。也就是说，目标会闪烁或者是时间调制目标。目标必须以足够的速度移动，人眼才会将不同相位混合到一起，从而观察到稳定的四条杆目标。

Barbe 和 Campana[36] 报告过一个以 60frames/s 速度工作的 CCD 凝视相机的结果。如果移动速度大于每帧 1/8DAS(约为 8DAS/s)，图像质量就提高。这相当于将采样频率从 $1/d_{CC}$ 提高到 $8/d_{CC}$ 。对更慢的移动速度(更高的有效采样率)，图像质量不会继续改善。以很快的移动速度时，CCD 积分时间会使图像模糊。

Webb[37] 报道了一个使用红外凝视阵列进行的类似测试。他证明了可以分辨出基频为奈奎斯特频率 1.5 倍时的四杆图像(图 10-22)[38-39]。他还指出，速度必须大于 10 DAS/s。在帧速为 30Hz 时，条杆靶每帧移动 DAS/3。大于这个速度时，人眼观察到的调制度介于最大值(同相)和最小值(异相)之间。

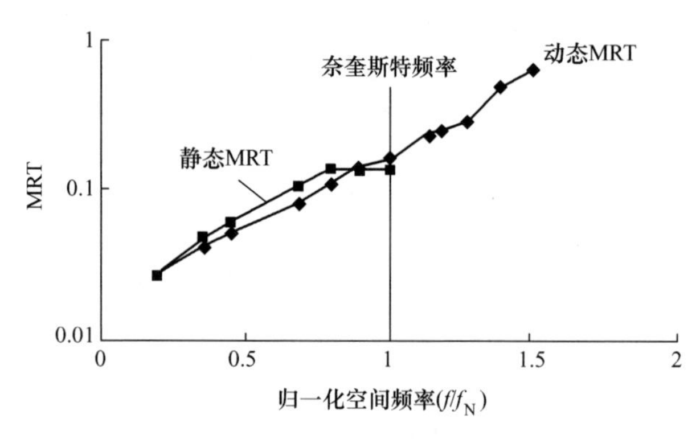

图 10-22 静态与动态 MRT 的对比[37]

随着目标的移动速度接近帧速(30DAS/s),会与帧速发生相互作用,并引入一个新的拍频。另外,随着速度提高,图像会出现拖尾,MTF 由于运动而下降。

探测更高空间频率目标的能力与系统的 MTF 和奈奎斯特频率有关。当 $F\lambda/d$ <1 时[40],动态采样会提高 MRT。如果 $F\lambda/d$ 接近 2 或者更高,动态方法没有任何优势。Webb 测试过一个红外系统,其系统 MTF 主要受光学 MTF 影响(相对较高的 $F\lambda/d$),而 Barbe 和 Campana 的测试结果没有受到光学 MTF 的限制(较低的 $F\lambda/d$)。因此,Webb 看到的改善效果没有 Barbe 和 Campana 看到的显著。

10.5 测量值与技术指标的对比

恰当的统计分析方法可以将系统响应(想要的结果)从观察人员的变量中分离出来。统计方法提供两种结论:一是测量的 MRT 值大于技术指标;二是没有理由相信测量值大于技术指标。可以利用标准的 Z 统计方法[41]选择两个结论之一。由于视觉频率曲线是对数正态分布的,所以 Z 统计也必须表示为对数形式:

$$\log MRT_{max} = \log MRT_{spec} + Z\frac{\log\sigma_{MRT}}{\sqrt{N}} \tag{10-12}$$

式中:MRT_{max} 为由 N 个观察人员得出平均 MRT 响应中的最大允许值;MRT_{spec} 为技术指标值。假设 $\sigma_{MRT}=1.58$,如果测得的 MRT_{ave} 值小于 MRT_{max} 值,系统就是合格的。也就是说,虽然测量值可能大于技术指标值,但是没有理由认为 MRT 测得值与技术指标值在统计上不一样。

式(10-11)也可写为

$$MRT_{max} = K\,MRT_{spec} \tag{10-13}$$

式中

$$K = 10^{\frac{Z\log\sigma}{\sqrt{N}}} \quad (10-14)$$

K 是随着观察人数减少而急剧提高的乘法系数,Z 值由置信度决定。当测量的 MRT 值小于式(10-12)给出的值时,可以说“在置信度为 90%时,系统满足技术指标要求”。表 10-6 提供了三个置信度等级的乘法系数。对于特别稳定的观察人员,这个系数是一个小得多的常数(见 12.9 节“MRT 的不确定性”)。

表 10-6　MRT 乘法系数(基于 $\sigma_{MRT}=1.58$ 的总体方差)

置信度/%	Z	K					
		$N=1$	$N=2$	$N=3$	$N=4$	$N=5$	$N=100$
90	1.29	1.80	1.52	1.41	1.34	1.30	1.06
95	1.65	2.13	1.71	1.55	1.46	1.40	1.07
99	2.33	2.90	2.12	1.85	1.70	1.61	1.11

假设 MRT 的技术指标值是 0.1℃,三位观察人员的几何平均 MRT 值小于 0.155℃,就可以说,在 95%置信度时系统是合格的。这个明显较大的分布是视觉频率曲线的总体方差较大(大 σ)引起的。图 10-3 和图 10-4 说明较大的易变性。存在较大易变性时,不能用这些测试区分细微的变化,如聚焦误差等(图 5-6)。但不能过分强调这个较大的易变量是总体变化量,因为任何一位观察人员或一组观察人员都可能有小得多的变化量。

统计方法可以从观察人员变化量的影响中分离出不合格系统。有时可以建议给观察人员提供一个特定的 MRT 目标靶。如果他可以看见目标,系统就是合格的;否则,系统就不合格。由于观察人员的变化量很大,这好像不是一个有效的方法,因此用单个值衡量系统合格或不合格是不合理的。

例 10-3　MRT 技术指标

MRT 的技术指标是 0.1℃。6 位观察人员获得的阈值分别是 0.08℃、0.08℃、0.1℃、0.2℃、0.2℃和 0.35℃。试问系统是否合格?

运用式(10-4)可得

$$MRT_{ave} = [0.08 \times 0.08 \times 0.1 \times 0.2 \times 0.2 \times 0.35]^{1/6} = 0.144 \quad (10-15)$$

对于 6 位观察人员,在置信度为 95%时,$K=1.36$;在置信度为 99%时,$K=1.55$。那么在置信度为 95%和 99%时,MRT_{max} 分别为 0.136℃和 0.155℃,因此在置信度为 95%时,系统没有满足指标。但是,系统有(100-95)%=5%的误差概率。也就是说,可能否定了一个好的系统。在置信度为 99%时,系统满足了技术指标要求,但 99%(0.155℃)的值太大了,这就要在精度和置信度之间折中。

通过反复测试可以解决这个明显两难的问题。对于一个好系统,在 95%的时间,每次独立测试时,6 位观察人员的 MRT 平均值都小于 0.136℃。如果系统没有通过测试,就重新测试。见表10-7,有5%的好系统在第一次测试时都没有通过。对没通过的系统进行复测时,还会有5%的系统不合格。在第二次复测结束时,全部系统中只会有0.25%的不合格。表10-8说明选择90%置信度、6位观察人员、MRT_{max} =0.127℃时的合格/不合格百分率。如果系统不能满足技术指标,两次复测它都通不过。

表10-7 具有95%置信度的被测系统的百分率

接受测试的系统的百分率	合格百分率	不合格百分率
1	0.95	0.05
第一次复测 0.05	0.9975	0.0025
第二次复测 0.0025	0.99988	1.21×10^{-4}

表10-8 具有90%置信度的被测系统的百分率

接受测试的系统的百分率	合格百分率	不合格百分率
1	0.90	0.10
第一次复测 0.10	0.99	0.01
第二次复测 0.01	0.9999	0.001

注:纯粹主义者可能还想考虑有缺陷的系统通过测试的概率,但从统计学角度讲,这称为"二类误差",它是检测理论中用的虚警概率。

10.6 典型技术指标

测试人员必须透彻理解系统的工作原理、具体的测试要求和可能遇到的困难。在许多空间频率处,采样相位影响都会明显干扰条带图样的可见性,所以会得出一个大范围的MRT。目标的"峰值"改变不了这个事实。只有努力使测试步骤更规范才能获得稳定的结果。典型技术指标见表10-9。

表10-9 典型技术指标(针对待测系统填入合适的值)

- 环境温度为20℃,空间频率为5cycles/mrad时,MRT应该不大于0.5℃(三次观测的平均值),观察人员对应的视场角为25°±0.2°。
- 环境温度为20℃,目标对应的张角为3mrad时,MDT应该不大于0.3℃(三次观测的平均值)。在对观察人员的头部位置没有限制时,观察人员可以调整增益和电平。应该选用高质量的监视器,其带宽要大于红外成像系统的带宽。
- 环境温度为20℃,空间频率为5cycles/mrad时,TOD应该不大于0.5℃(三次观测的平均值)

参 考 文 献

[1] I.Overington, *Vision and Acquisition*, pp.32–47, Pentech Press, London (1976).

[2] I.Overington, "Image Quality and Observer Performance," in *Image Quality*, J.Cheatham, ed., SPIE Proceedings Vol.310, pp.2–9 (1981).

[3] J.P.Mazz, "Analysis of Observer Variability in the Assessment of FLIR Performance," in *Infrared Imaging Systems: Design, Analysis, Modeling and Testing VII*, G.C.Holst, ed., SPIE Proceedings Vol.2743, pp.2–11 (1997).

[4] C.W.Hoover, Jr., and C.M.Webb, "What is an MRT? And How Do I Get One," in *Infrared Imaging Systems: Design, Analysis, Modeling and Testing II*, G.C.Holst, ed., SPIE Proceedings Vol.1488, pp.280–288 (1991).

[5] P.S.Brown, "Strategies for Testing Electro–Optical Devices," in *AUTOTESCON* 1987 *Proceedings of the International Automatic Testing Conference*, pp.59–63 (1988).

[6] G.C.Holst and J.W.Pickard, "Analysis of Observer Minimum Resolvable Temperature Responses," in *Imaging Infrared.Scene Simulation, Modeling, and Real Time Image Tracking*, A.J.Huber, M.J.Triplett, and J.R.Wolverton, eds., SPIE Proceedings Vol.1 1 10, pp.252–257 (1989).

[7] S.Lashansky, S.Mansbach, M.Berger, T.Karasik, and M.Bin–Nun, "Edge Response Revisited," in *Infrared Imaging Systems: Design, Analysis, Modeling, and Testing XIX*, G.C.Holst, ed., SPIE Proceedings Vol.6941, paper 6941–34 (2008) (in press).

[8] S.F.Sousk, P.D.O' Shea, and V.A.Hodgkin, "Uncertainties in the Minimum Resolvable Temperature Difference Measurement, " in *Infrared Imaging Systems.Design, Analysis, Modeling, and Testing XV*, G.C.Holst, ed., SPIE Proceedings Vol.5407 pp.1–7 (2004).

[9] A.G.M.Dahlberg and O.Holmgren, "Range Performance for Staring Focal Plane Infrared Detectors," in *Infrared Imaging Systems: Design, Analysis, Modeling and Testing XVI*, G.C.Holst, ed., SPIE Proceedings Vol.5784, pp.81–90 (2005).

[10] B.O.Hultgren, "Subjective Quality Factor Revisited," in *Human Vision and Electronic Imaging.Models, Methods and Applications*, B.E.Rogowitz and J.P.Allebach, eds., SPIE Proceedings Vol.1249, pp.12–22 (1990).

[11] S.Daly, "Application of a Noise Adaptive Contrast Sensitivity Function in Image Data Compression," *Optical Engineering*, Vol.29(S), pp.977–987 (1990).

[12] H.Pollehn and H.Roehrig, "Effect of Noise on the Modulation Transfer Function of the Visual Channel," *Journal of the Optical Society of America*, Vol.60, pp.542–848 (1970).

[13] A.Van Meeteren and J.M.Valeton, "Effects of Pictorial Noise Interfering with Visual Detection," *JOSA A*, Vol.5(3), pp.438–444 (1988).

[14] J.M.Mooney, "Effect of Spatial Noise on the Minimum Resolvable Temperature of a Staring Array," *Applied Optics*, Vol.30(23), pp.3324–3332 (1991).

[15] A.P.Ginsburg, "Vision Channels, Contrast Sensitivity, and Functional Vision," in *Human Vision and Electronic Imaging IX*, B.E.Rogowitz and T.N.Pappas, eds., SPIE Proceedings Vol.5292, pp.15–25 (2004).

[16] Over the years, the U.S.Army proponent agency for analyzing, testing, and evaluating infrared imaging systems has changed its name: Night Vision Laboratory (NVL); Center for Night Vision and Electro Optics (CNVEO); Night Vision and Electro Optical Laboratory (NVEOL); Night Vision and Electro Optical Directorate (NVEOD); and (as of this writing) Night Vision and Electronic Sensors Directorate (NVESD).

[17] V.Hodgkin, P.O' Shea, and R.G.Driggers, "N VESD M RTSim: An Advanced Physics–Based Thermal Ima-

ging Sensor Visual Acuity Simulation for the Personal Computer," in 2005 *Parallel Meetings of the Military Sensing Symposia Specialty Groups on Passive Sensors,' Camouflage, Concealment, and Deception, and Materials*, Vol.1, pp.14-18 (2005).

[18] NVThermIP is available at https://www.sensiac.gatech.edu/external/index.jsf.

[19] MAVIISS (MTF-based Visual and Infrared System Simulator) is an interactive software program available from JCD Publishing at www.JCDPublishing.com.

[20] F.W.Campbell, J.J.Kulikowski, and J.Levinson, "The Effect of' Orientation on the Visual Resolution of Gratings," *Journal of Physiology*, Vol.187, pp.427-436 (1966).

[21] J.T.Wood, W.J.Bentz, T.Pohle, and K.Hepner, "Specification of Thermal Imagers," *Optical Engineering*, Vol.15(6), pp.531-536 (1976).

[22] C.M.Webb, "Results of Laboratory Evaluation *of* Staring Arrays," in *Infrared Imaging Systems: Design, Analysis, Modeling and Testing*, G.C.Holst, ed., SPIE Proceedings Vol.1309, pp.271-278 (1990).

[23] G.C.Holst, "Effects of Phasing on M RT Target Visibility," in *Infrared Imaging Systems: Design, Analysis, Modeling and Testing II*, G.C.Holst, ed., SPIE Proceedings Vol.1488, pp.90-98 (1991).

[24] K.Krapels, R.Driggers, R.Vollmerhausen, and C.Halford, "Minimum Resolvable Temperature (MRT) Procedure Improvements and Dynamic MRT," *Infrared Physics and Technology*, Vol.43, pp.17-31 (2001).

[25] J.Kostrzewa, J.Long, J.Graff, and J.D.Vincent, "TOD versus MRT When Evaluating Thermal Imagers that Exhibit Dynamic Performance," in *Infrared Imaging Systems: Design, Analysis, Modeling and Testing* J/U, G.C. Holst, ed., SPIE Proceedings Vol.5076, pp.220-232 (2003).

[26] J.Ratches, W.R.Lawson, L.P.Obert, R.J.Bergemann, T.W.Cassidy, and J.M.Swenson, Night Vision Laboratory Static Performance Model for Thermal Viewing Systems, U.S.Army Electronics Command Report 7043, Ft. Monmouth, NJ (1975).

[27] G.C.Holst, "Semi-automatic MRT Technique," in *Infrared Technology XII*, U.Spiro and R.Mollicone, eds., SPIE Proceedings Vol.685, pp.2-5 (1986).

[28] W.J. Dixon and F.J. Massey, *Introduction to Statistical Analysis*, pp.318-327, McGraw-Hill, New York (1957).

[29] P.A.Bell, "Evaluation of Temporal Stability and Spatial Uniformity of Blackbody Thermal Reference Sources," in *Infrared imaging Systems: Design, Analysis, Modeling and Testing* VI, G.C.Holst, ed., SPIE Proceedings Vol.2470, pp.300-311 (1995).

[30] P.Bijl and J.M.Valeton, "TOD, A New Method to Characterize Electro-Optical System Performance," in *infrared imaging Systems: Design, Analysis, Modeling and Testing* IX, G.C.Holst, ed., SPIE Proceedings Vol. 3377, pp.182-193 (1998).

[31] P.Bijl and 1.M.Valeton, "Triangle Orientation Discrimination: the Alternative to Minimum Resolvable Temperature sand Minimum Resolvable Contrast," in *Optical Engineering* Vol.37(7), pp.1976-1983 (1998).

[32] P.Bijl and M.A.Hogervorst, "A New Test Method for Multi-band Imaging Sensors," in *Infrared imaging Systems: Design, Analysis, Modeling and Testing XIV*, G.C.Holst, ed., SPIE Proceedings Vol.5076, pp.208-219 (2003).

[33] J.M.Valeton, Piet Bijl, E.Agterhuis, and S.Kriekaard."T-CAT: a New Thermal Camera Acuity Tester," in *infrared Imaging Systems: Design, Analysis, Modeling, and Testing* XI, G.C.Holst, ed., SPIE Proceedings Vol.4030, pp.232-238 (2000).

[34] S.W.McHugh, A.Irwin, J.M.Valeton, and P.Bijl, "TOD Test Method for Characterizing Electro-optical System Performance," in *Infrared imaging Systems: Design, Analysis, Modeling, and Testing* XII, G.C.Holst,

ed., SPIE Proceedings Vol.4372, pp.39-45 (2001).

[35] G.C.Holst, *Electro-Optical Imaging System Performance*, 4th ed., pp.427-428, JCD Publishing, Winter Park, FL (2006).

[36] D.F.Barbe and S.B.Campana, "Imaging Arrays Using the Charge-coupled Concept," *in Image Pickup and Display*, Vol.3, B.Kazan, ed., pp.245-253, Academic Press, San Diego (1977).

[37] C.M.Webb, "MRTD, How Far Can We Stretch It?" in *Infrared imaging Systems: Design, Analysis, Modeling, and Testing* V, G.C.Holst, ed., SPIE Proceedings Vol.2224, pp.297-307(1994).

[38] C.M.Webb, "Dynamic Minimum Resolvable Temperature Difference for Staring Focal Plane Arrays," in *Proceeding of the IRIS Passive Sensors Meeting* Vol.II, ERIM, Ann Arbor (1993).

[39] C.M.Webb and C.E.Halford, "Dynamic Minimum Resolvable Temperature Testing for Staring Array Imagers," *Optical Engineering* Vol.38, pp.845-851 (1999).

[40] G.C.Holst, "Imaging System Performance Based on $F\lambda/d$," *Optical Engineering*, Vol.46, paper 103204 (2007).

[41] The Z statistic can be found in most statistics texts.See, for example, W.J.Dixon and F.J.Massey, *introduction to Statistical Analysis*, pp.79- 80, McGraw-Hill, New York (1957).

第 11 章

自动测试

由于客观测试(如 SiTF、NEDT、MTF)都是直接进行的,而且定义准确,所以便于实现自动测量,装置如图 11-1 所示。这个装置与前面几章介绍的测试装置几乎相同,只是看不到控制系统的软件。自动测试由软件控制系统工作,不需要操作员参与就可依次完成测试,并对测试结果进行适当的统计分析后,自动打印出测试结果。产品测试可以只给出"合格/不合格"的结论;存储的数据随时可以调取,以便进行全面评估。

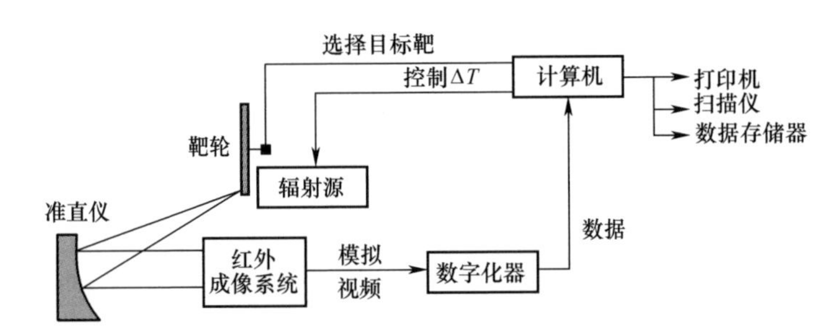

图 11-1　通用的自动测试装置

注:为了降低振动影响,要将准直仪和红外成像系统安装在一个隔振光学平台上。
为了避免湍流、杂散光、热梯度和热漂移的影响,要把整套测试装置放在一个封闭的空间。

MRT、MDT 和 TOD 是仅有的三项需要观察人员判读图像质量的测试,这些测试十分耗时,而且测试结果很不稳定。根据观察人员人数和选择的空间频率数量,人工测试需要 15 分钟到 4 个小时。随着红外成像系统的数量增加,相应的测试设备和需要的测试人员数量也随之增加。要找到合格的观察人员并不容易,既没有如何培训观察人员的标准,培训过的观察人员也没有资格证书,而且培训一位观察人员需要花费 6 个月的时间[1]。

自动 MRT 测试(AMRT)能够显著缩短测试时间,减少观测人员,使测试结果更加稳定。理想的 AMRT 测试可以准确预测所有空间频率的 MRT。自动测试装置可以由不太熟练的人操作,可以让更多的人参与测试,从而降低劳动成本。

自动测试装置能够把重复性工作减少到最低程度,从而快速有效地完成红外成像系统的测试。在连续进行不同测试时,高效的软件几乎不需要操作人员介入就能按顺序完成测试。设计良好的测试系统能够连续 24 小时无差错地工作。如果红外测试界能制订出统一的测试标准,自动测试装置就可以根据这些标准提供通用的测试结果。

编写软件既费钱又耗时,从供应商那里购买现成的、调试好的、可操作的软件更好。如 IR Windows™ 自动测试软件[2-3]就可以自动完成 NEDT、FPN、均匀性、MTF 和 AMRT 测试。

在成像系统存在缺陷时,软件必须指出存在的问题,也就是说,软件必须给出明确的结论,如系统有噪声、探测器的响应率低或光学系统不聚焦。软件设计的最大困难可能是如何确保得到"正确的"数据。每种测量方法都必须自动克服其特有的困难。如图 6-12 所示,当评估 SiTF 时,算法一定不要使用缓冲区的数据。采用扩展 ESF 的 MTF 测试(图 8-21),需要了解关于倾斜角的知识,软件必须自动确定刀口与像元阵列轴线之间的夹角。

准确预测 MRT 很重要,但更重要的是不能让一个没满足某项要求的系统通过测试。在统计学中称为"二类错误"。在生产测试中,知道系统不合格是非常重要的,但系统有多么差并不重要。

当成像系统不能搬进测试实验室时,就要在外场进行测试。这种情况出现在:①系统安装在一个平台上(如安装在一个坦克转塔中);②需要专用工具移动系统;③移动费力;④成像系统在较远的距离,装运费时。这时,外场测试可减少停机时间,降低成本。外场测试人员和实验室测试人员接受的培训通常不一样,因此需要一套专门的自动测试装置,需要特定的测试设备,能在各种外场环境中可靠运行。

成像导引头要用能捕获的飞行器或实况射击来测试,这样的测试十分昂贵,也可能会损坏导引头。如果采用破坏性测试,就无法对系统进行复测,无法查证出现反常现象的原因。为了克服外场测试的局限性,十分需要在实验室进行动态测试,因此建立了"硬件在回路(HWIL)"测试[4]。随着微型辐射器阵列技术的发展,已经实现了全自动的"硬件在回路"测试。

虽然 AMRT 测试把测试人员从 MRT 测试中解放出来了,但也不是完全不需要测试人员,还需要他们最后确定噪声是否构成干扰,图像质量是否合格。有经验的工程师能看到许多细微的、在传统数据采集中经常被忽略的影响因素。

最后,测试人员必须确保测试过程进行得正确无误。在测试和评估中,没有什么设备能代替测试人员的技能和判断。既复杂又先进的成像系统应该由训练有素且经验丰富的测试人员进行评估。

11.1　客观测试

评估像质的客观测试见表 11-1,测试过程在表中所列的各章有所描述。这些测试很容易实现自动化。事实上，数据分析通常是由计算机完成的，自动测试只是简单地让设置值按照测试顺序通过规定的测试。

表 11-1　像质的客观测试

章　节	测试内容
第 5 章　聚焦和系统分辨率	聚焦 分辨率
第 6 章　系统响应率	非周期传递函数 动态范围 测量分辨率 响应率和非均匀性 信号传递函数 狭缝响应函数 光斑尺寸比
第 7 章　系统噪声	固定模式噪声 噪声等效温差 噪声等效通量密度 噪声功率谱密度 非均匀性
第 8 章　调制、相位和对比度传递函数	对比度传递函数 调制传递函数 相位传递函数
第 9 章　几何传递函数	算法效率 视场 几何畸变 机器视觉性能

ATF、CTF、NEFD 和 SRF 测试结果会随着相位而变化，因此必须使靶移动几个不同的位置才能得到最好（最高）的输出结果。这需要一个可以移动的靶支架（图 4-15）。虽然视线对准可以自动完成，但通常还是手动调整的。如果聚焦透镜组可以自动调整，就可以确定最佳焦点（用模拟视频幅值法、MTF 法或者刀口检测算法）。在多数情况下，分辨率测量是主观判定的，有些也可以自动测得（如极限分辨率）。

11.2　自动 MRT 测试

由于观察人员的主观判断有很大易变性，而且主观测试花费的时间很长，所以最近研究的重点是开发 AMRT 测试(也称客观 MRT 测试)方法。为了验证其有效性,任何一种自动测试方法都必须经过几百次的主观测试来确认。

AMRT 应该有一个理论基础。重复式(10-1),理论 MRT 可表示为

$$\mathrm{MRT}_{\text{classical}}(f_x)=k_1\frac{\mathrm{NEDT}}{\mathrm{MTF}_{\text{perceived}}(f_x)}\sqrt{\beta_1+\cdots+\frac{\langle\sigma_n^2\rangle}{\sigma_{\mathrm{TVH}}^2}\beta_n} \tag{11-1}$$

要实现 AMRT,似乎只需要测量三维噪声源,然后用式(11-1)就可以计算 MRT。但是,测量的 MRT 与理论 MRT 并不相符。通过增加相位项(式(10-7)),预测的 MRT 才服从测量的 MRT(图 10-11 和图 10-12)。

目前,AMRT 测量有目标所占像素量法和 NEDT/MTF 法。这两种技术都需要定标。Cuthbertson 等[5]指出,客观 MRT 可以通过测量 MTF 和 NEDT 来计算,de Jong 和 Bakker[6]也用类似技术计算 MRT,但使用的是改进的人眼模型。Edwards[7]和 Gunderson[8]使用帧抓取器提供目标和背景像素灰度值的直方图。他们的基本假设是在目标像素和背景像素之间存在唯一的阈值,这个阈值与观察人员的 MRT 有关。

早期 AMRT 测试成功的例子很有限,原因有四种:①观察人员的易变性;②参与定标的观察人员太少;③获得 MTF 的试验比较难做;④对采样相位的影响理解有误。不能完全量化人眼-大脑的探测过程(如每个 β_i)也许是完善通用 AMRT 测试技术的最大障碍。

11.2.1　目标所占像素量法

目标所占像素量法假设在目标所占像素和背景所占像素之间存在唯一的阈值,这个阈值与观测到的 MRT 有关。人眼起着重要的时间和空间滤波 β_{iS} 作用。对于低空间频率目标,人眼能够觉察到信噪比远小于 1 的图像(图 11-2)。令人惊奇的是,通常一条模拟视频扫描线显示的信噪比很低,图像质量却很好。因此,必须对许多帧的图像进行平均以获得能代表所观察图像的视频信号。这意味着为了把目标像素从背景像素中分离出来,必须对多帧数据取平均以减少噪声,从而能测量出目标所占像素的数量(图 11-3)。

早期曾经尝试过[7-8]采用目标所占的像素的方法,但成功率很低,原因是只选择了一个阈值,即使用的是传统的决策论:如果信号大于阈值,就能被探测到。但是人眼的视觉探测过程很复杂,而且阈值是变化的[9]。简单的决策论不能包含人眼探测的所有特征。模糊逻辑法[10]提供了很好的相关性。将若干帧的数据进行平均后,其结果近似于人眼的时间积分滤波。通过描绘出目标边界,就能提取到目标特征。用经过训练的模糊逻辑算法(模仿观察人员的 MRT 探测过程)能预测 MRT,已经报道过的成功率高达 96%~100%[10]。

对这种技术的一个限制因素是帧抓取器的量化影响以及对目标的采样数不足

(a)

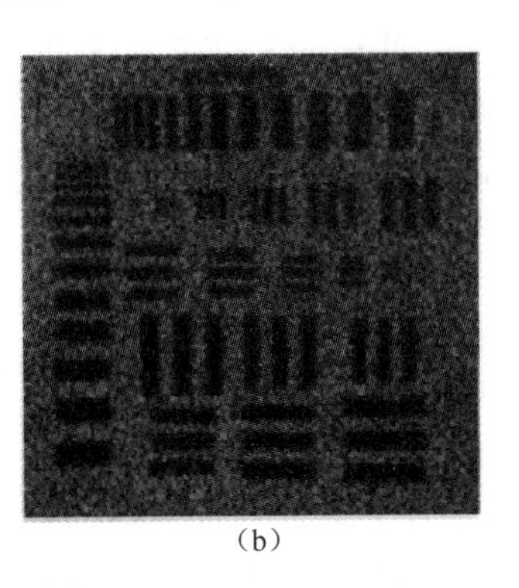
(b)

图 11-2　由 MAVIISS[11]生成的图像

(a)SNR=0.5;(b)SNR=2。

注:原稿是一个 PDF 文件,经过复制和打印后,图像的 SNR 值没有测量过,应该具有代表性。图 10-10 提供了更多图像。

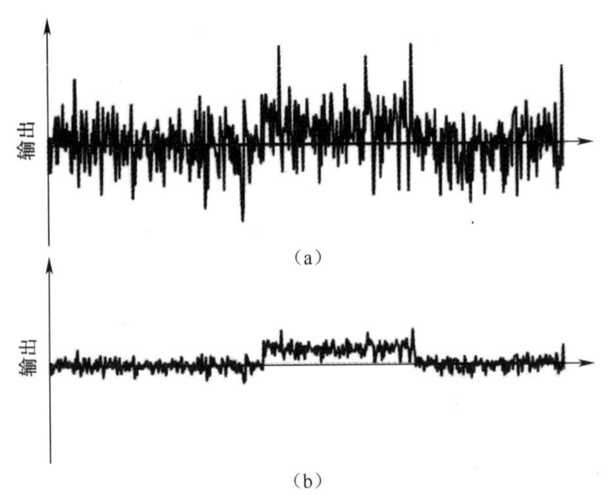

图 11-3　单条杆靶的扫描线

(a)SNR=0.5;(b)通过平均 16 个帧后得到 SNR=2。

注:如果噪声是随机的,对 N 帧图像进行平均,会将 SNR 提高$\sqrt{N}$倍。

而产生的采样相位影响。如图 4-31 所示,在每个最高频率处大约需要 8 个采样点才能如实重现信号强度和脉冲宽度,这个要求确定了能够测试的最高空间频率。

但是,如果帧抓取器获得的像素数量与显示的像素数量相同,模糊逻辑就能够在观察人员会看到的类似图像上进行计算,这时帧抓取器的作用就是一个监视器。可以将监视器的 MTF 加到图像中,也可以合并到模糊逻辑训练中。

11.2.2　NEDT/MTF 方法

对于大多数用于 AMRT 的 NEDT/MTF 方法,式(11-1)的平方根通常简化为

$$\mathrm{AMRT}(f_x) = k(f_x)\,\frac{\mathrm{NEDT}}{\mathrm{MTF_{sys}}(f_x)} \tag{11-2}$$

其中

$$k(f_x) = \frac{k_1}{\mathrm{MTF_{monitor}}(f_x)\ \mathrm{MTF_{eye}}(f_x)}\sqrt{\beta_1 + \cdots + \frac{\langle \sigma_n^2 \rangle}{\sigma_{\mathrm{TVH}}^2}\beta_n} \tag{11-3}$$

通过允许观察人员调整他到监视器的观测距离,可以明显优化多个相关的探测准则,其中包括使四个条杆具有相同的清晰度,以及使感受到的信噪比最大。这会使人对所有空间频率具有相同的探测能力,即人眼对比度灵敏度($\mathrm{MTF_{eye}}$)趋于一个常数。在任何给定的空间频率,$k(f_x)$ 都可以看作是一个常数,于是有

$$\mathrm{AMRT}(f_x) \approx k_2\,\frac{\mathrm{NEDT}}{\mathrm{MTF_{sys}}(f_x)} \tag{11-4}$$

在使用高质量监视器时,这个表达式是有效的,即假设监视器的 MTF 在感兴趣的空间频率处为 1。

针对数字扫描转换系统,获得了比例常数 $k_2=0.7$[12](图 11-4)。据资料显示,这个比例常数根据系统设计的不同在 0.3~0.7 范围内变化。这种方法在采样相位影响不是很大的频率范围内有效($f_x < 0.6f_N$)。

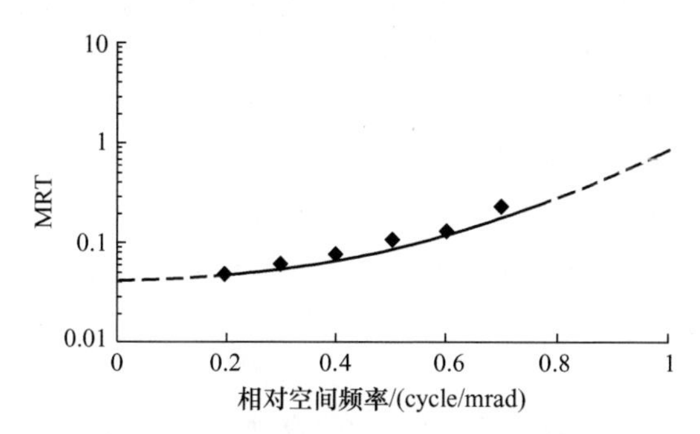

图 11-4　MRT 观察结果的几何平均值与 $\mathrm{MRT}(f_x) = 0.7\ \mathrm{NEDT}/\mathrm{MTF}(f_x)$ 的比较[12]

高空间频率的 MRT 由下式估算[13]:

$$\mathrm{AMRT}(f_x) = k_3(f_x)\,\frac{\mathrm{NEDT}}{\mathrm{MTF_{sys}}(f_x)} \tag{11-5}$$

其中

$$k_3(f_x) = \frac{k}{\left(\frac{f_x}{f_0}\right)^a + b} \tag{11-6}$$

当 $a=1, b=0.1$ 时，MRT 与 AMRT 的测量值达到最佳吻合。

11.2.3 AMRT 定标

在进行系统设计时，$k(f_x)$ 值必须根据经验来确定。没有统一的系数 k[12]。使用式(11-5)时，k_2 值由测得的 MRT 得出：

$$k_2 = \mathrm{MTF}_{\mathrm{observed}}(f_x)\frac{\mathrm{MTF}_{\mathrm{cal}}(f_x)}{\mathrm{NEDT}_{\mathrm{cal}}} \tag{11-7}$$

定标测量（$\mathrm{NEDT}_{\mathrm{cal}}$ 和 $\mathrm{MTF}_{\mathrm{cal}}$）要反复进行多次以便得到平均值。同时，要由几位观察人员决定 MRT。定标时的最大不确定性与观察人员的易变性有关。对设计相同的系统：

$$\mathrm{AMRT}(f_x) = \left[\frac{\mathrm{MTF}_{\mathrm{cal}}(f_x)}{\mathrm{NEDT}_{\mathrm{cal}}}\mathrm{MRT}_{\mathrm{observer}}(f_x)\right]\left[\frac{\mathrm{NEDT}}{\mathrm{MTF}(f_x)}\right] \tag{11-8}$$

通常情况下，k_2 是空间频率的函数。只要能得到频率的相关性（如式(11-6)），就能较容易地得到每一个感兴趣的空间频率处的系数 k[2]。同时，这也解决了与采样相位影响有关的问题。

在定标过程进行得很顺利时，有必要验证 AMRT 随着成像质量下降而减小的情况。在 NEDT 提高或 MTF 降低时，MRT 的降低量应该是已知的。系统离焦时 MTF 会减小。因此，确定 AMRT 也会相应地减小是很重要的。必须合理估算已知制造因素的影响[2]，这些因素包括系统离焦、过大的低频噪声、过大的固定模式噪声和光学系统偏轴。因为 NEDT 是由 SiTF 得到的，所以要评估所有影响 SiTF 的因素，再计算 AMRT 值。在成像系统开始工作后（如系统是否达到了热平衡状态），要在不同的实验室温度和不同时间进行多次测试。

11.3 动态红外场景投影仪

动态红外场景投影仪（DIRSP）由场景生成器和场景投影仪两部分组成。场景生成器只是一个产生数字图像的计算机程序。场景投影仪将数字图像转换为红外图像。采用合适的反馈方法，可以模拟距离限制、跟踪和飞行变化（图 11-5）。“硬件在回路”测试需要一个每帧都有变化的图像。

计算机生成的场景可以很复杂。目标和背景信号能包括自身辐射以及反射的

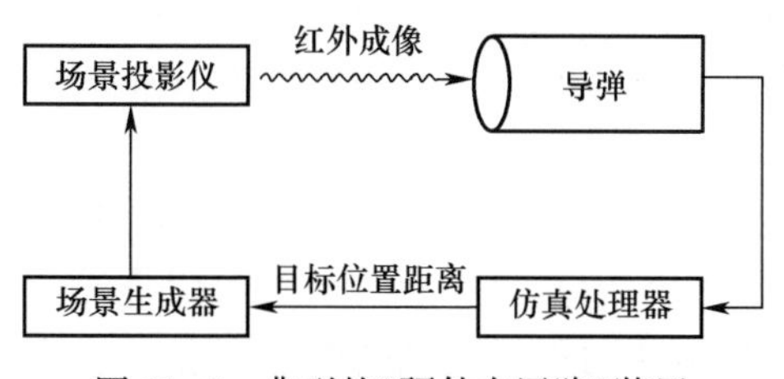

图 11-5　典型的“硬件在回路”装置

注：仿真处理器实际上是一套大型软件程序。

天空和太阳的辐射[14]。在实际使用时，目标-背景特征会被大气改变。计算机生成的场景也要适当地修整信号。有导弹目标的场景辐射在每帧图像上都在变化。场景生成器必须能计算出随着角度函数变化的太阳、天空、目标、地面和大气辐射。由于导弹运动的帧频会达到 1000Hz，所以对信号处理速度提出了极高的要求。对高速导弹，距离限制能在帧间基底上产生明显不同的场景。

除了要快速产生场景，发射器阵列的寻址方法至关重要。整幅图像一定要在导引头的有效帧时间内投射出来，也就是说，投射的图像一定要和红外导引头同步；否则，探测到的图像是滚动的，存在“滚动更新”积分时[15]，会使凝视系统性能恶化。“快照模式”[16]可以解决这个问题。

使用 DIRSP 后，成像系统不再是观察连续的场景，而是观察采样场景[17]。可以有三种采样点阵：①创建场景的采样点阵；②显示场景的采样点阵；③成像系统的采样点阵。这三种点阵相互作用会产生混叠和莫尔条纹，但是系统观察连续场景（真实场景）时，混叠和莫尔条纹是看不出来的[18]。

设计的关键是每个探测器像素所对应的场景投影仪的像元（场景元）的数量[19]。希望使每一个像素对应 16 个或更多的场景元，但是现在的系统一般做成每个像素对应 4 个场景元。考虑对应 4 个场景元[19-20]是为了在提供图像细节信息的成本与压缩合成图像更多“有害特征”（指混叠和边缘模糊）之间进行折中。

目前可以使用的技术很多[21]，但最常用的是电阻阵列（微型发射器阵列）[16,22]，目前的设计[15]可以提供 512×512 元的阵列。这些阵列具有非常好的均匀性，动态范围高，响应时间快。快速响应能使系统工作帧频超过 120Hz。将来的设计会提高场景元的数量，进一步减少图像混叠。

虽然电阻阵列产生的是模拟信号，但是灰度的重现受场景发生器数字灰度等级的限制。用于产生场景的字节数要比成像系统使用的字节数多，而且场景的灰度等级要与传感器的动态范围一致。

计算机生成的场景可以精确表现真实场景的辐射特性，但发射场景的质量受电阻阵列限制。目前，没有准确方法来测量发射器的发射率。如果发射率已知，就可以相应地调整计算机图像。另外，发射器的填充因子是有限的，即便能确定发射器的尺寸,它发出的辐射也是不均匀的,也就是说,发出的辐射与一个更小的有效填充因子有关。比较而言,可以利用不同的填充因子来产生独特的目标(见4.2.4节“新型辐射式靶”)。

虽然使用DIRSP对进行SiTF、NEDT和MRT测试很方便,但是未知的发射率和有效填充因子妨碍了系统定标。使用黑体时,可以连续监控辐射源和靶盘的温度,但使用微型发射器阵列不可能做到这一点。从这一点来说,这些测试一定要使用传统的黑体方法。

参考文献

[1] C. W. H oover, Jr., and C. M. Webb, "What is an MRT? And How Do I Get One," in *Infrared Imaging Systems: Design, Analysis, Modeling and Testing II*, G. C. Holst, ed., SPIE Proceedings Vol. 1488, pp. 280-288 (1991).

[2] A. Irwin and R. L. Nicklin, "Standard Software for Automated Testing of Infrared Imagers, IR Windows, in Practical Applications, " in *Infrared Imaging Systems: Design, Analysts, Modeling and Testing IX*, G. C. Holst, ed., SPIE Proceedings Vol. 3377 (1998).

[3] IRWindows is a trademark belonging to Santa Barbara Infrared Inc, 30 South Calle Cesar Chavez, Suite D, Santa Barbara, CA931 03.

[4] Numerous papers on scene projectors can be found in *Technologies for Synthetic Environments. Hardware-in-the Loop Testing*. SPIE has hosted this conference since 1996.

[5] G. M. Cuthbertson, L. G. Shrake, and N. J. Short, "A Technique for the Objective Measurements of MRTD," in *Infrared Technology and Applications*, L. Baker and J. Masson, eds., SPIE Proceedings Vol. 590, pp. 179-192 (1985).

[6] A. N. de Jong and S. J. M. Bakker, "Fast and Objective MRTD Measurement," in *Infrared Systems-Design and Testing*, P. R. Hall and J. S. Seeley, eds., SPIE Proceedings Vol. 916, pp. 1 27-143 (1955).

[7] G. W. Edwards, "Objective Measurements of Minimum Resolvable Temperature Difference (MRTD) for Thermal Imagers," in *Image Assessment: Infrared and Visible*, T. L. Williams, ed., SPIE Proceedings Vol. 467, pp. 47-54 (1983).

[8] S. J. A. Gunderson, "Results of Objective Automatic MRT Testing of Thermal Imagers Using a Proposed New Figure of Merit," in *Automatic Testing of Electro-optical Systems*, J. Nestler and P. I. Richardson, eds., SPIE Proceedings Vol. 941, pp. 14-17 (1988).

[9] D. St-Germain and P. Chevrette, "Automatic MRTD objective measurements for IR systems," in *Infrared Imaging Systems: Design, Analysis, Modeling and Testing IX*, G. C. Holst, ed., SPIE Proceedings Vol. 3377, (1998).

[10] E. Burroughs, Jr., G. Moe, G. Lesher, J. L. Merrill, R. Driggers, and M. Manzardo, "Automated MRTD Using Boundary Contour System, Custom Feature Extractors and Fuzzy ARTMAP," in *Infrared Imaging Systems: Design, Analysis, Modeling, and Testing VI*, G. C. Holst, ed., SPIE Proceedings Vol. 2470, pp. 274-287 (1995).

[11] MAVIISS (MTF-based Visual and Infrared System Simulator) is an interactive software program available from JCD Publishing at www. JCDPublishing. com.

[12] G. C. Holst, "Minimum Resolvable Temperature Predictions, Test Methodology and Data Analysis," in *Infrared Technology XV*, I. Spiro, ed., SPIE Proceedings Vol. 1157, pp. 208–218 (1989).

[13] H. Orlando, M. Pappas, and G. C. Holst, "Automated Minimum Resolvable Test Implementation," in *Infrared Imaging Systems: Design, Analysis, Modeling, and Testing VI*, G. C. Holst, ed., SPIE Proceedings Vol. 2470, pp. 268–273 (1995).

[14] B. E. O'Toole, "Real-time Infrared Scene Simulator (RISS)," in *Technologies for Synthetic Environments: Hardware-in-the Loop Testing*, R. L. Murrer, ed., SPIE Proceedings Vol. 2741, pp. 209–218 (1996).

[15] D. S. Flynn, B. A. Sieglinger, R. L. Murrer, Jr., L. E. Jones, E. M. Olson, A. R. Andrews, and J. A. Gordon III, "Timing Considerations for Integrating a Flickerless Projector with an Imaging Sensor," in *Technologies for Synthetic Environments. Hardware-in-the Loop Testing II*, R. L. Murrer, ed., SPIE Proceedings Vol. 3084 (1997).

[16] R. G. Lane and J. Heath, "Innovations in Infrared Scene Simulator Design," in *Technologies for Synthetic Environments. Hardware-in-the Loop Testing III*, R. L. Murrer, ed., SPIE Proceedings Vol. 3368 (1998).

[17] O. M. Williams, "Infrared Projector Optical Design Considerations," *Optical Engineering*, Vol. 33(1), pp. 237–241 (1994).

[18] R. Driggers, M. Manzardo, E. E. Burroughs, C. Halford, and R. Vollmerhausen, "Managing Projector Aliasing for Tactical Infrared Imaging Systems," in *Technologies for Synthetic Environments. Hardware-in-the Loop Testing II*, R. L. Murrer, ed., SPIE Proceedings Vo1. 3084 (1997).

[19] O. M. Williams, M. A. Manzardo, and E. E. Burroughs, "Image Filtering and Sampling in Dynamic Infrared Projection Systems," in *Technologies for Synthetic Environments. Hardware-in-the Loop Testing II*, R. L. Murrer, ed., SPIE Proceedings Vol. 3084 (1997).

[20] G. C. Holst, *Sampling, Aliasing, and Data Fidelity*, pp. 268–272, JCD Publishing, Winter Park, FL (1998).

[21] R. G. Driggers, K. Barbard, E. E. Burroughs, R. G. Deep, and O. Williams, "Review of Infrared Scene Projector Technology-1993," *Optical Engineering*, Vol. 33(7), pp. 2408–2417 (1994).

[22] D. R. Stauffer and B. E. Cole, "Thermal Scene Projectors Using Microemitters," *Optical Engineering*, Vol. 30 (11), pp 1164–1167 (1991).

第12章

不确定性分析

系统的输出不是一个具体数值而是一个范围值,噪声只是产生这个范围值的原因之一。通过对数据集进行统计分析,根据总体均值和方差可以得出系统输出的参考值。但是我们可能只是习惯性地计算均值或方差,并没有充分理解为什么要对数据求平均。

任何一个测试值,只有考虑了与之有关的不确定性估值后才会是完善的。不确定性给出了测试值的范围,真实值就在这个范围内。对不确定性分析的详细讨论参见文献[1]。

许多文章把不确定性分析也称为误差分析。有人认为当测试技术正确时,误差是应该避免的错误,从原则上讲,误差可以消除,或者至少可以明显降低到不影响测量结果的程度。周密地编制测试计划并遵循测试方案可以消除偶然误差(较大的误差)。偶然误差包括:①在目标附近放置了热源(如电机);②把目标直接放在空调的排风管下;③记录了错误的电压值;④没有打开所有测试设备等。但是,不确定性是不可避免的。

12.1 均值、方差和可重复性

样本均值 m_S 是对总体均值 μ 的一个估计值。例如,样本数据集 $(x_1,\cdots,x_{N_e})$ 的均值为

$$m_S=\frac{1}{N_e}\sum_{i=1}^{N_e}x_i \tag{12-1}$$

样本方差 s^2 是总体方差 σ_0^2 的一个估计值,即

$$s^2=\frac{1}{N_e-1}\sum_{i=1}^{N_e}(x_i-m_S)^2 \tag{12-2}$$

或等同于

$$s^2=\frac{N_e\sum_{i=1}^{N_e}x_i^2-\left(\sum_{i=1}^{N_e}x_i\right)^2}{N_e(N_e-1)} \tag{12-3}$$

当 $N_e \to \infty$，$m_S \to \mu$，$s^2 \to \sigma_0^2$，标准差（方差的平方根）s 也称为 1σ 值和均方根值。

如果整个测试重复做 k 次，每个数据集都会有不同的均值 m_{S_i} 和方差 s_i。σ_0^2 的最优估计为

$$s_{\text{ave}}^2 = \frac{\sum_{i=1}^{k}(n_i - 1)s_i^2}{\sum_{i=1}^{k} n_i - k} \tag{12-4}$$

其中，数据集 i 包含 n_i 个元。在任何一个实验室，数据元的数量通常都是稳定的，于是

$$s_{\text{ave}}^2 = \frac{\sum_{i=1}^{k} s_i^2}{k} \tag{12-5}$$

对标准差的最优估计为

$$s_{\text{ave}} = \sqrt{s_{\text{ave}}^2} = \sqrt{\frac{s_1^2 + \cdots + s_k^2}{k}} \tag{12-6}$$

当 x_i 被 m_{S_i} 代替后，式（12-1）提供平均值（是平均值的均值）。如果每个数据集里的数据元数量一样，则均值的标准差（图 12-1）为

$$S_R = \frac{S_{\text{ave}}}{\sqrt{N_e}} \tag{12-7}$$

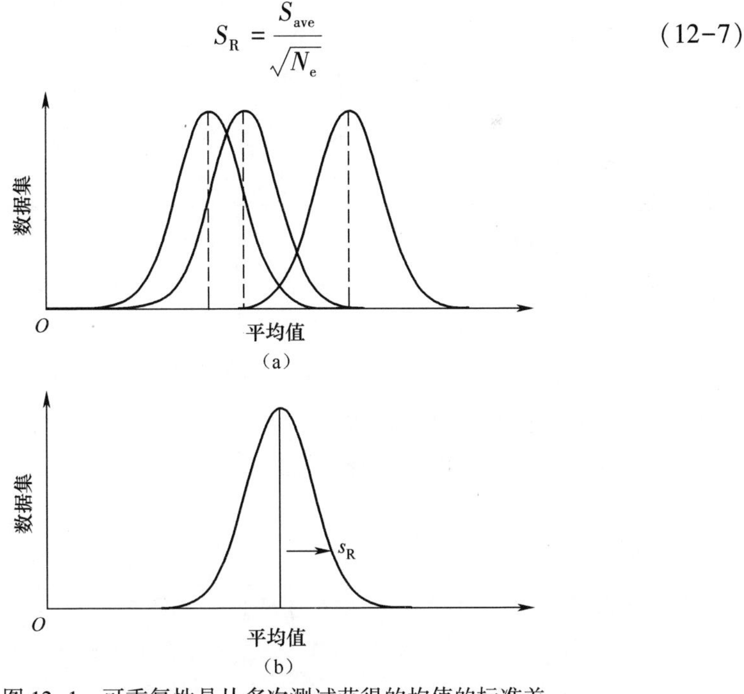

图 12-1　可重复性是从多次测试获得的均值的标准差

（a）多个数据集；（b）均值的变化。

注：为了说明问题，放大了变化的幅度。假设均值为高斯分布是合理的。

当 $N_e \to \infty$ 时,$s_R \to 0$。也就是说,如果进行穷举测试,均值的均值将趋近于总体均值。s_R 值表示测试的可重复性。

12.2 高斯分布

式(12-1)和式(12-2)是确定均值和方差的简单表达式。由于高斯统计方法应用广泛,所以通常假设数据集服从高斯分布(虽然这可能并不正确)。高斯分布也称为正态分布或正态概率分布。由于进行穷举测试是不可能的,因此估计的均值和标准差是计算出来的。偶尔会有一个值看起来太高或太低(异常值)。这个异常值可以从数据中删除。对于一个有限数据集,有报告最小值和最大值的趋势。

12.2.1 高斯统计

高斯概率密度函数为

$$p(x) = \frac{1}{\sqrt{2\pi}\sigma_G}\exp\left[-\frac{1}{2}\left(\frac{x-\mu}{\sigma_G}\right)^2\right] \tag{12-8}$$

对 N_e 个数据点做平均后,得到的结果(只保留一个)好像源自一个均值相同但标准差不同的总体值,即

$$p_{ave}(x) = \frac{1}{\sqrt{2\pi}\sigma_N}\exp\left[-\frac{1}{2}\left(\frac{x-\mu}{\sigma_N}\right)^2\right] \tag{12-9}$$

其中

$$\sigma_N = \frac{\sigma_G}{\sqrt{N}} \tag{12-10}$$

如果噪声是高斯分布的,信噪比在取均值前是 μ/σ_G,取均值后是 μ/σ_N。相应地,取均值也会使信噪比提高 $\sqrt{N_e}$ 倍。

数据小于一个特定阈值 X_1 的概率为

$$P(x \leqslant X_1) = \int_{-\infty}^{X_1} p(x)\,dx \tag{12-11}$$

在运用决策论时,一个值的概率小于阈值是很重要的。表12-1给出了高斯分布的阈值。例如,所有数据中的95%都会有一个值小于 $\mu + 1.65\sigma_G$,在讨论阈值时,这些值(1.29、1.65等)也称为Z统计量或正态偏差。Z统计量用于对比测得的MRT值与技术指标(见10.5节"测量值与技术指标的对比")。

表 12-1　概率和阈值(高斯分布)

小于阈值的概率/%	阈值
90	$\mu + 1.29\sigma_G$
95	$\mu + 1.65\sigma_G$
99	$\mu + 2.33\sigma_G$
99.9	$\mu + 3.09\sigma_G$

一个数据落在两个值之间的概率为

$$P(X_1 \leqslant x \leqslant X_2) = \int_{X_1}^{X_2} p(x)\,\mathrm{d}x \tag{12-12}$$

表 12-2 列出了所选概率的范围,图 12-2 说明高斯分布的数据集。

表 12-2　概率和范围(高斯分布)

落在这个范围内的概率/%	范　围
68.26	$\mu \pm 1.00\sigma_G$
86.64	$\mu \pm 1.50\sigma_G$
90.00	$\mu \pm 1.65\sigma_G$
95.00	$\mu \pm 1.96\sigma_G$
95.46	$\mu \pm 2.00\sigma_G$
98.76	$\mu \pm 2.50\sigma_G$
99.74	$\mu \pm 3.00\sigma_G$

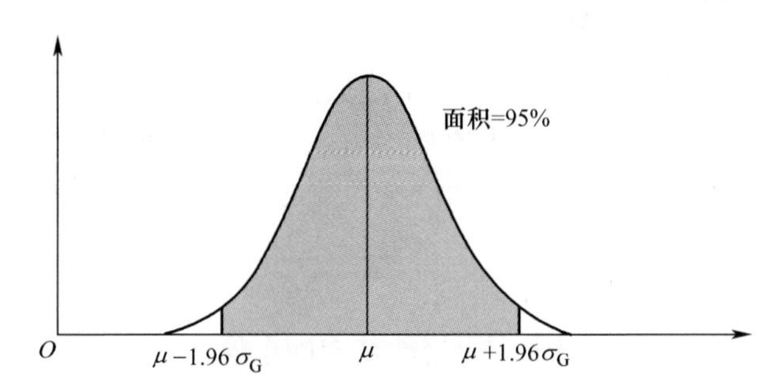

图 12-2　高斯分布(95%的数据落在 $\mu \pm 1.96\sigma_G$ 范围内)

12.2.2　删除异常值

异常值是初看起来太大或太小的值。主要问题是在后续数据分析中是否包含或删除它。对于潜在的异常点 x_0,计算 $X = |m_s - x_0|$。根据 Chauvenet 的方法,如果 X/s 大于表 12-3 中的值,就从数据集中删除 x_0 点的值。

表 12-3 Chauvenet 的方法(假设是高斯分布)

数据点的数量 N	X/s	数据点的数量 N	X/s
4	1.523	25	2.447
6	1.770	50	2.715
8	1.925	100	2.960
10	2.038	200	3.185
15	2.228	500	3.461
20	2.354	1000	3.656

删除异常值对标准差的影响大于对均值的影响。将有和没有潜在异常值的高斯分布与数据柱状图进行对比(图 12-3),可以判断是否要删除潜在的异常值。用 Chauvenet 的方法能判断出异常值,但并不意味着就必须要删除它,正确的数据依然是正确的。不要反复使用这个方法。

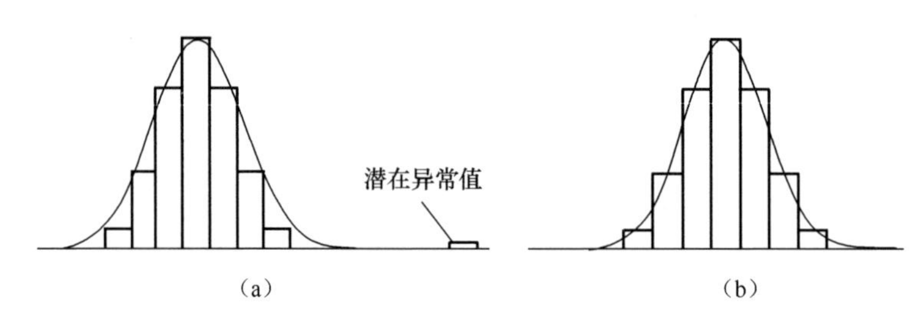

图 12-3 叠加了高斯分布的柱状图
(a)潜在的异常值;(b)去除异常值后。

12.2.3 最小值和最大值

要获得理论高斯分布,需要进行穷举测试。对于一个有限数据集会有最大值和最小值。有时会把最大值和最小值描绘出来,但这只是统计采样中的做法。最大值和最小值是随机事件。例如,会有5%的数据不在$\mu\pm1.96\sigma_G$范围内。但要达到真正的5%,可能需要成千上万个测试数据。

12.3 精度和偏差

图 12-4(a)是通过试验获得的精确数据集和无偏差数据集的图形。无偏差是指数据集的均值与真实值一致;精确是指数据集的标准差很小,也就是每个数据都与真实值非常接近。图 12-4(b)说明无偏数据集并不精确,因为在均值附近有大量的数据值,即标准差 s 较大。图 12-4(c)是一个精确的有偏数据集。图 12-4(d)是一个有偏不精确数据集。图 12-5 是精确和偏差数据集的二维表示,它可以反映系统的瞄线准直数据。

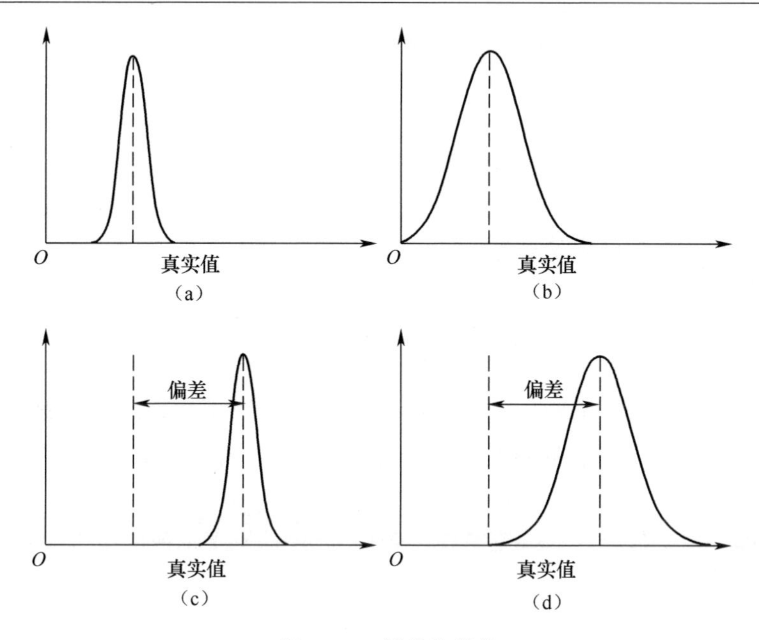

图 12-4　精确和偏差
(a)无偏精确数据集;(b)无偏不精确数据集;(c)有偏精确数据集;(d)有偏不精确数据集。

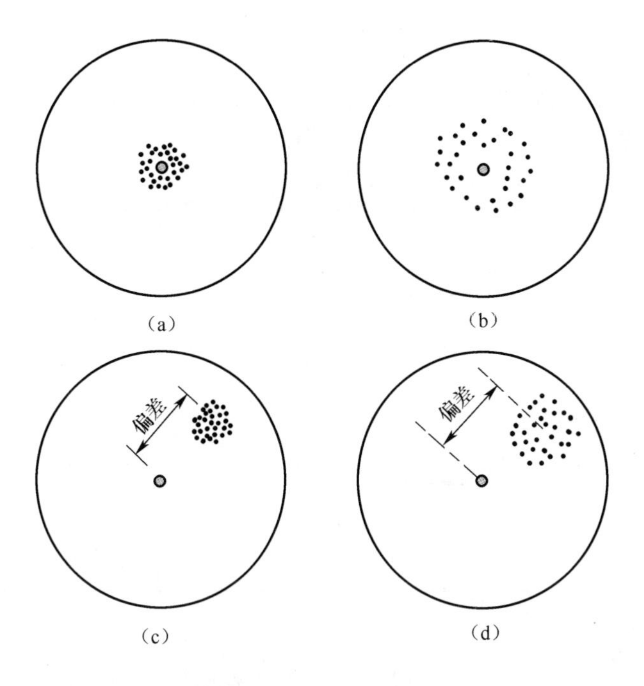

图 12-5　精确和偏差(中心的大黑点表示真实值)
(a)无偏精确数据集;(b)无偏不精确数据集;(c)有偏精确数据集;(d)有偏不精确数据集。

当用标量(而不是差值量)表示数据时,相对精度为

$$P_{rel} = \frac{s}{m_s} \tag{12-13}$$

式中：s/m_s 就像信噪比(SNR),而"噪声"就是测量精度。

对于真实的高斯噪声，$s \to \sigma_G$ 和 $P_{rel} = 1/SNR$。提高测量精度和减小偏差的方法在前面的章节中已经论述过。

12.4 学生T检验

当基本的总体方差未知时,使用学生T检验。作为T检验的一个例子,对多个像素取平均会降低噪声,但目标大小限制了可以平均的像素数量(图6-11和图6-12)。同样,学生T检验提供了所需的像素数量,必须对这些像素取均值才能获得所需的置信度等级。对一个给定的置信等级,估算平均值的范围为

$$距离 = m_s \pm \frac{t_{range}}{\sqrt{N_e}} s \tag{12-14}$$

阈值为

$$阈值 = m_s + \frac{t_{threshold}}{\sqrt{N_e}} s \tag{12-15}$$

表12-4给出了95%置信度的阈值和范围。随着数据元的数量增加,学生T检验分别趋近于表12-1和表12-2给出的阈值和范围。

表12-4 学生T检验阈值(95%置信度)

数据元的数量 N_e	$t_{threshold}$	t_{range}
2	2.92	4.30
3	2.35	3.18
4	2.13	2.78
5	2.02	2.57
10	1.81	2.23
20	1.73	2.09
30	1.70	2.04
∞	1.65	1.96

例12-1 学生T检验

因为是统计变量,所以测量值并不完全等于真实值。要把多少像素平均后才能使测量值在真实值的5%以内?要求为

$$\left|\frac{\Delta V_{\text{measured}} - \Delta V_{\text{true}}}{\Delta V_{\text{true}}}\right| \leqslant 0.05 \tag{12-16}$$

假设相同噪声影响目标和背景信号。假设对 N_1 个目标像素和 N_2 个背景像素进行平均。目标数据(平均后)的标准差为 $s/\sqrt{N_1}$,背景的总体标准差为 $s/\sqrt{N_2}$。因为噪声方差是相加的,所以目标和背景的总体标准差为

$$s_{\text{diff}} = s\sqrt{\frac{1}{N_1} + \frac{1}{N_2}} \tag{12-17}$$

应用学生 T 检验,测量值的范围为

$$\Delta V_{\text{measured}} = \Delta V_{\text{true}} \pm t_{\text{range}} s_{\text{diff}} \tag{12-18}$$

则有

$$\left|\frac{t_{\text{range}} s_{\text{diff}}}{\Delta V_{\text{true}}}\right| \leqslant 0.05 \tag{12-19}$$

当 N_1 和 N_2 都很大时,在 95%置信度下,$t_{\text{range}} \to 1.96$。作为一阶近似(并不严格正确,因为 t_{range} 随着 N 的减少而增大):

$$\frac{N_1 N_2}{N_1 + N_2} \geqslant \left(\frac{t_{\text{range}} s}{0.05\Delta V_{\text{true}}}\right)^2 = \left(\frac{39.2s}{\Delta V_{\text{true}}}\right)^2 = \left(\frac{39.2}{\text{SNR}}\right)^2 \tag{12-20}$$

通常,可以对大量的背景像素进行平均。当 N_2 很大时,式(12-20)可以通过下式近似:

$$N_1 \geqslant \left(\frac{39.2}{\text{SNR}}\right)^2 \tag{12-21}$$

可以把 s 和 ΔV_{true} 值与输入关联起来,从而可以用 NEDT 代替 s,用 ΔT 代替 ΔV_{true}。如果采样数据集的标准差 NEDT=0.1℃,在 5%范围内数据点的个数(向上取整数)见表 12-5。要使样本均值的置信度达到 95%,所需平均的数据点的数量为 N_1。

表 12-5　所要求的采样数量

ΔT/℃	信噪比	N_1
0.25	2.5	246
0.50	5.0	62
0.75	7.5	27
1.00	10	16
1.50	15	7
2.00	20	4

注:假定 NEDT=0.1℃且背景精确温度是已知的。

表 12-5 是一阶近似的结果。要得到所要求的、精确的样本数量,必须用 T 检

验统计方法对数据量为 N_1 的数据集进行重新计算(表 12-4)。随着 SNR 降低,为了得到要求的置信度,需要增加数据点的数量,图 6-11 和图 6-12 说明了这一点。

12.5 不确定性

通常假设测试量的变化服从高斯分布,但是许多过程都会对测试量的变化产生影响,如 SiTF 测量受噪声、测试装置偏差和像元响应率不同(若对多个像元进行平均)的影响。每个过程都影响最后的统计分布。不确定性分析就是估计这些过程影响的大小,提供对测量精确度的估计。通过分析和判断产生不确定性的主要原因,可以改变测试方法,从而把不确定性降到最小。不确定性分析提供对所报告数据的置信度。这对标定传感器和目标投影仪[2]很重要。

假设误差是随机分布而且是独立的,当某一个误差大时,另一个误差就小。在这种条件下,它们趋于相互抵消。不确定性可以表示为误差的均方根和(RSS)。

如果测量 $x_1, x_1, \cdots, x_N$ 以得到 y(如 $y = f\{x_1, \cdots, x_N\}$),则 y 的不确定性与每个 x_i 的不确定性都有关。不确定性分别用 U_y 和 U_{xi} 表示。如果所有的不确定性都是随机且独立的,则有

$$U_y^2 = \left(\frac{\partial y}{\partial x_1} U_{x1}\right)^2 + \cdots + \left(\frac{\partial y}{\partial x_N} U_{xN}\right)^2 \tag{12-22}$$

如果输出的形式为

$$y = k\, x_1^a\, x_2^b \tag{12-23}$$

则式(12-22)可以简化,式中的指数可以为正,也可以为负。那么相对或分数不确定性为

$$\left(\frac{U_y}{y}\right)^2 = a^2\left(\frac{U_{x1}}{x_1}\right)^2 + b^2\left(\frac{U_{x2}}{x_2}\right)^2 \tag{12-24}$$

因为用的指数是平方,所以指数的符号并不影响不确定性的传播。

通过转换,不确定性就是包含全部数据中 95%的值的范围值。假设为高斯分布,就是 $\pm 1.96\sigma$。为方便起见,一般四舍五入为 $\pm 2\sigma$。报告测试数据时经常用这种方法。例如,测量数据可能是

$$V = 35.50 \pm 0.05(\text{V})(2\sigma) \tag{12-25}$$

也就是说,在 95%的时间里,测量数据会处在 35.55~35.65V 之间。

不确定性包括随机变量和偏差(系统的)变量两部分。虽然标定可以去掉固定偏差,但偏差值一般是未知的。例如,用最小二乘法逼近计算 SiTF 时,假设偏差是固定的。但是偏差可能随着 ΔT 的增加而增加。将正、负阈值平均后得到 MRT,是假设这两种测量方法的偏差是一样的。这可能是不正确的,如图 12-4 和图 12-5所示。下面定义两个变量。

随机变量：经常变化的输出变化量，用 s 表征，可以通过平均使它的影响达到最小。

偏差变量：测量值和真实值之间的固定差值，可以通过标定使之最小化，但其精确值一般是未知的，这也导致了不确定性（图 12-6）。

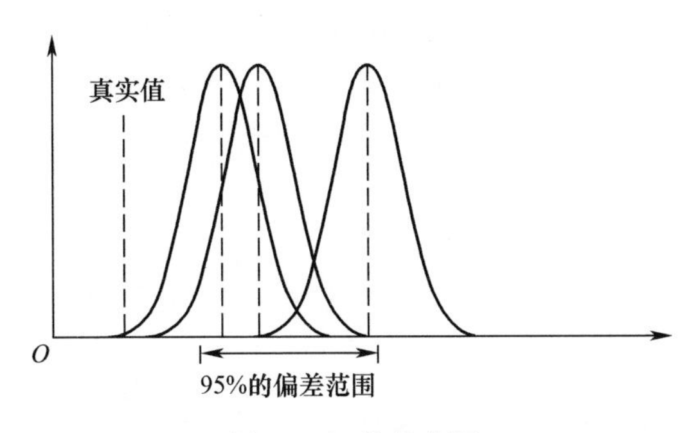

图 12-6　偏差范围

对偏差和随机变量的分析是分开进行的，合在一起能得到测试结果的不确定性：

$$不确定性 = U = \sqrt{(2s_{\mathrm{random}})^2 + (2s_{\mathrm{bias}})^2} \tag{12-26}$$

当只存在高斯噪声时，$s_{\mathrm{random}} \to \sigma_G$，$s_{\mathrm{bias}} \to s_R$。值的范围在均值的$\pm U$ 范围内。系数 2 用于包含 95%的数据。

不确定性可以测量（A 类不确定性）或估计（B 类不确定性）。A 类不确定性是随机变量，从式（12-2）得到。B 类不确定性是根据先前的测试数据、使用仪器的经验和知识、生产商的技术指标和校正数据做出的判断。必须估计偏差的不确定性。无论数据集多大，都不可能直接计算偏差的不确定性。

12.6　$\Delta T_{\mathrm{apparent}}$的不确定性

对一个离轴准直器，系统入瞳处的表观 ΔT 由下式给出：

$$\Delta T_{\mathrm{apparent}} = \rho\varepsilon T_{\mathrm{atm}}\Delta T \tag{12-27}$$

式中：ρ 为反射镜的反射率。

与 $\Delta T_{\mathrm{apparent}}$ 有关的不确定性为

$$U_{\Delta T_{\mathrm{apparent}}}{}^2 = (\varepsilon T_{\mathrm{atm}} \Delta T U_\rho)^2 + (\rho T_{\mathrm{atm}} \Delta T U_\varepsilon)^2 + (\rho \varepsilon \Delta T U_{\mathrm{atm}})^2 + (\rho \varepsilon T_{\mathrm{atm}} U_{\Delta T})^2 \tag{12-28}$$

或

$$\left(\frac{U_{\Delta T_{\mathrm{apparent}}}}{\Delta T_{\mathrm{apparent}}}\right)^2 = \left(\frac{U_\rho}{\rho}\right)^2 + \left(\frac{U_\varepsilon}{\varepsilon}\right)^2 + \left(\frac{U_{T_{\mathrm{atm}}}}{T_{\mathrm{atm}}}\right)^2 + \left(\frac{U_{\Delta T}}{\Delta T}\right)^2 \tag{12-29}$$

12.6.1 反射率

随机变量:一些反射镜表面的反射率可能是变化的。但是用整片反射镜,这个变化量就可以通过平均被消除。对一片反射镜来说,不存在随机不确定性。

偏差变量:反射镜的反射率一般是根据最小反射率确定的(如反射率大于90%),在95%的置信度下,反射率的不确定性估计为0.02或$1-\rho$中较小的一个。如果生产商提供了镜片的反射率,则偏差不确定性为零。

12.6.2 发射率

随机变量:发射率的随机变量可以通过控制生产质量达到最小,因此不存在随机不确定性。

偏差变量:在95%的置信度下,发射率的不确定性估计为0.05或$1-\varepsilon$中较小的一个。例4-1表明,当使用封闭的准直仪时,背景的表观发射率趋近于1。

12.6.3 大气透过率

随机变量:通常,在有空调的实验室里大气条件不会发生明显变化。这时假设大气透过率的随机变化为零。但室外的大气条件变化很快。在一次实验期间透过率可能都会发生变化,不同实验时的透过率当然也不同。这种随机不确定性对所有的外场测试都有影响,且影响会随着距离的增加而加大。

偏差变量:在吸收带附近(如CO_2的吸收带为4.2μm),透过率通常是未知的。它的值受在场人数的影响(人呼出的气体会提高局部范围的CO_2浓度)。响应波段靠近大气吸收带的窄带系统的特性更加难于确定。为方便起见,假设实验室内的偏差为0。

12.6.4 ΔT的不确定性

绝大多数黑体源都可以在绝对模式和温差模式下工作,两种模式下的不确定性受偏移量、非均匀性、稳定性、温度系数、标定、漂移和环境温度的影响。由于本书讨论的所有特性的研究方法都与温差有关,因此只考虑与温差模式有关的不确定性。当显示分辨率为0.0001K时,与测得的ΔT相关的不确定性可能会大得多。

偏移量:在温度传感器的输出和被观察物体的表面温度之间存在偏移量。其值受物体表面与传感器之间的热传导限制影响。如果传感器嵌在辐射表面内(就像大部分黑体那样),偏移量的不确定性估计为0.001K。如果利用导热油脂来连接(就像大部分靶板那样),当ΔT很小(小于5K)时,不确定性估计为0.01K。由于在MRT测试中ΔT一般小于1K,所以这是一个有效估计值。在95%的置信度下,有

$$U_{\Delta T\ \text{offset}} \approx \sqrt{0.01^2 + 0.001^2} = 0.01(\text{K}) \tag{12-30}$$

非均匀性:物体表面可能会存在不均匀的温度变化,保守估计为 0.01K,乐观估计为 0.001K。但是通常要测量整个黑体表面的非均匀性。当使用高空间频率靶时,只能看到辐射源的一部分,这部分的非均匀性估计为 0.01K。靶板的非均匀性可能会更大(0.01K),因为它通常是用非常薄的(低热导)材料制造。在置信度为 95%时,有

$$U_{\Delta T\ \text{nonuniformity}} \approx \sqrt{0.01^2 + 0.001^2} = 0.01(\text{K}) \tag{12-31}$$

稳定性:指保持稳定温差的能力,它由传感器的响应时间和分辨率决定。对 0.01K 的温度变化,铂电阻温度计(PRT)的电阻变化通常为 4×10^{-6},而热敏电阻的电阻变化为 40×10^{-6}。测量这些微小的变化要求噪声和电子漂移很低。软件限制(量化误差)也会影响稳定性。在 95%的置信度下,测量精度的不确定性估计为 $U_{\Delta T_{\text{stability}}} \approx 0.001\text{K}$。

温度系数:如果工作时的环境温度与定标时的温度不一致,那么温度传感器的定标值会改变。温度系数通常为 0.001K,实验室内的环境温度变化很少超过±5K(±9°F)。环境温度如果变化 5K,则辐射源和靶板传感器的温度变化为

$$U_{\Delta T\ \text{temp coeff}} \approx \sqrt{(0.001 \times 5)^2 + (0.001 \times 5)^2} = 0.0071(\text{K}) \tag{12-32}$$

温度传感器的标定:黑体制造商经常通过把传感器的输出与标准传感器的输出相比较来标定传感器。但是标准传感器的不确定性也与偏移、非均匀性、稳定性、温度系数、漂移和环境温度有关。若标准传感器的不确定性[3]为 0.0082K,它对两个传感器都产生相同的偏移量,因此当工作在温差模式时可以消除偏移的影响。表 12-6 列出了标定的不确定性。在标准传感器标定温度±1K 范围内对传感器进行标定。

表 12-6　典型的标定不确定性(基于 LDS100 Series 标定[3])

辐射源	不确定性/K
差值	0.0010
温度控制	0.0010
温度系数	0.0010
显示器分辨率	0.0001
非均匀性	0.0010
总计	0.0020

如果忽略标准传感器的不确定性,在使用表 12-6 的数据时,每个传感器都有 0.0020K 的不确定性。在温差模式下,有

$$U_{\Delta T\,\mathrm{calibration}} \approx \sqrt{0.002^2 + 0.002^2} = 0.0028(\mathrm{K}) \tag{12-33}$$

漂移：在标定之后，每个温度传感器的输出漂移都与时间没有关系，漂移量的大小取决于温度循环的次数和所用的温度范围。例如，一个每天只使用几个小时的辐射源要比每天使用16个小时的源的漂移要小。温度变化10K与温度变化100K的辐射源相比，前者的漂移要小。针对标准温度的标定可以把漂移不确定性减小到零。标定后经过6个月，传感器漂移（偏移不确定性）估计[3]为0.0026K，电子漂移为0.003K。在95%置信度时，有

$$U_{\Delta T\,\mathrm{drift}} \approx \sqrt{0.0026^2 + 0.0003^2 + 0.0026^2 + 0.0003^2} = 0.0037(\mathrm{K}) \tag{12-34}$$

环境温度：当 ΔT 不变时，ΔM 会随环境温度而变（图3-13）。如果环境温度的变化是未知的，就会引入一个偏移不确定性。完整的测试习惯包括记录测试期间的环境温度。如果知道温度关系，环境温度的漂移可以采用电路方式补偿。

黑体制造商给出了测量 ΔT 可以达到的精度。他们同样给出了黑体的非均匀性，但是很少包括靶板的非均匀性。考虑到黑体偏移量、非均匀性、稳定性和标定等因素，黑体的不确定性为

$$U_{\mathrm{blackbody}} \approx \sqrt{0.001^2 + 0.001^2 + 0.001^2 + 0.0028^2} = 0.0033(\mathrm{K}) \tag{12-35}$$

由于式中没有温度系数，因此这个值只有在标定温度下工作时才有效。如果环境温度与标定温度相比变化了5K（$U_{\Delta T\text{-temp coeff}} \approx 0.0071$），其中包括了目标偏移（$U \approx 0.01$）和目标非均匀性（$U \approx 0.01$），那么在标定之后，测量的不确定性将迅速增加到

$$U_{\mathrm{blackbody+target}} \approx 0.0162\mathrm{K} \tag{12-36}$$

标定后经过6个月，漂移将使这个不确定性增加到0.0166K。

12.6.5 $U_{\Delta T_{\mathrm{apparent}}}$ 估计

与 $\Delta T_{\mathrm{apparent}}$ 相关的不确定性包括大气透过率、发射率和反射率不确定性。表12-7和表12-8列出了典型的不确定性。通过数据分析可以将偏差降至最小。

表12-7 典型值（插入对待测系统合适的值）

来源	典型值	95%置信度下的不确定性	备 注
镜面反射率	0.95	设为0	测量的数据有效
发射率	0.98	0.02	$1-\varepsilon$
大气透过率	1.0	设为0	短程宽光谱响应系统

表 12-8　典型温度传感器的不确定性(插入对待测系统合适的值)

引起 ΔT 变化的因素	95%置信度时的不确定性	备　注
偏移	0.01K	估计值
非均匀性	0.01K	估计值
稳定性	0.001K	估计值
温度系数	0.0071K	实验室温度下的标准变量
标定	0.0028K	制造商已标定
漂移	设为 0	刚标定过
环境温度	设为 0	经常测量,并适时进行补偿

将表 12-7 的值代入式(12-38)可得

$$U_{\Delta T\,\mathrm{eff}} \approx \sqrt{(0.019\Delta T)^2 + (0.931U_{\Delta T})^2} \tag{12-37}$$

使用表 12-8 中的值,可得

$$U_{\Delta T} \approx 0.0161\mathrm{K} \tag{12-38}$$

则有

$$U_{\Delta T\,\mathrm{apparent}} \approx \sqrt{(0.019\Delta T)^2 + 0.015^2} \tag{12-39}$$

对中等 ΔT ,发射率的不确定性是影响 ΔT 不确定性的主要因素。如果发射率提高到 0.99,那么发射率不确定性为 0.01,且有

$$U_{\Delta T_{\mathrm{apparent}}} \approx \sqrt{(0.0095\Delta T)^2 + 0.0151^2} \tag{12-40}$$

这里,不确定性主要取决于 $U_{\Delta T}$,该值的范围是 $\Delta T_{\mathrm{apparent}} \pm U_{\Delta T_{\mathrm{apparent}}}$ 。

12.7　ΔV_{sys}的不确定性

ΔV_{sys} 的微分输出为

$$\Delta V_{\mathrm{sys}} = G\int_{\lambda_1}^{\lambda_2} R(\lambda)\,\frac{\Delta M_{\mathrm{e-eff}}(\lambda)A_{\mathrm{D}}}{4F^2}T_{\mathrm{sys}}\mathrm{d}\lambda \tag{12-41}$$

式中: $\Delta M_{\mathrm{e-eff}}(\lambda)$ 为入瞳处的目标-背景辐射出射度之差。

式(12-41)中没有随时间变化的量,即每次系统测试时都应该得到相同的 ΔV_{sys} 值。

如果按相同的技术指标制造了许多系统,它们的响应、探测器光敏面面积和 F 数也会有所不同。但这些差别在标定时会得到补偿,即通过调整增益使每个系统有相同的输出。

当使用多个像元时,像元响应率、光敏面面积和增益会各不相同,将这些问题合在一起就得到有效响应率 R_{eff} 的不确定性:

$$\frac{U_{\Delta V_{\mathrm{sys}}}}{\Delta V_{\mathrm{sys}}} = \frac{U_{R_{\mathrm{eff}}}}{R_{\mathrm{eff}}} = \frac{\dfrac{U_{R_{\mathrm{eff}}}}{\Delta T}}{\dfrac{R_{\mathrm{eff}}}{\Delta T}} = \frac{2\sigma_{\mathrm{SiTF}}}{\mathrm{SiTF}_{\mathrm{ave}}} \tag{12-42}$$

其中,95%的数据落在$\pm 2\sigma_{\text{SiTF}}$之间。

系统噪声限制着测量精度。假设测量的电压是精确的,即电压表的不确定性与系统噪声相比非常小。忽略固定模式噪声和非均匀性的影响后,是随机噪声增加了测量的不确定性。把SNR与输入参数联系起来并加上噪声的不确定性,可得

$$\left(\frac{U_{\Delta V_{\text{sys}}}}{\Delta V_{\text{sys}}}\right)^2 \approx \left(\frac{2\sigma_{\text{SiTF}}}{\text{SiTF}_{\text{ave}}}\right)^2 + \left(\frac{2\text{NEDT}}{\Delta T\sqrt{N_{\text{e}}}}\right)^2 \tag{12-43}$$

式中:N_{e}数据点经过平均后能降低噪声。

12.8 SiTF的不确定性

SiTF为

$$\text{SiTF} = \frac{\Delta V}{\Delta T_{\text{eff}}} \tag{12-44}$$

则

$$\left(\frac{U_{\text{SiTF}}}{\text{SiTF}}\right)^2 = \left(\frac{U_{\Delta V_{\text{sys}}}}{\Delta V_{\text{sys}}}\right)^2 + \left(\frac{U_{\Delta T_{\text{eff}}}}{\Delta T_{\text{eff}}}\right)^2 \tag{12-45}$$

或

$$\frac{U_{\text{SiTF}}}{\text{SiTF}} \approx \sqrt{\left(\frac{2\sigma_{\text{SiTF}}}{\text{SiTF}_{\text{ave}}}\right)^2 + \left(\frac{2\text{NEDT}}{\Delta T\sqrt{N_{\text{e}}}}\right)^2 + \left(\frac{U_{\Delta T_{\text{eff}}}}{\Delta T_{\text{eff}}}\right)^2} \tag{12-46}$$

当ΔT很大时,SiTF的不确定性主要由σ_{SiTF}决定;当输入很小时,随机噪声和$U_{\Delta T_{\text{apparent}}}$会影响测量结果。SiTF精度随着$\Delta T_{\text{apparent}}$提高而提高。用最小二乘法对数据进行拟合可以使偏移量最小,因此做实验可能比进行不确定性分析更有实际意义。图12-7为SiTF的不确定性。

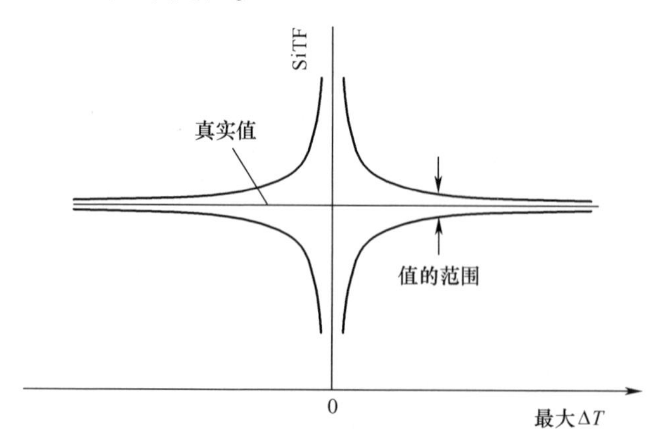

图12-7 SiTF的不确定性

注:ΔT的最大值就是计算SiTF时所用的ΔT最大值,当ΔT较小时不确定性较大。

12.9　MRT 的不确定性

MRT 衡量的是观察人员观测噪声中的四杆靶的能力，在测量时显示器把 ΔV_{sys} 转换为显示器的亮度差。通常，系统的增益很高，噪声会伴随着图像同时出现。在这种条件下，与 NEDT 相比，显示器噪声可以忽略。假设与显示图像相关的不确定性等于 $U_{\Delta V_{sys}}$，则有

$$U = \sqrt{U_{\Delta V_{sys}}^2 + U_{\Delta V_{apparent}}^2 + U_{observer}^2} \tag{12-47}$$

当测量 ΔV_{sys} 时，随机噪声（NEDT）会影响测量精度。但是，对于 MRT 不确定性，随机噪声也增加了观察人员的易变性，则有

$$U_{\Delta V_{sys}} \approx \frac{2\sigma_{SiTF}}{SiTF_{ave}} \Delta V_{sys} = 2\ SiTF\ \Delta V_{sys} = 2\sigma_{SiTF} MRT \tag{12-48}$$

视觉频率曲线服从对数正态分布，即

$$p(\Delta T) = \frac{1}{\sqrt{2\pi} \log\sigma_{MRT}} \exp\left[-\frac{1}{2}\left(\frac{\log\Delta T - \log MRT_{ave}}{\log\sigma_{MRT}}\right)^2\right] \tag{12-49}$$

式中：$\sigma_{MRT} = 1.58$。

但是，为了与线性比例方法保持一致，必须把视觉频率分布转换为线性关系。这产生了一个不对称的范围。上界（+）和下界（-）为

$$\log MRT = \log MRT_{ave} \pm 2\log\sigma_{MRT} \tag{12-50}$$

对大于平均值的值，有

$$MRT_{+} = \mu_{MRT}\ 10^{2\log\sigma_{MRT}} = K_{+} MRT_{ave} \tag{12-51}$$

对小于平均值的值，有

$$MRT_{-} = MRT_{ave}\ 10^{-2\log\sigma_{MRT}} = K_{-} MRT_{ave} \tag{12-52}$$

当用 N 位观察人员时，测出的 MRT 为

$$U_{MRT+} \approx \sqrt{(2\sigma_{SiTF}\ MRT_{ave})^2 + U_{\Delta T_{apparent}}^2 + \frac{(K_{+}\ MRT_{ave})^2}{N}} \tag{12-53}$$

和

$$U_{MRT-} \approx \sqrt{(2\sigma_{SiTF}\ MRT_{ave})^2 + U_{\Delta T_{apparent}}^2 + \frac{(K_{-}\ MRT_{ave})^2}{N}} \tag{12-54}$$

使用式（12-39），可得

$$U_{MRT+} \approx \sqrt{(2\sigma_{SiTF}\ MRT_{ave})^2 + (0.019\ MRT_{ave})^2 + 0.015^2 + \frac{(K_{+}\ MRT_{ave})^2}{N}} \tag{12-55}$$

和

$$U_{\mathrm{MRT-}} \approx \sqrt{(2\sigma_{\mathrm{SiTF}}\,\mathrm{MRT_{ave}})^2 + (0.019\,\mathrm{MRT_{ave}})^2 + 0.015^2 + \frac{(K_-\,\mathrm{MRT_{ave}})^2}{N}} \tag{12-56}$$

式中:平方根的第一项是探测器响应率和放大器增益的变化引起的,两点校正可以使这个项最小化;第二项代表与发射率有关的不确定性,对一个封闭的准直仪,这一项可以减小到 0.0095 $\mathrm{MRT_{ave}}$(式(12-40));第三项是温度测量精度的不确定性;从第四项可以看出,观察人员的易变性是最大的影响因素。

只考虑观察人员的易变性时,表12-9给出了MRT值的范围。上界是 $\mathrm{MRT_{ave}} + U_{\mathrm{MRT+}}$,下界是 $\mathrm{MRT_{ave}} - U_{\mathrm{MRT-}}$。由于MRT是关于对数对称的,上界和下界呈简单的倍数关系(图12-8)。如果MRT增加10倍,界限就会扩大10倍。因此,如果MRT=0.1,那么对于一位观察人员来说,上界是0.25,下界是0.004。在观测时间内,$\mathrm{MRT_{ave}}$ 落在上界和下界之间的概率是95%。增加观察人员数量,不确定性范围将缩小到原来的$\sqrt{N}$。考虑到进行MRT测试的时间很长,用很多观察人员是不明智的。除非是进行研究性实验,否则进行测试时一般不超过5位观察人员。大多数实验室用3位观察人员,有些只用1位观察人员。

表12-9 MRT值的估计范围(σ=1.58)

MRT	1位观察人员		3位观察人员		5位观察人员	
	上界	下界	上界	下界	上界	下界
0.01	0.0250	0.0004	0.0170	0.0059	0.0151	0.0066
0.02	0.0499	0.0008	0.0339	0.0118	0.0301	0.0133
0.05	0.1250	0.0012	0.0848	0.0295	0.0753	0.0332

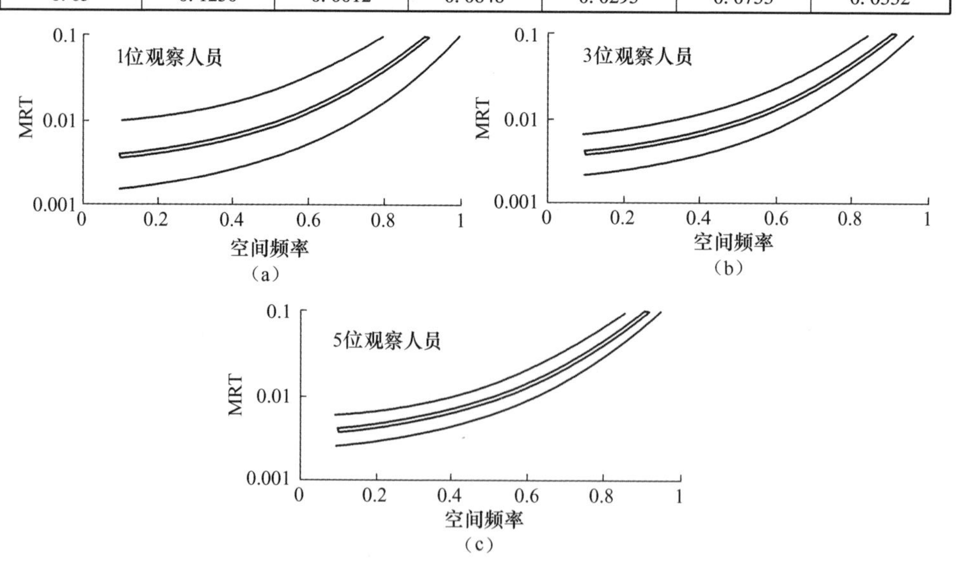

图12-8 用1位、3位和5位观察人员时,95%的MRT值的范围(粗线是平均MRT)

通常不关心下界。MRT 测试是确保所测试的 MRT 值小于技术指标要求(见 10.5 节“测量值与技术指标的对比”)。如果只考虑观察人员的易变性,则用 Z 统计表示阈值为

$$\mathrm{MRT}_{\mathrm{threshold}} = \mathrm{MRT}_{\mathrm{ave}} 10^{\left(\frac{1.65\log\sigma_{\mathrm{MRT}}}{\sqrt{N}}\right)} \tag{12-57}$$

这些值在表 12-10 和图 12-9 中给出。

表 12-10　估计的 MRT 阈值(置信度 95%,$\sigma=1.58$)

MRT	1 位观察人员	3 位观察人员	5 位观察人员
0.01	0.0213	0.0155	0.0140
0.02	0.0425	0.0309	0.0280
0.05	0.1064	0.0773	0.0701

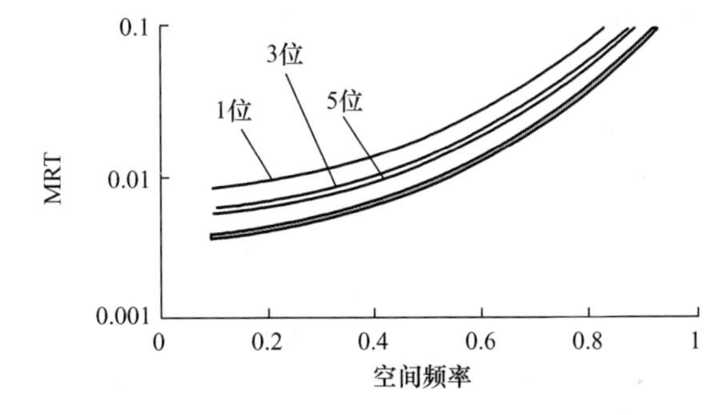

图 12-9　分别用 1 位、3 位、5 位观察人员,95%的 MRT 值的阈值(粗线是平均 MRT)

进行全面分析时,要包括与 ΔT_{eff} 和响应率差有关的不确定性,这两个不确定性都要转换为阈值。而且,特定的一组观察人员可能有一个更小的阈值范围(更小的 σ),要使用学生 T 检验的阈值:

$$U_{\mathrm{observer}} = \frac{\sigma_{\mathrm{threshold}}\,\mathrm{MRT}_{\mathrm{ave}}}{\sqrt{N}} \tag{12-58}$$

得出的不确定性值会随着每个被测系统的空间频率而变化。发射率不确定性的相对值和温度测量不确定性的相对值只能通过具体测试的偏差来估计。由于假设数据集的 σ 小于总体方差,表 12-10 和图 12-8 提供了最坏情况下的分析结果。

参 考 文 献

[1] H.W.Coleman and W.G.Steele, Jr., *Experimentation and Uncertainty Analysis for Engineers*, John Wiley and Sons, New York (1989).

[2] G.Matis, J.Grigor, J.James, S.McHugh, and P.Bryant, “Radiance Calibration of Target Projectors for Infrared

Testing," in *Infrared Imaging Systems: Design, Analysis, Modeling, and Testing XVII*, G.C.Holst, ed., SPIE Proceedings Vol.6207, paper 62070N (2006).

[3] Calibration data for LDS100 Series Differential Source, Electro-Optical Industries, Inc., 859 Ward Drive, Santa Barbara, CA 93111.